ELSEVIER

Geopolymers
Structure, Processing, Properties and Industrial Applications

地质聚合物
结构、工艺、性能和工业应用

（澳）约翰·L. 普罗维斯（John L. Provis）
（澳）珍妮·S. J. 范德文特（Jannie S. J. van Deventer） 主编
王栋民 王克俭 危鹏 主译 刘泽 张大旺 王吉祥 副主译

化学工业出版社
·北京·

内 容 简 介

《地质聚合物——结构、工艺、性能和工业应用》介绍了地质聚合物（geopolymer）的制备工艺、聚合反应动力学、前驱体设计、碱性激发剂化学特性及微纳米结构等，阐述了其化学基础，并分析了地质聚合物制品加速养护、耐久性、耐火阻燃性、热力学性能、使用寿命，以及地质聚合物混凝土的工程性能和不同原料（粉煤灰和高岭土、废矿和黏土）制备地质聚合物的方法；本书还阐述了应用在部分建筑领域有毒废料包埋处理的方法。本书适合水泥混凝土等多个领域的研究者、工程师和管理人员参考，也可作为行业培训用书、材料加工相关专业和先进制造专业的教材。

Geopolymers: Structure, Processing, Properties and Industrial Applications
Edited by John L. Provis and Jannie S. J. van Deventer
ISBN: 978-1-84569-449-4

《地质聚合物——结构、工艺、性能和工业应用》（王栋民　王克俭　危鹏　主译）
ISBN: 978-7-122-47312-7

注意

本书涉及领域的知识和实践标准在不断变化。新的研究和经验拓展我们的理解，因此须对研究方法、专业实践或医疗方法作出调整。从业者和研究人员必须始终依靠自身经验和知识来评估和使用本书中提到的所有信息、方法、化合物或本书中描述的实验。在使用这些信息或方法时，应注意自身和他人的安全，包括注意负有专业责任的当事人的安全。在法律允许的最大范围内，Elsevier、译文的原文作者、原文编辑及原文内容提供者均不对因产品责任、疏忽或其他导致的人身或财产伤害及/或损失承担责任，亦不对由于使用或操作文中提到的方法、产品、说明或思想而导致的人身或财产伤害及/或损失承担责任。

北京市版权局著作权合同登记号：01-2016-5668

图书在版编目（CIP）数据

地质聚合物：结构、工艺、性能和工业应用 /（澳）约翰·L. 普罗维斯（John L. Provis），（澳）珍妮·S. J. 范德文特（Jannie S. J. van Deventer）主编；王栋民，王克俭，危鹏主译. -- 北京：化学工业出版社，2025. 3. -- ISBN 978-7-122-47312-7

I. TB35

中国国家版本馆 CIP 数据核字第 2025VG6517 号

责任编辑：吴　刚　　文字编辑：毕梅芳　师明远
责任校对：王鹏飞　　装帧设计：韩　飞

出版发行：化学工业出版社（北京市东城区青年湖南街 13 号　邮政编码 100011）
印　　装：北京科印技术咨询服务有限公司数码印刷分部
710mm×1000mm　1/16　印张 24¼　字数 436 千字　2025 年 11 月北京第 1 版第 1 次印刷

购书咨询：010-64518888　　售后服务：010-64518899
网　　址：http://www.cip.com.cn
凡购买本书，如有缺损质量问题，本社销售中心负责调换。

定　　价：198.00 元

翻译人员名单

主　　译： 王栋民　王克俭　危　鹏

副 主 译： 刘　泽　张大旺　王吉祥

翻译人员：（按汉语拼音顺序排序）

焦泽坤　刘　泽　王栋民

王言祥　王克俭　危　鹏

武逸群　谢福助　张大旺

中文版序（一）

由 John L. Provis 和 Jannie S. J. van Deventer 主编，王栋民、王克俭、危鹏等翻译的《地质聚合物——结构、工艺、性能和工业应用》一书将由化学工业出版社出版，这对于建材行业低碳化发展和固体废物资源化利用是一个新方向。

地质聚合物胶凝材料因其低能耗和低排放的制备过程，适应“零碳水泥”的发展需求，可助力建材行业低碳绿色发展。同时，地质聚合物以硅铝酸盐类工业固体废物为原材料，其来源适用性范围广、包容性强、使用率高，有利于多源固体废物的大规模协同发展，推动我国固体废物资源化利用。

通览《地质聚合物——结构、工艺、性能和工业应用》一书，以地质聚合物的基本知识为切入点，详述了地质聚合物的基本组成——前驱体、激发剂、微观结构等内容；并介绍了地质聚合物应用过程中工程性能、长短期的耐久性以及老化等关键性能的研究进展。该书凝聚了 John L. Provis 和 Jannie S. J. van Deventer 教授及其团队多年的研究成果以及为地质聚合物发展做出贡献的其他学者与工程师，为地质聚合物的发展奠定了坚实的基础。

王栋民教授长期致力于固体废物资源化利用的研究与应用，取得了许多创造性的研究成果，建立了全球首条赤泥基低碳胶凝材料生产线，并积极举办地质聚合物混凝土的国际论坛，推动了我国地质聚合物的产业化和商业化发展。今组织科研团队精心翻译这本专业书籍，分享了地质聚合物方面的国际研究成果，可使国内学者与工程师们更多地了解和认识地质聚合物的国际进展，促进国内地质聚合物的大规模发展。

《地质聚合物——结构、工艺、性能和工业应用》中文版的出版，有益于对地质聚合物的理解进一步广博和精深，很值得推荐给国内相关领域学者、工程师以及企业家。也感谢王栋民教授团队的奉献，将地质聚合物现有创新成果与研究技术呈现给本领域同仁。

中国工程院院士
暨南大学校长、教授

2025 年 7 月 18 日

中文版序（二）

《地质聚合物——结构、工艺、性能和工业应用》中文版出版在即，审阅其译稿，钦佩 John L. Provis 教授和 Jannie S. J. van Deventer 教授对地质聚合物研究得扎实精深，感谢王栋民教授和各位译者的付出，为学界和业界带来这部极具价值的地质聚合物译著。

John L. Provis 教授与 Jannie S. J. van Deventer 教授在地质聚合物的组成、结构、工艺、性能及工业应用等核心领域，取得了丰硕的理论与技术研究成果，并成功推进了工业化进程，其成就广受我国相关领域学者的推崇。本书集两位教授成果于一体，介绍了地质聚合物的基本组成和关键性能的基础理论知识，论述了地质聚合物的应用商业化发展以及特种化应用等方面的成果。两位国际知名学者把基础理论知识与研发技术相结合，启发读者对地质聚合物的多元应用价值进行深入挖掘，清晰展示其在建筑、环保及新材料研发等领域的巨大潜力，有望推动相关行业对其进一步的研发与利用。

这本译著的顺利出版，得益于翻译团队的高效协作。在王栋民教授的组织协调下，多位专家及研究生通力合作，成功将两位国际学者的地质聚合物创新研究成果系统引介给我国建材领域的同仁。近年来，王栋民教授团队致力于建材领域“双碳”目标的科技攻关，建立了全球首条赤泥基低碳胶凝材料生产线，多次举办了地质聚合物混凝土的国际论坛，为我国在该领域的低碳绿色发展做出了重要贡献。

相信《地质聚合物——结构、工艺、性能和工业应用》中文版的出版，必将为我国土木工程材料的技术创新、工程质量提升和特殊工程应用注入新的活力。希望广大读者能够从本译著中受益，这无疑将助力土木工程行业相关技术研发与工程应用方面取得新的进展。

刘波

中国矿业大学（北京）校长、教授

2025年7月18日

译者前言

地质聚合物（geopolymer），又称“地聚合物”“无机聚合物”“无机聚合物玻璃”“碱键合陶瓷”“碱灰材料”“土壤水泥”“水合陶瓷”等，由碱金属氢氧化物或碱金属硅酸盐激发活性硅铝酸盐制备的硅铝酸盐材料，已成为一种绿色化、高性能及低碳化的新型建筑材料。同时地质聚合物因其具有优异的耐久性、耐酸碱性及耐高温特性等特性，地质聚合物已广泛应用于废料包覆、低成本陶瓷、防火结构、快速修补材料、优质涂料、工业有毒废渣和核废料固封材料、纤维复合材料的黏结剂等特殊用途。

我国地质聚合物的研究与应用起步略晚于欧美以及俄罗斯等国家。例如，法国 Joseph Davidovits 教授的 *GEOPOLYMER Chemistry and Application*（《地质聚合物的化学及应用》）书中从材料设计、性能以及工程应用多角度出发，对地质聚合物进行了详细介绍，适宜于不同领域学者的初步与深入学习，显著提高了地质聚合物的影响力，促进了地质聚合物的工业化发展。随着“碳中和”与“碳达峰”（“双碳”目标）的提出，地质聚合物因绿色、可循环利用以及高性能的优势逐步成为新型建筑材料之一，成为中国当前水泥领域“双碳”目标下的“弄潮儿”。与此同时，中国是一个能源大国，煤电、冶金以及尾矿等领域生产制备过程中产生的固体废物资源中所蕴含的活性硅铝酸盐是优异的潜在地质聚合物原材料，具有广泛存在性，这有利于地质聚合物的因地制宜，符合当前中国固体废物资源化循环利用的趋势。

John L. Provis 与 Jannie S. J. van Deventer 编著的《地质聚合物——结构、工艺、性能和工业应用》，从地质聚合物的合成与表征、地质聚合物的制备和性能，以及地质聚合物应用等三部分归纳整理了国内外的最新进展，为当前广泛使用的煤基固体废物、冶金固体废物以及尾矿固体废物的合成、制备以及商业化的发展指明了方向。中文版的组织翻译工作，主要由中国矿业大学（北京）混凝土与环境材料研究院王栋民老师、刘泽老师及其研究生王吉祥等，上海百奥恒新材料有限公司危鹏，北京化工大学王克俭以及西安建筑科技大学张大旺老师完成。其中第 1～6 章由王栋民和张大旺主译，第 7～12 章由王克俭和危鹏主译，第 13～19 章由刘泽和王吉祥主译。参与全书翻译工作的还有焦泽坤、武逸群、谢福助等。之后，王栋民老师、刘泽老师以及张大旺老师对全书进行了校核，最终由王栋民老师全面审阅和最终定稿。

《地质聚合物——结构、工艺、性能和工业应用》从组织翻译、校核到最终审阅、出版印刷，众多参与者付出巨大辛劳。限于译者水平有限，书中难免有疏漏之处，敬请读者批评指正。

王栋民

中国矿业大学（北京）教授

2025 年 7 月 18 日

原著者联系方式

(* = main contact)

Chapter 1

John L. Provis * and Jannie S. J. van Deventer
Department of Chemical and Biomolecular Engineering
University of Melbourne
Victoria 3010
Australia
E-mail：jprovis@unimelb. edu. au

Chapter 2

Louise M. Keyte
Department of Chemical and Biomolecular Engineering
University of Melbourne
Victoria 3010
Australia
E-mail：lkeyte@unimelb. edu. au

Chapter 3

Peter Duxson
Department of Chemical and Biomolecular Engineering
The University of Melbourne
Victoria 3010
Australia
E-mail：duxsonp@unimelb. edu. au

Chapter 4

John L. Provis
Department of Chemical and Biomolecular Engineering
University of Melbourne
Victoria 3010
Australia
E-mail：jprovis@unimelb. edu. au

Chapter 5

John L. Provis * , Syet Li Yong and Peter Duxson
Department of Chemical and Biomolecular Engineering
University of Melbourne
Victoria 3010
Australia
E-mail：jprovis@unimelb. edu. au
slyong@pgrad. unimelb. edu. au

Chapters 6 and 9

A. Palomo * and A. Fernández-Jiménez
Department of Synthesis
Eduardo Torroja Institute
C/ Serrano galvache
N°4, Madrid 28033
Spain
E-mail：anafj@ietcc. csic. es
palomo@ietcc. csic. es

Chapter 7

John L. Provis * and Catherine A. Rees
Department of Chemical and Biomolecular Engineering
University of Melbourne
Victoria 3010
Australia
E-mail：jprovis@unimelb. edu. au

Chapter 8

Redmond R. Lloyd
Department of Chemical and Biomolecular Engineering
University of Melbourne
Victoria 3010
Australia
E-mail：rlloyd@unimelb. edu. au

Chapter 10

M. Weil *
Forschungszentrum Karlsruhe
Institute for Technology Assessment and Systems Analysis
Department of Technology-Induced Material Flow (ITAS-ZTS)
Hermann-von-Helmholtz-Platz 1
Germany
E-mail：marcel. weil@kit. edu

K. Dombrowski
Technischce Universität

Bergakademie Freiberg
Institute of Ceramic, Glass, and Construction Materials
Germany

A. Buchwald
Bauhaus University Weimar
Chair of Building Chemistry
Germany

Chapter 11

B. Vijaya Rangan
Emeritus Professor of Civil Engineering
Curtin University of Technology
Perth
Australia

E-mail: V. Rangan@curtin. edu. au

Chapter 12

G. Kovalchuk * and P. V. Krivenko
V. D. Glukhovskiy State Scientific Research Institute for Binders and Materials
Kyiv National University for Civil Engineering and Architecture
Povitroflotskiy prosp. , 31
PO Box 161
03037 Kyiv
Ukraine

E-mail: george. kiev@mail. ru
pavlo. kryvenko@gmail. com

Chapter 13

F. Pacheco-Torgal *
C-TAC Research Unit
Sustainable Construction Group
University of Minho
Campus de Azurem
4800-058 Guimarães
Portugal

E-mail: f. pachecotorgal@gmail. com

J. Castro Gomes
Department of Civil Engineering and Architecture
University of Beira Interior
Rua Marques D' Avila e Bolama
6201-001 Covilhã
Portugal

E-mail: castro. gomes@ubi. pt
Said Jalali
Department of Civil Engineering
University of Minho
Campus de Azurem
4800-058 Guimarães
Portugal

E-mail: said@uminho. pt

Chapter 14

Kenneth J. D. MacKenzie
MacDiarmid Institute for Advanced Materials and Nanotechnology
Victoria University of Wellington
P. O. Box 600 Wellington
New Zealand

E-mail: kenneth. mackenzie@vuw. ac. nz

Chapter 15

Arie van Riessen * and William Rickard
Centre for Materials Research
Curtin University of Technology
GPO Box U1987
Perth
Western Australia 6845
Australia

E-mail: A. VanRiessen@curtin. edu. au

Jay Sanjayan
Department of Civil Engineering
Monash University
Clayton
Victoria 3800
Australia

Chapter 16

Kostas Komnitsas * and Dimitra Zaharaki
Department of Mineral Resources Engineering
Technical University of Crete
73100 Hania
Greece

E-mail: komni@mred. tuc. gr

Chapter 17

Peter Duxson * and Jannie S. J. van Deventer
Department of Chemical and Biomolecular Engineering
The University of Melbourne
Victoria 3010
Australia

E-mail: duxsonp@unimelb. edu. au

Chapter 18

E. R. Vance * and D. S. Perera
Institute of Materials Engineering,
Australian Nuclear Science and Technology Organisation
Menai, NSW 2234
Australia

E-mail: erv@ansto. gov. au

Chapter 19

John L. Provis
Department of Chemical and Biomolecular Engineering
University of Melbourne
Victoria 3010
Australia

E-mail: jprovis@unimelb. edu. au

目　录

1

地质聚合物概述

J. L. Provis，J. S. J. van Deventer 著
墨尔本大学，澳大利亚

1.1 地质聚合物技术的历史

地质聚合物（geopolymer）这一术语是在19世纪70年代由法国科学家和工程师Joseph Davidovits教授提出的，并用于描述一类由硅铝酸盐粉末与碱溶液反应生成的固体材料（Davidovits，1982a，1991，2008）。这些材料最初是在欧洲发生一系列火灾后，作为替代有机热固性聚合物的耐火材料而开发的，基于这项早期工作，后来的产品实现了在游轮防火涂料（Talling，2002）、高温碳纤维复合树脂（Lyon et al，1997）、木结构热防护层（Giancaspro et al，2006）、耐热黏合剂（Bell et al，2005；Krivenko and Kovalchuk，2007）、整体耐火材料（Comrie and Kriven，2003；Kriven et al，2004）以及其他各种领域中的特殊应用。然而，从本书目录中大概可以看出，地质聚合物胶凝材料的主要应用已经转移到建筑领域。这主要归因于Wastiels等人（1993）首先发表的报告：可以通过碱激发粉煤灰（煤燃烧后的一种副产品）制备出可靠且高性能的地质聚合物。

Purdon（1940）首次证实了可以用不是波特兰水泥的固态前驱体（通常是高钙冶金渣）通过碱激发合成建筑材料。在很多综述文献（Malone et al，1985；Krivenko，1994；Roy，1999；Krivenko，2002）中，详细列举了碱激发胶凝材料发展过程中的关键历史文献和里程碑事件，这些大部分都涉及碱激发矿渣，因此已超出了本书的讨论范围。同时，还出版了一部主要关注碱激发冶金渣的回顾（Shi et al，2006）。读者可以参考这本出色的书籍以获取该领域的知识。其主要区别是，碱激发矿渣生成的主要是一种水化硅酸钙的胶凝（Richardson et al，1994；Wang and Scrivener，1995；Shi et al，2006），硅主要呈一维链状结构，其中少量Si被Al取代、Ca被Mg取代；而地质聚合物

胶凝是一种三维的碱金属硅铝酸框架结构（Duxson et al，2007b）。钙在地质聚合物中的作用非常重要且需进一步探究，地质聚合物中钙化学的一些微妙之处将在本书中讨论。

早期的一些关于硅铝酸盐地质聚合物的研究成果主要以专利文献的形式发表（例如：Davidovits，1982b，1984），因此包含的科学细节很少。20 世纪 80 年代最有价值的文献总结工作可能是 1988 年在法国举办的会议的纪要（Geopolymer'88），以及一篇由 Davidovits 署名的综述。不久之后，Palomo 和 Glasser 发表了第一篇关于偏高岭土地质聚合物的详细科学研究报告（Palomo and Glasser，1992），紧接着是 Rahier 等三篇出色的系列报告（1996a，1996b，1997）。这些文章为随后十年关于偏高岭土地质聚合物的更加广泛而深入的研究奠定了基础，特别是西班牙（Granizo and Blanco，1998；Palomo et al，1999b；Alonso and Palomo，2001）、新西兰（Barbosa et al，2000；Barbosa and Mackenzie，2003）、德国（Kaps and Buchwald，2002；Buchwald et al，2003；Buchwald，2006）和澳大利亚（Yip and van Deventer，2003；Duxson et al，2005；Perera et al，2005；Singh et al，2005；Steveson and Sagoe-Crentsil，2005）几个研究小组的工作。1999 年（Davidovits et al，1999）、2002 年（Lukey，2002）和 2005 年（Davidovits，2005）召开的地质聚合物会议的记录为该领域的技术发展，以及这一时期全球范围内地质聚合物研究的增长提供了非常有价值的信息。Davidovits（2008）出版的书中还总结了大量之前只能在专利文献中获得的研究工作。

粉煤灰地质聚合物的研究从前面提到的 Wastiels 等人（1993）的会议论文发展到现在，进行了大量应用导向的研究。粉煤灰长期以来被用于波特兰水泥混凝土以改善流动性和其他性能（Diamond，1986；Bouzoubaâ et al，1999；Manz，1999），减少混凝土碳排放以及作为一种简单处理全世界每年产生的成百上千万吨粉煤灰的方式。另外，还有由大量研究人员提供的一些关于地质聚合物化 ASTM F 类（低钙）粉煤灰的早期报告（van Jaarsveld et al，1997，1998；Palomo et al，1999a；van Jaarsveld，2000；Krivenko and Kovalchuk，2002；Lee and van Deventer，2002；Swanepoel and Strydom，2002；Fernández-Jiménez and Palomo，2003；Rostami and Brendley，2003；Hardjito et al，2004；Palomo et al，2004）以及衍生的专利。目前在对高度非均匀的粉煤灰基地质聚合物进行详细科学分析的固有困难导致对粉煤灰基地质聚合物的研究似乎落后于偏高岭土基地质聚合物，偏高岭土基地质聚合物也经常被用于“模型体系”，以便更好地了解更具有商业价值的粉煤灰基材料（van Deventer et al，2007），因此这种相似程度已是研究的主题（Lloyd，2008）。

还有必要指出的是，一些理论试图把地质聚合物化技术的各个方面与古代建筑结构（特别是埃及金字塔）关联起来（J. Davidovits and F. Davidovits，2001；Barsoum et al，2006）。虽然这些论点的真实性仍有相当激烈的争论，但金字塔是否被“浇筑”为合成石块是显然的，这项工作所涉及的化学物质与当前被称为地质聚合物的碱激发硅铝酸盐体系相去甚远（Barsoum et al，2006）。但是，就这些问题作出推断并不是本概述的目的。

1.2 地质聚合物术语

本书中，“地质聚合物”一般被定义为一种稳定的固体硅铝酸盐材料，由碱金属氢氧化物或碱金属硅酸盐激发前驱体形成，该前驱体通常（但不总是）为固体粉末。同样的名称也被用于描述在地质条件下形成的有机聚合物（如煤）。尽管有一些高度推测性的讨论结果与此相反，但这些材料与硅铝酸盐地质聚合物完全无关，这里不作详细讨论（Davidovits，2008）。

这里被称为地质聚合物（geopolymers）的材料在学术文献中描述为“矿物聚合物”“无机聚合物”“无机聚合物玻璃”“碱键合陶瓷”“碱灰材料”“土壤水泥”“水合陶瓷”和其他各种名称。对于本质上相同的材料，名称的多样，主要影响对本领域不十分熟悉的人员，不仅困惑于术语指的是哪种特定材料，而且在学术搜索引擎上进行简单的关键字搜索时无法检索到一些重要的研究。一个最好的例子是：Rahier（Rahier et al，1996a，1996b，1997）和其同事早期的一项非常有价值的研究，因其使用了“无机聚合物玻璃”而非“地质聚合物”，使这些文章很少被引用。术语“地质聚合物”和“无机聚合物”在学术研究领域越来越受到认可，并且在本书中可互换使用。地质聚合物是碱激发胶凝材料这一大类胶凝材料中的一小分类（Shi et al，2006），而碱激发胶凝材料还包括用碱、硅酸盐、碳酸盐或硫酸盐激发冶金渣所形成的产物主要为水化硅酸钙的一类胶凝体系，正如在 1.1 节所提到的。地质聚合物的关键特征是胶凝相由碱金属硅铝酸盐凝胶组成，其铝和硅相互连接形成相对耐水溶性的三维四面体凝胶构型（Mackenzie，2003；Rees et al，2007）。

早在 40 年前，Davidovits 引入“sialate”简称来描述硅铝酸盐结构（Davidovits，1982a）。Si—O—Al 键接形式被命名为 sialate，Si—O—Si 为 siloxo 键接，为根据铝硅比来描述地质聚合物组成提供了一种方法。Si/Al 比为 1.0 时为 Poly（sialate），Si/Al 比为 2.0 时为 Poly（sialate-siloxo），Si/Al 比为 3.0 时为 Poly（sialate-disiloxo）。然而，“sialate”这一术语自 20 世纪 50 年代起就用来描述所有的唾液酸盐，它是一种九碳单糖，是人体多个生化系统中的重要组分。这套命名体系包含一些与实际地质聚合物胶凝结构不相符合的方面：首先，它仅描述了 Si/Al 比为整数比的情况；其次，其对三维网络描述的合理性无法证实。在一段时间内，这套命名体系在学术研究中比较广泛地传播使用（Barbosa et al，2000；Zoulgami et al，2002；Zhang et al，2005；Subaer and van Riessen，2007），也经常用于描述 Si/Al 为非整数比的体系，但在此种情形下如何使用却未给出建议，所以当研究者发现其局限性时，这套简称体系就逐渐淡出使用。

1.3 地质聚合物科学

鉴于本书主要目的是回顾地质聚合物科学各个方面的最新发展现状，因此在导言中不作详细介绍。尽管如此，一些基本的解释仍是必要的。

首先，必须说明的是地质聚合物是一类非常复杂的材料。合成地质聚合物的主要方法是将碱性溶液与活性硅铝酸盐粉末，尤其是偏高岭土（煅烧过的高岭土）或粉煤灰（煤燃烧后的一种副产品）相结合，形成一种无序的碱硅铝酸盐凝胶相，被称为地质聚合物凝胶的胶凝材料相。其中未反应的固态前驱体颗粒和含水（通常是由碱性的激发剂提供的）的凝胶孔结构嵌入上述反应相中。与水化硅酸钙凝胶不同，地质聚合物中的水不参与形成地质聚合物整体化学结构。这既有优点也有缺点。地质聚合物凝胶的基本架构是由铝氧四面体与硅氧四面体形成的高度交联三维网络，其中 Al^{3+} 在铝氧四配位环境中的一个或多个桥接氧上所导致的负电荷可被激发剂溶液所提供的碱性金属阳离子平衡。很多人试图绘制地质聚合物的三维结构示意图，然而地质聚合物固有的无序性导致了这项工作充满困难，因此很难在两维中准确地表示一个三维框架。近来，Rowles 等人（2007）展示的图片可能是目前最有用的。

研究表明，地质聚合物凝胶从原子到纳米尺度都展现出与沸石材料相似的结构。在某些情况下，特别是在高含水量、高合成温度和低 Si/Al 比的条件下，这种类似延伸至可以在地质聚合物凝胶中观察到纳米晶体的形成（Provis et al，2005）。然而，即使上述条件都不存在的情况下，超过 1nm 尺度范围内的地质聚合物也没有显示出结构的有序性，但在原子尺度范围内，地质聚合物中仍然存在与沸石结构中观察到的结构序列十分相似的结构单元。

以此为基础，本书各章进行的结构分析，代表了不同研究团队多年的详细研究结果。关于地质聚合物结构的分析很少是直接的，因为它是在 X 射线衍射中呈非晶相的各种相的混合物（反应产物及未反应的前驱体原料），同时其在侵蚀性反应环境下形成的混合物使得原位分析变得复杂（将在第 4 章详细讨论）。即便如此，通过细致的实验设计和数据分析已得到了大量信息。在大多数科学领域，要么是用“容易”（即常规）的分析方法来分析富有挑战性的材料，要么用挑战性方法来分析“容易”的材料。与波特兰水泥一样，地质聚合物是一类“富有挑战性”的材料，它们的化学性质使其必然要用“挑战性”的技术来表征。这意味着在理解“低科技”的建筑材料时实际上涉及材料科学的最前沿。

1.4 地质聚合物应用

正如1.1节提到的，目前地质聚合物技术的主要应用领域是用于开发能够替代波特兰水泥（硅酸钙）、减少CO_2排放的建筑材料。地质聚合物的其他属性使其优于传统建筑材料。但性能本身不足以驱动建筑材料技术的革命性变化(Duxson et al，2007a)。一种新材料不可能强制进入一个不受欢迎的市场，但市场本身要求必须有新材料，因此，这是地质聚合物进入建筑市场的契机，这将在本书第17章进行详细讨论。

地质聚合物的其他应用包括废料封装的主载体基体、低成本陶瓷（可直接使用或作为煅烧前的前驱体）以及建筑物的防火保护。本书第三部分描述了目前地质聚合物的一些主要应用。

1.5 小结

地质聚合物是一类有潜力但仍待充分开发的材料。只有详细地理解聚合物科学，才能在特定应用中充分利用地质聚合物的性能。然而，如果没有商业上的成功，这类科学很快就会变得无关紧要。一种特征鲜明但未在现实应用的材料实际上是无用的。从科学层面上理解，只要现有的命名法足以胜任当前的任务，关于命名法和语义学的争论就是适得其反的。更重要的是，对地质聚合物的理解，建立在通过合理的配比设计可以预先定制相应胶凝材料性能的基础上，同时需对材料结构进行深入的理解以解释为什么这些性能可以预期持续足够的时间，满足工程目的。对于制造过程中低温室气体排放的建筑材料的需求在不断增长，地质聚合物混凝土具有广泛替代波特兰水泥混凝土的潜能，但这只有在原材料的有效供应链和产品的分销网络都到位时才会实现。当时在这方面的商业举措令人鼓舞，但地质聚合物混凝土在全球范围内成为可推广的商品还需要一些时间。与此同时，地质聚合物技术的本地化示范势必不断增长，特别是将粉煤灰转化为低碳排放的混凝土。本书为那些有兴趣钻研这项令人振奋的技术的人提供了基本背景介绍。

参考文献

Alonso, S. and Palomo, A. (2001) Calorimetric study of alkaline activation of calcium hydroxide-metakaolin solid mixtures. *Cement and Concrete Research,* 31, 25–30. doi:10.1016/S0008-8846(00)00435-X.

Barbosa, V. F. F. and Mackenzie, K. J. D. (2003) Synthesis and thermal behaviour of potassium sialate geopolymers. *Materials Letters*, 57, 1477–1482. doi:10.1016/S0167-577X(02)01009-1.

Barbosa, V. F. F., Mackenzie, K. J. D. and Thaumaturgo, C. (2000) Synthesis and characterisation of materials based on inorganic polymers of alumina and silica: sodium polysialate polymers. *International Journal of Inorganic Materials*, 2, 309–317. doi:10.1016/S1466-6049(00)00041–6.

Barsoum, M. W., Ganguly, A. and Hug, G. (2006) Microstructural evidence of reconstituted limestone blocks in the Great Pyramids of Egypt. *Journal of the American Ceramic Society*, 89, 3788–3796. doi:10.1111/j.1551-2916.2006.01308.x.

Bell, J. L., Gordon, M. and Kriven, W. M. (2005) Use of geopolymeric cements as a refractory adhesive for metal and ceramic joins. *Ceramic Engineering and Science Proceedings*, 26, 407–413.

Bell, J. L., Sarin, P., Provis, J. L., Haggerty, R. P., Driemeyer, P. E., Chupas, P. J., van Deventer, J. S. J. and Kriven, W. M. (2008) Atomic structure of a cesium aluminosilicate geopolymer: A pair distribution function study, *Chemistry of Materials*, 20, 4768–4776. doi 10.1021/cm703369s.

Bouzoubaâ, N., Zhang, M. H., Malhotra, V. M. and Golden, D. M. (1999) Blended fly ash cements – A review. *ACI Materials Journal*, 96, 641–650.

Buchwald, A. (2006) What are geopolymers? Current state of research and technology, the opportunities they offer, and their significance for the precast industry. *Betonwerk unk Fertigteil-Technik*, 72, 42–49.

Buchwald, A., Kaps, C. and Hohmann, M. (2003) Alkali-activated binders and pozzolan cement binders – Complete binder reaction or two sides of the same story? *Proceedings of the 11th International Conference on the Chemistry of Cement*, Durban, South Africa, 1238–1246.

Comrie, D. C. and Kriven, W. M. (2003) Composite cold ceramic geopolymer in a refractory application. *Ceramic Transactions*, 153, 211–225.

Davidovits, J. (1982a) The need to create a new technical language for the transfer of basic scientific information. *Transfer and Exploitation of Scientific and Technical Information, EUR 7716*. Luxembourg, Commission of the European Communities.

Davidovits, J. (1982b) Mineral polymers and methods of making them, U.S. Patent 4,349,386.

Davidovits, J. (1984) Synthetic mineral polymer compound of the silicoaluminates family and preparation process, U.S. Patent 4,472,199.

Davidovits, J. (1991) Geopolymers – Inorganic polymeric new materials. *Journal of Thermal Analysis,* 37, 1633–1656. doi:10.1007/BF01912193.

Davidovits, J. (2005) *Geopolymer, Green Chemistry and Sustainable Development Solutions: Proceedings of World Congress Geopolymer 2005*. Saint-Quentin, France.

Davidovits, J. (2008) *Geopolymer Chemistry and Applications*, Saint-Quentin, France,

Institut Géopolymère.

Davidovits, J. and Davidovits, F. (2001) *The Pyramids: An Enigma Solved*. 2nd Revised Ed., Saint-Quentin, France, Éditions J. Davidovits.

Davidovits, J. and Orlinski, J. (1988) *Proceedings of Geopolymer '88 – First European Conference on Soft Mineralurgy*. Compeigne, France.

Davidovits, J., Davidovits, R. and James, C. (1999) *Proceedings of Géopolymère '99 – Second International Conference*. Saint-Quentin, France.

Diamond, S. (1986) Particle morphologies in fly ash. *Cement and Concrete Research*, 16, 569–579. doi:10.1016/0008-8846(86)90095-5

Duxson, P., Lukey, G. C., Separovic, F. and Van Deventer, J. S. J. (2005) The effect of alkali cations on aluminum incorporation in geopolymeric gels. *Industrial and Engineering Chemistry Research*, 44, 832–839. doi:10.1021/ie0494216.

Duxson, P., Provis, J. L., Lukey, G. C. and Van Deventer, J. S. J. (2007a) The role of inorganic polymer technology in the development of 'Green concrete'. *Cement and Concrete Research*, 37, 1590–1597. doi:10.1016.j.cemconres.2007.08.018.

Duxson, P., Fernández-Jiménez, A., Provis, J. L., Lukey, G. C., Palomo, A. and Van Deventer, J. S. J. (2007b) Geopolymer technology: The current state of the art. *Journal of Materials Science*, 42, 2917–2933. doi:10.1007/s10853–006-0637-z.

Fernández-Jiménez, A. and Palomo, A. (2003) Characterisation of fly ashes. Potential reactivity as alkaline cements. *Fuel*, 82, 2259-2265. doi:10.1016/S0016-2361(03)00194-7.

Giancaspro, J., Balaguru, P. N. and Lyon, R. E. (2006) Use of inorganic polymer to improve the fire response of balsa sandwich structures. *Journal of Materials in Civil Engineering*, 18, 390–397. doi:10.1061/(ASCE)0899-1561(2006)18:3(390).

Granizo, M. L. and Blanco, M. T. (1998) Alkaline activation of metakaolin - An isothermal conduction calorimetry study. *Journal of Thermal Analysis*, 52, 957–965. doi:10.1023/A:1010176321136.

Hardjito, D., Wallah, S. E., Sumajouw, D. M. J. and Rangan, B. V. (2004) On the development of fly ash-based geopolymer concrete. *ACI Materials Journal*, 101, 467–472.

Kaps, C. and Buchwald, A. (2002) Property controlling influences on the generation of geopolymeric binders based on clay. *Geopolymers 2002. Turn Potential into Profit*, Melbourne, Lukey, G. C. (Ed.), CD-ROM Proceedings.

Kriven, W. M., Bell, J. L. and Gordon, M. (2004) Geopolymer refractories for the glass manufacturing industry. *Ceramic Engineering and Science Proceedings*, 25, 57–79.

Krivenko, P. V. (1994) Alkaline cements. *Proceedings of the First International Conference on Alkaline Cements and Concretes*, Kiev, Ukraine, Krivenko, P. V. (Ed.), 11–129.

Krivenko, P. V. (2002) Alkaline cements: From research to application. *Geopolymers 2002. Turn Potential into Profit*, Melbourne, Australia, Lukey, G. C. (Ed.), CD-ROM Proceedings.

Krivenko, P. V. and Kovalchuk, G. Y. (2002) Heat-resistant fly ash based geocements. *Geopolymers 2002. Turn Potential into Profit*, Melbourne, Australia, Lukey, G. C. (Ed.), CD-ROM Proceedings.

Krivenko, P. V. and Kovalchuk, G. Y. (2007) Directed synthesis of alkaline aluminosilicate minerals in a geocement matrix. *Journal of Materials Science*, 42, 2944–2952. doi10.1007/s10853-006-0528-3.

Lee, W. K. W. and van Deventer, J. S. J. (2002) The effect of ionic contaminants on the early-age properties of alkali-activated fly ash-based cements. *Cement and Concrete Research*, 32, 577–584. doi:10.1016/S0008-8846(01)00724-4.

Lloyd, R. R. (2008) PhD Thesis, Department of Chemical and Biomolecular Engineering, University of Melbourne, Australia.

Lukey, G. C. (2002) *Proceedings of Geopolymers 2002 – Turn Potential into Profit*, Melbourne, Australia.

Lyon, R. E., Balaguru, P. N., Foden, A., Sorathia, U., Davidovits, J. and Davidovics, M. (1997) Fire-resistant aluminosilicate composites. *Fire and Materials*, 21, 67–73. doi:10.1002/(SICI)1099-1018(199703)21:2<67::AID-FAM596>3.0.CO;2-N.

Mackenzie, K. J. D. (2003) What are these things called geopolymers? A physico-chemical perspective. *Ceramic Transactions*, 153, 175–186.

Malone, P. G., Randall, C. J. and Kirkpatrick, T. (1985) *Potential applications of alkali-activated aluminosilicate binders in military operations*. GL-85-15, Geotechnical Laboratory Department of the Army, Washington DC.

Manz, O. E. (1999) Coal fly ash: a retrospective and future look. *Fuel*, 78, 133–136. doi:10.1016/S0016-2361(98)00148-3.

Palomo, A. and Glasser, F. P. (1992) Chemically-bonded cementitious materials based on metakaolin. *British Ceramic Transactions and Journal*, 91, 107–112.

Palomo, A., Grutzeck, M. W. and Blanco, M. T. (1999a) Alkali-activated fly ashes – A cement for the future. *Cement and Concrete Research*, 29, 1323–1329. doi:10.1016/S0008-8846(98)00243–9.

Palomo, A., Blanco-Varela, M. T., Granizo, M. L., Puertas, F., Vazquez, T. and Grutzeck, M. W. (1999b) Chemical stability of cementitious materials based on metakaolin. *Cement and Concrete Research*, 29, 997–1004. doi:10.1016/S0008-8846(99)00074-5.

Palomo, A., Alonso, S., Fernández-Jiménez, A., Sobrados, I. and Sanz, J. (2004) Alkaline activation of fly ashes: NMR study of the reaction products. *Journal of the American Ceramic Society*, 87, 1141–1145. doi:10.1111/j.1551-2916.2004.01141.x.

Perera, D. S., Aly, Z., Vance, E. R. and Mizumo, M. (2005) Immobilization of Pb in a geopolymer matrix. *Journal of the American Ceramic Society*, 88, 2586–2588. doi:10.1111/j.1551-2916.2005.00438.x.

Provis, J. L., Lukey, G. C. and Van Deventer, J. S. J. (2005) Do geopolymers actually contain nanocrystalline zeolites? – A re-examination of existing results. *Chemistry of Materials*, 17, 3075–3085. doi:10.1021/cm050230i.

Purdon, A. O. (1940) The action of alkalis on blast-furnace slag. *Journal of the Society of Chemical Industry – Transactions and Communications*, 59, 191–202.

Rahier, H., Van Mele, B., Biesemans, M., Wastiels, J. and Wu, X. (1996a) Low-temperature synthesized aluminosilicate glasses. 1. Low-temperature reaction stoichiometry and structure of a model compound. *Journal of Materials Science*, 31, 71–79. doi:10.1007/BF00355128.

Rahier, H., Van Mele, B. and Wastiels, J. (1996b) Low-temperature synthesized aluminosilicate glasses. 2. Rheological transformations during low-temperature cure and high-temperature properties of a model compound. *Journal of Materials Science*, 31, 80–85. doi:10.1007/BF00355129.

Rahier, H., Simons, W., Van Mele, B. and Biesemans, M. (1997) Low-temperature synthesized aluminosilicate glasses. 3. Influence of the composition of the silicate solution on production, structure and properties. *Journal of Materials Science*, 32, 2237–2247. doi:10.1023/A:1018563914630.

Rees, C. A., Provis, J. L., Lukey, G. C. and Van Deventer, J. S. J. (2007) Attenuated total reflectance Fourier transform infrared analysis of fly ash geopolymer gel ageing. *Langmuir*, 23, 8170–8179. doi:10.1021/la700713g.

Richardson, I. G., Brough, A. R., Groves, G. W. and Dobson, C. M. (1994) The characterization of hardened alkali-activated blast-furnace slag pastes and the nature of the calcium silicate hydrate (C-S-H) paste. *Cement and Concrete Research*, 24, 813–829. doi:10.1016/0008-8846(94)90002-7.

Rostami, H. and Brendley, W. (2003) Alkali ash material: A novel fly ash-based cement. *Environmental Science and Technology,* 37, 3454–3457. doi:10.1021/es026317b.

Rowles, M. R., Hanna, J. V., Pike, K. J., Smith, M. E. and O'Connor, B. H. (2007) ^{29}Si, ^{27}Al, ^{1}H and ^{23}Na MAS NMR study of the bonding character in aluminosilicate inorganic polymers. *Applied Magnetic Resonance*, 32, 663–689. doi:10.1007/s00723-007-0043-y.

Roy, D. (1999) Alkali-activated cements – Opportunities and challenges. *Cement and Concrete Research,* 29, 249–254. doi:10.1016/S0008-8846(98)00093-3.

Shi, C., Krivenko, P. V. and Roy, D. M. (2006) *Alkali-Activated Cements and Concretes,* Abingdon, UK, Taylor and Francis.

Singh, P. S., Bastow, T. and Trigg, M. (2005) Structural studies of geopolymers by ^{29}Si and ^{27}Al MAS-NMR. *Journal of Materials Science*, 40, 3951–3961. doi:10.1007/s10853-005-1915-x.

Steveson, M. and Sagoe-Crentsil, K. (2005) Relationships between composition, structure and strength of inorganic polymers. Part I – Metakaolin-derived inorganic polymers. *Journal of Materials Science*, 40, 2023–2036. doi:10.1007/s10853-005-1226-2.

Subaer and Van Riessen, A. (2007) Thermo-mechanical and microstructural characterisation of sodium-poly(sialate-siloxo) (Na-PSS) geopolymers. *Journal of Materials Science*, 42, 3117–3123. doi:10.1007/s10853-006-0522-9.

Swanepoel, J. C. and Strydom, C. A. (2002) Utilisation of fly ash in a geopolymeric material. *Applied Geochemistry*, 17, 1143–1148. doi:10.1016/S0883-2927(02)00005-7.

Talling, B. (2002) Geopolymers give fire safety to cruise ships. *Geopolymers 2002. Turn Potential into Profit*, Melbourne, Australia, Lukey, G. C. (Ed.), CD-ROM Proceedings.

Van Deventer, J. S. J., Provis, J. L., Duxson, P. and Lukey, G. C. (2007) Reaction mechanisms in the geopolymeric conversion of inorganic waste to useful products. *Journal of Hazardous Materials*, A139, 506–513. doi:10.1016/j.jhazmat.2006.02.044.

Van Jaarsveld, J. G. S. (2000) PhD Thesis, Department of Chemical Engineering, University of Melbourne, Australia.

Van Jaarsveld, J. G. S., Van Deventer, J. S. J. and Lorenzen, L. (1997) The potential use of geopolymeric materials to immobilise toxic metals. 1. Theory and applications. *Minerals Engineering*, 10, 659–669. doi:10.1016/S0892-6875(97)00046-0.

Van Jaarsveld, J. G. S., Van Deventer, J. S. J. and Lorenzen, L. (1998) Factors affecting the immobilization of metals in geopolymerized flyash. *Metallurgical and Materials Transactions B – Process Metallurgy and Materials Processing Science*, 29, 283–291. doi:10.1007/s11663-998-0032-z.

Wang, S. D. and Scrivener, K. L. (1995) Hydration products of alkali-activated slag cement. *Cement and Concrete Research,* 25, 561-571. doi:10.1016/0008-8846(95)00045–E.

Wastiels, J., Wu, X., Faignet, S. and Patfoort, G. (1993) Mineral polymer based on fly ash. *Proceedings of the 9th International Conference on Solid Waste Management*, Philadelphia, PA, 8pp.

Yip, C. K. and Van Deventer, J. S. J. (2003) Microanalysis of calcium silicate hydrate gel formed within a geopolymeric binder. *Journal of Materials Science*, 38, 3851–3860. doi:10.1023/A:1025904905176.

Zhang, Y., Sun, W. and Li, Z. (2005) Hydration process of interfacial transition in potassium polysialate (K-PSDS) geopolymer concrete. *Magazine of Concrete Research*, 57, 33–38. doi:10.1680/macr.57.1.33.57865.

Zoulgami, M., Lucas-Girot, A., Michaud, V., Briard, P., Gaudé, J. and Oudadesse, H. (2002) Synthesis and physico-chemical characterization of a polysialate-hydroxyapatite composite for potential biomedical application. *European Physical Journal – Applied Physics*, 19, 173–179. doi:10.1051/epjap:2002063.

第一部分

地质聚合物的合成与表征

2

粉煤灰玻璃体化学和无机聚合物水泥

L. M. Keyte 著
墨尔本大学，澳大利亚

2.1 引言

无机聚合物技术发展的主要驱动力之一是其具有可以替代波特兰水泥的潜力。无机聚合物水泥（IPC）可以通过碱激发多种原料来合成，包括热活化黏土、粉煤灰和高炉矿渣，以生产在力学性能上能够替代硅酸盐水泥的硬化材料（Duxson et al，2007）。碱激发偏高岭土（热活化高岭土）合成的无机聚合物胶凝材料需要大量的水来形成工作性能优异的浆体。尽管其需水量大，但偏高岭土基硬化无机聚合物表现出与波特兰水泥相当或者更优的力学性能（Davidovits，1991）。煤粉炉粉煤灰基无机聚合物水泥浆体由于其更好的工作性能而受到特别关注，其需水量少于偏高岭土无机聚合物水泥浆体的1/4，可改善其力学性能（Lloyd and Keyte，2007）。特别地，低钙煤粉炉粉煤灰（CaO质量分数＜5%）是一种丰富的目前全球未被充分利用的工业副产品（Ingram and Crookes，2005）。

以煤粉炉粉煤灰合成的无机聚合物的力学性能差异很大（van Jaarsveld et al，1997）。为了评估IPC替代波特兰水泥的潜力，通常需要测定其抗压强度来评估胶凝材料的活性程度；IPC胶凝材料只有在具有相应强度的新相生成时才可以使用。煤粉炉粉煤灰在无机聚合物合成过程中的溶解机制以及其对最终形成的硬化材料的影响尚不清楚。这在一定程度上归因于大多数的调查研究通常只是针对单一来源的煤粉炉粉煤灰样品，而没有选择不同的粉煤灰。

科学地理解煤粉炉粉煤灰玻璃体化学对于理解无机聚合物水泥（IPC）形成过程中复杂的溶解和沉淀过程是十分必要的。本章将讨论低钙煤粉炉粉煤灰的起源和历史以及煤的来源是如何影响粉煤灰中各相的本质和形貌的。同时还将讨论与IPC形成过程中煤粉炉粉煤灰溶解行为相关的粉煤灰中活性相的化学性质。

2.2 煤粉炉粉煤灰的起源和历史

产生热量的一种最原始的方法是在氧气存在的情况下点燃一种有机物质以持续产生热量，直到所有的物质都燃烧完。煤是一种有机沉积岩，在世界各地都有开采。可以利用煤燃烧时产生的热量。煤大部分用于电厂发电。

煤的形成过程被称为煤化作用，当大量的植物在发生严重腐烂之前被迅速掩埋就会发生煤化作用。覆盖植物原料的沉淀物层必须足够厚，以阻隔氧气和阳光，防止进一步腐烂。在数百万年的时间里，沉积物的重量会压缩植物物质，挤出水分，将脱水的植物碎片转化为被称为煤的物质（Cook，2003）。

煤矿床通常形成于被称为盆地的地壳凹陷中。煤层沉积岩一般在沉积岩层中发现，被称为煤床或煤带。沉积物可以是非常厚的纯煤层，或者是被页岩层、粉砂岩和砂岩层隔开的薄煤层。

煤是一种由复杂混合物组成的有机沉积物，与不可燃的无机物共存。其中无机物在有机物燃烧之前是无法分离出来的，形成了电厂燃煤锅炉废气流的绝大部分，以及焦炭和其他残留物。

用于发电站的燃煤锅炉有三种常见的类型：干底炉、湿底炉和旋风炉（Tishmack，1996）。最常见的类型是干底炉，煤粉在这种锅炉中燃烧时产生的飞灰大约80%会被烟气夹带离开锅炉，通常采用静电收尘（Tishmack，1996）。飞灰，通常被称为煤粉炉粉煤灰或粉煤灰。其颗粒大小、成分和利用潜力均不同于其他类型的电厂灰和副产物，煤粉炉粉煤灰是单个煤粉颗粒燃烧后的残留微粒。由于煤颗粒被带入气流中且主要暴露于高温下，颗粒之间产生相互作用的可能性小。因此，暴露在高温气流中的每个颗粒中存在的矿物质可能会进行单独的矿物质的物理和化学转化（Diamond，1986）。

许多煤粉炉粉煤灰具有的粒径分布和化学成分、球形的颗粒形貌和低成本的特性，使得粉煤灰成为一种用于混凝土中辅助胶凝材料的理想材料（Idorn，1985）。由于煤层中可含有2%～35%的矿物质，因此，只要燃煤电厂继续运行，煤粉炉粉煤灰就可以保持不断供应。

在水泥中掺入煤粉炉粉煤灰的实验已经过大量验证。普遍认为，粉煤灰在这种体系中是可以反应的，并且能够改善新拌混凝土的性能（Idorn，1985；Butler and Mearing，1985；Hemmings and Berry，1987），如：

- 加入球形粉煤灰颗粒改善了工作性能，并且与之相关的减水作用使水泥混合物的泌水最小化；

• 由于需水量降低，提高了抗压强度和其他力学性能；

• 因为煤粉炉粉煤灰的价格低于水泥，因此降低了混凝土的成本；

• 减少水泥用量进而减少 CO_2 排放；

• 提高耐久性，在某些情况下提高强度，在硬化混凝土中由于与水泥水化过程中生成的氢氧化钙发生的火山灰反应增加了水化硅酸钙胶凝材料的体积，促进了填充水分减少形成的空隙，从而形成更加耐久、渗透性更低的混凝土。

在水泥中煤粉炉粉煤灰的最大掺入量取决于其化学组成。钙含量高的煤粉炉粉煤灰（CaO 质量分数＞15%）比钙含量低的粉煤灰（CaO 质量分数＜5%）可以取代更多的波特兰水泥。在某些情况下，煤粉炉粉煤灰在混凝土中的替代水泥量可高达 40%（Wei et al，1992），这是由于粉煤灰能显著促进水泥水化过程中发生的反应且有助于需水量的降低。

澳大利亚每年生产约 1300 万吨粉煤灰，但只有 4 百万吨左右以有益的方式利用（Ingram and Crookes，2005），其余的则被简单地堆放在池塘或填埋场中。澳大利亚粉煤灰的化学成分变化多样。然而，所有商业上可获得的原料都含有相对低浓度的钙。因此，在澳大利亚用于混凝土中的煤粉炉粉煤灰量要比理想中的少。低钙煤粉炉粉煤灰通常被称为 F 类粉煤灰，尽管对于 F 类粉煤灰实际的定义是：二氧化硅、氧化铝和氧化铁的含量总和大于 70%（ASTM C 618-05，2005）。开发可以大量利用 F 类粉煤灰的无机聚合物水泥是非常有益的。

粉煤灰是煤中存在的矿物质的残留物，其组成与这些矿物的种类和浓度有关。无机物（称为矿物质）以植物本身含有的无机物和有机金属配合物混合物的形式存在于煤层中。矿物质也可以在煤化期间被冲洗到或者由于火山活动而存在于煤的形成环境中。其他矿物可能从地下水中沉淀而来，也可能存在于煤的表面和孔隙水中。矿物质可能与煤沉积物形成薄带，也可能填充漏洞和裂缝，并与煤紧密结合。它也可以很好地分散在实际的煤质中（Gammidge，2004）。

煤中的矿物种类包括黏土、碳酸盐、硫化物和氧化物，而且在整个盆地中矿物质类型和浓度差异很大。层状硅酸盐是最丰富的矿物，包括高岭石、伊利石和蒙脱石。然而，这些黏土在其结构中含有相当数量的其他取代离子，表 2.1 列出了澳大利亚的煤中所鉴定到的矿物（Ward，1989）。

关于煤层中存在的矿物有大量的文献，这些资料涉及很多研究领域，澳大利亚煤层中矿物的赋存和丰度也被很多研究者考察过（Ward，1978；Ward and Christie，1993；Ward and Taylor，1996；Creelman and Ward，1996；

Uysal et al，2000；Ward，2002；Ruan and Ward，2002；Wigley and Williamson，2005）。Ward 检测了新南威尔士州和昆士兰州的煤层样品，测定了煤中矿物的类型和浓度（Ward，1978）。从 28 个煤带中抽取 40 个不同样品进行检测，发现以石英、高岭石等层状硅酸盐等矿物种类为主，在一些样品中也发现了丰富的碳酸盐、硫酸盐和磷酸盐矿物。

表 2.1　不同作者在澳大利亚沥青煤中鉴定到的主要矿物（Ward，1989）

硅酸盐	碳酸盐
高岭石 $Al_2Si_2OH_5(OH)_4$	方解石 $CaCO_3$
伊利石 $KAl_2(Al,Si_3)O_{10}(OH)_2$	菱铁矿 $FeCO_3$
蒙脱石 $Na(Al,Mg)Si_4O_{10}(OH)_2$	白云岩 $CaMg(CO_3)_2$
绿泥石 $(Mg,Fe,Al)_6(Al,Si)_4O_{10}(OH)_8$	铁白云石 $(Ca,Fe,Mg)CO_3$
间层黏土矿物(混合层)	碳钠铝石 $NaAlCO_3(OH)_2$
石英 SiO_2	菱锶矿 $SrCO_3$
玉髓 SiO_2	文石 $CaCO_3$
长石 $KAlSi_3O_8$	
硫化物	硫酸盐
黄铁矿 FeS_2	石膏 $CaSO_4 \cdot 2H_2O$
铁矿 FeS_2	重晶石 $BaSO_4$
闪锌矿 ZnS_2	硬石膏 $CaSO_4$
方铅矿 PbS	针绿矾 $Fe_2(SO_4)_3 \cdot 9H_2O$
针镍矿 NiS	水铁矾 $FeSO_4 \cdot H_2O$
黄铜矿 $CuFeS_2$	铁矾 $NaFe_3(SO_4)_2(OH)_6$
	芒硝 Na_2SO_4 烧石膏 $CaSO_4 \cdot 1/2H_2O$ 天青石 $SrSO_4$
磷酸盐	其他矿物
磷灰石 $Ca_5F(PO_4)_3$	锐钛矿型 TiO_2
锶铝石 $SrAl_3(PO_4)_2(OH)_5 \cdot 5H_2O$	金红石型 TiO_2
	勃姆石 AlO(OH)
	赤铁矿 Fe_2O_3 针铁矿 $Fe(OH)_3$
	锆石 $ZrSiO_4$

在煤燃烧过程中，煤颗粒所暴露的温度可以超过 1600℃，这足以熔化煤中存在的大多数无机物质（Hemmings and Berry，1987）。由于每个煤颗粒中矿物的种类、浓度和成分差异很大，因此，每个煤粉煤灰颗粒的大小和化学组

成可以与任何其他颗粒完全不同（Diamond，1986）。即使在原料煤中矿物质的类型和浓度是已知的，所得到的颗粒的成分也会有很大波动。此外，为优化热值煤往往需要混合来自不同沉积物的煤种，导致粉煤灰的组成每天可能都会有很大的变化。

2.3 煤粉炉粉煤灰颗粒形貌

粉煤灰是一种复杂的材料。虽然在20世纪五六十年代就确认了非晶态和结晶态成分的存在（Simons and Jeffery，1960），但直到20世纪80年代才重视理解粉煤灰颗粒的化学性质（Hemmings and Berry，1987）。

Hemmings和Berry（1987）极好地总结了这一时期关于煤粉炉粉煤灰颗粒特征的大量研究，其中让人感兴趣的是粉煤灰中的活性玻璃组分。普遍认为，由于煤在燃烧过程中炉温超过了1600℃，煤中的大部分无机物被熔融。通常存在于澳大利亚煤层中的石英是一个例外，并且很大程度上保持不变。因此，在澳大利亚的粉煤灰中一般都可以观察到石英相。

澳大利亚煤中的主要矿物成分是硅酸盐，主要的矿物是高岭土，伊利石和蒙脱石也很常见。其硅铝酸盐矿物在煤燃烧过程中会被熔融形成球形的熔融液滴，并在离开锅炉时快速冷却。粉煤灰成球形的原理是由于表面张力作用在熔体上，使其表面自由能最小化。由于燃烧气体的释放或黏土材料本身的原因，一些颗粒也会发生膨胀形成许多膨胀的空心球体（称为空心微珠）（Hemmings and Berry，1987），可用于各种行业的轻质添加剂（NgU et al，2007）。

当熔融的硅铝酸盐液滴从锅炉中出来，它们迅速冷却并形成无定形半晶体相。无定形相是硅铝酸盐相，如果颗粒冷却速度不够快，则莫来石相会从这种玻璃相中结晶析出（Diamond，1986；Hemmings and Berry，1987；Henry et al，2004）。澳大利亚的F类粉煤灰中已观察到莫来石晶体的存在（van Jaarsveld et al，2003）。普遍认为，莫来石是在煤燃烧形成硅铝酸盐熔体过程中结晶形成的，而不是从已经存在的矿物相直接转变为莫来石（Henry et al，2004）。

粉煤灰颗粒的形状和大小取决于许多因素，包括其大小、气相包裹物和/或接近其他熔滴（这可能导致聚结和碰撞）。煤中其他矿物质的存在进一步增加了粉煤灰的非均质性。富含铁、钛、硫、磷、硼、碱金属、碱土金属等的矿物是非常常见的，且矿物在煤层中的分布是变化的。每个煤颗粒可能含有不同量的各种无机物，因此所得的粉煤灰可能是高度不均匀的。Hemmings和Berry（1987）在三个不同尺度上讨论了如何考察这些变化造成的结果。a. 宏观结构：不同类别颗粒（颗粒间的分化）之间成分、形态、大小和密度等方面的差异；b. 微观结构：给定颗粒内的差异（颗粒内的分化）；c. 纳米结构：在分子水平上玻璃中的变化（分相）。

在F类粉煤灰中，颗粒间的分化是最普遍的，尤其是对铁含量（质量分数）超过1%～2%的粉煤灰。富含铁的颗粒、完全不含铁的颗粒和介于两者之间的颗粒在这种粉煤灰中非常明显。石英在粉煤灰中经常以离散颗粒的形式出现。

许多粉煤灰中颗粒内的分化也很常见，特别是由于莫来石从硅铝酸盐玻璃中的结晶，许多颗粒包含嵌入在硅铝酸盐玻璃中的莫来石晶体，这些可以通过简单地将粉煤灰颗粒暴露在1%氢氟酸溶液中观察到（Diamond，1986）。

在许多富铁颗粒中也会出现颗粒内的分化。磁选是一种简单的收集富含磁铁矿颗粒的方法。Diamond（1986）将磁选得到的粉煤灰样品暴露于氢氟酸中溶解，发现大部分物质都受到了一定程度的侵蚀。其中许多残留的颗粒具有磁铁矿结构，可能是磁铁矿结构周围在溶解前包含有富铁的玻璃相。Warren和Dudas（1989）也研究了磁选得到的粉煤灰颗粒，发现大多数都由三种不同的物相组成：易溶的玻璃态外层、多种取代金属高度取代后的结晶磁铁矿、磁铁矿之间的难溶硅铝酸盐玻璃相间隙。Gomes等人（1999）对F类粉煤灰中存在的磁铁矿进行了表征，发现其被镁、锰、钙、硅等高度替代。

澳大利亚的粉煤灰中一般也会存在钛，主要以杂质的形式存在于高岭土和其他黏土中。钛是一种从玻璃中析晶得很好的成核剂（Diamond，1986；Shelby，2005）。Gomes和Francois（2000）也表征了粉煤灰中存在的结晶莫来石，发现它被钛以及铁取代。

其他杂质，如硫、磷和硼，在粉煤灰中浓度往往很低，但可能对其性能有显著影响。例如，在新西兰生产的粉煤灰含有较低含量的硼（质量分数0.1%），被认为延缓了波特兰水泥的凝结，因此在用于替代波特兰水泥时受到限制（South，2005）。

碱金属和碱土金属阳离子也可能影响到粉煤灰中的物相，特别是其纳米结构。有报道称，粉煤灰中的玻璃相会发生分相（Hemmings and Berry，1987）。大多数澳大利亚的F类粉煤灰中主要玻璃相是硅铝酸盐，这种玻璃态从煤中的黏土熔融形成。如前所述，莫来石是在这种玻璃冷却过程中结晶形成的。这是由于分相而出现的。分相这个术语被用于描述玻璃内液-液不互溶性。

粉煤灰内也存在着其他类型的颗粒，包括类似于波特兰水泥中的活性硅酸钙相。如前所述，这些颗粒是水和泥填充煤中存在的空隙的结果，在燃烧过程中仍保持分散（Uysal et al，2000）。所有这些复杂相都可以存在于粉煤灰中，总的元素组成只是其内部复杂性的一种反映。

2.4 硅铝酸盐玻璃体化学

在低钙煤粉煤灰中主要存在的活性玻璃相是从煤中存在的黏土熔融形成的。这些熔融的硅铝酸盐液滴离开锅炉时冷却形成非晶相和晶相。

在大部分硅铝酸盐玻璃的组成范围内，都存在着分相，包括在粉煤灰中存在的可能的组成。熔融颗粒将分离成两相：一相是组成接近二氧化硅的富硅相，另一相是组成接近 $Al_6Si_2O_{13}$ 的富铝相（Aramaki and Roy，1961）。最完善的 SiO_2-Al_2O_3 相图如图 2.1 所示（Risbud and Pask，1977）。富铝相的组成接近莫来石，除非采用快速冷却，否则部分或所有这些相都会结晶(Johnson et al，2001；Li et al，2002)。

正如 Shelby（2005）所讨论的，尽管分相的程度取决于多个因素，但是许多玻璃熔体都表现出液-液不互溶性。举例来说，如果一个坩埚装有 2 种高流动度、高不互溶的流体，在非常小心地冷却时，所得到的材料是完全分离的两种不同的玻璃，分相是肉眼可见的。但是，如果相同的熔体迅速淬冷，此时，不混溶现象可能更像乳液，相分离可能需要高倍放大才能观察到。此外，如果熔体非常黏，分相程度也很小。粉煤灰颗粒的冷却速率取决于其大小和在炉内停留的时间。但是，淬冷足以抑制富相硅的结晶。富硅铝酸盐相通常表现出一定程度的结晶，莫来石的存在就证实了这一点。

碱金属和碱土金属阳离子对硅铝酸盐熔体的行为有着十分重要的影响。当存在碱性阳离子时，铝可以以四面体配位的形式存在，而这些四面体可以直接取代进入硅玻璃网络。随着熔体内碱性阳离子含量的增加，出现的相分离越来越少（Shelby，2005）。大多数低钙粉煤灰含有的电荷平衡阳离子要比铝少，高浓度的分相硅铝酸盐玻璃可能仍然存在。此外，由于阳离子通常分布不均匀，许多硅铝酸盐颗粒可能不含电荷平衡阳离子。

2.5 粉煤灰玻璃体化学检测

非熔融热处理诱导相变（去玻璃化），可以利用 X 射线衍射仪（XRD）进行粉煤灰非晶相的检测。由于各种原因，多相玻璃体系经常去玻璃化以诱导特定相的结晶（Johnson et al，2001；Shelby，2005）。去玻璃化是用于检测非晶相的一个有用的工具。如果要检测的玻璃相的液相温度比所有存在的玻璃相开始结晶时的温度要高，那么去玻璃化将使非晶相转变为晶相，故可以通过

XRD 进行识别。在简单的玻璃体系中，这些新的结晶相就可以表示材料中存在的非晶相。

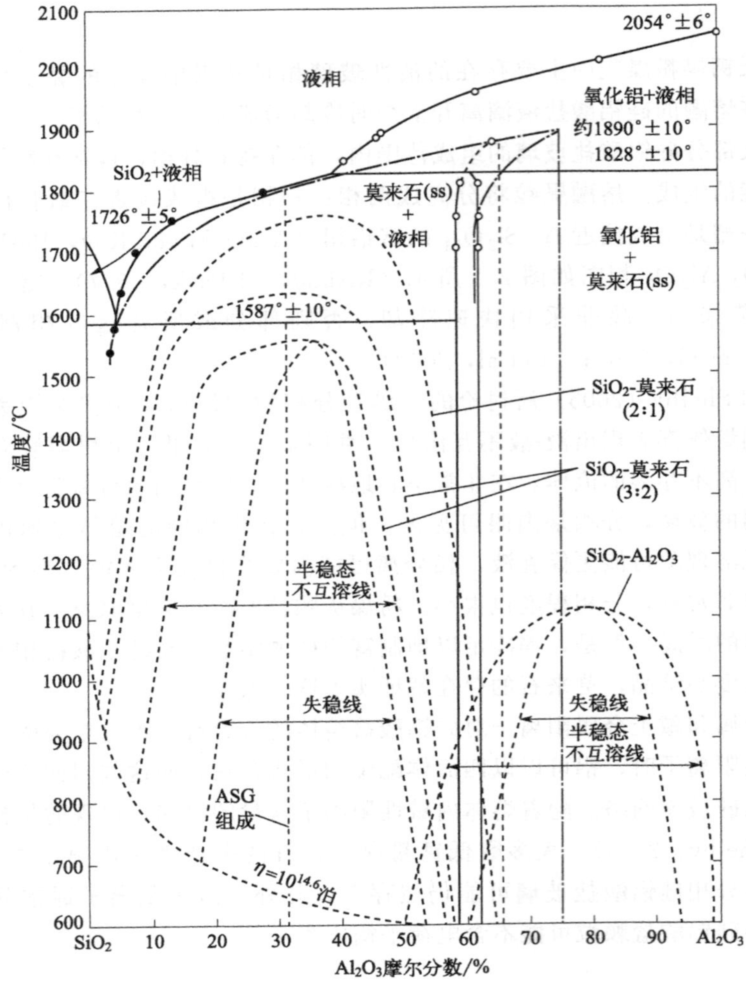

图 2.1　在 SiO_2-Al_2O_3 体系稳态和亚稳态平衡相图中计算得到的重叠互溶区

失稳区附近的间隙被认为是热力学上最有可能的（摘自 Risbud 和 Pask，1977）

如果将这种技术应用于粉煤灰，则可以通过分析热处理后的粉煤灰的 XRD 图谱，并借助测得的氧化物组成来确定存在的玻璃相的性质。为了确保结果的准确性，产生灰分的煤的化学性质也应该检测。粉煤灰是由煤中包裹的矿物形成的，意味着在燃烧过程中能形成的相在一定程度上可以通过煤化学分析预测。

Hemmings 和 Berry 首次使用去玻璃化进行了粉煤灰中玻璃相的检测

(1985)。在900℃下经过24～27h热处理后，证实了按照密度分类的粉煤灰样品XRD衍射图谱存在明显的不同（Hemmings and Berry，1987），并发现在密度不同的样品中形成了不同的晶体，因此可以更好地了解所观察的粉煤灰中存在的相。选择的去玻璃化的温度为900℃，这是由于差热分析（DTA）中样品在这一温度点开始出现放热反应。然而，除此之外很少有研究测定粉煤灰中的玻璃相，它们通常只考虑总的非晶体含量。

虽然这种技术给出了一些有关粉煤灰中非晶相非常有用的信息，但是Hemmings和Berry的工作却未对所存在的相给出一个完整的理解。粉煤灰样品含有大量不同的玻璃相，因此每个相在不同温度开始结晶是可能的。同样，由于每个粉煤灰颗粒本身可能与其他颗粒完全不同，也有可能在同一温度下有些颗粒熔化而其他颗粒没有，这就可能产生误导性的结果。

对低钙粉煤灰样品而言，可在一定温度范围内进行不同时间的热处理后用XRD观察相变反应（Keyte，2008）。Glasson检测了用高纯SiO_2和Al_2O_3合成的一种性能已知的硅铝酸盐玻璃（ASG）（Glasson，2006），并与粉煤灰样品进行了比较。由于被用于陶瓷耐火纤维的制备和销售，这种材料去玻璃化的特征已被广泛研究。由于对可能含有结晶硅的纤维材料在使用过程中所存在的担忧，对这些材料去玻璃化的观察研究是非常重要的（Ganz and Krönert，1982年）。

正如前面所讨论的，Al_2O_3-SiO_2二元体系在大部分组成范围——从莫来石到二氧化硅都表现出分相。在液相线（1850℃）以上熔体是均匀的，但是在冷却时自发地分离成两个非晶相（Aramaki and Roy，1961；MacDowell and Beall，1969；Aksay and Pask，1975；Risbud and Pask，1977；Beall and Duke，1983）。Keyte测定的（2008）ASG氧化物组成范围在莫来石和二氧化硅之间（表2.2），氧化铝摩尔分数大概在31.4%，这表明该材料会发生分相（图2.1）。如果ASG冷却足够迅速，X射线衍射结果中的非均质无定形物质则由两种内部相连的物相所组成：一种成分接近莫来石，另一种接近二氧化硅（Beall and Duke，1983）。富铝玻璃相往往需要比硅质玻璃相更快的冷却速率才能保持非晶态，因此在冷却过程中更容易发生结晶。ASG需快速冷却以确保不会发生结晶，X射线衍射结果中是非晶态的。

表2.2 ASG的主要氧化物组成（质量分数） 单位：%

组成	SiO_2	Al_2O_3	Na_2O	K_2O	CaO	TiO_2	其他
ASG	55.7	43.3	0.2	0.0	0.0	0.0	0.8

两种非晶相的存在，一种成分接近莫来石，一种接近二氧化硅，二者在不同温度下发生结晶。第一个可观察到的变化是在980℃左右莫来石的结晶，尽

管这一温度也可能低至 900℃（Ganz 和 Krönert，1982），随着温度的升高，莫来石晶体持续形成，在 1300℃时莫来石含量将达到最高。第二个观察到的变化是方石英的结晶，这一结晶温度与二氧化硅的纯度有关。研究表明，铁氧化物和二氧化钛这些杂质的存在会使结晶在较低的温度下发生（Ganz and Krönert，1982；MacDowell and Beall，1969）。由于 ASG 是由高纯的原料合成的，结晶温度应该接近理想温度 1250～1300℃（Ganz and Krönert，1982）。

参比 ASG 样品（ASG_R）的 XRD 图谱证实了这种材料的非晶态特性，显示宽泛的无定形"馒头峰"（Keyte，2008）。Keyte（2008）首次对这种材料进行了热处理，将样品在恒温下放置 24h 之后，经过几个小时冷却速率小于 100℃/h 的缓慢冷却。在 600℃、700℃和 800℃加热 24h 的样品 XRD 图谱中未观察到相变。在 900℃热处理 24h 后的 ASG 样品 XRD 图谱中鉴定出了莫来石，证实了在未加热的玻璃中存在与莫来石成分相近的非晶相。然而，仍然存在非常明显的大非晶态"馒头峰"，表明非晶态二氧化硅仍然存在（图 2.2）。

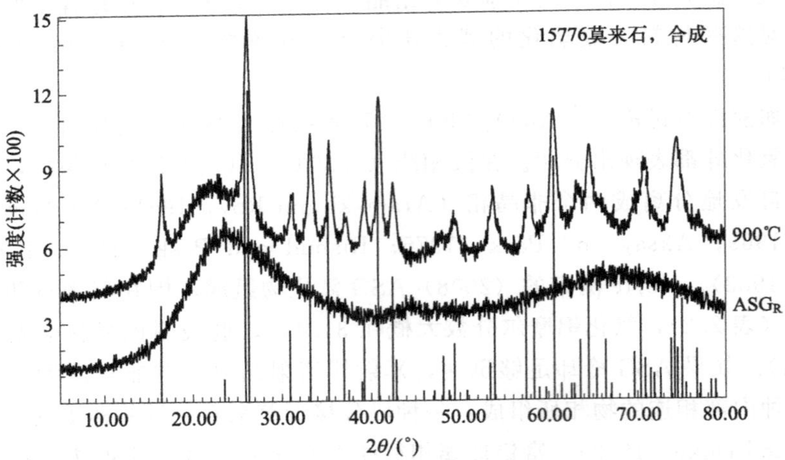

图 2.2　在 900℃热处理前后 ASG 的 XRD 谱图

在 1000℃、1100℃和 1200℃温度下热处理 24h 的样品在 XRD 图中没有出现其他新相，由于使用了高纯的原料来合成 ASG，如预期的像非晶态二氧化硅那样，直到温度达到约 1300℃之前都没有向方石英结晶。虽然没有观察到新相，但是在这一温度范围莫来石峰的强度和分辨率都有明显的差异。这些峰的尺寸和强度的增加，伴随着非晶态"馒头峰"的减弱，这是由于莫来石浓度增加。虽然莫来石第一次结晶发生在 900℃，但只占总量的很少一部分。Ganz and Krönert（1982）在 980℃下观察到莫来石在这一体系中的结晶，形成约 20%～25%莫来石。随着温度升高至 1050℃，莫来石含量显著增加。之后，莫来石量的增长更为迅速并呈线性增长直至 1200℃左右。在 1200～1300℃之间，莫来石含量保持不变。Keyte（2008）观察到 ASG 的 XRD 图谱与其结果一致。

正如 XRD 中观察到的，在 1300℃热处理足以导致方石英结晶。这项工作使得非晶相可以利用去玻璃化来测得，由于结晶在液相线以下发生，所以该技术也被用于粉煤灰样品。

正如预测的那样，Keyte（2008）进一步证实了四种不同澳大利亚低钙粉煤灰样品中含有非晶相 $Al_6Si_2O_{13}$（某些结晶相为莫来石）和非晶态富硅（SiO_2）相，也发现在这些粉煤灰样品中还存在其他包括硅酸钙相的少量反应相（图 2.3）。

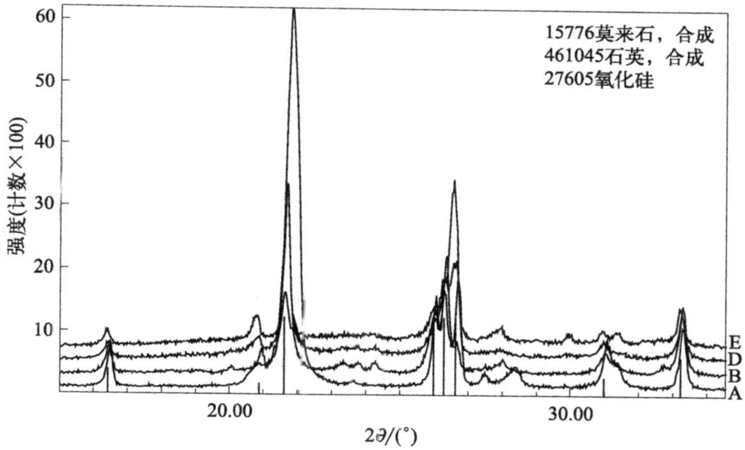

图 2.3 四种澳大利亚粉煤灰在 1200℃（A）或 1000℃（B、D 和 E）热处理后的 XRD 谱图
A、B、D、E 为澳大利亚产的四种不同低钙粉煤灰

低钙粉煤灰主要由分相的硅铝酸盐玻璃组成。这些粉煤灰之间的差异与其玻璃相的结晶程度有关，主要是莫来石的形成程度和其他少量反应相的存在。

2.6 IPC 形成中粉煤灰玻璃体行为

IPC 是用包括粉煤灰等的原料通过溶解富硅铝酸盐相来合成的。如上所讨论的，低钙粉煤灰中，主要相是分相的硅铝酸盐玻璃，其中一部分结晶形成莫来石，也可能存在少量的石英、非晶态和结晶的富铁相和富钙相。

矿物和玻璃在许多体系中的溶解得到了广泛研究，包括在高碱性条件下硅酸盐和硅铝酸盐玻璃体的行为（Nordberg，1964；Doremus，1973；Shelby，2005）。当考虑溶解时，晶体材料和非晶材料之间的区别是非常重要的。之前已经提到，粉煤灰中包含一些结晶相，如石英和莫来石，这些相被认为是没有反应活性的（Criado et al，2005；Fernandez-Jimenez et al，2006）。与非晶态物质相比，它们与碱金属硅酸盐溶液的反应速率是极其缓慢的。即使 IPC 经过长期的养护仍可在 XRD 图谱中观察到晶相与原料中有着类似的量（Lee and van Deventer，2002）。

玻璃化的二氧化硅水解速率常数比石英高 45 倍以上（Iler，1979），这种差异即使在强碱性溶液中也不能改变。如果考虑晶态二氧化硅和非晶态二氧化硅的结构，目前还不清楚为什么非晶态结构要比晶态结构反应活性更高（图 2.4）。

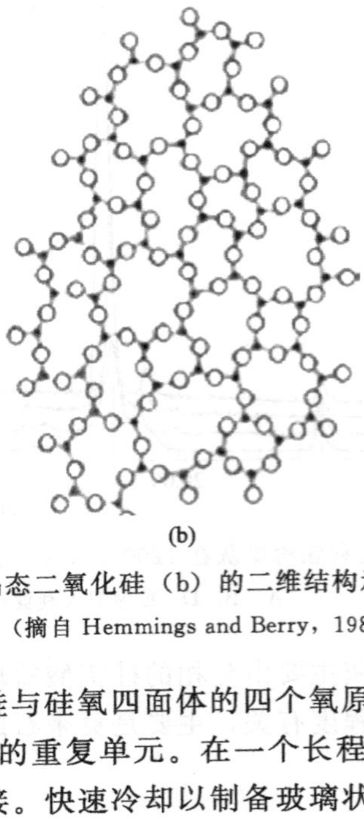

图 2.4　晶态二氧化硅（a）和非晶态二氧化硅（b）的二维结构示意图

空心圆为硅原子，实心圆为氧原子（摘自 Hemmings and Berry，1987）

在晶体二氧化硅的多种晶型中，硅与硅氧四面体的四个氧原子相连（除了具有 SiO_6 八面体的辉石）形成有规律的重复单元。在一个长程有序的三维结构中，每一个氧原子与两个硅原子连接。快速冷却以制备玻璃状二氧化硅的二氧化硅熔体也含有几乎相同的 SiO_4 四面体，具有高度的内在秩序，呈现短程有序。非晶态结构的无序是由相邻四面体的 Si—O—Si 键角变化造成的。相邻的四面体围绕连接四面体的氧原子所占据的点旋转，以及四面体围绕连接氧原子和硅原子之间的线旋转，会引起附加的无序（Hemmings and Berry，1987；Shelby，2005）。结果，由于 Si—O—Si 键角和旋转，失去了长程有序，并且这种旋转现在通过值的分布而不是在晶格中的单个值来描述，这也使得玻璃的X射线结果呈现为非晶态。

衍射研究已经表明，晶态和非晶态二氧化硅最短的Si—O和O—O键键长差异很小，说明SiO_4四面体基本结构要素在短程上表现出高度的有序性。但是，由于键角是分布的，在无定形结构中观察到四面体连接中心的硅原子之间的间距是一个范围。硅原子与次邻近氧原子之间的距离，分布变得更宽，依此类推（Shelby，2005）。

Si—O—Si键角范围在120°～180°之间，极大值大约出现在147°（Clark et al，2004），但大多数都认为在144°±14.4°之内（Shelby，2005）。Shelby进一步指出，玻璃态二氧化硅存在高应力键合区和氧空位等缺陷区，分别表现为Si—Si键合、过氧化缺陷、Si—O—O—Si键合。这些高度应变键合削弱了玻璃对水和包括碱性溶液在内的一系列侵蚀性物质的抵抗力。与晶体材料中存在的非常有序的键合不同，反应性玻璃态二氧化硅对IPC形成的贡献不大。

硅铝酸盐玻璃也有应变键、氧空位和过氧键。低钙粉煤灰中的玻璃体主要是SiO_2-Al_2O_3二元体系。基于低钙粉煤灰中的铝硅比，可将玻璃相分相成为一种富硅相和一种富铝相。富硅玻璃相有着与前所述基本相同的结构（图2.4）。富铝相的结构研究较少，其在碱性溶液中的行为还没有相关报道。

Morikawa等（1982）发现富铝相的硅铝酸盐玻璃具有类似莫来石晶体结构的短程有序。Krishnan及他的同事首次通过X射线衍射检测了液态$Al_6Si_2O_{13}$的原子结构（Krishnan et al，2000），发现铝原子趋于形成八面体配位，硅原子趋于形成四面体配位，并且可能趋于形成三簇SiO_4团。三簇SiO_4团导致在原子水平上的相分离，可能对反应活性有影响。Winkler和Horbach（2004）的进一步工作以及Linh和Hoang等人（2007）给出了铝和硅的三簇体证据。

尽管目前尚没有组成接近于莫来石的玻璃结构模型，但是普遍认为，该结构复杂且由于原子趋于团簇，其结构本身在原子尺度上可能是相分离的。

二氧化硅玻璃体在高pH值溶液中的溶解与其在中性或酸性溶液中的行为不同。粉煤灰的碱活性部分一般通过在酸性溶液中溶解粉煤灰来评估，特别是在氢氟酸中溶解粉煤灰（Fernandez-Jimenez et al，2006）。但是，这并不十分准确，因为尽管玻璃在酸性和碱性溶液中都有一定程度的溶解，但它们溶解的方式和溶解的物质可能不同。

首先，考虑二氧化硅玻璃在水中的反应。水通过以下方式侵蚀二氧化硅玻璃中的硅氧键（Doremus，1973；Xiao and Lasaga，1996）：

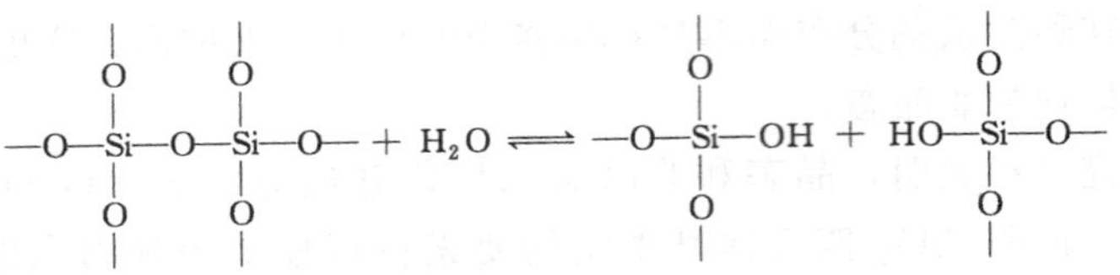 (2.1)

结果是相邻的硅羟基对非常稳定。为进一步发生反应和溶解，水分子必须持续打断 Si—O 键。无定形二氧化硅在水中 25℃时溶解度非常低并且其动力学已有研究（Doremus，1973）。

水分子与硅氧键的反应可以直接发生在硅表面，但如果在这样的情况下，将会观察到受表面化学反应控制的溶解速率常数。然而实际情况并非如此（Doremus，1973），首先较大的分子单元先溶解，然后在中性溶液中缓慢分解成平衡态的 $Si(OH)_4$ 单体分子形式，这一过程使得这一问题变得更加复杂（Doremus，1973）。

但是，当溶液的 pH 值增加时，因为表面溶解过快，水分子向结构中的扩散不再是速率控制步骤。在高 pH 值下，迅速出现了硅羟基的离子化：

$$Si(OH)_4 + OH^- \rightleftharpoons Si(OH)_3O^- + H_2O \tag{2.2}$$

剩余的硅氧键因此被减弱，更易被水分子侵蚀，并发生迅速溶解（Doremus，1973；Xiao and Lasaga，1996；Shelby，2005）。高 pH 条件下氧化硅玻璃的溶解速率与碱硅玻璃的溶解速率差别不大（Doremus，1973）。高 pH 的激发溶液导致了硅氧键的快速破坏，碱-硅玻璃中的非桥键氧促进作用很小。因此，预计粉煤灰中存在的富硅相将在碱性溶液中迅速溶解。

已有报道指出在玻璃相中添加铝会降低其在碱溶液中的溶解速率，然而原因尚不清楚（Nordberg，1964；Doremus，1973）。进一步研究发现，所有对硅铝酸盐玻璃碱溶的研究几乎都涉及含有电荷平衡铝原子的氧化硅玻璃（Nordberg，1964；Doremus，1973；Shelby，2005）。在分相的硅铝酸盐玻璃中发现，成分接近于莫来石的富硅铝酸盐玻璃与含有电荷平衡铝的硅酸盐玻璃有着完全不同的结构。Keyte（2008）的一项初步研究发现，没有证据表明，组成为 $Al_6Si_2O_{13}$ 的富铝玻璃的溶解速率与组成接近 SiO_2 的玻璃有任何不同。

由于组成接近 $Al_6Si_2O_{13}$ 的玻璃相在大多数粉煤灰中会有一定程度的结晶，且不同来源的粉煤灰，铝溶解量有很大的不同。这将影响形成的凝胶铝硅比，最终影响 IPC 胶凝材料的强度。IPC 抗压强度已被证明是硅铝比的函数（Rowles and O'Connor，2003；Duxson et al，2005），并且一般认为硅铝比大于 2.5 会导致较差的力学性能。低钙粉煤灰制得的 IPC 可能具有较低的力学强度。

2.7 小结

低钙粉煤灰是一种复杂的多相材料，在 IPC 形成的过程中其行为受到一系列因素的影响。由于莫来石的结晶，反应性玻璃相中硅铝比在相似来源的粉煤灰中可能有所不同。缓慢冷却的粉煤灰可以结晶出大量的莫来石，在反应性玻璃相中留下很少的铝。

模拟 IPC 体系中的硅铝酸盐玻璃的溶解，能够进一步了解反应机制，得到更多关于新相形成的认识。

参考文献

Aksay, I. A. and Pask J. P. (1975). 'Stable and metastable equilibria in the system SiO_2-Al_2O_3.' *Journal of the American Ceramic Society*, 58: 507–512.

Aramaki, S. and Roy R. (1961). 'Revised phase diagram for the system Al_2O_3-SiO_2.' *Journal of the American Ceramic Society*, 45: 229–242.

ASTM (2005). Standard Specification for Coal Fly Ash and Raw Calcined Natural-Pozzolan for Use as a Mineral Admixture in Concrete, Designation C61805, ASTM International, PO Box 700, West Conshohocken, PA 19428–2959, USA.

Beall, G. H. and Duke D. A. (1983). Glass-ceramic technology. *Glass: Science and Technology*, D. R. Uhlmann and N. J. Kreidl Eds. New York, Academic Press. 1: 419–422.

Butler, W. B. and Mearing M. A. (1985). 'Fly ash beneficiation and utilization in theory and in practice.' Materials Research Society Symposia Proceedings. V 65. Fly Ash and Coal Conversion By-Products: Characterization, Utilization and Disposal II, Boston, Massachusetts, U.S.A., McCarthy, G. J., Glasser, F. P., Roy, D. M. Eds.: 11–18.

Clark, T. M., Grandinetti, P. J., Florian P. and Stebbins J. F. (2004). 'Correlated structural distributions in silica glass.' *Physical Review B* 70: 064202.

Cook, B. (2003). 'Coal in a sustainable future.' *Introduction to Australia's minerals*, Adelaide, Osmond Earth Sciences, 24pp.

Creelman, R. A. and Ward C. R. (1996). 'A scanning electron microscope method for automated, quantitative analysis of mineral matter in coal.' *International Journal of Coal Geology*, 30: 249–269.

Criado, M., Palomo A. and Fernández-Jiménez A. (2005). 'Alkali activation of fly ashes. Part 1: Effect of curing conditions on the carbonation of the reaction products.' *Fuel*, 84: 2048–2054.

Davidovits, J. (1991). 'Geopolymers: inorganic polymeric new materials.' *Journal of Thermal Analysis*, 37: 1633–1656.

Diamond, S. (1986). 'Particle morphologies in fly ash.' *Cement and Concrete Research*, 16: 569–579.

Doremus, R. H. (1973). *Glass Science*, John Wiley and Sons Inc., 345pp.

Duxson, P., Mallicoat, S. W., Lukey, G. C., Kriven W. M. and van Deventer J. S. J. (2005). 'Understanding the relationship between geopolymer composition, microstructure and mechanical properties.' *Colloids and Surfaces A: Physiochemical and Engineering Aspects*, 269: 47–58.

Duxson, P., Fernández-Jiménez, A., Provis, J. L., Lukey, G. C., Palomo A. and van Deventer J. S. J. (2007). 'Geopolymer technology: the current state of the art.' *Journal of Materials Science*, 42: 2917–2933.

Fernández-Jiménez, A., de la Torre, A. G., Palomo, A., Lopez-Olmo, G., Alonso M. M. and Aranda M. A. G. (2006). 'Quantitative determination of phases in the alkali activation of fly ash. Part I. Potential ash reactivity.' *Fuel*, 85: 625–634.

Gammidge, L. (2004). Coal: an introduction. http://www.newcastle.edu.au/discipline/geology/research/cfkd/undp.htm, Department of Geology, University of Newcastle, Australia, March 2005.

Ganz, R. and Krönert W. (1982). 'Crystallisation behaviour of high temperature ceramic fibres of the Al_2O_3-SiO_2 system.' *Interceram*, 31(2): 136.

Glasson, L. (2006). Private communication, Unifrax Australia Pty Ltd.

Gomes, S. and Francois M. (2000). 'Characterization of mullite in silicoaluminous fly ash by XRD, TEM, and ^{29}Si MAS NMR.' *Cement and Concrete Research*, 30: 175–181.

Gomes, S., Francois, M., Abdelmoula, M., Refait, P., Pellissier C. and Evrard O. (1999). 'Characterization of magnetite in silico-aluminous fly ash by SEM, TEM, XRD, magnetic susceptibility, and Mössbauer spectroscopy.' *Cement and Concrete Research*, 29: 1705–1711.

Hemmings, R. T. and Berry E. E. (1985). 'Speciation in size and density fractionated fly ash'. Materials Research Society Symposia Proceedings: V. 65. Fly Ash and Coal Conversion By-Products: Characterization, Utilization, and Disposal II, Boston, Massachusetts, U. S. A, McCarthy, G. J., Glasser, F. P., Roy, D. M. Eds.: 91–104.

Hemmings, R. T. and Berry E. E. (1987). 'On the Glass in Coal Fly Ashes: Recent Advances.' Materials Research Society Symposia Proceedings. V 113. Fly Ash and Coal Conversion By-Products: Characterization, Utilization, and Disposal Ⅳ, Boston, Massachusetts, U. S. A., McCarthy, G. J., Glasser, F. P., Roy, D. M., Hemmings, R. T., Eds.: 3–38.

Henry, J., Towler, M. R., Stanton, K. T., Querol X. and Moreno N. (2004). 'Characterisation of the glass fraction of a selection of European coal fly ashes.' *Journal of Chemical Technology and Biotechnology*, 79: 540–546.

Idorn, G. M. (1985). 'The research-technology interface in the fly ash-concrete regime.' Materials Research Society Symposia Proceedings: V. 65. Fly Ash and Coal Conversion By-Products: Characterization, Utilization and Disposal II, Boston, Massachusetts, U.S.A., McCarthy, G. J., Glasser, F. P., Roy, D. M., Eds.: 3–10.

Iler, R. K. (1979). *The Chemistry of Silica*, John Wiley and Sons Inc., 835pp.

Ingram, C. and B. Crookes (2005). *Inorganic Polymer Technology: Technical Overview and Market Study of Key Raw Materials*, Department of Chemical and Biomolecular Engineering, The University of Melbourne, Australia.: 157pp.

Johnson, B. R., Kriven W. M. and Schneider J. (2001). 'Crystal structure development during devitrification of quenched mullite.' *Journal of the European Ceramic Society*, 21: 2541–2562.

Keyte, L. M. (2008). PhD thesis, The University of Melbourne, Australia.

Krishnan, S., Weber, J. R. K., Ansell, S., Hixson A. D. and Nordine P. C. (2000). 'Structure of liquid $Al_6Si_2O_{13}$ (3:2 Mullite).' *Journal of the American Ceramic Society*, 83: 2777–2780.

Lee, W. K. W. and van Deventer J. S. J. (2002). 'Structural reorganisation of class F fly ash in alkaline silicate solutions.' *Colloids and Surfaces A: Physiochemical and Engineering Aspects*, 211: 49–66.

Li, M., Nagashio K. and Kuribayashi K. (2002). 'Containerless solidification of highly undercooled mullite melts: Crystal growth behavior and microstructure formation.' *Metallurgical and Materials Transactions A*, 33A: 2677–2683.

Linh, N. N. and Hoang V. V. (2007). 'Structural and amorphous properties of simulated liquid and amorphous aluminium silicates.' *Physica Scripta*, 76: 165–172.

Lloyd, R. R. and Keyte L. M. (2007). Unpublished research. Melbourne.

MacDowell, J. F. and Beall G. H. (1969). 'Immiscibility and crystallization in Al_2O_3-SiO_2 glasses.' *Journal of the American Ceramic Society*, 52: 17–25.

Morikawa, H., Miwa, S., Miyake, M., Marumo F. and Sata T. (1982). 'Structural analysis of SiO_2-Al_2O_3 glasses.' *Journal of the American Ceramic Society*, 65: 78–81.

Ngu, L. N., Wu H. and Zhang D. K. (2007). 'Characterization of ash cenospheres in fly ash from Australian power stations.' *Energy Fuels* 21(6): 3437–3445.

Nordberg, M. E. (1964). *Chemical Durability*, Corning Glass Works Library: 13pp.

Risbud, S. H. and Pask J. P. (1977). 'Calculated thermodynamic data and metastable immiscibility in the system SiO_2-Al_2O_3.' *Journal of the American Ceramic Society*, 60: 418–424.

Rowles, M. R. and O'Connor B. (2003). 'Chemical optimisation of the compressive strength of aluminosilicate geopolymers synthesised by sodium silicate activation of metakaolinite.' *Journal of Materials Chemistry*, 13: 1161–1165.

Ruan, C. and Ward C. R. (2002). 'Quantitative X-ray powder diffraction analysis of clay minerals in Australian coals using Rietveld methods.' *Applied Clay Science*, 21: 227–240.

Shelby, J. E. (2005). *Introduction to Glass Science and Technology*, The Royal Society of Chemistry, 241pp.

Simons, H. S. and Jeffery J. W. (1960). 'An X-ray study of pulverised fuel ash.' *Journal of Applied Chemistry*, 10: 328–336.

South, W. (2005). Personal communication. Melbourne.

Tishmack, J. K. (1996). 'Bulk chemical and mineral characteristics of coal combustion by-products (CCB).' Proceedings of the Coal Combustion By-Products Associated with Coal Mining – Interactive Forum, SIU at Carbondale, Chugh, Y.P, Sangunetti, B.M., Vories, K.C., Eds.: 13–19.

Uysal, I. T., Golding S. D. and Glikson M. (2000). 'Petrographic and isotope constraints on the origin of authigenic carbonate minerals and the associated fluid evolution in Late Permian coal measures, Bowen Basin (Queensland), Australia.' *Sedimentary Geology*, 136: 189–206.

van Jaarsveld, J. G. S., van Deventer J. S. J. and Lorenzen L. (1997). 'The potential use of geopolymeric materials to immobilise toxic metals: Part I. Theory and applications.' *Minerals Engineering*, 10: 659–669.

van Jaarsveld, J. G. S., van Deventer J. S. J. and Lukey G. C. (2003). 'The characterisation of source materials in fly ash-based geopolymers.' *Materials Letters*, 57: 1272–1280.

Ward, C. R. (1978). 'Mineral matter in Australian bituminous coals.' *Proceedings of the Australasian Institute of Mining and Metallurgy*, 267: 7–25.

Ward, C. R. (1989). 'Minerals in bituminous coals of the Sydney basin (Australia) and the Illinois basin (USA).' *International Journal of Coal Geology*, 13: 455–479.

Ward, C. R. (2002). 'Analysis and significance of mineral matter in coal seams.' *International Journal of Coal Geology*, 50: 135–168.

Ward, C. R. and Christie P. J. (1993). 'Clays and other minerals in coal seams of the Moura-Baralaba area, Bowen Basin, Australia.' *International Journal of Coal Geology*, 25: 287–309.

Ward, C. R. and Taylor J. C. (1996). 'Quantitative mineralogical analysis of coals from the Callide Basin, Queensland, Australia using X-ray diffractometry and normative interpretation.' *International Journal of Coal Geology*, 30: 211–229.

Warren, C. J. and Dudas M. J. (1989). 'Leachability and partitioning of elements in ferromagnetic fly ash particles.' *The Science of the Total Environment*, 84: 223–236.

Wei, L., Naik T. R. and Golden D. M. (1992). Construction Materials Made with Coal Combustion By-Products, Center for By-Products Utilization, University of Wisconsin, Milwaukee. CBU 1992–24.

Wigley, F. and Williamson J. (2005). *Coal mineral transformations – Effects on boiler ash behaviour*. London, Department of Materials, Imperial College of Science, Technology and Medicine: 43pp.

Winkler, A. and Horbach J. (2004). 'Structure and diffusion dynamics in amorphous aluminium silicate: A molecular dynamics computer simulation.' *Journal of Chemical Physics*, 120(1): 384–393.

Xiao, Y. and Lasaga A. C. (1996). 'Ab initio quantum mechanical studies of the kinetics and mechanisms of quartz dissolution: OH^- catalysis.' *Geochimica et Cosmochimica Acta*, 60: 2283–2295.

3

地质聚合物前驱体设计

P. Duxson 著
墨尔本大学，澳大利亚

3.1 引言

本章探讨了制备地质聚合物的不同原材料，在某种意义上是 Duxson 和 Provis 讨论的简版。读者可以参阅该论文，以便更详细地了解此处提出的许多问题。讨论的主要目的是了解什么原料能够成为制备一般双组分地聚物（固体原料加碱性活化剂）的原料，并在此基础上向成功的单组分“仅加水”地质聚合物配方的设计前进。这种产品才可能与波特兰水泥技术具有相当的竞争力，而双组分混合法在许多应用中不太现实。

地质聚合物材料中最常使用的三类原料是炉渣、煅烧黏土和粉煤灰。每种材料都已作为波特兰水泥体系中的辅助性胶凝材料得以广泛研究，读者可以参考水泥文献了解它们在这种背景下的性能和特性（ACI Committee 226，1987；Bouzoubaa et al，1999；Sabir et al，2001；Richardson，2004）。煅烧黏土（主要是偏高岭土）已经广泛地应用于地质聚合物的合成，但它们中存在的片状颗粒形貌倾向于高需水量，这使地质聚合物混凝土应用不大可行。其他类型的原料也被用于地质聚合物的合成，包括一些合成粉末前驱体（Hos et al，2002；Gordon et al，2005）。然而，它们的使用还不广泛。

3.2 冶金渣

高炉矿渣（GGBFS，粒化高炉矿渣）被广泛描述为结晶性差、由类似钙铝黄长石［$2CaO(Al_2O_3)SiO_2$］和钙镁黄长石［$2CaO(MgO)_2SiO_2$］以及解聚硅酸钙玻璃组成的混合物。解聚程度在很大程度上决定其反应活性。在高炉炼铁过程中，由于矿渣在高温下以液体形式存在，随后经淬冷处理，因此其组成基本上是一种过电荷平衡的硅铝酸钙骨架，即有足够的钙可用于电荷平衡铝，其余部分有助于解聚玻璃体网络（Tsuyuki and Koizumi，1999）。在矿渣合成地质聚合物的情况下，关键的玻璃网络形成阳离子是 Al^{3+} 和 Si^{4+}；二价 Ca^{2+} 和 Mg^{2+} 与所有存在的碱金属离子充当网络改性剂。

在地质聚合物制造中至关重要的、在波特兰水泥混凝土生产中广泛用作辅助性胶凝材料的矿渣，与来自特定高炉的炉渣在化学性质和物理性质上是相当一致的。然而，除了在各自当地进行质量控制，矿渣的组成在特定的熔炉和矿石之间确实有所不同。经过 Shi（2006）等对形成的水化矿渣相性质的详细研究，碱激发材料中不同矿渣的反应活性已被较好地理解（Purdon，1940；Douglas et al，1992；Richardson et al，1994；Wang and Scrivener，1995；Puertas et al，2000；Song et al，2000；Fernandez-Jimenez et al，2003；Wang and Scrivener，2003；Gruskovnjak et al，2006；Xu et al，2008）。然而，对于每种特定类型的矿渣中所存在相的特定网络结构，以及这些相对碱激发反应进程的影响仍需要去探索（Shimoda et al，2008）。

众所周知，矿渣的反应由小颗粒主导。在混合材水泥和碱激发体系中，粒径大于 20μm 的颗粒只能缓慢反应，而粒径低于 2μm 的颗粒在约 24h 内完全反应（Wan et al，2004；Wang et al，2005）。显然，在使用矿渣制备地质聚合物时，可以像在普通波特兰水泥（OPC）混合材中一样，通过精细控制粒度分布来控制强度发展曲线（Wan et al，2004）。

3.3 粉煤灰

粉煤灰由煤中残留的黏土、沙子和有机物组成，其在燃烧过程中通过炉的烟囱排出。这些化合物在炉中可能发生熔融，但是随后在空气中快速淬冷，产生一般为球形的小玻璃颗粒。然而，结晶相也存在，并且在颗粒间和颗粒内水平上都观察到了异质性（Hemmings and Berry，1988；Hower et al，1999；Nugteren，2007）。因此，粉煤灰是高度变化的材料，其不仅取决于燃烧前煤中存在的杂质，还与燃烧和淬冷过程中的细节有关。根据 ASTM C618 可知，最广泛被用于合成地质聚合物的粉煤灰是低钙粉煤灰，即 F 类。关于高钙（C 类）灰发表的研究工作较少，可能是由于按照“标准”的地质聚合物设计该体系中易出现快凝的现象。因此这两类粉煤灰将在这里分别进行讨论。

3.3.1 F类粉煤灰

粉煤灰的反应活性和由其制备的地质聚合物的性质差异较大，其原因已在本书第 2 章进行了详细讨论。然而，通过对比粉煤灰组成和地聚物强度数据的联系，可观察到其他趋势，如图 3.1（摘自 Duxson and Provis，2008）。结果表明粉煤灰的总氧化物组成与激发这类粉煤灰所获得的强度存在一定联系。鉴于数据是从不同研究小组的各种文献中获得的，即意味着样品配比和养护条件大不相同，具体的强度数据没有可比性。无论如何，按照高、中、低的强度分类也提供了一些有用的参照。通过结合碱土金属（$M^{2+}O$）和碱金属（M_2^+O）氧化物，以及所有网络改性离子（碱金属离子计一个单位电荷，碱土金属离子计两个单位电荷）来表示这些组分，该多组分数据可以转换为准三元数据。在该简化归一化处理分析中不涉及所含的铁、钛、残余的碳和其他元素。

从图 3.1 可以清楚地看到，具有较低网络改性剂含量的粉煤灰倾向于产生低强度地质聚合物产品，强度一般随 F 类灰中网络改性剂含量增加而增加。描绘的不只是 F 类的粉煤灰，如最右边的黑点所示，这是 C 类粉煤灰，其碱

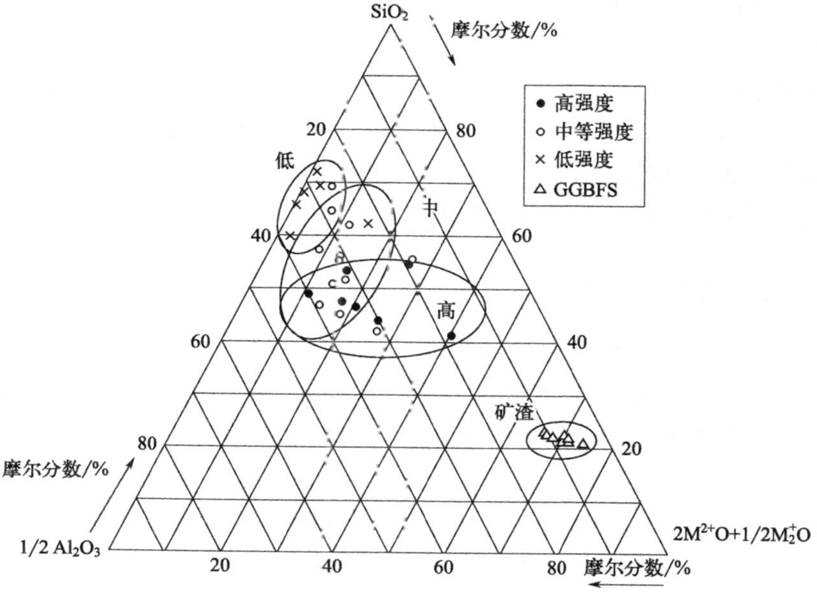

图 3.1 粉煤灰的准三元组成图

给出了碱激发产物接近所示强度范围的粉煤灰。碱和碱土金属氧化物进行了加和，表示为相应离子的总电荷数。组成和强度数据从文献中汇编（Duxson and Provis，2008）。为了比较，也给出了选择的一组矿渣的组成（数据来自 Shi et al，2006）

激发产生高强度产品（Keyte et al，2005）。图 3.1 还给出了一些代表性的高炉矿渣的组成，与粉煤灰相比，其中钙含量非常高而 Al 含量非常低（Shi et al，2006）。图中“中”和“高”强度分类间有明显的重叠现象表明，仍存在其他一些重要的因素影响强度，尤其是粒径、结晶度、图中尚未考虑的铁或碳以及其他元素等。然而，高强度地质聚合物一般由这两类共有的高铝部分区域得到。另一个值得注意的（相关的）点是，唯一含有显著网络改性剂含量的“低强度”粉煤灰（来自澳大利亚 Mount Piper）在所有描述的粉煤灰中 Al_2O_3 含量也接近最低。

3.3.2 C 类粉煤灰

网络改性剂的含量作为评价一种给定粉煤灰在地质聚合物中潜在效用的指标，显然会引起人们对 C 类（高钙）粉煤灰使用的关注。这类粉煤灰在学术文献中尚未得到与 F 类粉煤灰同水平的详细分析。至今，只有少数出版物（Roy et al，1996；Perera et al，2004；Xu et al，2004；Keyte et al，2005；Chindaprasirt et al，2007）涉及。Roy（1996）和 Lukey 等人（2006）表明，C 类粉煤灰不仅可用于地质聚合物，而且如果浆体的流变性可以适当控制，事实上是更可取的。在成分上，可以将 C 类粉煤灰的组分（在合理范围内）看作介于 F 类粉煤灰和 GGBFS 之间。事实上，F 类粉煤灰和矿渣的混合物更利于制备地聚物（Puertas et al，2000；Goretta et al，2004；Li and Liu，2007；以及许多专利信息）。然而，如果已经存在一种用于形成地质聚合物的最佳前驱体组成，那么显然，需要更好地了解在粉煤灰中玻璃体化学的作用，不仅仅是因为 C 类粉煤灰比 F 类粉煤灰更少。

3.3.3 粉煤灰与玻璃体化学

与 GGBFS 中更均质的玻璃相不同，粉煤灰包含许多不同的相，在颗粒内部和不均匀的颗粒间都可观察到（Hemmings and Berry，1988）。除了这种复杂性，很多有关性能和粉煤灰中相的反应活性的信息已在文献中有详细介绍（Gomes and Franois，2000；Henry et al，2001；Ramesh and Kozinski，2001；Brouwers and van Eijk，2002；Williams et al，2005；Brindle and McCarthy，2006；Ward and French，2006；Nugteren，2007；Yazhenskikh et al，2008）。

很显然，地质聚合物制备过程的具体条件取决于所选择的单一粉煤灰的来源，并且没有两种粉煤灰会遵循完全相同的机制。因此，必须分析粉煤灰中所观察到的每种相在地聚合条件下的聚合反应历程。在地质聚合物聚合反应期间，存在哪些反应以及重要的是哪些阶段是可获得的，进而通过这些正确的分析应用于每种来源的粉煤灰。这绝不是一个容易的任务，需要开发一个关于粉煤灰中观察到的所有不同玻璃的化学、反应性、浸出率和溶解机理的数据库以及对每批待处理灰分的详细矿物学和晶体学进行分析。一些已经完成的前期工作，采用地质聚合物化学和粉煤灰溶解模型分析，将 Hemmings 和 Berry（1988）提出的概念和技术相关联。然而，这项工作需要一种技术上和智力上更容易接近的方法，是过去多年持续讨论和研究的主题（Duxson and Provis，2008）。

3.4 铝的可用性

众所周知，铝的可用性在很大程度上决定了地质聚合物的性能（Weng et al，2005；Fernandez-Jimenez et al，2006；Duxson et al，2007）。在整个反应中，可用铝的量及其释放速率（可能更加重要）会影响地质聚合物的强度、凝结特性、耐酸性、微观结构，尤其是强度发展趋势的控制。因此地聚合过程是动力学控制过程（Provis and van Deventer，2007），也可以理解为是影响铝释放速率和铝形成地质聚合物产物的调控［可以有多种方式控制（Rees et al，2008）］。硅的可用性也同样重要，但最终不是那么关键。因为固体来源中任何形式的缺硅可以通过直接添加可溶性硅酸盐的活性溶液来解决。因此，通过理解铝从前驱体的释放速率，就可能预测和控制最终地质聚合物的性能。

用含有不同碱金属的碱性溶液激发偏高岭土时，仅可观察到很小的铝结合率变化，这表明偏高岭土中的铝是容易获得的（Duxson et al，2005）。相比之下，粉煤灰中铝的释放一般较慢，而且很大程度上受碱的浓度和类型的影响（van Jaarsveld and van Deventer，1999；Lee and van Deventer，2002；Fernandez-Jimenez and Palomo，2003）。这表明粉煤灰玻璃相中铝的可用性受到这些相的性质的限制。

热力学计算（de Jong and Brown，1980；Hamilton et al，2001）和吸附/赋存形态参数（Blum and Lasaga，1991；Hamilton et al，2001）表明，大多数 Al(Ⅳ)—O—Si 键比 Si—O—Si 键更容易断裂，网状结构形成体和网络改性剂之间的键合也较弱（Oelkers and Gislason，2001）。一旦在硅铝酸盐玻璃中引入的网络改性阳离子的浓度高于平衡四面体铝电荷所需的水平（如本章前面所述，矿渣就是这种情况），这些阳离子便会与硅位点结合，导致硅铝酸盐玻璃体开始解聚（Lee and Stebbins，2006）。解聚的玻璃体是最有可能在地质聚合物合成期间提供铝的物相。这就可以解释：与大多数粉煤灰相比，过电荷平衡的矿渣玻璃的反应性更高。相反，如果玻璃相中可用的网络改性剂不足，则相溶解的铝含量大大降低，易倾向于呈现6-配体的形状（6-coordination）（例如，莫来石型玻璃）。

如果Al含量足够高，以及NBO含量高于化学计量比严格所需的程度，玻璃中碱土阳离子的存在则增加了网络无序的趋势以及低浓度（弱而有活性）Al—O—Al键的形成（Stebbins and Xu，1997；Lee and Stebbins，2006）。因此，很容易理解富含Ca^{2+}和Mg^{2+}改性体的矿渣为何成为碱激发中的优异原料。

3.5 最佳两组分地质聚合物

基于Hemmings和Berry（1988）的前期工作，XRD结合成分分析和其他技术（包括去玻璃化和定量扫描电子显微镜），可测定反应相化学和组成，可识别出一种适用于地质聚合反应的“好”粉煤灰。然而，实际上，“好”粉煤灰的供应量往往是有限的，而且在地理上远离主要的混凝土市场。因此，实际生产中很有可能是在指定地点选择“当地”可用的材料，具有良好的玻璃化学性质的原料很少。即使有，也可能需求量很高（OPC混凝土与地质聚合物制造商竞争）。因此，如果要真的建立地质聚合物行业，必须使用不那么“好”的替代灰，这一点至关重要；或者以可接受的低成本将低质灰以某种方式提升为更高质量的灰。GGBFS提供了一种高活性玻璃来源。但在许多市场上的价格与OPC类似，提高了混凝土的成本。显然，优化活性玻璃体含量的同时保持价格和性能在商业参数范围内是关键。

在实际应用中引入了产品“甜点”（sweet spot）的概念，“甜点”的价格、活性、需水量和强度特性等方面是最优化的。考虑到可得原材料的性质和成本，以及当地市场和环境的需求，每个地理位置的情况都有所不同。例如，耐氯化物侵蚀在海洋气候中至关重要，而在酸性硫酸盐土壤的地区则关键是耐硫酸盐侵蚀，抗冻融性在欧洲大部分和北美北部很关键，但在低纬度地区相对不重要。因此，对于实际的地质聚合物产业，没有单一的全球“最佳”的地质聚合物组成，而是采用大范围波动的原料进行可能的配比设计以便实现商业和技术目标的平衡。由于原材料的可用性、质量或价格变化（在几年的时间内甚至每天都有变化），生产商必须能够在时间和成本上迅速作出弥补。从上面的讨论清楚地看出这个过程的复杂性，在大规模商业实施时无法操作。对于实际的地质聚合物产业化发展，必须制定一个简单而有效的方法。

3.6 单组分地质聚合物水泥设计

通过特定操作形成的反应性的、以硅酸钙材料为主导的OPC，含有合适的组成、物相用来提供能够和水以给定速率反应的组分。OPC的溶解行为主要取决于化学组成和颗粒细度，并已经过近200年的大规模生产得以改善。在初始pH近中性的相同条件下比较矿渣或粉煤灰时，足够量的钙可以解聚硅并有着相当快速的初始溶解速率。随着后期OPC水化过程中pH值增加，所有矿渣和/或粉煤灰开始反应。这也是为什么已知这些成分的化学性质有利于后期混合材水泥性能的发展。它们在pH约10～11时反应速度不够快，对水泥水化初期的影响不大。粉煤灰中球形颗粒实际上也有利于新拌水泥浆体的施工性，但这与溶解化学完全无关。根据上一节中的讨论，OPC本身就是硅酸钙化学的“甜点”组成。类似的方法也可用于制备单一组分“只加水”的硅铝酸盐基地质聚合物水泥。OPC化学已经发展了几十年，使用的主要经验分析手段是可得的，地质聚合物技术没有“等待市场”和“缺乏竞争产品”这样的市场优势，因此在这种情况下，必须应用先进的科学技术来发展对“甜点”规则的更全面的理解。

通过粉磨工艺，水泥的细度也通常用于控制其反应。然而，由于在研磨过程中受到强烈机械力的作用，脆性颗粒破裂从而产生不规则的形状，也导致了需水量增加的不利影响（Wan et al，2004）。需水量在很大程度上取决于固体前驱体的表面积，这意味着细而不规则颗粒需要加入额外更多的水来混合以获得相同的工作性。球形粉煤灰颗粒通常具有较低的需水量，因为球体每单位体积具有最低的表面积。通过打破不规则颗粒团聚和微球（填充有较小的球状中空颗粒），对粉煤灰进行低能量、短时间的粉磨，实际上可进一步降低水的需求，而不影响存在的大多数其他颗粒（Bouzoubaa et al，1997，1999）。然而，实现颗粒尺寸显著减小所需的高能粉磨会造成大多数颗粒破碎，导致需水量增加。

基于混凝土的许多性能和环境角度考虑，用水量的降低是好的。特别是，较低的水/胶凝材料比使孔隙率减小，渗透率降低，这意味着由氯化物或硫酸盐造成的钢筋锈蚀大大减少。单组分地质聚合物前驱体的设计也应该考虑到这一点，意味着细的球形颗粒比大颗粒研磨成的小而不规则形状的颗粒更优。

3.7 地质聚合物和水泥行业对比

地质聚合物不一定要成为一种在全球范围内与现有的 OPC 行业基础设施竞争的产品。但可以看作一种技术，可以被水泥生产商用来向市场提供更广范围的胶凝材料产品。显然，单组分过程是大规模部署地质聚合物水泥的理想模式，因为大多数质量控制过程可以集中处理，而不需要终端用户对化学的广泛控制和了解。然而，这并不是说这个提议目前可行或者已经接近市场完备。相比之下，双组分地质聚合物混凝土生产已具备商用条件，因为有足够的专业知识来确保足够的质量控制和以适当的技术来应对或消除定期配比设计调整的需要。这样的操作于 2008 年初在澳大利亚开始了中等规模的生产（Nowak，2008）。

3.8 小结

在设计和定制地质聚合物理想的前驱体时，能够控制玻璃相的溶解速率是至关重要的。这可以在前驱体合成过程中通过优化网络改性剂（碱金属或碱土金属阳离子）的含量来实现。利用标准的玻璃合成方法，完全有可能生成必要成分的前驱体来合成"只加水"的地质聚合物。通过将前驱体控制为球形玻璃颗粒，可以保持在粉煤灰中观察到的球形颗粒形状的优势。选择合适的玻璃或其组合，可以大大减少甚至不用碱（如双组分混合配方），这样可以选择性地合成商业上可行的单组分（只添加水）地质聚合物。

参考文献

ACI Committee 226 (1987) Ground granulated blast-furnace slag as a cementitious constituent in concrete. *ACI Materials Journal*, 84, 327–342.

Blum, A. E. and Lasaga, A. C. (1991) The role of surface speciation in the dissolution of albite. *Geochimica et Cosmochimica Acta*, 55, 2193–2201. doi:10.1016/0016-7037(91)90096-N.

Bouzoubaâ, N., Zhang, M. H., Bilodeau, A. and Malhotra, V. M. (1997) The effect of grinding on the physical properties of fly ashes and a portland cement clinker. *Cement and Concrete Research*, 27, 1861–1874. doi:10.1016/S0008-8846(97)00194-4.

Bouzoubaâ, N., Zhang, M. H., Malhotra, V. M. and Golden, D. M. (1999) Blended fly ash cements – A review. *ACI Materials Journal*, 96, 641–650.

Brindle, J. H. and McCarthy, M. J. (2006) Chemical constraints on fly ash glass compositions. *Energy and Fuels*, 20, 2580–2585. doi:10.1021/ef0603028.

Brouwers, H. J. H. and van Eijk, R. J. (2002) Fly ash reactivity: Extension and application of a shrinking core model and thermodynamic approach. *Journal of Materials Science*, 37, 2129–2141. doi:10.1023/A:1015206305942.

Chindaprasirt, P., Chareerat, T. and Sirivivatnanon, V. (2007) Workability and strength of coarse high calcium fly ash geopolymer. *Cement and Concrete Composites*, 29, 224–229. doi:10.1016/j.cemconcomp.2006.11.002.

de Jong, B. H. W. S. and Brown, G. E. (1980) Polymerization of silicate and aluminate tetrahedra in glasses, melts, and aqueous solutions -I. Electronic structure of $H_6Si_2O_7$, $H_6AlSiO_7^{1-}$, and $H_6Al_2O_7^{2-}$. *Geochimica et Cosmochimica Acta*, 44, 491–511. doi:10.1016/0016-7037(80)90046-0.

Douglas, E., Bilodeau, A. and Malhotra, V. M. (1992) Properties and durability of alkali-activated slag concrete. *ACI Materials Journal*, 89, 509–516.

Duxson, P. and Provis, J. L. (2008) Designing precursors for geopolymer cements. *Journal of the American Ceramic Society*, 91, 3864–3869. doi:10.1111/j.1551-2916.2008.02787.x.

Duxson, P., Lukey, G. C., Separovic, F. and van Deventer, J. S. J. (2005) The effect of alkali cations on aluminum incorporation in geopolymeric gels. *Industrial and Engineering Chemistry Research*, 44, 832–839. doi:10.1021/ie0494216.

Duxson, P., Fernández-Jiménez, A., Provis, J. L., Lukey, G. C., Palomo, A. and van Deventer, J. S. J. (2007) Geopolymer technology: The current state of the art. *Journal of Materials Science,* 42, 2917–2933. doi:10.1007/s10853–006-0637-z.

Fernández-Jiménez, A. and Palomo, A. (2003) Characterisation of fly ashes. Potential reactivity as alkaline cements. *Fuel*, 82, 2259–2265. doi:10.1016/S0016-2361(03)00194-7.

Fernández-Jiménez, A., Puertas, F., Sobrados, I. and Sanz, J. (2003) Structure of calcium silicate hydrates formed in alkaline-activated slag: Influence of the type of alkaline activator. *Journal of the American Ceramic Society*, 86, 1389–1394. doi:10.1111/j.1151-2916.2003.tb03481.x.

Fernández-Jiménez, A., Palomo, A., Sobrados, I. and Sanz, J. (2006) The role played by the reactive alumina content in the alkaline activation of fly ashes. *Microporous and Mesoporous Materials,* 91, 111–119. doi:10.1016/j.micromeso.2005.11.015.

Gomes, S. and François, M. (2000) Characterization of mullite in silicoaluminous fly ash by XRD, TEM, and ^{29}Si MAS NMR. *Cement and Concrete Research*, 30, 175–181. doi:10.1016/S0008-8846(99)00226-4.

Gordon, M., Bell, J. L. and Kriven, W. M. (2005) Comparison of naturally and synthetically derived, potassium-based geopolymers. *Ceramic Transactions*, 165, 95–106.

Goretta, K. C., Chen, N., Gutierrez-Mora, F., Routbort, J. L., Lukey, G. C. and van Deventer, J. S. J. (2004) Solid-particle erosion of a geopolymer containing fly ash and blast-furnace slag. *Wear*, 256, 714–719. doi:10.1016/S0043-1648(03)00463-0.

Gruskovnjak, A., Lothenbach, B., Holzer, L., Figi, R. and Winnefeld, F. (2006) Hydration of alkali-activated slag: comparison with ordinary Portland cement. *Advances in Cement Research*, 18, 119–128. doi: 10.1680/adcr.2006.18.3.119.

Hamilton, J. P., Brantley, S. L., Pantano, C. G., Criscenti, L. J. and Kubicki, J. D. (2001) Dissolution of nepheline, jadeite and albite glasses: Toward better models for aluminosilicate dissolution. *Geochimica et Cosmochimica Acta*, 65, 3683–3702. doi:10.1016/S0016-7037(01)00724-4.

Hemmings, R. T. and Berry, E. E. (1988) On the glass in coal fly ashes: Recent advances. *Fly Ash and Coal Conversion By-Products: Characterization, Utilization, and Disposal*

IV, Warrendale, PA, Mccarthy, G. J. (Ed.), 3–38.

Henry, J., Towler, M. R., Stanton, K. T., Querol, X. and Moreno, N. (2001) Characterisation of the glass fraction of a selection of European coal fly ashes. *Journal of Chemical Technology and Biotechnology*, 79, 540–546. doi:10.1002/jctb.1023.

Hos, J. P., McCormick, P. G. and Byrne, L. T. (2002) Investigation of a synthetic aluminosilicate inorganic polymer. *Journal of Materials Science*, 37, 2311–2316. doi:10.1023/A:1015329619089.

Hower, J. C., Rathbone, R. F., Robertson, J. D., Peterson, G. and Trimble, S. (1999) Petrology, mineralogy, and chemistry of magnetically separated sized fly ash. *Fuel*, 78, 197–203. doi:10.1016/S0016-2361(98)00132-X.

Keyte, L. M., Lukey, G. C. and van Deventer, J. S. J. (2005) The effect of coal ash glass chemistry on the tailored design of waste-based geopolymeric products. *WasteEng 2005*, Albi, France, Nzihou, A. (Ed.), CD-ROM proceedings.

Lee, S. K. and Stebbins, J. F. (2006) Disorder and the extent of polymerization in calcium silicate and aluminosilicate glasses: O-17 NMR results and quantum chemical molecular orbital calculations. *Geochimica et Cosmochimica Acta*, 70, 4275–4286. doi:10.1016/j.gca.2006.06.1550.

Lee, W. K. W. and van Deventer, J. S. J. (2002) Structural reorganisation of class F fly ash in alkaline silicate solutions. *Colloids and Surfaces A – Physicochemical and Engineering Aspects*, 211, 49–66. doi:10.1016/S0927-7757(02)00237-6.

Li, Z. and Liu, S. (2007) Influence of slag as additive on compressive strength of fly ash-based geopolymer. *Journal of Materials in Civil Engineering*, 19, 470–474. doi:10.1061/(ASCE)0899-1561(2007)19:6(470).

Lukey, G. C., Mendis, P. A., van Deventer, J. S. J. and Sofi, M. (2006) Advances in inorganic polymer concrete technology. In Day, K. W. (Ed.) *Concrete Mix Design, Quality Control and Specification*, 3rd Edition. London, Routledge.

Nowak, R. (2008) Geopolymer concrete opens to reduce CO_2 emissions. *New Scientist*, 197, 28–29. doi:10.1016/S0262-4079(08)60229-8.

Nugteren, H. W. (2007) Coal fly ash: From waste to industrial product. *Particle and Particle Systems Characterisation*, 24, 49–55. doi:10.1002/ppsc.200601074.

Oelkers, E. H. and Gislason, S. R. (2001) The mechanism, rates and consequences of basaltic glass dissolution: I. An experimental study of the dissolution rates of basaltic glass as a function of aqueous Al, Si and oxalic acid concentration at 25°C and pH = 3 and 11. *Geochimica et Cosmochimica Acta*, 65, 3671–3681. doi:10.1016/S0016-7037(01)00664-0.

Perera, D. S., Nicholson, C. L., Blackford, M. G., Fletcher, R. A. and Trautman, R. A. (2004) Geopolymers made using New Zealand flyash. *Journal of the Ceramic Society of Japan*, 112, S108–S111.

Provis, J. L. and van Deventer, J. S. J. (2007) Geopolymerisation kinetics. 2. Reaction kinetic modelling. *Chemical Engineering Science*, 62, 2318–2329. doi:10.1016/j.ces.2007.01.028.

Puertas, F., Martínez-Ramírez, S., Alonso, S. and Vázquez, E. (2000) Alkali-activated fly ash/slag cement. Strength behaviour and hydration products. *Cement and Concrete Research*, 30, 1625–1632. doi:10.1016/S0008-8846(00)00298-2.

Purdon, A. O. (1940) The action of alkalis on blast-furnace slag. *Journal of the Society of Chemical Industry – Transactions and Communications*, 59, 191–202.

Ramesh, A. and Koziński, J. A. (2001) ^{29}Si, ^{27}Al and ^{23}Na solid-state nuclear magnetic resonance studies of combustion-generated ash. *Fuel*, 80, 1603–1610. doi:10.1016/S0016-2361(01)00041-2.

Rees, C. A., Provis, J. L., Lukey, G. C. and van Deventer, J. S. J. (2008) Geopolymer gel formation with seeded nucleation. *Colloids and Surfaces A – Physicochemical and Engineering Aspects*, 318, 97–105. doi:10.1016/j.colsurfa.2007.12.019.

Richardson, I. G. (2004) Tobermorite/jennite- and tobermorite/calcium hydroxide-based models for the structure of C-S-H: applicability to hardened pastes of tricalcium silicate, β-dicalcium silicate, Portland cement, and blends of Portland cement with blast-furnace slag, metakaolin, or silica fume. *Cement and Concrete Research*, 34, 1733–1777. doi:10.1016/j.cemconres.2004.05.034.

Richardson, I. G., Brough, A. R., Groves, G. W. and Dobson, C. M. (1994) The characterization of hardened alkali-activated blast-furnace slag pastes and the nature of the calcium silicate hydrate (C-S-H) paste *Cement and Concrete Research*, 24, 813–829. doi:10.1016/0008-8846(94)90002-7.

Roy, A., Schilling, P. J. and Eaton, H. C. (1996) Alkali activated class C fly ash cement, U.S. Patent 5,565,028.

Sabir, B. B., Wild, S. and Bai, J. (2001) Metakaolin and calcined clays as pozzolans for concrete: a review. *Cement and Concrete Composites*, 23, 441–454. doi:10.1016/S0958-9465(00)00092-5.

Shi, C., Krivenko, P. V. and Roy, D. M. (2006) *Alkali-Activated Cements and Concretes*, Abingdon, UK, Taylor and Francis.

Shimoda, K., Tobu, Y., Kanehashi, K., Nemoto, T. and Saito, K. (2008) Total understanding of the local structures of an amorphous slag: Perspective from multi-nuclear (^{29}Si, ^{27}Al, ^{17}O, ^{25}Mg, and ^{43}Ca) solid-state NMR. *Journal of Non-Crystalline Solids*, 354, 1036–1043. doi:10.1016/j.jnoncrysol.2007.08.010.

Song, S., Sohn, D., Jennings, H. M. and Mason, T. O. (2000) Hydration of alkali-activated ground granulated blast furnace slag. *Journal of Materials Science*, 35, 249–257. doi:10.1023/A:1004742027117.

Stebbins, J. F. and Xu, Z. (1997) NMR evidence for excess non-bridging oxygen in an aluminosilicate glass. *Nature*, 390, 60–62. doi:10.1038/36312.

Tsuyuki, N. and Koizumi, K. (1999) Granularity and surface structure of ground granulated blast-furnace slags. *Journal of the American Ceramic Society*, 82, 2188–2192. doi:10.1111/j.1151-2916.1999.tb02061.x.

van Jaarsveld, J. G. S. and van Deventer, J. S. J. (1999) Effect of the alkali metal activator on the properties of fly ash-based geopolymers *Industrial and Engineering Chemistry Research*, 38, 3932–3941. doi:10.1021/ie980804b.

Wan, H., Shui, Z. and Lin, Z. (2004) Analysis of geometric characteristics of GGBS particles and their influences on cement properties. *Cement and Concrete Research*, 34, 133–137. doi:10.1016/S0008-8846(03)00252-7.

Wang, P. Z., Trettin, R. and Rudert, V. (2005) Effect of fineness and particle size distribution of granulated blast-furnace slag on the hydraulic reactivity in cement systems. *Advances in Cement Research*, 17, 161–166. doi: 10.1680/adcr.2005.

Wang, S. D. and Scrivener, K. L. (1995) Hydration products of alkali-activated slag cement. *Cement and Concrete Research*, 25, 561–571. doi:10.1016/0008-8846(95)00045-E.

Wang, S.-D. and Scrivener, K. L. (2003) ^{29}Si and ^{27}Al NMR study of alkali-activated slag. *Cement and Concrete Research*, 33, 769–774. doi:10.1016/S0008-8846(02)01044-X.

Ward, C. R. and French, D. (2006) Determination of glass content and estimation of glass composition in fly ash using quantitative X-ray diffractometry. *Fuel,* 85, 2268–2277. doi:10.1016/j.fuel.2005.12.026.

Weng, L., Sagoe-Crentsil, K., Brown, T. and Song, S. (2005) Effects of aluminates on the formation of geopolymers. *Materials Science and Engineering, B: Solid-State Materials for Advanced Technology*, 117, 163–168. doi:10.1016/j.mseb.2004.11.008.

WIlliams, P. J., Biernacki, J. J., Rawn, C. J., Walker, L. and Bai, J. (2005) Microanalytical and computational analysis of Class F fly ash. *ACI Materials Journal*, 102, 330–337.

Xu, H., Lukey, G. C. and van Deventer, J. S. J. (2004) The activation of Class C-, Class F-fly ash and blast furnace slag using geopolymerisation. *Proceedings of 8th CANMET/ACI International Conference on Fly Ash, Silica Fume, Slag and Natural Pozzolans in Concrete*, Las Vegas, NV, Malhotra, V. M. (Ed.), 797–819.

Xu, H., Provis, J. L., van Deventer, J. S. J. and Krivenko, P. V. (2008) Characterization of aged slag concretes. *ACI Materials Journal*, 105, 131–139.

Yazhenskikh, E., Hack, K. and Müller, M. (2008) Critical thermodynamic evaluation of oxide systems relevant to fuel ashes and slags. Part 3: Silica–alumina system. *Calphad*, 32, 195–205. doi:10.1016/j.calphad.2007.05.004.

4

地质聚合物激发剂化学

J. L. Provis 著

墨尔本大学，澳大利亚

4.1 引言

除了在第 3 章中所描述的活性固体组分以外，还需要化学激发剂来激发地质聚合物反应。通常，在高 pH 条件下由碱金属氢氧化物及硅酸盐激发的硅铝酸盐胶凝材料被归类为地质聚合物，这也将是这里讨论的重点。有关碳酸盐或硫酸盐激发剂溶液涉及的反应的综述，请读者参阅 Shi、Krivenko 和 Roy 的书籍（2006)。碱金属硅酸盐溶液的化学性质对于理解沸石的制备也是至关重要的（McCormick and Bell，1989；Swaddle et al，1994；Cheng and Shantz，2006；Knight et al，2006，2007)，很多关于这方面的知识最初都是在这种背景下发展的。许多这方面的信息在地质聚合物激发剂溶液化学分析中也是有价值的，但是需要注意的是，沸石制备所涉及的浓度通常比制备地质聚合物所需的浓度要低得多。

本章主要分为三个部分。第一部分简要讨论了碱金属氢氧化物溶液的化学性质，这是用于地质聚合物制备中最简单的激发剂溶液。第二部分给出了碱金属硅酸盐溶液的关键化学性质和工程方面的综述，概述了在地质聚合物制备中控制碱金属硅酸盐溶液（通常是复杂的）性能的重要问题以及溶液性能的意义。最后，讨论了使用不同的激发剂溶液的可能性。具体而言，使用铝酸钠作为激发剂，以及对第 3 章所述的“只加水”地质聚合物配方进行了简要讨论。

4.2 碱金属氢氧化物溶液

最常用于地质聚合物制备激发剂的碱金属氢氧化物是钠和/或钾氢氧化物。

到目前为止，只有少数文章讨论了钠/钾氢氧化物的混合使用。在加工过程中，除了明显的高腐蚀性外，必须考虑的浓氢氧化物溶液的最重要特性是黏度和溶解热。图 4.1 给出了在 25℃下每种碱金属氢氧化物黏度随浓度的变化，由于一些数据在学术文献中无法获得，所以数据在某些情况下是不完整的。但是，很明显，所述的所有溶液都遵循一致的趋势，浓度增加至 1.0mol/L 前，其黏度与水的黏度没有显著差异。在此之后，黏度随浓度显著增加，增加的陡度取决于碱金属阳离子的特性（注意图 4.1 是绘在对数轴上）。黏度作为阳离子大小的函数似乎没有系统的变化趋势，但由于某些体系的数据缺乏，存在很大程度的不确定性。

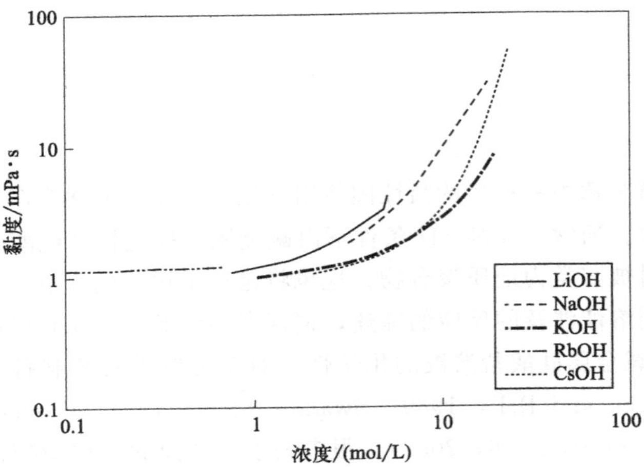

图 4.1　碱性氢氧化物溶液的黏度随摩尔浓度的变化

LiOH、NaOH 和 KOH 的数据来自 Laliberte，2007；RbOH 的数据来自 Fricke（1924）；CsOH 的数据来自 Sipos（2000）

图 4.2 描绘了各碱金属氢氧化物在无限稀溶液中的标准溶解焓 $\Delta_{aq}H^{\ominus}_{298.15K}$，是阳离子浓度的函数。溶解热的重要性在于，在制备浓氢氧化物溶液时，会发生明显的温度升高，这可能是有问题的。溶解到高浓度溶液中释放的实际热量将略低于图 4.2 中绘制的无限稀溶液溶解焓，因为在制备地质聚合物激发溶液时，通过转移到无限稀溶液所引起的稀释热不会很明显。实际上，溶解焓主导稀释作用，因此图 4.2 中绘制的数据可以有效地估计溶解释放的热量。通过 Gurvich 等人综述中的数据表（1996，1997）可知，从 10mol/L 到无限稀释贡献大约 10% 的 NaOH 的溶解焓，而结晶固体的溶解贡献了另外 90%。Simonson 等人的数据（1989）表明，NaOH（水溶液）的溶解焓在 25℃时对浓度依赖性较弱，但对温度的依赖性较强。由于此处是估算而不是确切的数字，因此 10%的数字对于此计算而言足够准确。

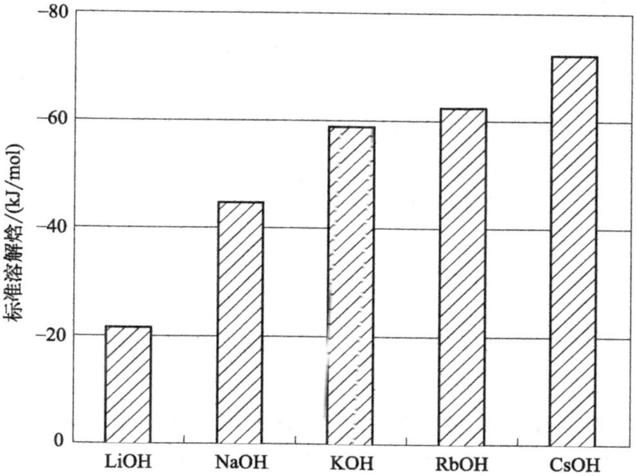

图 4.2 在 298.15K 下 MOH（M 为碱金属）溶解于无限稀溶液中的标准溶解焓

数据来自综述 Gurvich et al，1996，1997

图 4.2 中的数据可以用于估算将固体碱金属氢氧化物溶解到地质聚合物制备所需浓度时的近似温升。假设将 10mol 的 NaOH 溶解到 1L 水中，可释放无限溶解状态时的 90%的热量，那么该热量约为 400kJ。如 Simonson 等人的结果所示，如果将 NaOH 溶液的平均热容约等于水的平均热容（1989），那么这些热量足以将水的温度提高超过 90℃。在大多数情况下，热量会流失到周围环境中，有些会通过蒸发一定比例的溶液来消耗。但是，如果氢氧化物溶液要在工业生产环境中由固体前体常规制备，显然需要非常仔细地考虑和检测高腐蚀性溶液中的这种温度升高。如图 4.2 所示，溶解热随着阳离子尺寸的增加而增加，因此制备含有高含量 KOH 的溶液将比在 NaOH 情况下观察到的温度上升更大。

接下来简要讨论地质聚合物制备过程中五种碱金属氢氧化物溶液各自特点和存在问题。

4.2.1 氢氧化锂（LiOH）

LiOH 在 298.15K 时的溶解度略低于 5.4mol/L（Monnin and Dubois，2005），处于地质聚合物制备中氢氧化物激发剂溶液有用碱度范围的下限。在地质聚合物中使用锂的大多数文献来自专利。这些要么涉及其作为地聚合反应的促凝剂，类似于在硅酸盐溶胶胶体形成中的增强作用（Gaboriaud et al，1999），要么在提出关于一系列组成地质聚合物材料的广泛要求时，将锂列为一种可能的碱金属阳离子。因此，在研究地质聚合物时，把它看作是相对次要的。由于碱-集料（碱-硅）反应带来的劣化影响（Lumley，1997），Li^+在水泥和混凝土技术中的正面作用是很少的。鉴于在地质聚合物中尚未观察到碱-集料反应（Li et al，2006；Garcia-Lodeiro et al，2007），并且预期来自孔隙溶液的碱与反应性硅酸盐/硅铝酸盐聚集体之间的反应会产生更多地质聚合物胶凝材料，而不是任何有害的产物，在这种情况下，锂在地质聚合物中的使用预计不会像在波特兰水泥体系中那样普遍。

4.2.2 氢氧化钠（NaOH）

在过去几十年，已经对 NaOH 溶液的热力学性质进行了详细的分析和建模（Pabalan and Pitzer，1987；Simonson et al，1989；Petrenko and Pitzer，1997）。氢氧化钠是在地质聚合物制备中最常用的氢氧化物激发剂，是最便宜、使用最广泛的碱金属氢氧化物。使用 NaOH 作为地质聚合物制备的激发剂，无论在粉煤灰还是偏高岭土的前驱体中，都是非常普遍的，原因在于其低成本、低黏度和广泛的可获得性。但是，浓 NaOH 或任何其他碱金属氢氧化物高腐蚀的性质，要求需要非常专业的加工设备来生产大量的氢氧化物激发的地质聚合物，因此（除了详细讨论的结构和性能问题）通常优先选硅酸盐激发。NaOH 在25℃下的溶解质量分数为 53.3%（28.57mol/L），但在 0℃下降至 30%（10.73mol/L）以下，形成 30%～50%NaOH 的一系列复杂的固体水合物。如图 4.3 的相图所示，温度为 0℃和 25℃（Pickering，1893；Kurt and

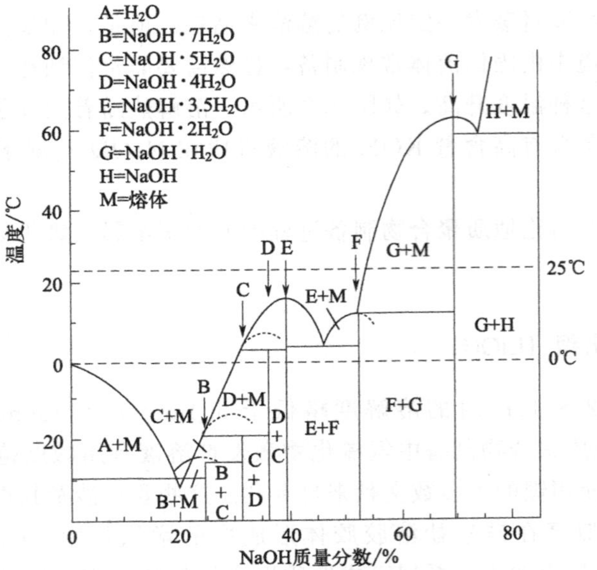

图 4.3 NaOH-H_2O 体系的相图

摘选自 Kurt and Bittner（2006）

Bittner，2006)。在较冷的气候中，将浓氢氧化物激发溶液用于生产地质聚合物，这可能是非常有意义的。

众所周知，在地质聚合物中使用氢氧化钠激发剂会导致沸石结构形成(Provis et al，2005b)，特别是在潮湿条件下长时间养护后或在高温下养护很短的一段时间后。这种现象是否会影响到材料性能的变化仍在研究之中。在某些体系中可以观察到沸石形成与强度下降之间有一定的相关性。然而，目前还不清楚这是不是一种特殊的因果关系（如，沸石形成导致性能损失)，或是否有更深层次的潜在因素或多种因素共同导致沸石形成和强度下降。

风化（形成白色碳酸钠或碳酸氢钠晶体）在用高浓度氢氧化物溶液激发的地质聚合物中也是一种已知的存在的问题，其中过量的碱与大气中的二氧化碳反应。这虽然不美观，但对材料结构的完整性并不总是有害的。

4.2.3 氢氧化钾（KOH)

KOH 在 25℃的溶解度约为 21mol/L，并且不会随温度降低而急剧降低(Pickering，1893)。相图也比氢氧化钠-水体系简单得多，没有复杂的水合物相组合。因此，在任何实际的地质聚合物反应条件下，氢氧化钾激发溶液产生沉淀是不大可能的。

众所周知，KOH 激发的地质聚合物中也会有沸石的形成，类似于 NaOH 的情况。然而，相比氢氧化钠/偏高岭土体系（Duxson et al，2007)，KOH/偏高岭土地质聚合物中结晶速度较慢；相比氢氧化钠/粉煤灰体系，在 KOH/粉煤灰中受到了显著的抑制（Fernandez-Jimenez et al，2006)。虽然 KOH 激发地质聚合物的碳化也是一个潜在的问题（Fernandez-Jimenez et al，2006)，但文献中尚未对此进行详细分析。

4.2.4 氢氧化铷（RbOH)

氢氧化铷在地质聚合物中的应用还没有被详细研究过，这主要是由于其成本高和资源相对稀缺。事实上，如 Gurvich 等人（1997）所综述的，关于该化合物目前可得到的最好的热力学数据（1906 年发表的一个未知纯度样品的实验数据）都表明了 RbOH 的行为和性质的信息匮乏。RbOH 在 150℃的溶解度为 17.6mol/L 或每 100mL 水溶解大约 180g RbOH（Lenk and Prinz，2005)。

4.2.5 氢氧化铯（CsOH)

氢氧化铯已经在一些情况下用于地聚合反应，但主要是在硅酸盐而不是氢氧化物激发的体系。它不如铷罕见，但仍然被认为不太可能在地质聚合物的邻域中有大规模商业用途，除非是在特殊陶瓷类的应用中，在这类应用中，具有较大碱金属阳离子的铝硅酸盐具有较高的耐热性和极低的热膨胀性（Kriven et al，2006）。CsOH 在室温水中的溶解度约为 27mol/L（每 100mL H_2O 约 400g CsOH）（Bick and Prinz，2005），所以 CsOH 或其水合物的沉淀在地质聚合物制备中是没有问题的。

放射性铯地质聚合物的养护已经有了比较广泛的研究（Khalil and Merz，1994；Bao et al，2005；Fernandez-Jimenez et al，2005；Perera et al，2006，Blackford et al，2007），但有一个特例，它在混合碱体系中为少量组分。关于纯硅铝酸盐铯地质聚合物的其他研究是围绕 X 射线散射研究设计的，其中它在诸如 Al 和 Si 的较轻元素的基质中提供非常好的 X 射线对比度，这已经被用于相关研究并给出了详细的信息（Provis，2006；Bell et al，2008）。

4.3 碱金属硅酸盐溶液

4.3.1 溶解度和相平衡

图 4.4 给出了根据 Wills 数据绘制（1950 年）的 25℃下，结晶等温线中 Na_2O-SiO_2-H_2O 的部分组成。这个体系的完整相图不容易测得，这在很大程度上是由于亚稳硅酸盐水溶液的形成，如果它们会沉淀的话，将非常缓慢（Brown，1990）。关于此问题，Weldes and Lange（1969）是通过观察“典型商用硅酸钠”等温线（图 4.4）得到的，对于普通市售硅酸钠溶液的所有组成，实际落在了预期的 $Na_2SiO_3 \cdot 9H_2O$ 沉淀的区域。注意到图 4.4 绘制在对数坐标轴上，以便更容易观察低二氧化硅含量的数据。Brown（1990）将这些数据绘制在各自浓度的十次方根坐标轴上，以便展示每种组成浓度跨越了七个数量级的等温线数据。如果想要得到更详细和/或更广范围的图，可以查询该文章。然而，这里讨论的目标是地质聚合物激发剂溶液，图中较高浓度二氧化硅的区域就足够了。

Vail（1952）给出了在常温下完整的三元 Na_2O-SiO_2-H_2O 体系相图，简要地描述了每个组成区域中各物质的特性和应用。图 4.5 改编自原数据。

在图 4.5 的区域中，对地质聚合物制备最重要的是区域 A（部分结晶的混合物，很多低二氧化硅激发溶液是这一区域是亚稳态化合物）或区域 B（大多数商业硅酸盐溶液都在这个区域）。组成在区域 C 中的溶液是高度容易结晶的，经常形成水合硅酸钠盐。D 区往往对应高黏度。在区域 C 亚稳态的激发剂组成可以通过以下事实看出：这些溶液在长时间储存过程中逐渐结晶，或者

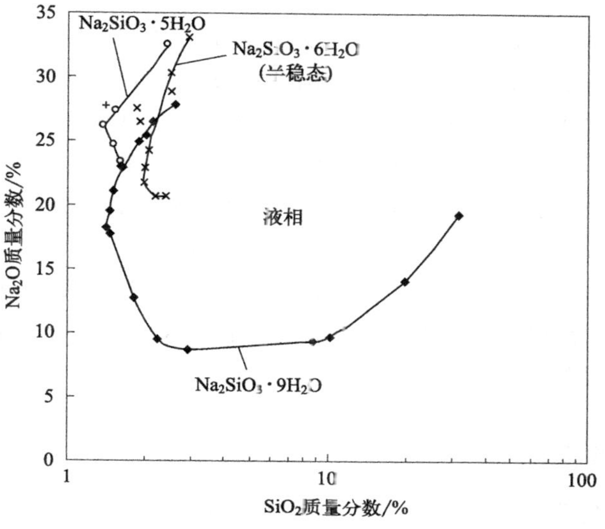

图 4.4 25℃和常压下水合偏硅酸钠的结晶等温线

根据 Wills (1950) 的数据绘制而成。报道的 $Na_3HSiO_4 \cdot 5H_2O$ 相中 Na_2O 浓度高而 SiO_2 浓度低的部分没有绘出

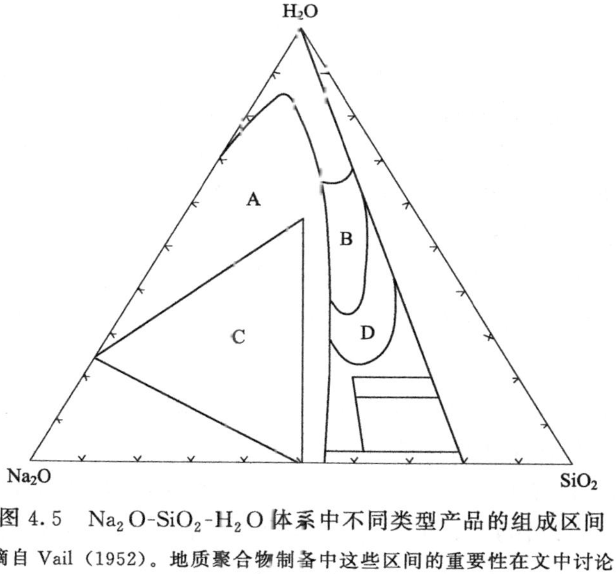

图 4.5 Na_2O-SiO_2-H_2O 体系中不同类型产品的组成区间

摘自 Vail (1952)。地质聚合物制备中这些区间的重要性在文中讨论

在环境温度下降时快速结晶。在其他组成区域，混合物的重要性和性能可以在 Vail (1952) 或 Weldes and Lange (1969) 的描述中找到。类似的硅酸钾盐溶液相图并没有被广泛使用，这是因为与钠相比，水合硅酸钾相的沉淀要少得

多，均匀水溶液的稳定范围要宽得多。

Vail（1952）和Iler（1979）简要地讨论了硅酸锂溶液。水合偏硅酸锂相的低溶解度阻碍了硅酸锂的形成，特别是在较高温度（Vail，1952）的情形，尽管用于生产这些溶液的商业技术已被开发出来。硅酸钠和硅酸钾溶液通常通过直接溶解适当组成的硅酸钠/钾玻璃来制备，而硅酸锂通过将非晶态氧化硅溶解在LiOH水溶液中来生成（Iler，1979）。铷和铯的硅酸盐溶液类似于钾的情况，但不受各自偏硅酸相的溶解度非常高等问题的影响。Vail对硅酸铷进行了简要讨论（1952），Weldes和Lange（1969）指出，铷、铯硅酸盐溶液已经制备但尚未广泛研究，且目前没有商业价值，这一情况似乎自这一综述撰写以来的四十年间并未改变。

4.3.2 赋存形态

二氧化硅的化学性质（水溶液和固态）可能比除碳以外的其他任何元素都更复杂。正因如此，人们对于它的基础理解相对较少。在浓碱性溶液中，聚合硅酸存在一系列的化学形态，其中一些组成和结构直到现在才被解析。各种形式的^{29}Si NMR已经证实是识别硅酸盐溶液中物类组成的一个非常有价值的工具（Engelhardt et al，1974；Harris and Knight，1983a，1983b；Cho et al，2006；Knight et al，2007）。通过光谱分析也获得了一些有用的信息（Pelster et al，2006）。红外光谱（Halasz et al，2007）也被用于硅的形态鉴定，但对光谱特征的解释仍不确定，并且与目前核磁共振实验的结果不是非常一致。在先进质谱技术广泛可得之前，硅酸盐化合物的分离和试图定量都是通过萃取为三甲基硅氧烷或硅钼酸盐化合物（trimethylsilyl或silicomolybdate）来实现的（Lentz，1964，Ray and Plaisted，1983，Dietzel and Usdowski，1995）。然而，所需的化学处理（特别是酸化）过程很可能会对本来结构造成严重破坏，并且在很大程度上并未对浓碱性溶液种类的分析提供很大帮助。

图4.6给出了一些在碱性硅酸盐溶液中存在的结构，这是通过高分辨率二维NMR研究同位素富集溶液的方法来鉴定的（Knight et al，2007）。一些研究人员推测，还有其他种类发生在特定沸石结构类型的形成过程中（Kirschhock et al，1999），但其中许多物类的存在是有争议的（Knight and Kinrade，2002；Knight et al，2006），这超出了本论述的范围。所选择的这些代表性亚形态之间的平衡，可以通过自由能最小化模型来表示（使用Pitzer活度系数框架）（Provis et al，2005a）。硅酸盐结构类型中的四面体位点（与固体结构）表示为Q^n，其中n是键接其他四面体位点的数目。所以硅酸盐单体

$Si(OH)_4$ 表示为 Q^0，完全配位的位点是 Q^4。这种表示也扩展到描述硅铝酸盐结构中 Si—O—Al 键，例如，Q^3（2Al）位点上有两个 Si—O—Al 键、一个 Si—O—Si 键和一个 Si—O—H 键。

在有溶解铝存在的情况下，铝取代这些硅酸盐单体的现象似乎很普遍。尽管还未有上述每个结构类型中 Al 类型的详细表征，但基本共识是 Al 基本上可以代替图 4.6 所描绘的 Si 的所有结构类型（Swaddle et al，1994；Swaddle，2001），在高 Al 浓度中更倾向于形成高配位的位点，在低 Al 浓度中更倾向于形成低配位的位点（Samadi-Maybodi et al，2005）。然而，在铝酸盐溶液的 ^{27}Al NMR 图谱中，峰的分辨和分配远不是那么简单的（Samadi-Maybodi et al，2001）。

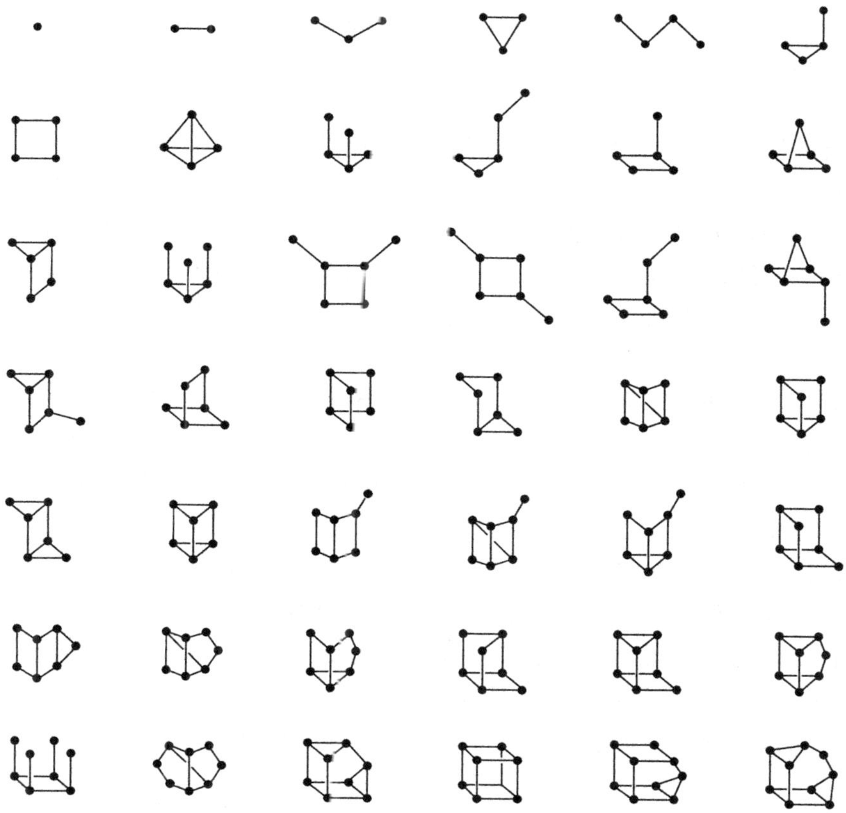

图 4.6　在碱性硅酸盐溶液中通过 ^{29}Si NMR 辨别的化学形态

线代表 Si—O—Si 键，点表示 Si 原子。所有 Si 位点是四面体配位的，羟基未表示出。一个物类可能有多个立体异构体但仅绘出一个。上述给出的化学形态是 Knight 等人（2007）用富 ^{29}Si 硅酸钾溶液鉴别的在地聚物的环境下，硅酸盐形态分布最重要的方面是不同化学形态之间不稳定性的变化。Engelhardt 和 Hoebbel（1984）提出，环状三聚体和棱柱六聚体交换硅酸盐单元的速率，明显比链结构或较大的环结构更慢。然而，Knight 等（1988）使用富含硅酸盐溶液时，发现环状三聚体发生了特别快的分子内开/闭环反应。同时也发现了其他交换过程都是分子内重排或有关的单体交换。Bahlmann 等（1997）发现，在大约 0.1s 的时间尺度内，位点之间只观察到在连接度 n 与 $n-1$（或 $n+1$）之间的混合，例如在此时间范围内给定位点的连接度变化不超过一个键。立方八聚物也发现在硅酸四烷基铵溶液中特别稳定（Caratzoulas et al，2005），但这很可能是由于四烷基铵阳离子的特殊几何形状的影响，因为这无法解释这种物质在碱性阳离子存在时形成的溶解物质中占如此大的比例。

Vallazza 等人（1998）（North and Swaddle，2000；Anseau et al，2005）测得了小形态之间关于硅酸盐单元交换的反应速率常数，同一研究小组后来的工作表明，铝酸盐位点比对应的硅酸盐位点更不稳定。

有人提出，主导硅酸盐交换动力学的物质是其所携带的低密度去质子化羟基位点单体（Kinrade and Swaddle，1988）。高电荷物质显然会互相排斥，阻碍交换，而较大的聚合物交换过程将涉及比单体数量更多的键的断裂和形成。Provis 和 Machos（2006）提出了二氧化硅聚合的动力学模型，其中的主要反应发生在中性单体和低聚物的带电位点之间，或发生在去质子的单体和低聚物的中性位点之间。两个带电位点，或涉及多个去质子化位点之间的反应，认为是不重要的，这与 Kinrade 和 Swaddle（1988）的观察一致，即该硅酸盐的交换过程在非常高 pH 值下明显减缓。这个模型能够定性地捕获参数变化对溶液制备沸石的影响，因此对理解类似地质聚合物制备过程可以提供一些价值。

Pelster 等人（2007）通过一系列实验表明，在同位素标记的溶液交换过程中，交换过程可以涉及整个立方面而不是单体的交换。然而，这是一个特殊的情况，为通过较小形态进行交换的一般趋势提供了反例。Bahlmann 等（1997）也给出了自扩散系数的明显趋势，自扩散系数随预聚体尺寸增大而减小，这对于测定在高黏度环境中浓碱金属硅酸盐溶液的交换也是非常重要的。

与浓溶液中硅酸盐低聚物的形成作用平行的是酸碱反应。单体二氧化硅 $Si(OH)_4$，也被称为“原硅酸”，其在碱性条件下表现为多聚质子弱酸。Efčík 和 McCormick（1997）计算了硅酸盐单体（4 个酸性质子）和二聚体（6 个酸性质子）的近似 pK_a 值，假定 pK_a 随着高电荷态的去质子化程度的增加而线性增加，其直接测量是非常困难的，所获得的值列于表 4.1。

表 4.1 硅酸盐单体和二聚体的连续去质子化中的平衡常数

反应	n					
	1	2	3	4	5	6
$SiO_{n-1}(OH)_{5-n} \rightleftharpoons SiO_n(OH)_{4-n} + H^+$	9.5	12.6	15.7	18.8	—	—
$Si_2O_n(OH)_{7-n} \rightleftharpoons Si_2O_{n+1}(OH)_{6-n} + H^+$	9	10.7	12.4	14.1	15.8	17.5

地质聚合物激发剂溶液通常在 1～10mol/L MOH（M：碱金属）和 1～10mol/L SiO_2 的范围内。从表 4.1 可以看出，这些溶液中大部分硅酸盐位点是经过一次或两次去质子化的（即对单体 $n=1$ 或 2，在二聚体时则在 1 和 4 之间），具体取决于选择的 SiO_2/M_2O 比。显然，Q^3 位点只能进行一次去质子化。Rimer 等（2005）计算出在较大的硅酸盐簇中 Q^3 位点的有效 pK_a 为 11.2，但这还包括由于电荷在团簇上的局部化而产生的静电排斥效应。通过一种直接考虑这些影响的模型，计算出了 Q^3 位点上羟基质子的本征 pK_a 值为 8.4，似乎可以更好地表示它们的实际影响。考虑到存在的结构类型分布及其各自的 pK_a 值，在地聚合过程中使用的大多数硅酸盐激发剂 pH 值通过去质子平衡缓冲在 11～12，对比在同一 pH 值的由现成碱性物质起缓冲作用的氢氧化物溶液，仍能提供更高水平的“可用碱度”。显然，在与固体地质聚合物原材料混合之前，4.2 节中讨论的氢氧化物激发溶液将有着更高的 pH 值。但在反应过程中，即使少量的二氧化硅溶解到溶液中都将会迅速使 pH 达到这个区域。随着反应接近完成，大部分二氧化硅从剩余的水相（硬化地质聚合物的孔隙溶液）中沉淀出来，其 pH 将由于缓冲效果的消失而再次增大。

4.3.3 工程性质

图 4.7 和图 4.8 给出了硅酸钠和硅酸钾溶液的黏度随组成的变化，也给出了从 Vail 的试验（1952）获得的数据。这些数据按照 SiO_2/M_2O（M：碱金属）质量比绘制，因为 SiO_2 和 Na_2O 的分子量比为 0.97，这是非常接近硅酸钠摩尔比的。然而，在钾溶液中这个比为 0.64，因此在图 4.8 上标出了与每种质量比相对应的摩尔比，以便与图 4.7 进行比较。需要注意的是，在这两个图中，黏度是按照对数尺度绘制的，在较高的二氧化硅含量下黏度急剧增加。在可比组成下，硅酸钾溶液比硅酸钠溶液黏度明显较低，即使考虑了从质量比到摩尔比的转变。这在地质聚合物的实验研究中通常是有价值的，因为与商业生产相比，硅酸钾溶液的成本较高不是那么重要。当希望使用尽可能低的激发剂/黏合剂比时，含钾激发剂更有利于流变性样品的搅拌和浇模。硅酸钠，特

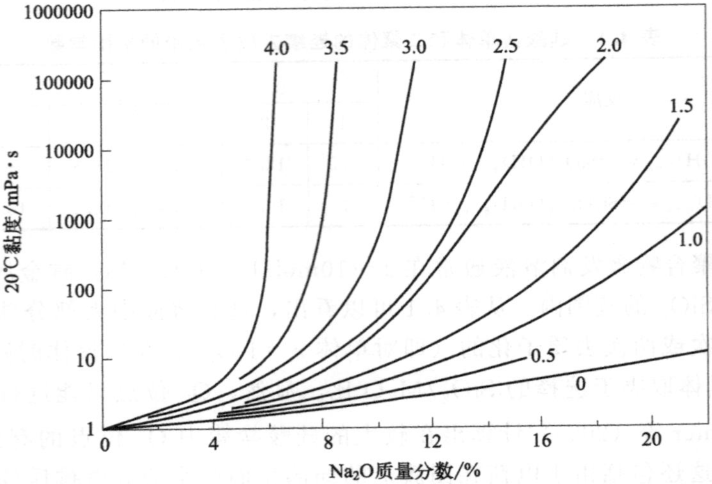

图 4.7　不同 SiO_2/Na_2O 质量比的硅酸钠溶液的黏度

摩尔比要比标出的质量比大 3%。数据来自 Vail（1952）

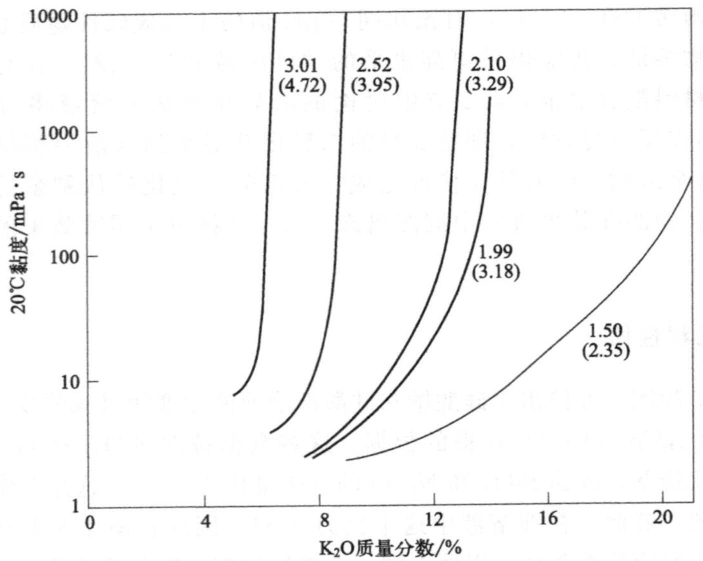

图 4.8　不同 SiO_2/K_2O 质量比（摩尔比）的硅酸钾溶液的黏度

数据来自 Vail（1952）

别是在地质聚合物制备中有利的组成范围内，比硅酸钾（Weldes 和 Lange，1969）更“黏”，这可能也是有问题的，因为新制备的含钠地质聚合物混合物往往会粘在混合设备上不易流动。

混合碱金属硅酸盐溶液的黏度特性被认为是相对复杂的。Vail（1952）指出，一些高硅混合碱溶液显示出比任何纯碱溶液的黏度高得多。Ingram 等（1981）在较低和较高的二氧化硅含量时未能再现这样的效果，尽管他们确实观察到在低钾含量下电导率数据上体现出的微弱混合碱效应。Grant 和 Masson（1972）研究表明，硅酸钠溶液在相对宽的浓度范围内的黏度与剪切速率无关，即使在高的 SiO_2/Na_2O 比下也如此。溶解的二氧化硅的低聚反应不会产生"像聚合物溶液"的流变性，这很可能是因为低聚物趋向缩合，而不是像有机聚合物那样形成扩展链。

Yang 等人（2008b）研究表明，随着温度的升高，硅酸钠溶液的黏度显著降低，从 20℃加热到 40℃，其黏度以大约为 8 的因数下降，然后在该点以上进一步降低。但是，某些偏硅酸钠的溶解度在温度升高时开始降低（Vail，1952），这意味着加热不是保证或加速制备地质聚合物激发溶液过程中固体前驱体溶解的方法。固体无水偏硅酸钠的溶解导致浓溶液的溶解焓随浓度变化很大（Vail，1952）。溶解的物质无法在非常高的浓度下实现完全水合作用，意味着每摩尔 Na_2SiO_3 溶解在质量分数为 40%水溶液中释放的热量，明显低于质量分数为 20%时释放的热量。

图 4.9 给出了硅酸钠溶液密度随组成的变化情况。虽然文献中提供的数据较少，但硅酸钾也遵循类似的趋势。这里描述的数据基于 Vail（1952）给出的图表，已将密度转换为 SI 单位并重新绘制。Vail 还指出，了解硅酸盐溶液的密度和黏度即可计算其成分而无须化学分析，因为这些性质即使对于亚稳溶

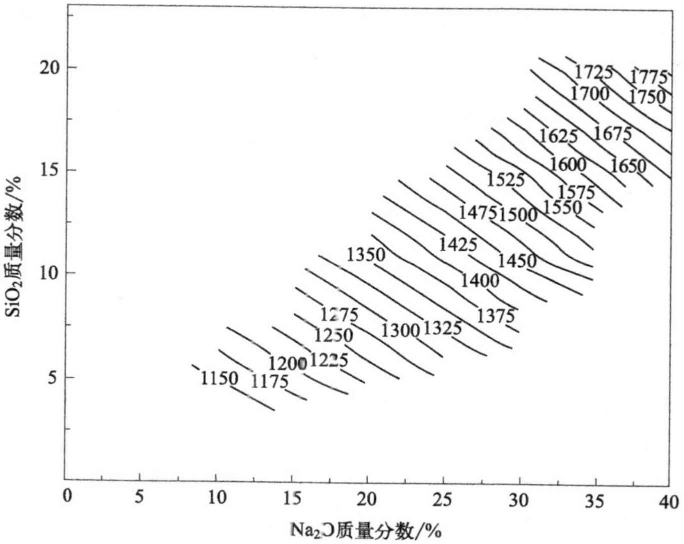

图 4.9 硅酸钠溶液的密度随组分的变化

数据来自 Vail（1952）

液，也可靠且可重复地测量。

4.4 其他激发剂

在过去几十年中，许多研究人员已经提出使用碱金属碳酸盐溶液来激发(通常是高钙）矿渣（Shi et al，2006)，但是它们在粉煤灰激发中的应用却不那么普遍。Fernandez-Jimenez 等人（2006）报道使用混合的氢氧化物-碳酸盐激发剂会产生反应较差的多孔产物，但尚不清楚激发剂中碳酸盐成分的具体作用是什么。与矿渣相比，F 类粉煤灰的反应性通常较低，这似乎意味着需要更高的可用碱度。这要比碳酸盐溶液所提供的碱度高，因此需要比 M_2CO_3 更强的碱（M：Na 和/或 K)。

也有一部分关于铝酸盐作为地聚物制备中激发剂的研究。特别是，Phair 和 van Deventer（2002）以及 Rees（2007）分别用铝酸钠溶液激发粉煤灰制备了可行的地质聚合物，Brew 和 MacKenzie（2007）使用铝酸钠水溶液和硅灰来制备高纯度硅铝酸盐地质聚合物。还有一些工作旨在固体铝酸钠在“只加水”的单组分混合地聚物中的使用，利用低热硅酸盐固体废物作为硅酸盐源(Hajimohammadi et al，2008；Rees，2007)，尽管仍处于开发的早期阶段，但可能是一种很有用的科学探究反应机制的体系，由于难以扩大规模，无法大规模利用。

一些学者致力于开发出一种“仅加水混合地质聚合物”的替代方法，要么通过将足够精细研磨的固体硅酸钠与粉煤灰混合（Yang et al，2008a)，要么将偏高岭土与碱金属氢氧化物粉末一起煅烧（Koloušek et al，2007)。考虑到本章前面部分所讨论的浓缩苛性碱激发溶液处理相关的困难，还需要对每种方法进行进一步研究。

4.5 小结

各种不同类型的溶液已被用作地质聚合物制备中的激发剂，每种溶液的化学和物理性质将决定使用它们制备的地质聚合物的性质和价值。钠和钾的硅酸盐和氢氧化物是最常用的激发溶液，虽然钠基溶液的成本低，但钾基溶液则表现出更好的物相反应性和流变性。替代的激发溶液包括碳酸盐、铝酸盐，甚至水。但当时这些都没有广泛用于制备硅铝酸盐地质聚合物。未来的工作需要特别关注硅酸盐激发溶液和溶解钙之间的相互作用，虽然对这个领域仍然知之甚少，但对粉煤灰基地质聚合物的早期性能和后期结构发展至关重要。

参考文献

Anseau, M. R., Leung, J. P., Sahai, N. and Swaddle, T. W. (2005) Interaction of silicate ions with zinc(II) and aluminum(III) in alkaline aqueous solution. *Inorganic Chemistry*, 44, 8023–8032. doi:10.1021/ic050594c.

Bahlmann, E. K. F., Harris, R. K., Metcalfe, K., Rockliffe, J. W. and Smith, E. G. (1997) Silicon-29 NMR self-diffusion and chemical-exchange studies of concentrated sodium silicate solutions. *Journal of the Chemical Society – Faraday Transactions*, 93, 93–98. doi:10.1039/a604878a.

Bao, Y., Grutzeck, M. W. and Jantzen, C. M. (2005) Preparation and properties of hydroceramic waste forms made with simulated Hanford low-activity waste. *Journal of the American Ceramic Society*, 88, 3287–3302. doi:10.1111/j.1551-2916.2005.00775.x.

Bell, J. L., Sarin, P., Provis, J. L., Haggerty, R. P., Driemeyer, P. E., Chupas, P. J., van Deventer, J. S. J., Kriven, W. M. (2008) Atomic structure of a cesium aluminosilicate geopolymer: A pair distribution function study, *Chemistry of Materials*, 20(14), 4768–4776. doi 10.1021/cm703369s.

Berger, S., Frizon, F., Fournel, V. and Cau-Dit-Comes, C. (2007) Immobilization of cesium in geopolymeric matrix: A formulation study. *12th International Congress on the Chemistry of Cement*, Montreal, Canada. Beaudoin, J. J. (Ed.).

Bick, M. and Prinz, H. (2005) Cesium and cesium compounds. *Ullmann's Encyclopedia of Industrial Chemistry*. Wiley-VCH Verlag. doi:10.1002/14356007.a06_153.

Blackford, M. G., Hanna, J. V., Pike, K. J., Vance, E. R. and Perera, D. S. (2007) Transmission electron microscopy and nuclear magnetic resonance studies of geopolymers for radioactive waste immobilization. *Journal of the American Ceramic Society*, 90, 1193–1199. doi:10.1111/j.1551-2916.2007.01532.x.

Brew, D. R. M. and Mackenzie, K. J. D. (2007) Geopolymer synthesis using silica fume and sodium aluminate. *Journal of Materials Science*, 42, 3990–3993. doi:10.1007/s10853-006-0376-1.

Brown, P. W. (1990) The system Na_2O-CaO-SiO_2-H_2O. *Journal of the American Ceramic Society*, 73, 3457–3561. doi:10.1111/j.1151-2916.1990.tb06475.x.

Caratzoulas, S., Vlachos, D. G. and Tsapatsis, M. (2005) Molecular dynamics studies on the role of tetramethylammonium cations in the stability of the silica octamers $Si_8O_{20}^{8-}$ in solution. *Journal of Physical Chemistry B*, 109, 10429–10434. doi:10.1021/jp0500891.

Cheng, C.-H. and Shantz, D. F. (2006) ^{29}Si NMR studies of zeolite precursor solutions. *Journal of Physical Chemistry B*, 110, 313–318. doi:10.1021/jp055124i.

Cho, H., Felmy, A. R., Craciun, R., Keenum, J. P., Shah, N. and Dixon, D. A. (2006) Solution state structure determination of silicate oligomers by ^{29}Si NMR spectroscopy and molecular modeling. *Journal of the American Chemical Society*, 128, 2324–2335. doi:10.1021/ja0559202.

Dietzel, M. and Usdowski, E. (1995) Depolymerization of soluble silicate in dilute aqueous solutions. *Colloid and Polymer Science*, 273, 590–597. doi:10.1007/BF00658690.

Duxson, P., Mallicoat, S. W., Lukey, G. C., Kriven, W. M. and Van Deventer, J. S. J.

(2007) The effect of alkali and Si/Al ratio on the development of mechanical properties of metakaolin-based geopolymers. *Colloids and Surfaces A – Physicochemical and Engineering Aspects*, 292, 8–20. doi:10.1016/j.colsurfa.2006.05.044.

Engelhardt, G. and Hoebbel, D. (1984) ^{29}Si NMR spectroscopy reveals dynamic SiO_4^{4-} group exchange between silicate anions in aqueous alkaline silicate solutions. *Journal of the Chemical Society – Chemical Communications*, 514–516. doi:10.1039/C39840000514.

Engelhardt, G., Jancke, H., Hoebbel, D. and Wieker, W. (1974) Strukturuntersuchungen an Silikatanionen in wäßriger Lösung mit Hilfe der ^{29}Si-NMR-Spektroskopie. *Zeitschrift für Chemie*, 14, 109–110.

Fernández-Jiménez, A., Macphee, D. E., Lachowski, E. E. and Palomo, A. (2005) Immobilization of cesium in alkaline activated fly ash matrix. *Journal of Nuclear Materials*, 346, 185–193. doi:10.1016/j.jnucmat.2005.06.006.

Fernández-Jiménez, A., Palomo, A. and Criado, M. (2006) Alkali activated fly ash binders. A comparative study between sodium and potassium activators. *Materiales de Construcción*, 56, 51–65.

Fricke, R. (1924) Zähigkeit von Rubidiumhydroxydlösungen. *Zeitschrift für Anorganische und Allgemeine Chemie*, 139, 419–420. doi:10.1002/zaac.19241390126.

Gaboriaud, F., Nonat, A., Chaumont, D., Craievich, A. and Hanquet, B. (1999) ^{29}Si NMR and small-angle X-ray scattering studies of the effect of alkaline ions (Li^+, Na^+, and K^+) in silico-alkaline sols. *Journal of Physical Chemistry B*, 103, 2091–2099. doi:10.1021/jp984074x.

García-Lodeiro, I., Palomo, A. and Fernández-Jiménez, A. (2007) Alkali–aggregate reaction in activated fly ash systems. *Cement and Concrete Research*, 37, 175–183. doi:10.1016/j.cemconres.2006.11.002.

Grant, R. and Masson, C. R. (1972) Viscosity of sodium silicate solutions. *Journal of Colloid and Interface Science*, 41, 606–607. doi:10.1016/0021-9797(72)90383-9.

Gurvich, L. V., Bergman, G. A., Gorokhov, L. N., Iorish, V. S., Leonidov, V. Y. and Yungman, V. S. (1996) Thermodynamic properties of alkali metal hydroxides. Part 1. Lithium and sodium hydroxides. *Journal of Physical and Chemical Reference Data*, 25, 1211–1276.

Gurvich, L. V., Bergman, G. A., Gorokhov, L. N., Iorish, V. S., Leonidov, V. Y. and Yungman, V. S. (1997) Thermodynamic properties of alkali metal hydroxides. Part 2. Potassium, rubidium, and cesium hydroxides. *Journal of Physical and Chemical Reference Data*, 26, 1031–1110.

Hajimohammadi, A., Provis, J. L. and van Deventer, J. S. J. (2008) One-part geopolymer mixes from geothermal silica and sodium aluminate. *Industrial & Engineering Chemistry Research*, 47, 9396–9405, doi: 10.1021/ie8006825.

Halasz, I., Agarwal, M., Li, R. and Miller, N. (2007) Vibrational spectra and dissociation of aqueous Na_2SiO_3 solutions. *Catalysis Letters*, 117, 34–42. doi:10.1007/s10562-007-9141-6.

Harris, R. K. and Knight, C. T. G. (1983a) Silicon-29 nuclear magnetic resonance studies of aqueous silicate solutions. Part 5. First-order patterns in potassium silicate solutions enriched with silicon-29. *Journal of the Chemical Society – Faraday Transactions II*, 79, 1525–1538. doi:10.1039/F29837901525.

Harris, R. K. and Knight, C. T. G. (1983b) Silicon-29 nuclear magnetic resonance studies of aqueous silicate solutions. Part 6. Second-order patterns in potassium silicate solutions enriched with silicon-29. *Journal of the Chemical Society – Faraday Transactions II*, 79, 1539–1561. doi:10.1039/F29837901539.

Iler, R. K. (1979) *The Chemistry of Silica: Solubility, Polymerization, Colloid and Surface*

Properties, and Biochemistry, New York, Wiley.

Ingram, M. D., King, K., Kranbuehl, D. and Acel-Hadadi, M. (1981) Mixed-alkali effect in aqueous silicate solutions. *Journal of Physical Chemistry*, 85, 289–294. doi:10.1021/j150603a015.

Khalil, M. Y. and Merz, E. (1994) Immobilization of intermediate-level wastes in geopolymers. *Journal of Nuclear Materials*, 211, 141–148. doi:10.1016/0022-3115(94)90364-6.

Kinrade, S. D. and Swaddle, T. W. (1988) Silicon-29 NMR studies of aqueous silicate solutions. 2. Transverse ^{29}Si relaxation and the kinetics and mechanism of silicate polymerization. *Inorganic Chemistry*, 27, 4259–4264. doi:10.1021/ic00296a035.

Kirschhock, C. E. A., Ravishankar, R., Verspeurt, F., Grobet, P. J., Jacobs, P. A. and Martens, J. A. (1999) Identification of precursor species in the formation of MFI zeolite in the TPAOH-TEOS-H_2O system. *Journal of Physical Chemistry B*, 103, 4965–4971. doi:10.1021/jp990297r.

Knight, C. T. G. and Kinrade, S. D. (2002) Comment on 'Identification of precursor species in the formation of MFI zeolite in the TPAOH-TEOS-H_2O system'. *Journal of Physical Chemistry B*, 106, 3329–3332. doi:10.1021/jp012286f.

Knight, C. T. G., Kirkpatrick, R. J. and Oldfield, E. (1988) Two-dimensional silicon-29 nuclear magnetic resonance spectroscopic study of chemical exchange pathways in potassium silicate solutions. *Journal of Magnetic Resonance*, 78, 31–40. doi:10.1016/0022-2364(88)90154-0.

Knight, C. T. G., Wang, J. and Kinrade, S. D. (2006) Do zeolite precursor species really exist in aqueous synthesis media? *Physical Chemistry Chemical Physics*, 8, 3099–3103. doi:10.1039/b606419a.

Knight, C. T. G., Balec, R. J. and Kinrade. S. D. (2007) The structure of silicate anions in aqueous alkaline solutions. *Angewandte Chemie – International Edition*, 46, 8148–8152. 10.1002/anie.200702986.

Koloušek, D., Brus, J., Urbanova, M., Andertova, J., Hulinsky, V. and Vorel, J. (2007) Preparation, structure and hydrothermal stability of alternative (sodium silicate-free) geopolymers. *Journal of Materials Science*, 42, 9267–9275. doi:10.1007/s10853-007-1910-5.

Kriven, W. M., Kelly, C. A. and Comrie, D. C. (2006) *Geopolymers for structural ceramic applications*. Air Force Office of Scientific Research Report FA9550–04-C-0063.

Kurt, C. and Bittner, J. (2006) Sodium hydroxide. *Ullmann's Encyclopedia of Industrial Chemistry*. Wiley-VCH Verlag. doi:10.1002/14356007.a24_345.pub2.

Laliberté, M. (2007) Model for calculating the viscosity of aqueous solutions. *Journal of Chemical and Engineering Data*, 52, 321–335. doi:10.1021/je0604075.

Lenk, W. and Prinz, H. (2005) Rubidium and rubidium compounds. *Ullmann's Encyclopedia of Industrial Chemistry*. Wiley-VCH Verlag. doi:10.1002/14356007.a23_473.

Lentz, C. W. (1964) Silicate minerals as sources of trimethylsilyl silicates and silicate structure analysis of sodium silicate solutions. *Inorganic Chemistry*, 3, 574–579. doi:10.1021/ic50014a029.

Li, K.-L., Huang, G.-H., Jiang, L.-H., Cai, Y.-B., Chen, J. and Ding, J.-T. (2006) Study on abilities of mineral admixtures and geopolymer to restrain ASR. *Key Engineering Materials*, 302–303, 248–254.

Lumley, J. S. (1997) ASR suppression by lithium compounds. *Cement and Concrete Research*, 27, 235–244. doi:10.1016/S0008-8846(97)00003-3.

Mccormick, A. V. and Bell, A. T. (1989) The solution chemistry of zeolite precursors. *Catalysis Reviews – Science and Engineering*, 31, 97–127.

Monnin, C. and Dubois, M. (2005) Thermodynamics of the LiOH+H_2O system. *Journal of Chemical and Engineering Data*, 50, 1109–1113. doi:10.1021/je0495482.

North, M. R. and Swaddle, T. W. (2000) Kinetics of silicate exchange in alkaline aluminosilicate solutions. *Inorganic Chemistry*, 39, 2661–2665. doi:10.1021/ic0000707.

Pabalan, R. T. and Pitzer, K. S. (1987) Thermodynamics of NaOH(aq) in hydrothermal solutions. *Geochimica et Cosmochimica Acta*, 51, 829–837. doi:10.1016/0016-7037(87)90096-2.

Pelster, S. A., Schrader, W. and Schüth, F. (2006) Monitoring temporal evolution of silicate species during hydrolysis and condensation of silicates using mass spectrometry. *Journal of the American Chemical Society*, 128, 4310–4317. doi:10.1021/ja057423r.

Pelster, S. A., Weimann, B., Schaak, B. B., Schrader, W. and Schüth, F. (2007) Dynamics of silicate species in solution studied by mass spectrometry with isotopically labeled compounds. *Angewandte Chemie – International Edition*, 46, 6674–6677. doi:10.1002/anie.200701927.

Perera, D. S., Vance, E. R., Aly, Z., Davis, J. and Nicholson, C. L. (2006) Immobilization of Cs and Sr in geopolymers with Si/Al ~ 2. *Ceramic Transactions*, 176, 91–96.

Petrenko, S. V. and Pitzer, K. S. (1997) Thermodynamics of aqueous NaOH over the complete composition range and to 523 K and 400 MPa. *Journal of Physical Chemistry B*, 101, 3589–3595. doi:10.1021/jp963707+.

Phair, J. W. and Van Deventer, J. S. J. (2002) Characterization of fly-ash-based geopolymeric binders activated with sodium aluminate. *Industrial and Engineering Chemistry Research*, 41, 4242–4251. doi:10.1021/ie010937o.

Pickering, S. U. (1893) The hydrates of sodium, potassium and lithium hydroxides. *Journal of the Chemical Society, Transactions*, 63, 890–909. doi: 10.1039/CT8936300890.

Provis, J. L. (2006), Ph.D. Thesis, Department of Chemical and Biomolecular Engineering, University of Melbourne.

Provis, J. L. and Vlachos, D. G. (2006) Silica nanoparticle formation in the TPAOH-TEOS-H_2O system: A population balance model. *Journal of Physical Chemistry B*, 110, 3098–3108. doi:10.1021/jp056658m.

Provis, J. L., Duxson, P., Lukey, G. C., Separovic, F., Kriven, W. M. and Van Deventer, J. S. J. (2005a) Modeling speciation in highly concentrated alkaline silicate solutions. *Industrial and Engineering Chemistry Research*, 44, 8899–8908. doi:10.1021/ie050700i.

Provis, J. L., Lukey, G. C. and Van Deventer, J. S. J. (2005b) Do geopolymers actually contain nanocrystalline zeolites? – A reexamination of existing results. *Chemistry of Materials*, 17, 3075–3085. doi:10.1021/cm050230i.

Ray, N. H. and Plaisted, R. J. (1983) The constitution of aqueous silicate solutions. *Journal of the Chemical Society – Dalton Transactions*, 475–481. doi:10.1039/DT9830000475.

Rees, C. A. (2007) PhD Thesis, Department of Chemical and Biomolecular Engineering, University of Melbourne.

Rimer, J. D., Lobo, R. F. and Vlachos, D. G. (2005) Physical basis for the formation and stability of silica nanoparticles in basic solutions of monovalent cations. *Langmuir*, 21, 8960–8971. doi:10.1021/la0511384.

Samadi-Maybodi, A., Azizi, S. N., Naderi-Manesh, H., Bijanzadeh, H., Mckeag, I. H. and Harris, R. K. (2001) Highly resolved ^{27}Al NMR spectra of aluminosilicate solutions. *Journal of the Chemical Society – Dalton Transactions*, 633–638. doi:10.1039/b008718l.

Samadi-Maybodi, A., Goudarzi, N. and Bijanzadeh, H. (2005) Aluminum-27 NMR investigations of aqueous and methanolic aluminosilicate solutions. *Journal of Solution*

Chemistry, 34, 283–295. doi:10.1007/s10953-005-3049-9.
efčík, J. and McCormick, A. V. (1997) Thermochemistry of aqueous silicate solution precursors to ceramics. *AIChE Journal*, 43, 2773–2784.
Shi, C., Krivenko, P. V. and Roy, D. M. (2006) *Alkali-Activated Cements and Concretes*, Abingdon, UK, Taylor and Francis.
Simonson, J. M., Mesmer, R. E. and Rogers, P. S. Z. (1989) The enthalpy of dilution and apparent molar heat capacity of NaOH(aq) to 523 K and 40 MPa. *Journal of Chemical Thermodynamics*, 21, 561–584. doi:10.1016/0021-9614(89)90172-9.
Sipos, P. M., Hefter, G. and May, P. M. (2000) Viscosities and densities of highly concentrated aqueous MOH solutions [$M^- = Na^+, K^+, Li^+, Cs^+, (CH_3)_4N^+$] at 25.0 °C. *Journal of Chemical and Engineering Data*, 45, 613–617. doi:10.1021/je000019h.
Swaddle, T. W. (2001) Silicate complexes of aluminum(III) in aqueous systems. *Coordination Chemistry Reviews*, 219–221, 665–686. doi:10.1016/S0010-8545(01)00362-9.
Swaddle, T. W., Salerno, J. and Tregloan, P. A. (1994) Aqueous aluminates, silicates, and aluminosilicates. *Chemical Society Reviews*, 23, 319–325. doi:10.1039/CS9942300319.
Vail, J. G. (1952) *Soluble Silicates: Their Properties and Uses*, New York, Reinhold.
Vallazza, E., Bain, A. D. and Swaddle, T. W. (1998) Dynamics of silicate exchange in highly alkaline potassium silicate solutions. *Canadian Journal of Chemistry – Revue Canadienne De Chimie*, 76, 183–193. doi:10.1139/cjc-76-2-183.
Weldes, H. H. and Lange, K. R. (1969) Properties of soluble silicates. *Industrial and Engineering Chemistry*, 61, 29–44. doi 10.1021/ie50712a008.
Wills, J. H. (1950) A review of the system Na_2O-SiO_2-H_2O. *Journal of Physical and Colloid Chemistry*, 54, 304–310. doi:10.1021/j150477a002.
Yang, K.-H., Song, J.-K., Ashour, A. F. and Lee, E.-T. (2008a) Properties of cementless mortars activated by sodium silicate. *Construction and Building Materials*, 22, 1981–1989. doi:10.1016/j.conbuildmat.2007.07.003.
Yang, X., Zhu, W. and Yang, Q. (2008b) The viscosity properties of sodium silicate solutions. *Journal of Solution Chemistry*, 37, 73–83. doi:10.1007/s10953-007-9214-6.

5

偏高岭土地质聚合物的纳/微观结构

J. L. Provis，S. L. Yong，P. Duxson 著
墨尔本大学，澳大利亚

5.1 引言

在制备地质聚合物中化学上最简单的系统可能就是碱金属氢氧化物/硅酸盐激发的偏高岭土了。实际上，正是由于在这些材料上首次使用了“地质聚合物”一词（Davidovits，1982；1991；2008），此名称随后很快在粉煤灰和其他硅铝酸盐来源的材料上得到了广泛应用。碱金属和偏高岭土之间在略高温度下反应形成一种或多种沸石（取决于具体的反应条件）。十多年之前，“地质聚合物反应”已广为人知（Barrer and Mainwaring，1972a；1972b）。偏高岭土也用作火山灰质的矿物掺合料应用在硅酸盐水泥混凝土中，或与石灰直接混合来激发（Sabir et al，2001）。偏高岭土碱激发的详细科学研究在 1992 年首次发表（Palomoand and Glasser，1992）。随着化学上更加复杂的地聚物体系（特别是粉煤灰体系）的出现，碱激发偏高岭土的聚合反应模型的价值更加凸显。本章的重点将放在偏高岭土基地质聚合物反应和所形成的产物结构上的理解，以及偏高岭土基地聚物（或其他）转化的确切程度的详细探究（van Deventer et al，2007；Lloyd，2008）。

偏高岭土基地质聚合物在大规模应用中的主要缺点是，偏高岭土极高的表面积和板状颗粒形状，意味着反应中偏高岭土混合物的需水量非常高。过量的水（未与地质聚合物结构化学结合）在一段时间内离开硬化的地质聚合物，导致了与干燥收缩和开裂相关的不足。此外，任何过量碱液的使用都会导致风化的问题。与粉煤灰基体系相比，偏高岭土地质聚合物中的风化问题更为明显，这是由于材料中碱含量更高。尽管如此，在某些情况下的特殊应用中，偏高岭土地质聚合物仍然是理想的材料，这将在本书以后的章节中讨

论。所以，除了作为模型体系外，碱激发偏高岭土还有着真正的“现实世界”的价值。此外，有关诸如煅烧纸渣（含有高岭土）之类材料的反应，以及包括富含黏土的采矿废料在内的一些替代前驱体，都与偏高岭土的地聚合化过程极为相似。

5.2 偏高岭土

偏高岭土本身就是一种相对复杂的材料，取决于前驱体黏土的纯度和结晶度，在500～800℃的温度范围内通过煅烧高岭石黏土而成（MacKenzie et al，1985；Rocha and Klinowski，1990；Granizo and Blanco，1998；Badogiannis et al，2005；Granizo et al，2007）。

尽管偏高岭土是通过从片层状高岭石结构中除去羟基而得到的（图 5.1），但偏高岭土的结构在 X 射线分析中似乎是无序的（图 5.2）。这意味着肯定保留了一定程度的有序。这至少可以通过电子衍射（Lee et al，2003）以及脱羟基化过程可逆的事实来证明。在本质上，偏高岭土由穿插的硅酸盐和铝酸盐层组成，其中硅是 4 配位，而铝为 4 配位、5 配位和 6 配位混合。

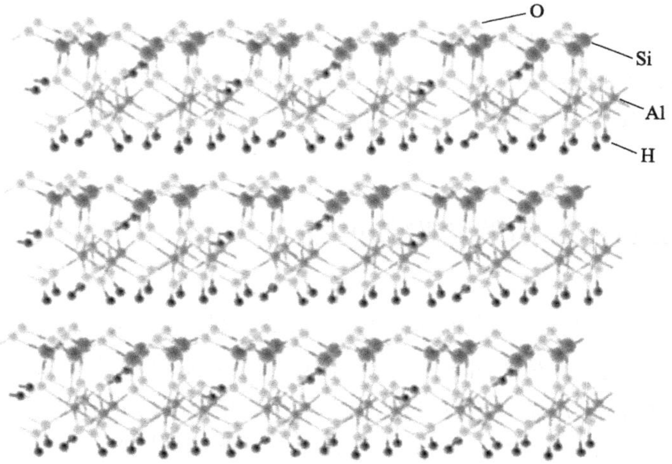

图 5.1 高岭土的层状结构

通过煅烧去除羟基，使 Al 配位数减少并使层间互扣，相应的远程有序性损失

关于偏高岭土在地聚合过程中，Al 的三种不同的配位状态的确切作用（Davidovits，2008）已有一些争论和推测。但普遍认为偏高岭土（与高岭石相比）活性的关键是加热致脱羟基在键合网络中诱导的应变。黏土矿物中诱导此

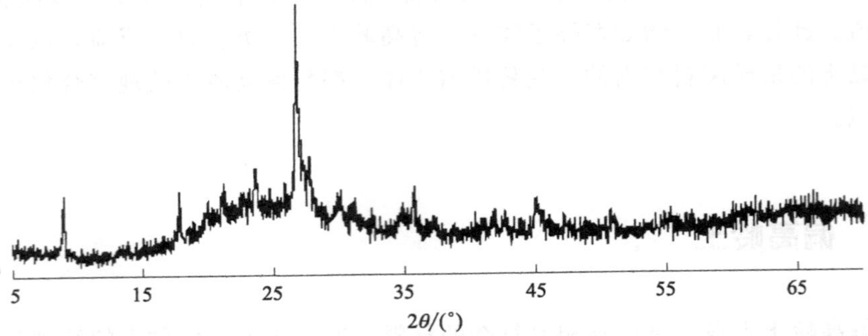

图 5.2　商用高岭土的 Cu K_α 衍射图（Metastar 402，Imerys Minerals，英国）
所有的尖峰都是少量白云石杂质造成的；2θ 在 15°～35°的宽峰是偏高岭土结构的特征峰

类应变的研究已得到广泛的关注，使其在地质聚合中具有活性的其他方法（MacKenzie et al，2007），将在第 14 章详细归纳。

在聚合过程中所使用的偏高岭土原料，与其来源的高岭石相比，在粒径、纯度和结晶度方面发生了显著变化。所有这些因素对于偏高岭土生产地质聚合物都很重要，并且意味着不可能存在一个特殊的配方适合广泛资源范围内的地质聚合物。本章中提出的工作是基于一种特定的偏高岭土源，即由英国的 Imerys Minerals 提供的 Metastar 402，SiO_2/Al_2O_3 摩尔比为 2.3，BET 表面积为 12.7 m^2/g，平均颗粒尺寸 d_{50} 为 1.58μm（Duxson，2006）。同样，所有激发剂溶液均根据其 Na_2O/SiO_2 摩尔比（0～2）配制，$H_2O/Na_2O=11$，并与偏高岭土按化学计量比混合，得出总 Na/Al 比为 1。

5.3　偏高岭土地质聚合物的形成

在过去的二十年中，已通过多种实验和模拟技术对偏高岭土的聚合反应过程进行了研究。由于多种因素的结合，偏高岭土原位观测聚合过程具有挑战性，这将在本书第 7 章中详细讨论。但是，该方法可简要概括如下。

① 碱对偏高岭土结构的侵蚀导致硅酸盐和铝酸盐物质释放到溶液中，溶解后 5 和 6 配位的 Al 转化为 4 配位（Duxson et al，2005c）。研究表明，初期铝的释放可能比硅的释放更快（Weng and Sagoe-Crentsil，2007），这可以通过偏高岭土中 Al 层相对于 Si 层额外晶格应变来解释。NMR 数据建模产生的结果与硬化地质聚合物结构中存在部分脱铝的残余偏高岭土颗粒结果一致（Provis et al，2005a）。

② 小的溶解物质之间的相互作用，也包括最初由激发溶液提供的硅酸盐，

导致硅铝酸低聚物的形成。

③ 溶解进行到铝酸盐浓度足够高，导致硅酸盐溶液不稳定，溶解物质沉淀进而形成凝胶。这一步骤还可能受到机械干扰的影响（剪切或超声振荡）以及额外的颗粒表面（团聚体和/或其他增加的氧化物）提供成核位点的影响。还要注意到凝胶化过程中溶解过程还会继续，意味着颗粒表面的凝胶层将通过阻碍物质传输而影响溶出过程。这就是简单的浸出试验不能完全理解偏高岭土溶解动力学的主要原因（Feng et al，2004），溶解物质的再沉淀使这种实验更加复杂化。

④ 地质聚合物凝胶会生长到反应浆体养护的程度，所需的时间在很大程度上取决于原料组成设计和养护温度，以及任何污染物的存在。凝结可以是瞬间的，也可以需要若干天，这取决于配比设计和养护环境。实际上，反应过程确实会在凝固点之后持续相当长的一段时间，这可以从强度的持续增长以及样品 X 射线图谱中沸石晶体的增长得出（Duxson et al，2007b）。

这一反应过程已经用一系列耦合反应速率方程进行模拟（Provis and van Deventer，2009），在本书第 7 章将详细讨论。对于偏高岭土聚合物，反应的达到程度（即偏高岭土向地质聚合物胶体的转化）在许多情况下相当高，尤其是样品在密封模内较高温度养护一段时间的情况下。如果地聚物凝胶保持温暖和密封，最终将结晶形成沸石，最常见的是一些相对简单结构的类型如钠石、八面沸石、水钙沸石和林德（Linde）A 型结构。在较低的 Si/Al 比（即更多碱系）下是非常显著的（Provis et al，2005b），图 5.3 给出了氢氧化钠/硅酸

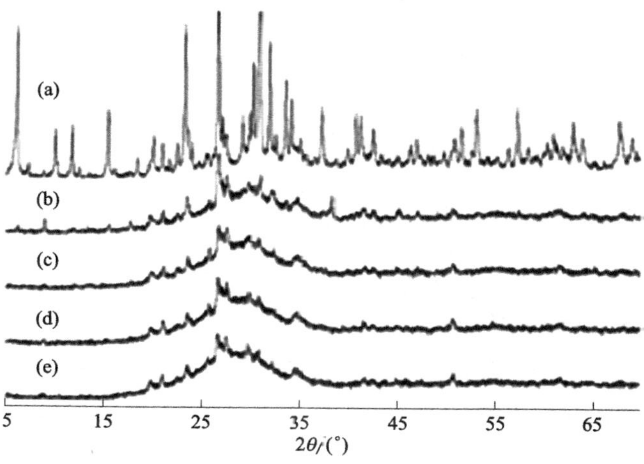

图 5.3 偏高岭土与氢氧化钠溶液（a），以及 SiO_2/Na_2O 摩尔比分别为 0.5（b）、1.0（c）、1.5（d）和 2.0（e）的硅酸钠盐溶液制备的地质聚合物的 Cu K_α 的 X 射线衍射图谱

所有样品中常见的小尖峰是偏高岭土中白云母杂质造成的，样品（a）表明形成八面沸石形式的晶体和其他少量沸石，样品（b）也表明有轻微结晶。摘自 Duxson（2006）

盐与偏高岭土反应制备地质聚合物的这种趋势的一个例子。

5.4 偏高岭土地质聚合物的纳米结构

5.4.1 核磁共振分析

固体魔角旋转核磁共振波谱分析（MAS NMR）已被证实在偏高岭土地质聚合物研究中是一种具有重要价值的技术。在粉煤灰地聚物的研究中使用NMR光谱法是存在问题的，由于许多粉煤灰中含有铁。核磁共振是最早应用于偏高岭土聚合物研究的先进分析技术之一（Davidovits，1988），并将继续提供有价值的信息（Rahier et al，1996a；Barbosa et al，2000；Duxson et al，2005a，2005b；Singh et al，2005；Duxson et al，2006；Rowles et al，2007）。

图 5.4 给出图 5.3 所示组成的样品的^{29}Si MAS NMR 图谱。虽然图谱看起来没有明显特征，但对峰位置和宽度的详细分析可以深入了解地质聚合物结构的有序度和 Si/Al 的取代（Duxson et al，2005a）。Al 取代硅酸盐网络导致了化学位移向更小负值偏移（Engelhardt and Michel，1987）。很明显，正如预期的那样，具有较高 Si/Al 比的地质聚合物会表现出更大的 Al 取代程度和较低的 Q^4（nAl）型连接度［四面体 Si 被 n 个—OAl 和（4－n）个—OSi 包围］。将这些光谱反卷积成各个组成峰，就可以与统计热力学计算的连接度期

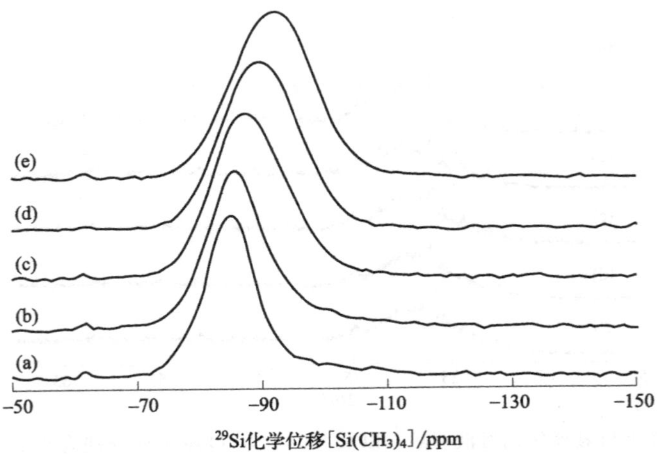

图 5.4　通过混合偏高岭土与氢氧化钠溶液（a），以及 SiO_2/Na_2O 摩尔比分别为 0.5（b）、1.0（c）、1.5（d）和 2.0（e）制备的地质聚合物的^{29}Si MAS NMR 图谱

数据摘自 Duxson（2006）

望分布进行比较（Provis et al，2005a）。对比表明，硅铝酸钾地聚物比硅铝酸钠地聚物的无序程度（Si/Al 顺序无规）更高。还应当指出，如果要使结果有意义，则必须对这种反卷积进行适当约束，计算的 Si/Al 比必须和已知样品的 Si/Al 比相匹配，并且必须使用足够精确的次峰的位置和宽度来分析。解卷积也依赖于地质聚合物结构中所有位点是 Q^4（即与其他结构类型完全连接）的假设。通过对化学计量比配制（钠/铝＝1.0）和良好养护的样品（在 40℃下 20h 后，室温下 2 周）进行 ^{2}H MAS NMR 分析（Duxson et al，2005c），证明这是正确的。但是对于部分养护或非化学计量比的地质聚合物混合物，在使用类似方法时存在局限性（尽管这有时是不顾一切的尝试，例如 Zhang et al，2008）。

对偏高岭土地质聚合物中其他核的 NMR 研究也是非常有用的。^{27}Al MAS NMR 给出了偏高岭土转化为地质聚合物凝胶的程度，因为剩余的 Al（Ⅵ）与地质聚合物胶体中四面体 Al 明显不同。残余 Al（Ⅵ）的量在总的 Al 中所占的质量分数并不能准确代表未反应的高岭土的量。这是由于偏高岭土中三种不同配位态的 Al 会以不同的速率发生反应。但是，它提供了一种可以用来比较一系列样本的有用方法（Duxson et al，2005c）。比较早期的低 Si/Al 比的混合碱地质聚合物的^{23}Na 和^{39}K MAS NMR 图谱，表明了 K^+ 优先结合进入凝胶，而 Na^+ 保持在溶剂中的时间较长（Duxson et al，2005c；2006）。使用四极原子核包括^{17}O、二维三量子 MAS NMR 和^{23}Na，可提供在 MAS 谱中区分彼此重叠的不同位点的途径（Duxson，2006；Duxson et al，2007a；Rowles et al，2007）。

5.4.2 X 射线对分布函数分析

在大多数情况下，尽管在孤立的情况下确实开始出现一些短程有序，但地质聚合物的 NMR 光谱通常看起来没有相对特征。然而，使用基于 X 射线对分布函数（PDF）的同步加速器 X 射线散射数据（Provis，2006；Bell et al，2008）表明，即使与标准 X 射线相比具有“非晶态”结构的样品中也存在很大程度短程有序。特别是，将硅铝酸铯地质聚合物中的短程原子排序与模型铯榴石（pollucite）结构进行比较后（图 5.5）表明，铯的地质聚合物与结晶型铝土矿的短程结构有非常明显的相似性。

两者间主要的短程差异是在结晶时 Cs^+ 的位置略有偏移。然而，随地质聚合物中有序程度的降低，更显著的差异开始发生在较大长度处。地质聚合物中结构相关性随着距离增大而迅速减少，在超过 10Å 长度范围内观察到的随机性基本上没有偏差，而任何可识别的结晶铯榴石结构将显示更长（距离）的相干长度（Bell et al，2008）。同时对钠和钾硅铝酸盐地质聚合物也开展了 X

射线 PDF 研究（Bell，2008）。但是，在这些体系中，相对较低的 X 射线对比度意味着数据分析并不是那么直接。

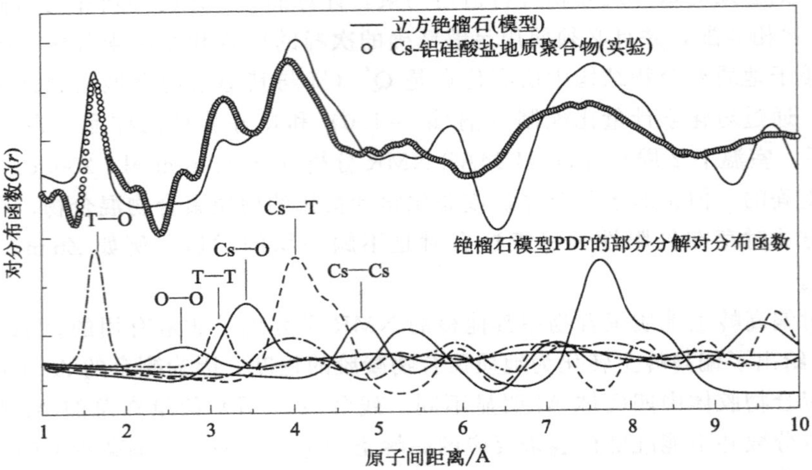

图 5.5　具有对应组成的立方铯榴石（$CsAlSi_2O_6$）和硅铝酸铯地质聚合物对分布函数部分 PDF 分解表明每对原子间的原子-原子联系，T 是四面体的 Si 和 Al 位点，这些原子不能从它们相似 X 射线散射性质数据差异进行区分。计算模型和部分 PDF 数据是用程序 PDFFIT（Proffen and Billings，1999）进行计算得到的（数据摘自 Bell et al，2008）

5.4.3　结构模型

在过去的二十年中，不同的作者提出了各种偏高岭土地质聚合物的结构模型，其中一些更值得注意的贡献将在本节简要讨论。Davidovits（1991）使用基于特定的 Si/Al 比和地质聚合物的碱金属阳离子选择不同沸石框架类型的结构进行描述，但没有任何迹象表明水的作用或结构紊乱如何影响结构连通性。Rahier 和他的同事（Rahier et al，1996a；1996b；1997）采用了高分子科学范式把地质聚合物结构描述成低温无机聚合物玻璃。Grutzeck 领导的小组把高温养护的偏高岭土地质聚合物定义为“水合陶瓷”（Siemer，2002；Bao et al，2005）。Barbosa（2000）推进了 Davidovits（1991）结构模型的发展，形成了明显的结构图，表明了水和碱离子与硅铝酸盐结构相关联，但仍显示出硅铝酸盐凝胶的结构非常有序。

地质聚合物和沸石间的联系已被多次提出，并在 Provis 等人的一篇综述中进行了详细阐述（2005b）。同时无定形地质聚合物凝胶的纳米结构中存在沸石单元的问题也被其他学者详细讨论。Rowles 等人（2007）基于其核磁共振数据提出了偏高岭土地质聚合物最先进的纳米结构，描述了分布、连通性障碍以及非框架物种。但是，这种描述以及其他所有局部二维尝试来描述复杂、无序、多尺度、三维结构都只能提供地质聚合物框架特定方面的指示性视图。

因为高度复杂局部结构的过度简化是危险的，本章将不提出类似描述。毫无疑问，虽然可以从这些图中获得一些有价值的信息，但使用过程中相关的缺陷也是显而易见的（Provis and van Deventer，2009）。但是，关于偏高岭土地质聚合物的纳米结构可以肯定地描述如下：

• 凝胶结构是电荷平衡的硅铝酸盐凝胶结构，在观察沸石和相关的硅铝酸盐矿物质时具有类似强烈的局部有序性，这可以对硅酸钙水合物凝胶的类比有更好的理解。这些都说明具有相似纳米结构的矿物质，如托勃莫来石和硅钙石，不是长程有序的，因此 X 射线衍射分析显示为非晶态（Richardson，2008）。同样地，地质聚合物凝胶具有沸石纳米结构的特点，但缺乏长程结晶有序。

• 局部结构的具体细节（即其沸石结构型胶体在局部水平相似）由 Si/Al 比和碱性阳离子的性质决定。

• 每个四面体铝位点都通过碱金属阳离子进行电荷平衡。碱金属阳离子不会与（带正电）Al 原子直接关联，而是与一种或多种（取决于空间排列）铝周围的氧原子（带负电）关联。

• 采用化学计量比（$M^+/Al=1$，M：碱金属）、养护良好的偏高岭土地质聚合物形成的凝胶基本是完全连接的，几乎没有非桥连的氧。连接至硅原子的非桥键氧可以被碱性阳离子质子化或去质子化，并通过碱性阳离子电荷平衡。如果铝位点上存在任何非桥键氧，则由于铝醇基基团（Al—OH）具有非常高的 pK_a 仍然会使它们质子化。

• 羟基的稀缺意味着水通常存在于孔中，其从纳米孔到占不同比例范围的宏观孔，具体取决于样品的化学组成和受热过程。这是硅铝酸盐地质聚合物和水合硅酸钙在波特兰水泥混凝土中形成许多结合相之间的主要区别之一，而且地质聚合物不依赖于水作为基质整体连接在一起。

• 在该框架内，Al(Ⅳ)—O—Al(Ⅳ)的接合是不利的，尽管并不排除此类键合的发生。这种优先选择是热力学（即概率性）的原因，而不是由于空间或其他更严格的原因。因此，在完全配位的地质聚合物框架中，铝位点倾向于被四个硅邻域包围。

5.5 偏高岭土地质聚合物的微观结构

偏高岭土地质聚合物微观结构的详细分析已被 Duxson 等（2005b；

2007b）及其他人（Kriven et al，2003；Schmücker and MacKenzie，2005；Zhang et al，2007；Lloyd，2008）研究。这里的讨论将是简短而不是详尽的，并且主要来自 Duxson 等人提出的论点。

地质聚合物微观细节的重要性是双重的。首先，胶凝材料的力学性能明显地与它的成分相关（图 5.6），这可以分析胶凝材料微结构来与反应细节关联（Duxson et al，2005b）。其次，地质聚合物黏合剂的孔隙网络对其耐久性有非常显著的作用。地质聚合物的主要降解机制是通过侵蚀剂降解，并且由于曲折或断开的孔隙网络，这些组分不能进入材料，因此它们不能破坏其化学结构，或致使嵌入式增强受到侵蚀（Lloyd，2008）。

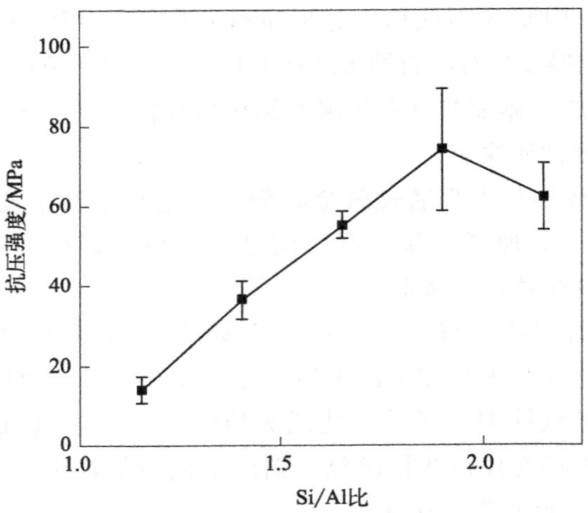

图 5.6　对应图 5.3 和图 5.4 中偏高岭土与不同 SiO_2/Na_2O 比反应制备的地质聚合物的抗压强度

这里的数据按照总的 Si/Al 比绘出，Si/Al=1.15 为 NaOH 溶液的偏高岭土，Si/Al=2.15 为 SiO_2/Na_2O=2.0 溶液的偏高岭土。摘自 Duxson（2006）

图 5.6 中的数据表明，在高二氧化硅含量时的强度表现最佳，这与图 5.7 对应的扫描电子显微镜（SEM）图像非常一致。这些图像显示，在低二氧化硅含量时，为非常粗糙、不连续的硬化浆体结构；当增加二氧化硅含量时，则变成了光滑、相对均匀的硬化浆体（Duxson et al，2005b；Duxson，2006）。也有人认为，大部分低二氧化硅样品的粗糙度归因于这些样品的强度低，在研磨中断裂（Lloyd，2008），这些样品的平滑程度小于高强度的高浓度二氧化硅样品，但这不太可能导致如图 5.7 观察到的巨大差异。

对于偏高岭土地质聚合物孔隙度数据分析仍然是重要的课题（Duxson et al，

2005b；Lloyd，2008），这主要是由于地质聚合物的孔隙网络曲折和复杂，导致气体或压汞法获得固有的孔隙分布数据是复杂的。然而，很明显，地质聚合物基体的骨架密度变化不会超过图 5.7SEM 图观察的程度，因为在高硅地质聚合物体系中高度均匀的凝胶实际上也是高度多孔的。但在一个尺度上，以标准分辨率的 SEM 成像是观察不到的。在混合碱地质聚合物系列中，孔隙结构

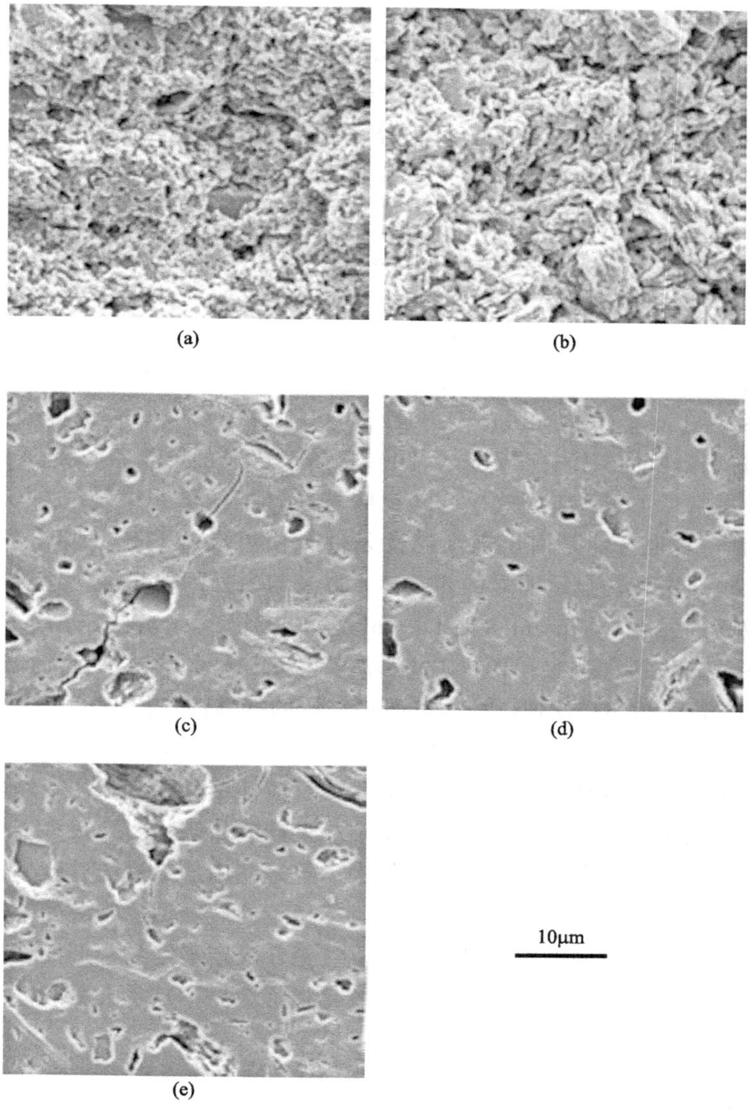

图 5.7 采用偏高岭土与氢氧化钠溶液（ε），以及 SiO_2/Na_2O 摩尔比分别为 0.5（b）、1.0（c）、1.5（d）和 2.0（e）的硅酸钠盐溶液制备地质聚合物的微观结构

摘自 Duxson（2006）

显著趋势是：在地质聚合物中当钠逐步替代钾时平均孔径减小（Kriven and Bell，2004）。

5.6 偏高岭土地质聚合物中的钙

氢氧化钙-偏高岭土体系本身就是分析波特兰水泥混凝土中火山灰反应的一种手段，这完全与地质聚合物化学讨论不同。然而，在含钙偏高岭土地质聚合物中引进额外的碱源，会在该反应体系中形成的相范围内增加额外的复杂性。特别是，硅铝酸钙水合物 C-(A)-S-H 和硅铝酸钠水合物 N-A-S-H 凝胶的相分离和亚稳态共存的可能性，引起了人们极大的关注（Granizo et al，2002；Yip and van Deventer，2003；Buchwald et al，2007；García-Lodeiro et al，2008；Yip et al，2008；Yong，2009）。

以氢氧化钙形式在地质聚合物中加入足量的钙，致使相分离的 C-(A)-S-H 和地质聚合物（N-A-S-H）凝胶的形成，在低浓度 NaOH 的碱金属氢氧化物激发体系（Alonso and Palomo，2001）或高的 SiO_2/Na_2O 比的硅酸盐激发的具有相对低碱性的体系中（Yong，2009）是很普遍的。这很可能是由于在高碱性溶液中常见 OH^- 离子效应［这意味着在这样的体系中，$Ca(OH)_2$ 的溶解受到阻碍］，也可能是由于极高碱性条件会使形成的 C-S-H 相溶解。矿渣-偏高岭土地质聚合物显示明显的相共存，以及与另外的偏高岭土地质聚合物相比具有较高的强度（Yip and van Deventer，2003；Buchwald et al，2007）。

以各种硅酸钙（矿物、高炉矿渣和波特兰水泥）的形式把钙加入地质聚合物中，Yip 等（2008）发现，根据硅酸钙来源的特殊性质以及地质聚合物形成系统的碱度，在地质聚合物混合物中替代 20%的偏高岭土具有不同的影响。在低碱度下，非晶态硅酸钙（高炉矿渣）或反应性结晶相（水泥）制备的地质聚合物本体的抗压强度，比钙作为供给结晶型硅酸盐矿物要高很多。天然硅酸钙基体的抗压强度随着碱度的增大而增大。但是在用加工过的硅酸钙源制备的基体中观察到相反的趋势。在高碱度下，使用不同硅酸钙源制备的基体，抗压强度的差异会显著减弱。在高碱性条件下，钙在决定最终黏合剂的性质方面起着较小的作用，这是因为它形成的是氢氧化物沉淀而不是水合凝胶。

5.7 小结

为更详细理解偏高岭土地质聚合物聚合过程，必须首先更好地理解偏高岭土的结构与化学性质。然后，这种理解将能够用于分析偏高岭土的无序层状结构与碱性激发溶液之间的相互作用，这将有利于进一步洞察低硅/高硅偏高岭土地质聚合物之间差异的热化学问题，为分析微观结构（以及因此的力学性能）提供进一步的见解。该信息将在分析偏高岭土地质聚合物本身，以及讨论和理解什么程度的偏高岭土地质聚合物能够作为模型，以及了解粉煤灰地质聚合物的化学性质，都具有很大价值。

参考文献

Alonso, S. and Palomo, A. (2001) Calorimetric study of alkaline activation of calcium hydroxide-metakaolin solid mixtures. *Cement and Concrete Research*, 31, 25–30. doi:10.1016/S0008-8846(00)00435-X.

Badogiannis, E., Kakali, G. and Tsivilis, S. (2005) Metakaolin as supplementary cementitious material. Optimization of kaolin to metakaolin conversion. *Journal of Thermal Analysis and Calorimetry*, 81, 457–462. doi: 10.1007/s10973-005-0806-3.

Bao, Y., Grutzeck, M. W. and Jantzen, C. M. (2005) Preparation and properties of hydroceramic waste forms made with simulated Hanford low-activity waste. *Journal of the American Ceramic Society*, 88, 3287–3302. doi:10.1111/j.1551-2916.2005.00775.x.

Barbosa, V. F. F., MacKenzie, K. J. D. and Thaumaturgo, C. (2000) Synthesis and characterisation of materials based on inorganic polymers of alumina and silica: sodium polysialate polymers. *International Journal of Inorganic Materials*, 2, 309–317. doi:10.1016/S1466-6049(00)00041-6.

Barrer, R. M. and Mainwaring, D. E. (1972a) Chemistry of soil minerals. Part XI. Hydrothermal transformations of metakaolinite in potassium hydroxide. *Journal of the Chemical Society – Dalton Transactions*, 1254–1265. doi: 10.1039/DT9720001254.

Barrer, R. M. and Mainwaring, D. E. (1972b) Chemistry of soil minerals. Part XIII. Reactions of metakaolinite with single and mixed bases. *Journal of the Chemical Society – Dalton Transactions*, 2534–2546. doi: 10.1039/DT9720002534.

Bell, J. L. (2008) PhD Thesis, Department of Materials Science and Engineering, University of Illinois at Urbana-Champaign.

Bell, J. L., Sarin, P., Provis, J. L., Haggerty, R. P., Driemeyer, P. E., Chupas, P. J., van Deventer, J. S. J. and Kriven, W. M. (2008) Atomic structure of a cesium aluminosilicate geopolymer: A pair distribution function study. *Chemistry of Materials*, 20, 4768–4776. doi 10.1021/cm703369s.

Buchwald, A., Hilbig, H. and Kaps, C. (2007) Alkali-activated metakaolin-slag blends – Performance and structure in dependence on their composition. *Journal of Materials Science*, 42, 3024–3032. doi: 10.1007/s10853-006-0525-6.

Davidovits, J. (1982) Mineral polymers and methods of making them, US Patent 4,349,386.

Davidovits, J. (1988) Structural characterization of geopolymeric materials with X-ray diffractometry and MAS-NMR spectrometry. *Proceedings of Geopolymer '88 – First European Conference on Soft Mineralurgy*, Compeigne, France, Davidovits, J. and Orlinski, J. (Eds.), 149–166.

Davidovits, J. (1991) Geopolymers – Inorganic polymeric new materials. *Journal of*

Thermal Analysis, 37, 1633–1656. doi:10.1007/BF01912193.

Davidovits, J. (2008) *Geopolymer Chemistry and Applications*, Saint-Quentin, France, Institut Géopolymère.

Duxson, P. (2006) PhD Thesis, Department of Chemical and Biomolecular Engineering, University of Melbourne.

Duxson, P., Provis, J. L., Lukey, G. C., Separovic, F. and van Deventer, J. S. J. (2005a) ^{29}Si NMR study of structural ordering in aluminosilicate geopolymer gels. *Langmuir*, 21, 3028–3036. doi:10.1021/la047336x.

Duxson, P., Provis, J. L., Lukey, G. C., Mallicoat, S. W., Kriven, W. M. and van Deventer, J. S. J. (2005b) Understanding the relationship between geopolymer composition, microstructure and mechanical properties. *Colloids and Surfaces A – Physicochemical and Engineering Aspects*, 269, 47–58. doi:10.1016/j.colsurfa.2005.06.060.

Duxson, P., Lukey, G. C., Separovic, F. and van Deventer, J. S. J. (2005c) The effect of alkali cations on aluminum incorporation in geopolymeric gels. *Industrial and Engineering Chemistry Research*, 44, 832–839. doi:10.1021/ie0494216.

Duxson, P., Provis, J. L., Lukey, G. C., van Deventer, J. S. J., Separovic, F. and Gan, Z. H. (2006) ^{39}K NMR of free potassium in geopolymers. *Industrial and Engineering Chemistry Research*, 45, 9208–9210. doi:10.1021/ie060838g.

Duxson, P., Gehman, J. D., White, C. E., Provis, J. L., Separovic, F., Gan, Z. and van Deventer, J. S. J. (2007a) ^{17}O MQMAS NMR characterisation of geopolymers. *Chemeca 2007*, Melbourne, Australia, CD-ROM proceedings.

Duxson, P., Mallicoat, S. W., Lukey, G. C., Kriven, W. M. and van Deventer, J. S. J. (2007b) The effect of alkali and Si/Al ratio on the development of mechanical properties of metakaolin-based geopolymers. *Colloids and Surfaces A – Physicochemical and Engineering Aspects*, 292, 8–20. doi:10.1016/j.colsurfa.2006.05.044.

Engelhardt, G. and Michel, D. (1987) *High-Resolution Solid-State NMR of Silicates and Zeolites*, Chichester, John Wiley and Sons.

Feng, D., Tan, H. and van Deventer, J. S. J. (2004) Ultrasound enhanced geopolymerisation. *Journal of Materials Science*, 39, 571–580. doi: 10.1023/B:JMSC.0000011513.87316.5c.

García-Lodeiro, I., Fernández-Jiménez, A., Blanco, M. T. and Palomo, A. (2008) FTIR study of the sol–gel synthesis of cementitious gels: C-S-H and N-A-S-H. *Journal of Sol-Gel Science and Technology*, 45, 63–72. doi:10.1007/s10971-007-1643-6.

Granizo, M. L. and Blanco, M. T. (1998) Alkaline activation of metakaolin – An isothermal conduction calorimetry study. *Journal of Thermal Analysis*, 52, 957–965. doi:10.1023/A:1010176321136.

Granizo, M. L., Alonso, S., Blanco-Varela, M. T. and Palomo, A. (2002) Alkaline activation of metakaolin: Effect of calcium hydroxide in the products of reaction. *Journal of the American Ceramic Society*, 85, 225–231. doi: 10.1111/j.1151-2916.2002.tb00070.x.

Granizo, M. L., Blanco Varela, M. T. and Martínez-Ramírez, S. (2007) Alkali activation of metakaolins: Parameters affecting mechanical, structural and microstructural properties. *Journal of Materials Science*, 42, 2934–2943. doi: 10.1007/s10853-006-0565-y.

Kriven, W. M. and Bell, J. L. (2004) Effect of alkali choice on geopolymer properties. *Ceramic Engineering and Science Proceedings*, 25, 99–104.

Kriven, W. M., Bell, J. L. and Gordon, M. (2003) Microstructure and microchemistry of fully-reacted geopolymers and geopolymer matrix composites. *Ceramic Transactions*, 153, 227–250.

Lee, S., Kim, Y. J. and Moon, H. S. (2003) Energy-filtering transmission electron microscopy (EF-TEM) study of a modulated structure in metakaolinite, represented by a 14 Å modulation. *Journal of the American Ceramic Society*, 86, 174–176. doi:

10.1111/j.1151-2916.2003.tb03297.x.

Lloyd, R. R. (2008) PhD Thesis, Department of Chemical and Biomolecular Engineering, University of Melbourne, Australia.

MacKenzie, K. J. D., Brown, I. W. M., Meinhold, R. H. and Bowden, M. E. (1985) Outstanding problems in the kaolinite-mullite reaction sequence investigated by ^{29}Si and ^{27}Al solid-state nuclear magnetic resonance: I. Metakaolinite. *Journal of the American Ceramic Society*, 68, 293–297. doi: 10.1111/j.1151-2916.1985.tb15228.x.

MacKenzie, K. J. D., Brew, D. R. M., Fletcher, R. A. and Vagana, R. (2007) Formation of aluminosilicate geopolymers from 1:1 layer-lattice minerals pre-treated by various methods: A comparative study. *Journal of Materials Science*, 42, 4667–4674. doi: 10.1007/s10853-006-0173-x.

Palomo, A. and Glasser, F. P. (1992) Chemically-bonded cementitious materials based on metakaolin. *British Ceramic Transactions and Journal*, 91, 107–112.

Proffen, T. and Billinge, S. J. L. (1999) PDFFIT, a program for full profile refinement of the atomic pair distribution function. *Journal of Applied Crystallography*, 32, 572–575. doi: 10.1107/S0021889899003532.

Provis, J. L. (2006) PhD Thesis, Department of Chemical and Biomolecular Engineering, University of Melbourne.

Provis, J. L. and van Deventer, J. S. J. (2007) Geopolymerisation kinetics. 2. Reaction kinetic modelling. *Chemical Engineering Science*, 62, 2318–2329. doi:10.1016/j.ces.2007.01.028.

Provis, J. L. and van Deventer, J. S. J. (2009) Discussion of 'Synthesis and microstructural characterization of fully-reacted potassium-poly(sialate-siloxo) geopolymeric cement matrix', by Y. Zhang *et al. ACI Materials Journal*, 106, 95–96.

Provis, J. L., Duxson, P., Lukey, G. C. and van Deventer, J. S. J. (2005a) Statistical thermodynamic model for Si/Al ordering in amorphous aluminosilicates. *Chemistry of Materials*, 17, 2976–2986. doi:10.1021/cm050219i.

Provis, J. L., Lukey, G. C. and van Deventer, J. S. J. (2005b) Do geopolymers actually contain nanocrystalline zeolites? – A re-examination of existing results. *Chemistry of Materials*, 17, 3075–3085. doi:10.1021/cm050230i.

Rahier, H., van Mele, B., Biesemans, M., Wastiels, J. and Wu, X. (1996a) Low-temperature synthesized aluminosilicate glasses. 1. Low-temperature reaction stoichiometry and structure of a model compound. *Journal of Materials Science*, 31, 71–79. doi:10.1007/BF00355128.

Rahier, H., van Mele, B. and Wastiels, J. (1996b) Low-temperature synthesized aluminosilicate glasses. 2. Rheological transformations during low-temperature cure and high-temperature properties of a model compound. *Journal of Materials Science*, 31, 80–85. doi:10.1007/BF00355129.

Rahier, H., Simons, W., van Mele, B. and Biesemans, M. (1997) Low-temperature synthesized aluminosilicate glasses. 3. Influence of the composition of the silicate solution on production, structure and properties. *Journal of Materials Science*, 32, 2237–2247. doi:10.1023/A:1018563914630.

Richardson, I. G. (2008) The calcium silicate hydrates. *Cement and Concrete Research*, 38, 137–158. doi: 10.1016/j.cemconres.2007.11.005.

Rocha, J. and Klinowski, J. (1990) Solid-state NMR studies of the structure and reactivity of metakaolinite. *Angewandte Chemie – International Edition, English*, 29, 553–554. doi: 10.1002/anie.199005531.

Rocha, J., Adams, J. M. and Klinowski, J. (1990) The rehydration of metakaolinite to kaolinite: Evidence from solid-state NMR and cognate techniques. *Journal of Solid State Chemistry*, 89, 260–274. doi:10.1016/0022-4596(90)90267-2.

Rowles, M. R., Hanna, J. V., Pike, K. J., Smith, M. E. and O'Connor, B. H. (2007)

^{29}Si, ^{27}Al, ^{1}H and ^{23}Na MAS NMR study of the bonding character in aluminosilicate inorganic polymers. *Applied Magnetic Resonance*, 32, 663–689. doi:10.1007/s00723-007-0043-y.

Sabir, B. B., Wild, S. and Bai, J. (2001) Metakaolin and calcined clays as pozzolans for concrete: a review. *Cement and Concrete Composites*, 23, 441–454. doi:10.1016/S0958-9465(00)00092-5.

Schmücker, M. and MacKenzie, K. J. D. (2005) Microstructure of sodium polysialate siloxo geopolymer. *Ceramics International*, 31, 433–437. doi:10.1016/j.ceramint.2004.06.006.

Siemer, D. D. (2002) Hydroceramics, a 'new' cementitious waste form material for US defense-type reprocessing waste. *Materials Research Innovations*, 6, 96–104. doi:10.1007/s10019-002-0193-3.

Singh, P. S., Bastow, T. and Trigg, M. (2005) Structural studies of geopolymers by ^{29}Si and ^{27}Al MAS-NMR. *Journal of Materials Science*, 40, 3951–3961. doi:10.1007/s10853-005-1915-x.

van Deventer, J. S. J., Provis, J. L., Duxson, P. and Lukey, G. C. (2007) Reaction mechanisms in the geopolymeric conversion of inorganic waste to useful products. *Journal of Hazardous Materials*, A139, 506–513. doi:10.1016/j.jhazmat.2006.02.044.

Weng, L. and Sagoe-Crentsil, K. (2007) Dissolution processes, hydrolysis and condensation reactions during geopolymer synthesis: Part I – Low Si/Al ratio systems. *Journal of Materials Science*, 42, 2997–3006. doi: 10.1007/s10853-006-0820-2.

Yip, C. K. and van Deventer, J. S. J. (2003) Microanalysis of calcium silicate hydrate gel formed within a geopolymeric binder. *Journal of Materials Science*, 38, 3851–3860. doi:10.1023/A:1025904905176.

Yip, C. K., Lukey, G. C., Provis, J. L. and van Deventer, J. S. J. (2008) Effect of calcium silicate sources on geopolymerisation. *Cement and Concrete Research*, 38, 554–564. doi: 10.1016/j.cemconres.2007.11.001.

Yong, S. L. (2009) PhD Thesis, Department of Chemical and Biomolecular Engineering, University of Melbourne.

Zhang, Y., Sun, W. and Li, Z. (2007) Preparation and microstructure of K-PSDS geopolymeric binder. *Colloids and Surfaces A – Physicochemical and Engineering Aspects*, 302, 473–482. doi:10.1016/j.colsurfa.2007.03.031.

Zhang, Y., Sun, W. and Li, Z. (2008) Synthesis and microstructural characterization of fully-reacted potassium-poly(sialate-siloxo) geopolymeric cement matrix. *ACI Materials Journal*, 105, 156–164.

6

粉煤灰地质聚合物的纳/微观结构

A. Fernández-Jiménez，A. Palomo 著

爱德华多托罗哈研究所，西班牙

6.1 引言：胶凝性凝胶的一般特征

常规水泥和混凝土的大多数物理、化学和力学性能可以归因于 C-S-H（水化硅酸钙）凝胶，即波特兰水泥水化反应的主要产物。在 20 世纪，针对在室温和平衡条件下 $CaO-SiO_2-H_2O$ 体系中凝胶的探究是大量研究的主题，超过 30 种的 C-S-H 结晶相被发现（Taylor，1990）。

Taylor，水泥化学之父，于 1986 年提出 C-S-H 凝胶的形成是 Ca_3SiO_5 水化的结果，水化产物中包含了两种局部结构，一种类似于 1.4nm 托勃莫来石，另一种类似于硅钙石。在托勃莫来石中，两条硅链两侧与中心 Ca-O 层相接，该链上存在一种“dreierketten”结构（Taylor，1992），即两个硅氧四面体（称为成对四面体）共用一个氧原子，同时该成对四面体中的一个四面体也与第三个（“外侧的”）四面体共用它的氧原子。第二个四面体也称为桥接四面体，因为它与接下来链中的第一个四面体共用第二个氧原子。最后，所有成对四面体都通过剩余的两个氧原子连接到内部的 Ca-O 层上。水分子和其他钙离子占据层的间隙。钙/硅比一般在 0.83 左右，但是该值在结晶态少的情况下有所变化（见图 6.1）。像托勃莫来石一样，硅钙石也由一层 Ca-O 中心层与两列（dreierketten 型）硅酸盐组成，其中钙离子和水分子位于层间。这两个结构之间的主要差别是，在硅钙石中，dreierketten 单链上的硅氧四面体被羟基取代，导致在 CaO 层大幅波动。

Richardson 等（1993）继而又提出了一个与 Taylor 相似的 C-S-H 模型，假设铝可以代替桥接四面体上的硅，如 ^{29}Si 核磁共振研究表明在约 -82×10^{-6} 处出现的信号是由于 $Q^2(1Al)$ 单元的存在。在此模型中电荷会被层间区域的

碱金属阳离子或 Ca^{2+} 平衡。

许多因素会影响 C-S-H 凝胶的组成和结构，如温度、相对湿度、pH 值、碱金属，等等。许多研究已经报道了这些参数对 C-S-H 凝胶的影响（Glasser and Hong，2003；Richardson，2000；Cong and Kirkpatrick，1995）。

同时，已经开发了许多合成 C-S-H 凝胶的方法，包括在高温下通过水热处理 SiO_2、CaO 和 H_2O（文献中最常见的），或室温下硅酸钙（C_3S 或 β-C_2S）在悬浮液中的反应（Sharara et al，1994；Chen et al，2004）。溶胶-凝胶法同样可用于合成 C-S-H。

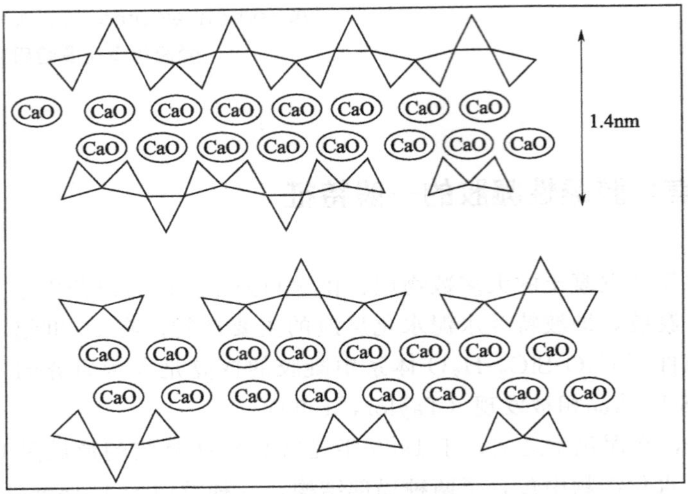

图 6.1　C-S-H 凝胶的结构模型（Taylor，1990）

对比传统波特兰水泥更加环保、耐用的新型建筑材料的追求，促使人们愈来愈有兴趣研究碱激发过程得到的替代胶凝体系。目前用于制备碱激发水泥的材料主要有两大类：一类是富含钙、硅和铝的材料（主要是高炉矿渣）；另一类则是富含硅和铝的材料（例如偏高岭土或 F 类粉煤灰）。第一类生成的主要反应产物是类似于波特兰水泥水化形成的水化硅酸钙或 C-S-H 凝胶。然而，在第二类体系中，生成的产物在化学性质和结构方面与波特兰水泥水化产物显著不同。事实上，碱激发粉煤灰和偏高岭土的主要反应产物都是碱金属硅铝酸盐（地质聚合物），包含由硅和铝四面体排列形成的三维结构（Davidovits，1994；Barbosa et al，2000；Palomo et al，2004a；Fernández-Jiménez et al，2006a；Criado et al，2007b；Duxson et al，2007a）。在网络内形成的空腔可容纳碱性阳离子，来补偿由 Al(Ⅲ) 取代 Si(Ⅳ) 产生的电荷不平衡。在凝胶表面也可以发现末端羟基，尽管它们的存在对材料结构的影响很小（图 6.2）。

与C-S-H凝胶的情况一样，许多因素会影响碱金属铝凝胶的结构和化学组成。

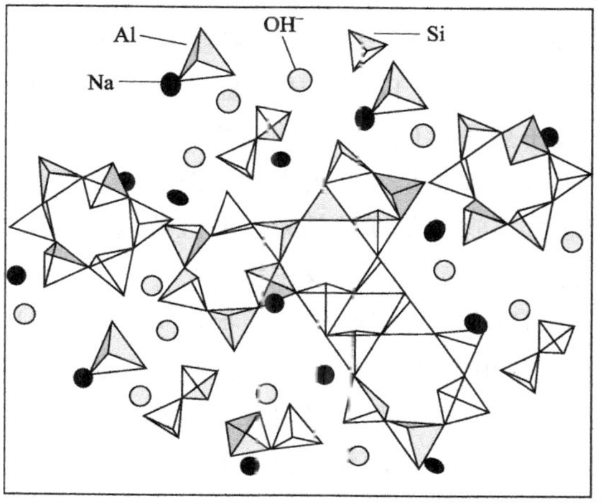

图6.2 N-A-S-H凝胶结构模型的二维示意图

数据来自Criado，2007

在文献中可以找到用于生产这种凝胶的很多种可能性。在一些方法中，初始材料是天然原料或工业副产品（矿渣、偏高岭土、粉煤灰和其他）（Shi et al，2006；Palomo and Glasser，1992；Duxson et al，2007b；Davidovits，2008；Palomo et al，1999；Fernandez-Jimenez and Palomo，2003），而在其他的合成中需要使用实验室试剂（Ikeda，1997；Barbosa et al，2000；Barbosa and MacKenzie，2003；Fernandez-Jimenez et al，2006b）。所形成的产物的特性直接受原材料、激发剂种类和浓度、养护时间和温度等因素的影响。

6.2 聚合：概念模型

虽然用溶胶-凝胶法合成无机黏土制品和玻璃材料的方法的研究可以追溯到19世纪初。但第一次重大突破出现在20世纪中叶，Carman（1940）和Iler（1955）引入了硅酸聚合的原理，根据这一原理，发生了三个现在众所周知的步骤：

（ⅰ）单体聚合和粒子形成；

（ⅱ）粒子生长；

（ⅲ）粒子间键合形成支链、网络和最终的凝胶。

Iler（1955）在他的书《二氧化硅的化学》（*The Chemistry of Silica*）中，对水溶液体系中二氧化硅的化学性质、溶解度的变化、聚合机理等进行了详尽描述。由 Iler 提出的聚合机制的基础是硅酸单体［$Si(OH)_4$］通过硅氧烷桥接（Si—O—Si）形成二聚体、环状分子和粒子，具体以什么样的方式聚合取决于介质的碱度。pH 值在 7 以下，或有盐（作为絮凝剂）存在下的 pH 值在 7～10 之间时，粒子聚集形成三维结构；相比之下，当 pH 值为 7～10 但是没有盐的情况下，形成的粒子尺寸增大而数量减少，从而形成溶胶。

实验研究已经证实了这些早期的结果，并且普遍的共识是聚合需要增加二氧化硅的分子量，这意味着硅烷羟基发生缩合：

$$\equiv SiOH + HOSi\equiv \Longrightarrow SiOSi\equiv + H_2O$$

“聚合”一词的含义很宽泛，其中 Si(OH) 单元的缩聚可以通过增大球形颗粒的尺寸或增加组成聚集体颗粒的数量来生成更大的单元。球形颗粒的形成和生长发生在一定的条件下，而颗粒的聚集和伴随形成的黏性溶胶或凝胶则需要一组不同的条件。这两种类型的聚合可能同时发生。

以这些理论为基础，Glukhovsky（1967）提出了一个一般性的模型来描述硅铝酸盐材料碱激发的机制。他的模型将该过程分为三个主要阶段。

第一阶段：解聚-凝聚。

这一阶段，是基于原料中的 Me—O、Si—O—Si、Al—O—Al 和 Al—O—Si 键的断裂。Si—O—Si 和 Al—O—Al 共价键的断裂需要的反应条件是：只能通过向介质中加入给电子体离子（如碱金属）提高 pH 来改变离子力。OH^- 离子引发了 Si—O—Si 键的断裂：

$$\equiv Si{-}O{-}Si\equiv + OH^- \Longrightarrow \underset{\displaystyle |\atop \displaystyle OH^-}{\equiv Si}{-}O{-}Si\equiv \Longrightarrow \equiv Si{-}OH + {}^-O{-}Si\equiv$$

这是通过 OH^- 作用再分配硅原子周围的电子密度，并使 Si—O—Si 键更容易发生断裂来实现的。硅的羟基化程度可能上升到两个或三个单元以上，形成了分解成硅酸 $Si(OH)_4$ 以及低聚的、含≡Si—O—基团的碱性阴离子中间态配合物。碱金属阳离子的存在中和了由此产生的负电荷。≡Si—O—Na^+ 键的出现阻碍了形成硅氧烷键的逆反应。这些碱性硅酸盐也可以参与二价离子的离子交换反应，形成≡Si—O—Ca—OH 型络合物。

由于羟基以同样的方式影响 Al—O—Si 键，故铝酸盐在碱性溶液中形成的复合物主要是 $Al(OH)_4^-$（Radnai et al，1998）。

在碱性介质中稳定的 Si—O—Na^+ 络合物创造了适合于反应性结构单元运输和凝结结构发展的条件。因此，阳离子催化了这些反应，保持了破坏共价键所需要的离子力，因此参与了键的破坏及向胶体的转变。

第二阶段：凝聚-缩合。

在该阶段，粒子聚集增强了分解产物之间的接触，发生缩聚形成了聚合结构。

在轻微解离或分子状态时，硅酸的缩合能力随 pH 值的升高而增加。因此，在 pH>7 时，Si—O—Si 键的解聚促进了羟基化络合物 $Si(OH)_4$ 的生成，其缩聚形成新的 Si—O—Si 键并生成以下二聚体：

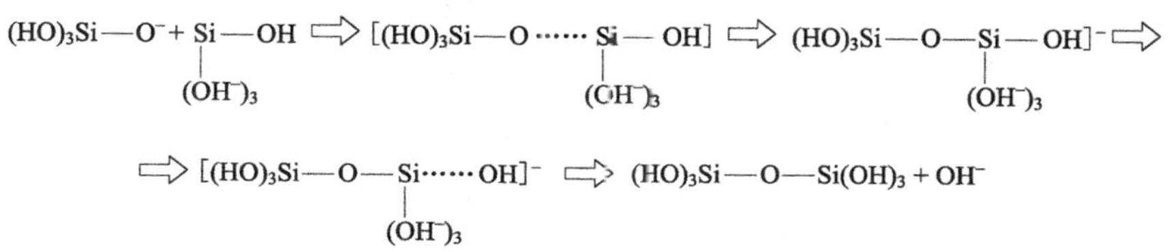

此反应是受 OH^- 催化，通过原硅酸聚合形成的簇可以向各个方向生长，生成胶体颗粒。铝酸盐也参与这些聚合反应，同构地取代硅酸盐四面体。虽然碱金属在第一阶段催化了破坏进程，但在随后的两个阶段中，它是结构组成部分。

第三阶段：缩合-结晶。

与凝聚结构产生的微颗粒一样，初始固相中微粒的存在促使产物析出，产物的组成由初始相的矿物和化学组成、碱性成分的性质和硬化条件决定。

其他作者已经发展和扩展了 Glukhovsky 的理论，并应用现有的沸石合成知识更详细地解释了碱性无机聚合物的形成。

例如，在 2005 年 Fernández-Jiménez（2005a）和 Palomo 等人（2005a）给出了硅铝酸盐的碱激发机制的图形描述。作者随后与 Duxson、Provis 和 van Deventer 等紧密合作对模型进行了轻微更改。在该研究中，作者描述了一些关于这种类型材料在碱激发期间产生的纳米结构反应产物的未知细节（Duxson et al，2007a）。除此之外，该模型还结合了主导沸石合成的两个阶段：ⅰ. 第一阶段（成核阶段），硅铝酸盐溶解在碱性介质中，有利于沸石前驱体的形成（这个阶段包括了 Glukhovsky 的前两个阶段，很大程度上取决于动力学和热力学参数）；ⅱ. 第二阶段中，一些晶核达到临界尺寸并且晶体开始生长。

图 6.3 给出了硅铝酸盐原料转化为碱性无机聚合物的各个阶段（虽然这些过程显示为依次进行，但它们实际上是同时进行的，总体过程是不均一的）。最初，固体颗粒和碱性溶液之间的接触导致了这些玻璃体/非晶组分颗粒的溶解（该机制控制了早期固体粒子的溶解），释放铝酸盐和硅酸盐（可能以单体形式）。

这些单体相互反应形成二聚体，随之与其他单体形成三聚体、四聚体，等

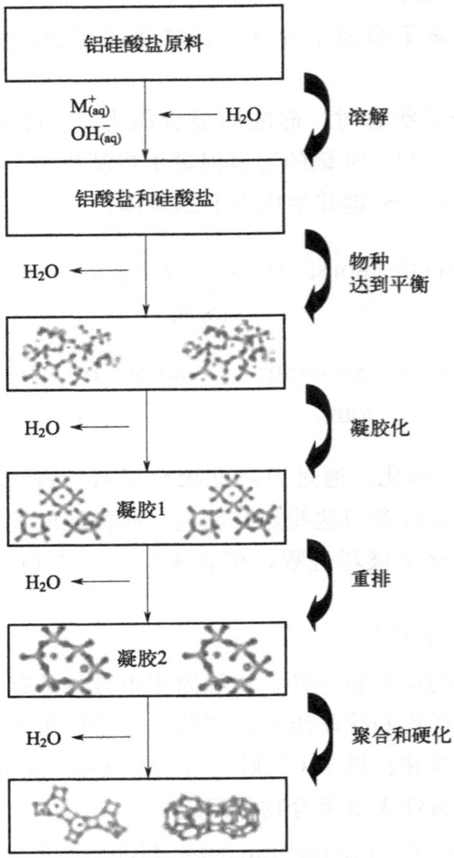

图 6.3 地聚合过程的概念模型（Duxson et al，2007a）

等。当溶液达到饱和状态，硅铝酸盐凝胶即沉淀。最初，是一种富含铝的凝胶（命名为凝胶 1，一种中间反应产物）。其形成可以由反应过程早期阶段碱性介质中较高的 Al^{3+} 含量来解释（从最初的几分钟到 4～5h），因为活性铝比硅溶解更快；因为 Al—O 键比 Si—O 键较弱，所以 Al—O 键更容易打开（Fernandez-Jimenez et al，2006a）。随着反应的进行，初始固体源中更多的 Si—O 基团溶解，提高了介质中硅的浓度并逐渐增加在沸石前驱体凝胶（凝胶 2）中硅的比例。

这些结构重组的过程决定了最终聚合物的组成以及材料中的孔结构和分布，这些是最终水泥许多物理性能发展的关键因素（Fernandez-Jimenez et al，2006c；Sofi et al，2007）。

今天，这种凝胶被认为是一种含有大量类沸石纳米晶体的产物。事实上，从无机聚合物制成的许多凝胶体系中都观察到含有少量完全结晶的沸石晶体

（钠菱沸石、方沸石、Linde A，等等），这似乎证实了这一假设。然而，沸石的形成需要最少量的液体和一定时间来结晶（Barrer，1982）。

6.3 N-A-S-H 凝胶的特点

硅铝酸钠凝胶是碱激发粉煤灰材料过程中形成的主要反应产物，"N-A-S-H"是硅铝酸钠凝胶的首字母缩写，2005 年首次出现在文献中（Fernandez-Jimenez and Palomo，2005b）。它已经被水泥专家（科学界和技术界）广泛接受，相比之下，"地质聚合物"仍然被认为更像是一个商业化而不是一个科学严谨的术语。"N-A-S-H"被广泛接受的一些理由有：

① 其形式类似于 C-S-H 凝胶（主要 OPC 胶凝产物）。

② 其描述类似于真实的凝胶组成（硅铝酸钠水合物"N-A-S-H"），给出了在平衡图中产物的位置。

③ 在凝胶特征方面与 C-S-H 凝胶在方法上类似，鉴于这两种凝胶在物理上的相似性（C-S-H 和 N-A-S-H）。它们物理性质相似，都是胶凝性的。

正如 C-S-H 凝胶，N-A-S-H 凝胶由于其非晶态或纳米晶体的性质，很难用 XRD 表征。其他表征技术的使用，如 FTIR 或电子显微镜（SEM、BSEM、TEM）可以丰富凝胶的纳米结构和组成有关的有用信息（Criado et al，2007a；2007c. Duxson et al，2005；2007a. Fernandez-Jimenez et al，2005b；2006d. Palomo et al，2004a；2005a；2005b）。然而，在过去十年里，对 N-A-S-H（以及 C-S-H）凝胶的理解作出了最大贡献的技术是固体核磁共振。

Davidovits（1988、1994 和 2008），在 20 世纪 80 年代首先使用固体核磁共振探究了 N-A-S-H、K-A-S-H 和偏高岭土碱性激发产生的类似凝胶（作者称之为聚合物）的结构。在很多年里，由于图谱分辨率差，对于这些凝胶结构的理解不够全面。幸运的是，现在的设备更加强大和专业，能产生更高分辨率的图谱。前面所述的可以用于由高岭土（Davidovits，1994. Duxson et al，2007a；2007b）和粉煤灰（Criado et al，2007b；Fernandez-Jimenez et al，2006a；Palomo et al，2004a）制得的凝胶，因为是用于 N-A-S-H 凝胶的（Fernandez-Jimenez et al，2006b；Ikeda，1997；Phair et al，2003）。

下面给出了硅、铝和钠三种组分作用的详细描述，主要是基于 MAS-NMR 的结果。

6.3.1 硅在 N-A-S-H 凝胶结构中的作用

如上所述，迄今发表的所有研究都认为：硅铝酸盐的碱激发，尤其是粉煤灰的碱激发的主要反应产物是由 Q^4（mAl)（m 为 0、1、2、3、4）结构单元组成的具有三维结构的碱性水合硅铝酸盐凝胶。尽管如此，其结构取决于粉煤灰的反应程度、养护温度，尤其是碱激活剂中可溶性二氧化硅的存在，凝胶结构存在着显著的差异。

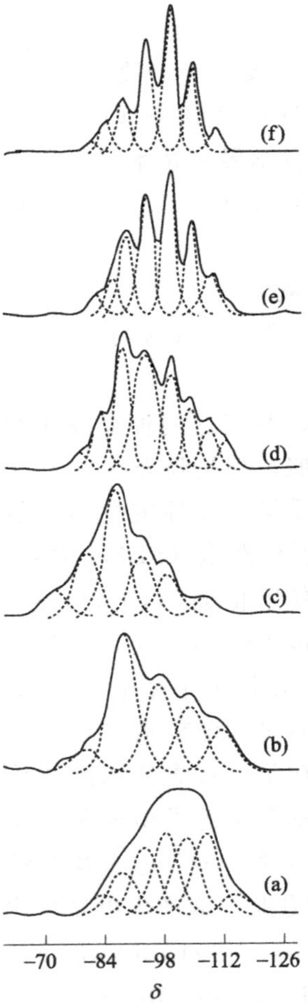

图 6.4 初始粉煤灰（a）和用 8mol/L NaOH 溶液碱激发并在 85℃养护 2h（b）、5h（c）、8h（d）、24h（e）、7d（f）的地质聚合物的^{29}Si MAS-NMR 图谱（Fernandez-Jimenez et al，2006a）

图 6.4(a) 给出了普通粉煤灰的^{29}Si MAS-NMR 图谱。该图谱反卷积表明存在 7 种组成。在 -83×10^{-6}、-91.8×10^{-6}、-96.9×10^{-6} 和 -103×10^{-6} 观测到的峰对应初始的玻璃相材料，而 -87.4×10^{-6} 处的峰则对应粉煤灰中的结晶莫来石。最后，-109.3×10^{-6} 和 -114×10^{-6} 处的峰［信息 Q^4(0Al)］归因于存在不同结晶二氧化硅相（Fernandez-Jimenez and Palomo，2003）。

用 8mol/L 氢氧化钠激发并在 85℃养护 2h～7d 的粉煤灰的^{29}Si MAS-NMR 图谱也在图 6.4 中给出。从图谱中检测到的变化揭示了初始粉煤灰在碱激发过程中，不同反应时间发生的化学转变。最相关的变化是在早期阶段观察到的。在 85℃下的第 2～8h 之间在大约 $-86\times10^{-6}/-87\times10^{-6}$ 出现最强烈的信号，与以 Q^4(4Al) 硅单元为主的富铝碱铝硅凝胶（凝胶 1）的形成有关。在更低值（$\approx -82\times10^{-6}/-80\times10^{-6}$、$-79\times10^{-6}/-77\times10^{-6}$ 和 $-72\times10^{-6}/-70\times10^{-6}$）检测到的信号强度随着反应的进行而降低，这归因于较少的缩聚结构，如单体和二聚体的存在。超过 -88×10^{-6} 时（表明较低的反应程度）所观察到的信号与未反应粉煤灰的信号重叠，分峰比较困难。

图 6.4(e)、(f)（热养护 24h 和 7d）是相似的，揭示了几种组分共存。其中五个对应硅铝酸盐凝胶中硅周围围绕着 0、1、2、3 或 4 个铝四面体，其信号对应出现在大约 -110×10^{-6}、-104×10^{-6}、-98×10^{-6}、-93×10^{-6} 以及 -88×10^{-6}，归结于新的富 Si 架状硅酸盐（凝胶 2）的形成。在一些图谱中，在 -74.5×10^{-6} 和 -81.0×10^{-6} 处检测到的信号与较低聚合的残留物质（可能是带有硅烷醇基团的单体或二聚体单元）的存在

有关。

在中间反应时间，^{29}Si NMR 谱［图 6.4(d)］由形成的两种硅铝酸盐图谱叠加而成。所形成凝胶的 Si/Al 比可通过对 8h 的图谱应用 Engelhardt 方程得到（Engelhardt and Michel，1987）。此方程假设均为 $Q^4(n\mathrm{Al})$ 单元，此时只观察到少量的未反应粉煤灰重叠峰。在当前的例子中，得到的 8h 和 24h 及 7d 的值分别为 1.42、1.92 和 1.8［图 6.4(d)～(f)］。在 85℃的养护数据证实，随着反应时间的增加，富铝亚稳/中间相（凝胶 1）转变为更稳定的富硅相或凝胶 2（Ostwald 熟化规律）。作为一种沸石前驱体，从 N-A-S-H 凝胶中富铝相和富硅相的不同溶解速率可以得知，富硅相更稳定。

大量研究（Bakharev，2005；Criado et al，2005；Fernandez-Jimenez et al，2005b；Krivenko，1992；Palomo et al，2004a）表明，养护温度和碱激发剂的性质可影响动力学过程。更具体地说就是反应速率随养护温度升高而增加。此外，通过改变反应时间和养护温度可以获得不同的反应产物。更长的反应时间将使最终产品中 Si 比例较高并且伴随着力学性能的增强（Fernandez-Jimenez et al，2005b；Palomo et al，2004a；Duxson et al，2007a）。

关于碱激发剂的性质，形成 N-A-S-H 凝胶的部分不仅仅来源于胶凝材料的原材料，也可以存在于碱激发剂中。实际上，硅酸钠中的二氧化硅（在这些体系中最常用的一种激发剂）是高度可溶的，并且随后立即复合进入 N-A-S-H 凝胶中。尽管如此，最重要的是，在硅酸钠（水玻璃）溶液中硅聚合的程度取决于 SiO_2/Na_2O 比（涉及 N-A-S-H 形成结构阶段的决定性条件）。

图 6.5(a) 给出了三种硅酸钠溶液［约 8%的 Na_2O 含量，不同的 SiO_2/Na_2O 比（0.17、0.60 和 1.19，分别为溶液 B、C 和 D）］的^{29}Si NMR 谱。图 6.5(b)～(d) 依次给出了三种硅酸钠溶液在粉煤灰激发过程中形成的产物的^{29}Si MAS-NMR 图谱随时间的变化（实验图谱经过 WIN NMR 1D 软件去卷积，使用先前研究中的分峰）(Fernandez-Jimenez et al，2005b；Palomo et al，2004a；Duxson et al，2007a)。在本分析中，假定所有分峰峰宽一定。

从图 6.5 中可以得到的主要结论（Criado et al，2007b）是，该碱激发剂的性质对最初凝胶形成的动力学、结构和组成起着辅助作用。可溶性二氧化硅的加入影响激发反应的中间阶段，但不影响最终结果。

图 6.5 还表明，激发溶液中主要硅类聚合程度较高的影响包括：①单体和二聚体引发凝胶形成反应所需的时间较短；②二聚体百分比高使凝胶的形成更快，但是热力学稳定性较差；③信号在 -81×10^{-6}、-86×10^{-6}、-88×10^{-6} 和 -94×10^{-6} 的环状硅酸盐三聚体［图 6.5(a) 中溶液 D］或更大的物类存在通常会促进早期更稳定的凝胶增长，这延缓了粉煤灰的反应。

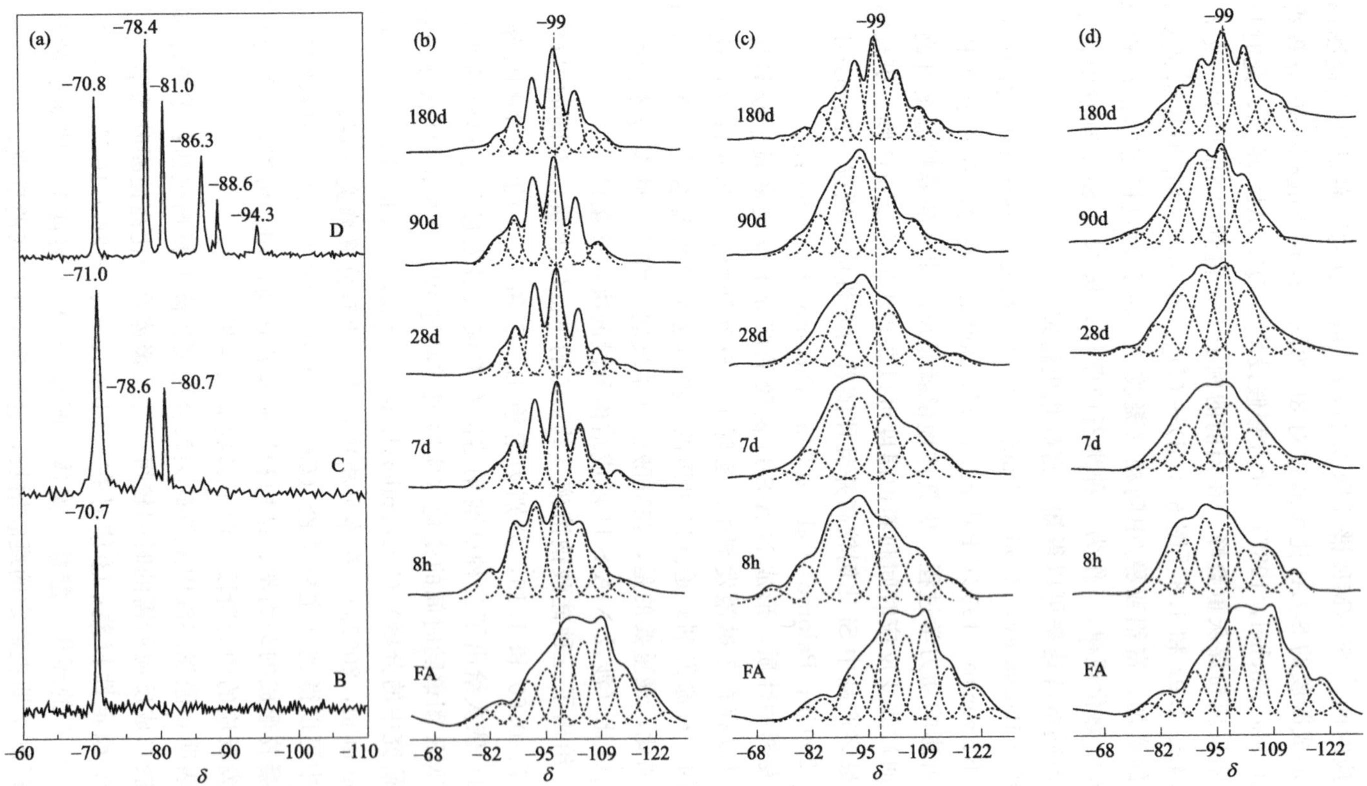

图 6.5 三种碱激发液的^{29}Si NMR谱图（a），以及用硅酸钠溶液B（b）、硅酸钠溶液C（c）和硅酸钠溶液D（d）激发的AAFA❶胶凝材料的^{29}Si MAS-NMR谱图（Criado et al，2007b）

❶ AAFA为碱激发粉煤灰

研究发现，Si/Al 比不应该无限地增加，阈值在 2 左右，不管初始条件如何，这些系统的组成趋向于该阈值，这可能是热力学稳定性的原因。

2007 年，Criado 等（2007a；2007b；2007c）解释了由若干技术（Rietveld XRD、FTIR 和 NMR）得到的数据，并提出了不同结构模型来描述基于可溶性二氧化硅用量的粉煤灰激发过程。举例来说，图 6.6 给出了该作者研究的两种体系的纳米结构的演变。该模型说明了粉煤灰玻璃体结构在碱性溶液中的溶解过程。溶解的物质相互作用，形成更多的聚合结构，当体系达到饱和时，最终沉淀为 N-A-S-H 凝胶体。

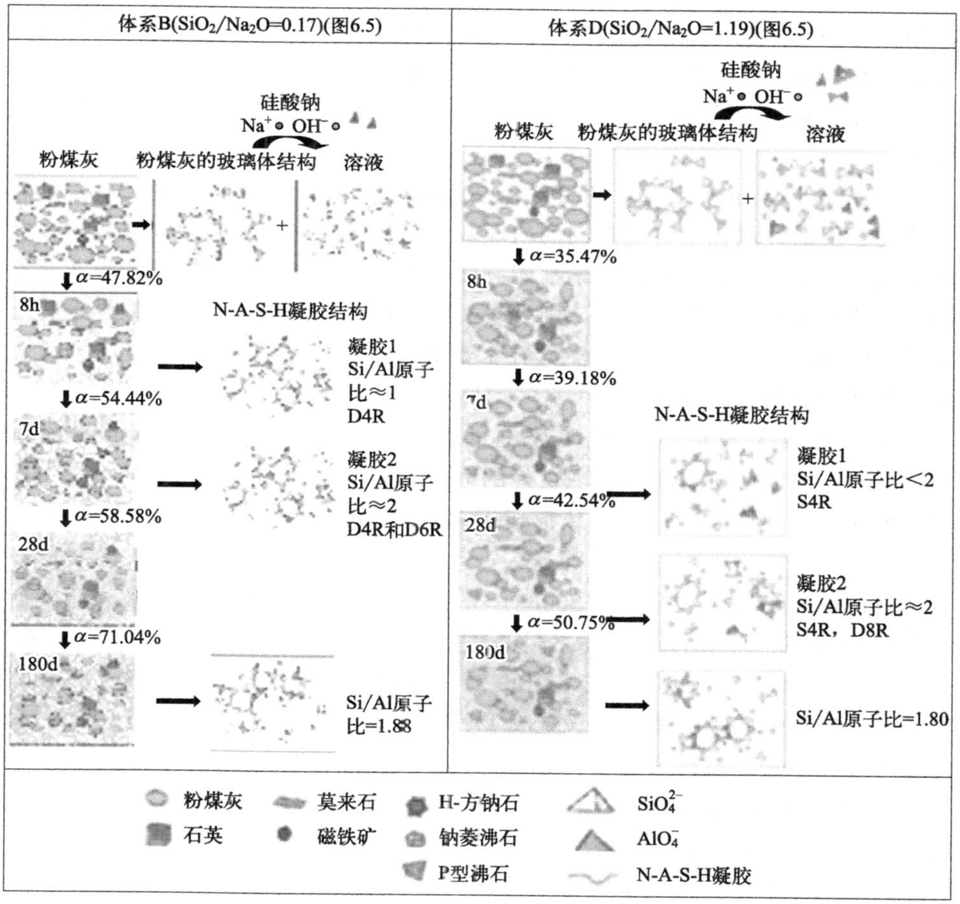

图 6.6 含不同剂量硅酸钠的 N-A-S-H 凝胶的纳米结构（Criado，2007）

高度聚合的二氧化硅（如体系 D 中存在）会影响 N-A-S-H 凝胶的形成动力学，延缓粉煤灰反应的程度和沸石结晶速率。然而，随着时间的推移，体系朝向热力学更稳定的产物发展（参照图 6.5 中 180d 谱图）。

6.3.2 铝在 N-A-S-H 凝胶结构中的作用

高浓度的碱性硅酸盐溶液通常是亚稳态并且中等 pH 值的。因此，可溶性硅酸盐自身是不足以产生化学硬化材料的，硅酸盐形成的化合物会重新溶解在水中。然而，碱性硅铝酸盐的溶解度非常低，即使在非常低的浓度下（mmol/L）(Glasser and Harvey，1984；Gasteiger et al，1992)。当硅酸盐和铝酸盐溶液接触时，产生的硅铝酸盐溶液凝胶或沉淀形成沸石或沸石前驱体（Ejaz et al，1999；Patra and Ganguli，1994)。在碱性硅铝酸盐中，化学上该缩合反应是由铝引发的。尽管对如何在碱性地质聚合物合成过程中提高或降低铝可用性并没有明确的研究，但激发剂和原料已证明能够控制元素的释放。

因此，确定反应体系中铝可用的量对于正确配制碱性矿物聚合物至关重要。

Fernández-Jiménez 等人（2005c，2006a，2006e）解释了活性二氧化硅含量相近、但活性氧化铝含量不同的粉煤灰的 FTIR 和 NMR 结果，证实了在凝胶形成动力学和形成的材料力学性能方面，活性铝非常重要。如果粉煤灰具有的初始活性氧化铝含量非常高，则大量的铝被释放进入溶液中，结果导致粉煤灰是高活性的。与此相反，低含量活性氧化铝的粉煤灰（在反应早期阶段就耗尽）展现出低的反应活性。

其研究结果表明，在粉煤灰中的活性氧化铝必须超过一定的阈值（≈20%），才能使所得材料呈现良好的力学性能。此外，在反应介质中过量的铝浓度缩短了凝结时间，并导致形成更多的结晶性反应产物（de Silva et al，2007）。

Fernández-Jiménez 等人（2006a）分析了由许多类型的粉煤灰被碱激发所产生的凝胶的 ^{29}Si MAS NMR 谱图，建立了力学强度和［Q^4（2Al）＋Q^4（3Al）］/Q^4（4Al）之间的关系（图 6.7）。他们得出的结论是：在碱激发粉煤灰颗粒形成富铝硅铝酸盐凝胶（凝胶 1）的第一阶段期间，矿物聚合物的力学强度增加，但是当材料为富硅（凝胶 2 形成）时力学强度更大幅度地增加。

在 20 世纪 80 年代，Davidovits（1988，1994）使用核磁共振来研究偏高岭土基无机聚合物的结构，报告中表示 Al(Ⅳ）在这些产品中普遍存在，并含有痕量的 Al(Ⅵ)。

图 6.8 和图 6.9 显示了用 8mol/L NaOH 溶液激发的粉煤灰的图谱。在 ^{27}Al（$I=5/2$）MAS-NMR 谱中，中心和卫星峰的转换通过样品旋转时产生的相同间距的边带来调节（图 6.8）。观察到的旋转边带对应于中央（−1/2,1/2）和卫星［(−3/2,−5/2)，(−1/2,−3/2)，(1/2,3/2) 和 (3/2,5/2)］的过渡峰。四

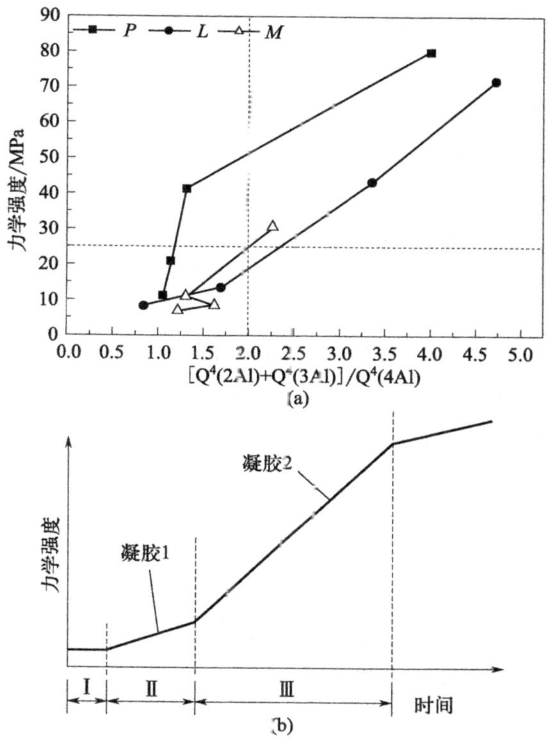

图 6.7 不同铝含量（$P\approx18.0\%$；$L\approx22.5\%$；$M\approx12.6\%$）的三种粉煤灰的 NMR 谱图推算出的力学强度对［Q^4（2Al）+Q^4（3Al）］/Q^4（4Al）的比例图（a）和力学性能随时间变化的示意图（b）

力学性能的增加与胶体中 Si/Al 比相关（数据摘自 Fernandez-Jimenez et al，2006a）

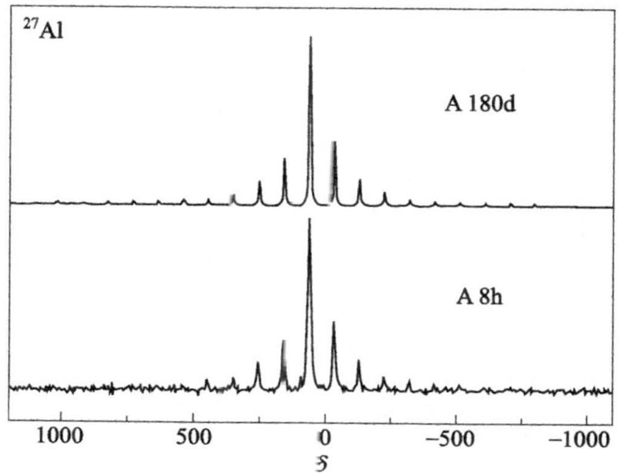

图 6.8 用 8mol/L NaOH 溶液激发的粉煤灰浆体的^{27}Al MAS-NMR 谱图

从这些谱图中看到四个极性侧峰（数据摘自 Criado，2007）

极常数 C_Q 和 η（C_Q 为四极耦合常数，提供了关于多面体扭曲幅度信息，而 η 表示在核磁电场梯度张量的不对称性）可通过模拟^{27}Al MAS NMR 光谱来估算（一阶四极效应）。在反应的早期阶段，材料是非晶态的，没有明确定义的环境。四极常数平均值是 C_Q＝0.3MHz 和 η＝0.5。所有分析样品值的相似性表明，其结构特点也类似。

使用 WINFIT 软件包分析了几种激发材料的实验谱，来估计四极相互作用。在所有样品中，位于大约＋58×10^{-6} 的四面体^{27}Al MAS-NMR 受二阶四极效应的影响很小。

注意到，初始灰的^{27}Al MAS NMR 谱图的中心分量包括在大约＋60×10^{-6} 很强的四面体铝峰（Fernandez-Jimenez et al，2006a）（图 6.9）。当碱性溶液与粉煤灰接触时，由于铝在 N-A-S-H 凝胶形成中被迅速消耗，四面体铝

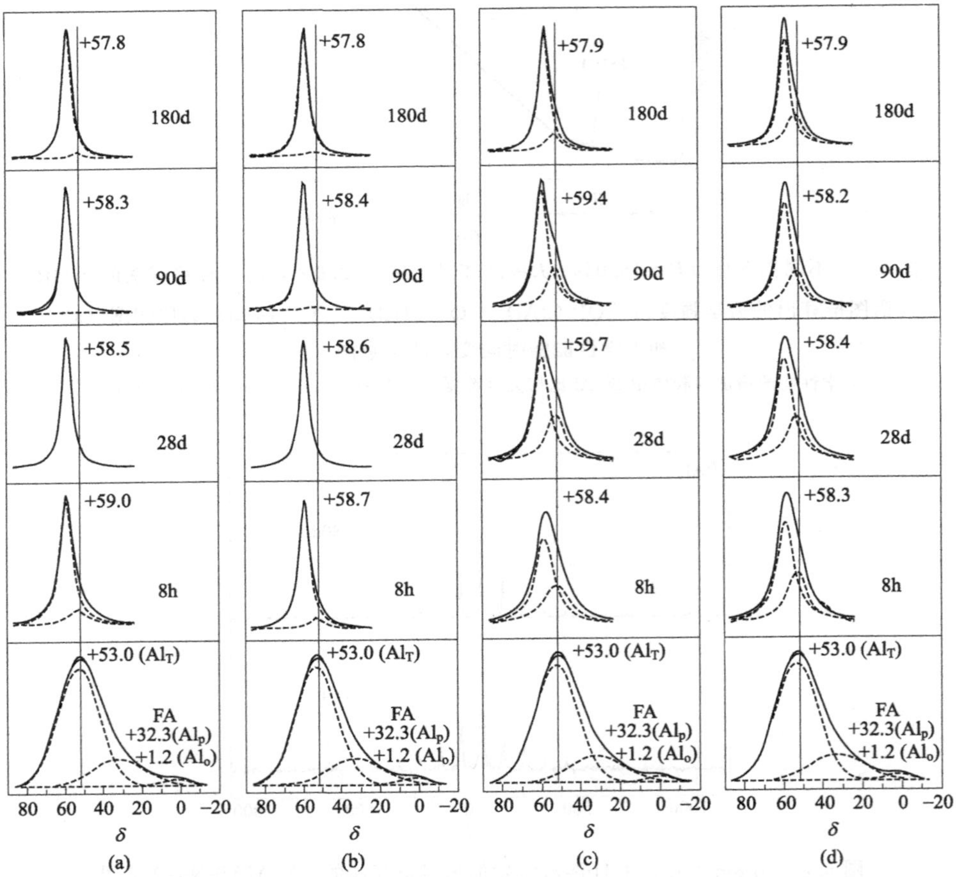

图 6.9　用体系 A 8mol/L NaOH 溶液（a），图 6.5 中 B 溶液（b）、C 溶液（c）、D 溶液（d）激发的粉煤灰浆体的^{27}Al MAS-NMR 谱图（数据摘自 Criado，2007）

信号变窄。在这些光谱中没有检测到八面体铝，这可能是因为原始的莫来石相，其八面体铝在这种侵蚀性条件下受到了部分侵蚀（Criado et al，2007c）。

在激发溶液中可溶性二氧化硅的吸收几乎对实验曲线没有影响。在所有情况下，铝是由四个四面体硅（Lowenstein 法则）所包围。随着反应时间从 8h 增加至 180d，所有激发材料的谱图表现出类似的变化。特别是，沸石的形成会产生更加明确的环境。在这些相中，自旋频带占据了较大面积的图谱区域，C_Q 值上升（0.8MHz），但 η 的值保持不变（η=0.5）（Criado，2007）。

记录的图谱的线宽也根据使用的激发溶液和热养护时间而变化。随着反应的进行和未反应灰分百分比的下降，初始灰分中 AL_T 组分的线宽（$+53.0\times10^{-6}$）随着养护时间而降低。在体系 A 和 B 中，反应动力学更快，未反应灰分的量较小，峰宽度比其他两个体系的更窄（图 6.9）。

实际上，在最长反应时间 180d，所有材料的 AL_T 峰位置类似。根据早先的研究（Palomo et al，2004a；Criado et al，2007a），这些体系行为遵循 Ostwald 熟化规律。在这里，碱激发剂的性质也影响中间阶段，但不影响反应的最终结果。

6.3.3 钠在 N-A-S-H 凝胶结构中的作用

虽然碱金属阳离子在水合硅铝酸盐凝胶结构中的作用似乎与平衡 AlO_4 四面体单元取代产生的负电荷有关，但在这方面目前可用的信息极少。

Duxson 等（2005）研究表明，钠可以以两种方式中和负电荷。事实上，在硅铝酸钠的^{23}Na 核磁共振波谱上可以看到两个峰。一个-4×10^{-6} 处的峰归因于凝胶结构内与铝关联的钠（补偿所缺电荷）；另一个 0×10^{-6} 处的峰，出现在 Si/Al≤1.40 的硅铝酸钠图谱中，这与溶液中存在的填充孔的钠有关。在这里钠中和了 $Al(OH)^{4-}$ 基团上的电荷。开展的这些研究并不是关于粉煤灰的，而是针对偏高岭土地质聚合物的（Rowles et al，2007）。

Criado 等人（2007a）研究了粉煤灰碱激发形成过程中，钠在 N-A-S-H 凝胶形成结构中的位置。在脱水沸石中，钠离子已知与氧离子紧密结合，导致了高数值的化学位移。该脱水材料的显著特征是有大量多面体扭曲，而四极相互作用会诱导^{23}Na 的化学位移出现较大偏移，这通常在低于-20×10^{-6} 的情形下出现（Barbosa et al，2000. Hannus et al，1998；1999）。随着水含量的增加，化学位移趋向于更加正的值。图 6.10 在-10×10^{-6}～-6.5×10^{-6} 显示了宽而强的信号。这个信号与部分水合钠的存在有关，该水合钠在电荷平衡重排中与取代硅的铝结合。

需要注意的是，在^{23}Na MAS NMR 图谱中，当钠完全或部分水合，这些

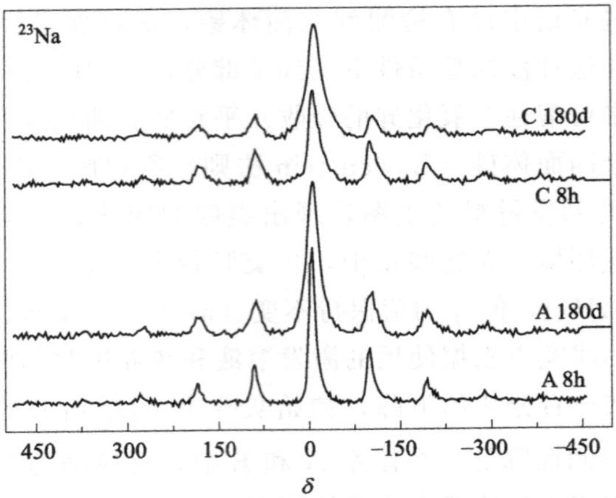

图 6.10 用 8mol/L NaOH 溶液和图 6.5 中指定溶液激发粉煤灰浆体的 ^{23}Na MAS-NMR 谱图的中间部分（数据摘自 Criado，2007）

离子周围的化学环境很相似，因此化学位移几乎没有变化；这种情况下同样观察到低四极作用（low quadrupole interaction），这些材料表现出小的四极相互作用，伴随着四极位移的小偏差。在所有的情况下，对于四极常数（quadrupolar constant）平均值是 $C_Q \approx 0.06 \sim 0.07$ MHz 和 $\eta \approx 0.4 \sim 0.5$，这表明与铝情况一样，所有样品的结构特征都是相似的。

与 ^{27}Al 光谱一样，当碱性激发剂和养护时间发生变化时，在 ^{23}Na MAS NMR 光谱中仅观察到很小的差异。结论是，所分析的所有材料中钠占据类似的位置。^{23}Na 核磁共振信号也随着反应时间的延长而宽化（图 6.10），但这一发现与钠在 N-A-S-H 凝胶中的多部位固定有关。浸出试验结果证实了这些数据（Criado，2007）。图 6.11 显示，由 N-A-S-H 凝胶和沸石吸收钠的百分比

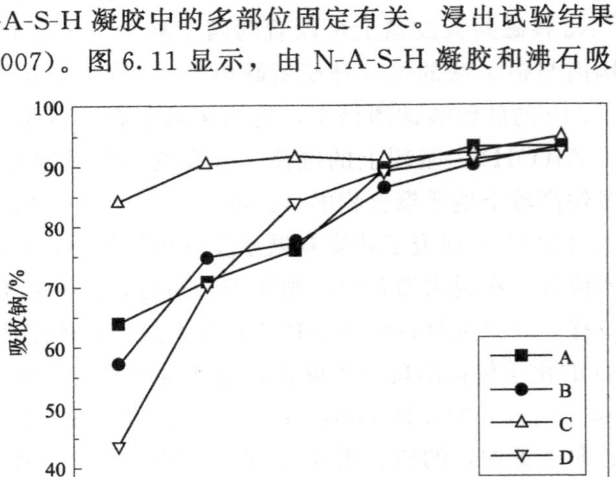

图 6.11 所分析所有体系的吸收钠随时间的变化（数据摘自 Criado，2007）

随着反应时间延长达到一个共同的值。吸收钠的量是通过离子色谱法（Dionex model DX 500）分析水溶性钠的量而确定的。

此处研究的所有材料中铝含量是相同的，仅二氧化硅含量有变化。假设在这些材料中结合的钠必须与凝胶（N-A-S-H）或沸石（具有电荷平衡能力）中的铝有关，则当体系达到平衡时固定的 Na 含量必须相同（图 6.12）。

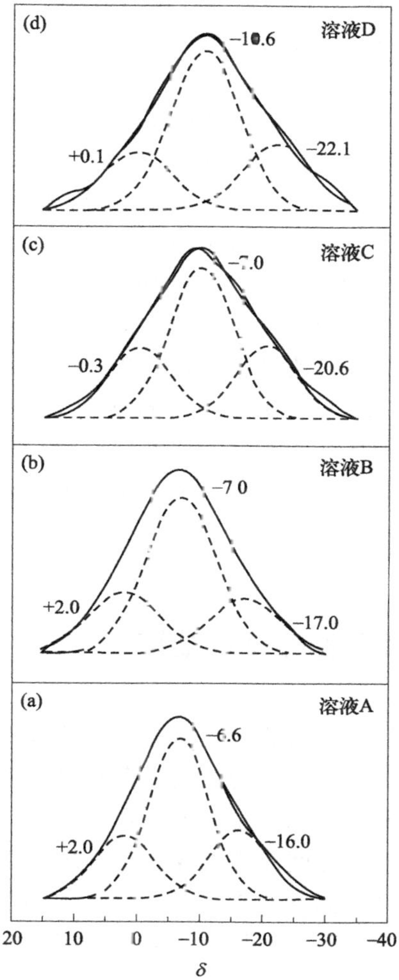

图 6.12 碱激发粉煤灰浆体 180d 时的 ^{23}Na MAS-NMR 谱图的中间部分（数据摘自 Criado，2007）

图 6.12 还显示了随着碱性溶液中可溶性二氧化硅含量上升，^{23}Na 光谱中最强烈的信号朝着更负方向轻微偏移。在用溶液 A 和 B 激发的材料中，图谱中心出现在约 $-6.5\times10^{-6}\pm0.5\times10^{-6}$ 的位置，而当用溶液 C 和 D（高二氧

化硅含量）激发材料时，这个区域出现在约$-10\pm1\times10^{-6}$的位置，变宽和增长，更加不对称。就像^{27}Al图谱一样，在^{23}Na图谱中，这些变化可能主要与材料组分不断变化相关，这源于反应动力学的变化。

在硅铝酸盐玻璃的Si/Al比上升时，^{23}Na谱图最强烈的信号偏移到了更低的频率，这很可能是由于Na-O间距或配位数增加（Lee and Stebbins，2003）。其中，当Na^+表现出对Si—O—Al而不是Si—O—Si或水分子周围位点的强烈偏好时，Si/Al比值对^{23}Na MAS NMR谱的影响应该会小得多。

如前所述，加入可溶性二氧化硅影响激发反应（不同类型的沸石）的中间阶段，例如，在180d后，鉴定出的一些沸石与“沸石前驱体”（主要反应产物）为：钠菱沸石（溶液A和B激发的材料）、锂铁矿（溶液C激发的材料）和沸石P（溶液D激发的材料），所有的Si/Al比约为2。

简单地说，假定Na占据单一沸石笼型的可能性很小（Lee and Stebbins，2003；Liang and Sherrif，1993），所有材料中最强烈的信号与快速的位点间交换相关。在这些材料中吸收的钠部分是水合的且必须与铝离子非常接近才能平衡凝胶结构中的电荷不足。在研究的所有材料中，Na^+配位非常相似，并与氧和水分子相关。由于钠离子环境的相似性，只观察到位移值的微小变化。在N-A-S-H凝胶含量高于沸石含量的样品中，铝硅比最高的材料的微小位移与Na-O距离的增加有关。

6.4 粉煤灰地质聚合物的微观结构

激发反应速率以及反应产物的微观结构和化学组成取决于以下几个因素，如初始粉煤灰颗粒的尺寸分布、矿物组成、激发剂类型和浓度等。如前所述，尽管控制一般激发过程的机制与上述变量无关，然而，这部分总结了碱激发粉煤灰浆体的微观结构与反应时间和所用碱激发剂类型的关系。

原始粉煤灰的特征形貌如图6.13(a)所示，可以看到由一系列不同尺寸（直径为10～200mm）的球形玻璃颗粒组成。尽管这些球通常是空心的，但其中一些仍可能在内部包含其他较小尺寸的颗粒。图6.13(b)和（c）显示了碱侵蚀和随后的热养护后的粉煤灰微结构中观察到的变化。由该侵蚀引起的主要反应产物是硅酸钠凝胶，其在沉积过程中与其他颗粒形成的凝胶密实，从而形成水泥基质。此外，在图6.13(b)中观察到一些已经与碱溶液反应的几个小粉煤灰颗粒与未反应的球体共存，以及部分地覆盖着反应产物的颗粒，这些球体［图6.13(b)更明显］反应速度明显非常缓慢。

(a) (b) (c)

图 6.13 SEM 照片

(a) 粉煤灰原料；(b) 用 8mol/L NaOH 溶液在 85℃、20h 激发的粉煤灰（小球表示反应细节）；(c) 用硅酸钠激发的粉煤灰

数据摘自 Fernandez-Jimenez et al，2005d

图 6.13 中还表明了粉煤灰颗粒反应活性的全范围变化，包括有无可观察到的反应、表面压痕、内壳颗粒（表示反应）和空壳（完全反应）。这种可变性说明了粉煤灰颗粒性能的差异或某些粉煤灰颗粒受碱性侵蚀的程度有限。

图 6.14 还给出了一些在这些材料中可能形成的沸石形貌。少量沸石的存在可能对力学强度产生有利影响，因为它们通常出现在由反应粉煤灰留下的孔洞中。已观察到某些类型沸石的形成（羟基方钠石、钠菱沸石、P 型沸石等），可提高这些材料的耐久性（参见第 9 章）。然而，沸石的形成很可能损害凝胶，也影响力学性能。当使用硅酸钠时，二氧化硅的存在通常会延缓沸石形成速率。在较低的反应速度下可获得较高的初始强度值（Fernandez-Jimenez et al，2005b；Palomo et al，2004b；Criado et al，2007c）。

(a) 菱沸石 (b) P型沸石 (c) 沸石

图 6.14 碱激发粉煤灰中形成的作为次要反应产物的沸石 SEM 图像（利用养护条件和碱激发剂）

最后，像其他作者提出模型（Taylor，1990；Scrivener，1984）来解释波特兰水泥水化的微观结构形成过程一样，Fernández-Jiménez 等（2005d）提出

的一个模型已经用来解释粉煤灰碱性激发过程中发生的反应（图 6.15）。在现有的波特兰水泥模型中，由于颗粒是致密的，水合反应始于表面侵蚀，进而晶粒溶解，颗粒周围都形成一层水化产物，粒径增大且形成了微小的孤立团簇。随着水化的进行，颗粒继续生长并固结，最初悬浮液变成多孔固体（Brouwers and van Eijk，2002）。

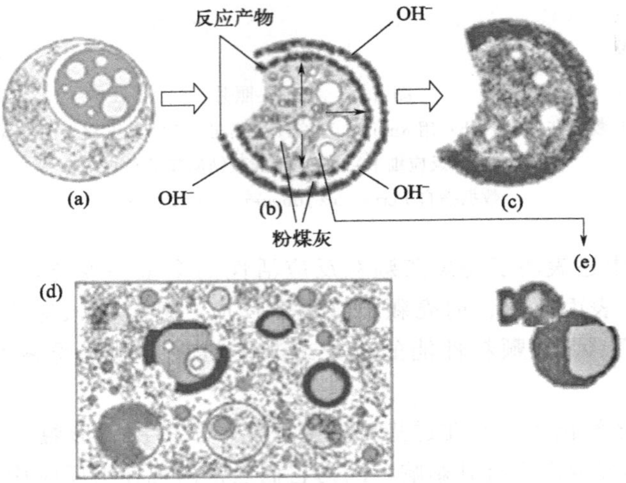

图 6.15 粉煤灰的碱激发模型

数据摘自 Fernandez-Jimenez et al，2005d

粉煤灰的碱激发模型如图 6.15 所示。如图 6.15(a)，初始化学侵蚀开始于颗粒表面上的一个点，然后扩展形成较大的孔，露出更小的颗粒。无论是中空的还是部分填充有其他较小粒径的颗粒，均会受到双向碱性侵蚀：即从外到内或从内到外［参照图 6.15(b)］。因此，在球体内部和外部都会产生反应产物，直至粉煤灰粒子完全或几乎完全被消耗［图 6.15(c)］。在该反应阶段涉及的反应机制是溶解。同时，随着碱性溶液渗透并接触位于较大球体内部更小的颗粒，后者内部空间开始填补反应产物，形成致密基质。

反应产物大量沉淀的后果之一是这些产品覆盖了较小球体的某些部分。覆盖层防止它们与碱性介质接触［图 6.15(e)］。基体内部进行的反应巩固了这些结壳，伴随的是避免了 pH 梯度对粉煤灰反应产物的影响。随着碱激发的继续，反应产物下埋藏的未反应粉煤灰可能不会受到与激发剂相关的极高 pH 值的影响，从而降低反应速率。在这种情况下，激发受扩散机制约束。在不同时间反应程度的变化可能表明水化产物层的渗透性发生了变化。

此外，所描述的过程在整个凝胶中不是统一的，而是从基体中的一个点到另一个点局部地变化，这取决于颗粒的尺寸分布和局部化学性质（例如 pH）。几个形态可能共存于一种浆体：未反应的颗粒、用碱性溶液侵蚀而保持球形的颗粒以及反应产物等。

这里应强调的是，在激发溶解过程中，可溶性二氧化硅在这些胶凝体系的微观结构形成过程中发挥重要作用。这种体系类似于在许多类型的玻璃中发现的非常均匀、不成形和稀疏多孔的微观结构。只有存在一些未反应的粉煤灰颗粒或少量粉尘颗粒才能破坏这种均匀性。在该基体中，Si 和 Na 含量通常比用 NaOH 激发的材料更高。尽管如此，在可溶性二氧化硅组分存在时所产生的微观结构，与用 NaOH 溶液激发粉煤灰并热养护较长时间所获得的微观结构基本上是相同的。

6.5 小结

自 20 世纪 50 年代起，尽管碱激发体系的文献不断涌现和增多，但理解这些信息是困难的。结果最后的解释往往是凭经验，有时非常不合理，而在其他情况下，商业兴趣对信息扩散造成限制。所报道的都是基础研究，但由于实验方法的差异，不同实验结果的比较常常受到限制。关于相应发展和产品性能特征背后潜在的化学作用，需形成一种一致的结果。

参考文献

Bakharev T., (2005) 'Geopolymeric materials prepared using Class F fly ash and elevated temperature curing', *Cem. Concr. Res.*, 35, 1224–1232.

Barbosa V.F.F, Mackenzie K.J.D., (2003) 'Synthesis and thermal behaviour of potassium silicate geopolymers', *Mat. Lett.*, 57, 1477–1482.

Barbosa V.F.F., MacKenzie K.J.D., Thaumaturgo C., (2000) 'Synthesis and characterisation of materials based on inorganic polymers of alumina and silica: sodium polysialate polymers', *Inter. J. Inorganic Mat.*, 2, 309–317.

Barrer R.M., (1982) '*Hydrothermal chemistry of zeolites*', Academic, London, UK.

Brouwers H.J.H., van Eijk R.J., (2002) 'Fly ash reactivity: Extension and application of a shrinking core model and thermodynamic approach', *J. Mater. Sci.*, 37(10) 2129–2141.

Carman P.C., (1940) 'Constitution of colloidal silica', *Trans. Faraday Soc.*, 36, 964–972.

Chen J.J., Thomas J.J., Taylor H.F.W., Jennings H.M., (2004) 'Solubility and structure of calcium silicate hydrate', *Cem. Concr. Res.*, 34, 1499–1519.

Cong X., Kirkpatrick R.J., (1995) 'Effects of the temperature and relative humidity on the structure of C-S-H gel', *Cem. Concr. Res.*, 25, 1237–1245.

Criado M., (2007) PhD Thesis. 'Nuevos materiales Cementantes basados en la activación alcalina de cenizas volantes. Caracterización de geles N-A-S-H en función del contenido de sílice soluble. Efecto del Na_2SO_4', Universidad Autónoma de Madrid, Madrid, Spain.

Criado, A. Palomo, A. Fernádez-Jiménez (2005) 'Alkali activation of fly ashes. Part 1: Effect of curing conditions on the carbonation of the reaction products', *Fuel*, 84, 2048–2054.

Criado M., Fernández-Jiménez A., Palomo A., (2007a) 'Alkali Activation of fly ash. Effect of the SiO_2/Na_2O ratio. Part I: FTIR study', *Microp. Mesop. Mat.*, 106, 180–191.

Criado M, Fernámdez-Jiménez A., Palomo A., Sobrados I., Sanz J., (2007b) 'Effect of the SiO_2/Na_2O ratio on the alkali activation of fly ash. Part II: ^{29}Si MAS-NMR Survey', *Microp. Mesop. Mat.*, 109, 525–534.

Criado M., Fernández-Jiménez A., de la Torre A.G., Aranda M.A.G., Palomo A., (2007c) 'An XRD study of the effect of the SiO_2/Na_2O ratio on the alkali activation of fly ash', *Cem. Concr. Res.*, 37, 671–679.

Davidovits J., (1988) 'Geopolymer properties and chemistry', 1st European Conference on Soft Mineralurgy. Geopolymer'88. Compiegne (France) 25–48.

Davidovits J., (1994) 'Properties of Geopolymer Cements', Proceedings of 1st International Conference on Alkaline Cements and Concretes, 1, 131–149, VIPOL Stock Company, Kiev, Ukraine, (1994).

Davidovits J., (2008) '*Geopolymer. Chemistry and Applications*', Institute Gèopolymère, Saint-Quentin, France.

De Silva P., Sagoe-Crenstil K., Sirivivatnanon V., (2007) 'Kinetics of geopolymerization: Role of Al_2O_3 and SiO_2', *Cem. Concr. Res.*, 37, 512–518.

Duxson P., Lukey G.C., Separovic F. van Deventer J.S.J., (2005) 'Effect of alkali cations on aluminium incorporation in geopolymeric gels', *Ind. Eng. Chem. Res.*, 44, 832–839.

Duxson P., Fernández-Jiménez A., Provis J.L., Lukey G.C, Palomo A., Van Deventer J.S.J., (2007a) 'Geopolymer technology: the current state of the art', *J. Mat. Sci.*, 42 (9) 2917–2933.

Duxson P., Mallicoat S.W., Lukey G.C., Kriven W.M., van Deventer J.S.J., (2007b) 'The effect of alkali and Si/Al ratio on the development of mechanical properties of metakaolin-based geopolymers', *Colloids and Surfaces A: Physicochemical and Engineering Aspects*, 292, 8–20.

Ejaz T., Jones A.G., Graham P., (1999) 'Solubility of Zeolite A and its amorphous precursor under synthesis conditions', *J. Chem. Eng. Data*, 44, 574–576.

Engelhardt G. and Michel D., (1987) '*High-Resolution Solid-State NMR of Silicates and Zeolites*', John Wiley & Sons.

Fernández-Jiménez A., Palomo A., (2003) 'Characterization of fly ashes. Potential reactivity as alkaline cements', *Fuel* 82, 2259–2265.

Fernández-Jiménez A., Palomo A., Alonso M.M., (2005a) 'Alkali activation of fly ashes: Mechanisms of reaction', 2nd Inter. Symposium Non-Traditional Cement and Concrete, Brno, Czech Republic.

Fernández-Jiménez A., Palomo A., (2005b). 'Composition and microstructure of alkali activated fly ash binder: Effect of the activator', *Cem. Concr. Res.*, 35, 1984–1992.

Fernández-Jiménez A., Palomo A., (2005c) 'Mid-infrared spectroscopic studies of alkali-activated fly ash structure', *Microp. Mesop. Mat.*, 86, 207–214.

Fernández-Jiménez A., Palomo A., Criado M., (2005d) 'Microstructure development of alkali-activated fly ash cement. A descriptive model' *Cem. Concr. Res.*, 35, 1204–1209.

Fernández-Jiménez A., Palomo A., Sobrados I., Sanz J., (2006a) 'The role played by the reactive alumina content in the alkaline activation of fly ashes', *Microp. Mesop, Mater.*, 91, 111–119.

Fernandez-Jiménez A., Vallepu R., Terai T., Palomo A., Ikeda K., (2006b) 'Synthesis and thermal behaviour of different aluminosilicates', *J. Non-Cryst. Sol.*, 352, 2061–2066.

Fernández-Jiménez A., Palomo A., López-Hombrados C., (2006c) 'Some engineering properties of alkali activated fly ash concrete', *ACI Materials Journal*, 103 (2) 106–112.

Fernández-Jiménez A., Palomo A., Criado M , (2006d) 'Alkali activated fly ash binders. A comparative study between sodium and potassium activators', *Mater. Construct.*, 56, 51–65.

Fernández-Jimenez A., de la Torre A. G., Palomo A., López-Olmo G., Alonso M. M. and Aranda M.A.G., (2006e) 'Quantitative determination of phases in alkaline activation of fly ashes. Part II: the degree of reaction', *Fuel*, 85.1960–1969.

Gasteiger H.A., Frederick W.J., Streisel R.C., (1992) 'Solubility of aluminosilicates in alkaline solutions and a thermodynamic equilibrium model', *Ind. Eng. Chem. Res.*, 31 1183–1190.

Glasser L.S.D., Harvey G., (1984) 'The gelation behaviour of aluminosilicate solutions containing Na^+, K^+, Cs^+, and Me_4N^+', *J. Chem. Soc., Chem. Commun.*, 13, 1250–1252.

Glasser F.P, Hong S. Y., (2003) 'Thermal treatment of C-S-H gel at 1 bar H_2O pressure up to 200℃', *Cem. Con. Res.*, 33, 271–279.

Glukhovsky V.D., (1967) '*Soil Silicate Articles and Structures (Gruntosilikatnye vyroby I konstruktsii)*', Budivelnyk Publisher, Kiev, Ukraine.

Hannus I., Kónya Z., Nagy J.B., Lentz P., Kiricsi I., (1998) 'Solid state MAS NMR investigation of Y-type zeolites reacted with chlorofluorocarbons', *Applied Catalysis B: Environmental*, 17, 157–166.

Hannus I., Kiricsi I., Lentz P., Nagy J. B., (1999) 'Characterisation of alkali ions in the Y-type zeolites by multi MAS NMR studies', *Colloids and Surfaces A*, 158, 29–34.

Ikeda K., (1997) 'Preparation of fly ash monoliths consolidated with a sodium silicate binder at ambient temperature' *Cem. Concr. Res.*, 27, 657–663.

Iler R. K., (1955) '*The Chemistry of Silica*', Wiley, New York.

Krivenko V., (1992) 'Fly-ash- alkaline cements and concretes', Proceedings of the Fourth CANMET-ACI Int. Conference on Fly Ash, Silica Fume, Slag and Natural Pozzolans in Concrete (Supplementary Volume) Istanbul, Turkey (1992) 721–734.

Lee S.K. and Stebbins J.F., (2003) 'The distribution of sodium ions in aluminosilicate glasses: A high-field Na-23 MAS and 3Q MAS NMR study', *Geochimica et Cosmochimica Acta*, 67, 1699–1709.

Liang J.J. and Sherrif B.L., (1993) 'Lead exchange into zeolite and clay minerals: A ^{29}Si, ^{27}Al, ^{23}Na solid-state NMR study', *Geochimica et Cosmochimica Acta*, 57, 3885–3894.

Palomo A., Glasser F.P., (1992) 'Chemically-bonded cementitious materials based on metakaolin', *Br. Ceram. Trans. J.*, 91, 107–112.

Palomo A., Grutzeck M.W., Blanco M.T., (1999) 'Alkali-activated fly ashes – A cement for the future', *Cem. Concr. Res.*, 29, 1323–1329.

Palomo A., Alonso S., Fernández-Jiménez A., Sobrados I., Sanz J., (2004a) 'Alkali activated of fly ashes. A NMR study of the reaction products'. *J. Am. Ceramic. Soc.*, 87, 1141–1145.

Palomo A., Fernández-Jiménez A., López-Hombrados C., Lleyda J.L., (2004b) 'Precast elements made of alkali-activated fly ash concrete', International Conference on Fly Ash, Silica Fume, Slag and Natural Pozzolans in Concrete. Ed. V.M. Malhotra.

Palomo A., Fernández-Jiménez A., Criado M., Alonso M.M., (2005a) 'The alkali activation of fly ashes: from macro to nanoscale', 2nd International Symposium on Nanotechnology in Construction, Bilbao, Spain (2005).

Palomo A., Fernández-Jiménez A., Kovalchuk G., (2005b) 'Some key factors affecting the alkali activation of fly ash', 2nd Inter. Symposium Non-Traditional Cement & Concrete, Brno, Czech Republic.

Patra A., Ganguli D., (1994) 'Role of dopant cations in the gelation behaviour of silica sols', *Bull. Mater. Sci.*, 17, 999–1004.

Phair J.W., Smith J.D., Van Deventer J.S.J., (2003) 'Characteristics of aluminosilicate hydrogels related to commercial Geopolymers', *Material Letters*, 57, 4356–4367.

Radnai T., May P.M., Hefter G.T., Sipos P., (1998) 'Structure of aqueous sodium aluminate solutions: A solution X-ray diffraction study', *J. Phys. Chem. A*, 102 (40) 7841–7850.

Richardson I.G., (2000) 'The nature of the hydration products in hardened cement pastes', *Cem. Concr. Composites*, 22, 97–113.

Richardson I.G., Brough A.R., Brydson R., Groves G.W., Dobson C.M., (1993) 'Location of aluminium in substituted calcium silicate hydrate (C-S-H) gels as determined by ^{29}Si and ^{27}Al NMR and EELS', *J. Am. Ceram. Soc.*, 76 (1993) 2285–2288.

Rowles M.R., Hanna J.V., Pike K.J., Smith M.E., O'Connor B.H., (2007) '^{29}Si, ^{27}Al, ^{1}H and ^{23}Na MAS NMR study of the bonding character in aluminosilicate inorganic polymers', *Appl. Magn. Reson.*, 32, 663–689.

Scrivener K.L. (1984) PhD Thesis, University of London, UK.

Sharara A.M., El-Didamony H., Ebied E., Abd El-Aleem, (1994) 'Hydration characteristics of β-C_2S in the presence of some pozzolanic materials' *Cem. Concr. Resear.*, 24, 966–974.

Shi C., Krivenko P.V., Roy D., (2006) '*Alkali-activated cements and concretes*' Taylor & Francis, London, UK.

Sofi M., van Deventer J.S.J., Mendis P.A., Lukey G.C., (2007) 'Engineering properties of inorganic polymer concretes (IPCs)', *Cem. Concr. Res.*, 37, 251–257.

Taylor H. F. W., (1986) 'Proposed Structure for Calcium Silicate Hydrate Gel' *J. Amer. Ceram. Soc.*, 69, 464–467, DOI: 10.1111/j.1151-2916.1986.tb07446.x.

Taylor H.F.W., (1990) '*Cement Chemistry*'. Academic Press London, UK.

Taylor H.F.W., (1992) 'Tobermorite, jennite, and cement gel', *Zeitschrift für Kristallographie*, 202, 41–50.

7

地质聚合物反应动力学

J. L. Provis，C. A. Rees　著
墨尔本大学，澳大利亚

7.1　引言

在过去的十年里，地质聚合物反应动力学一直是一项重要的研究课题。这项工作非常实用，在固化过程可以充分控制之前，必须全面理解控制反应速率的机理，才能使得这些材料可以在各个领域得到应用。图 7.1 简化了地质聚合物胶凝材料形成过程中所涉及的化学步骤，不包括同时发生的物理过程（如颗粒表面吸附、凝胶干燥等）。各种分析技术都有助于深入了解该过程的不同方面，但是对于这样复杂的过程，还不清楚是否有一种技术可以提供统一且全面的描述。

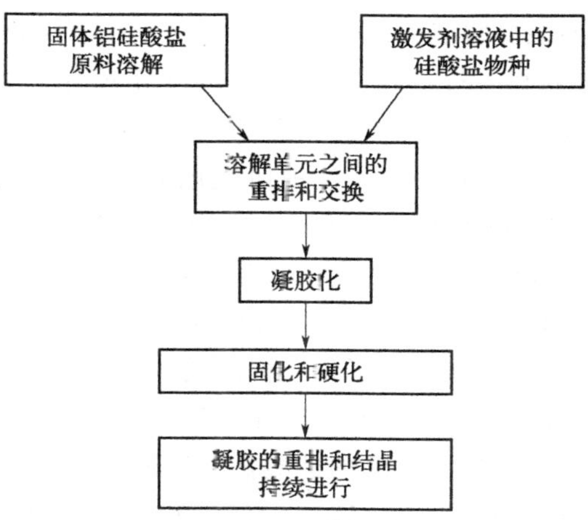

图 7.1　地质聚合物反应过程示意图

要了解反应速率，就必须开发能够测定地质聚合物凝胶网络生长速率的分析技术，这不是一个简单的任务。地质聚合物是具有腐蚀性的，发黏并且会黏

结到大多数表面，这意味着要观察从反应到硬化整个过程，反应腔必须是非黏性表面（已知聚四氟乙烯是可用的），或价格足够便宜使得每个样品测试后可进行更换。如果要获得详细的信息，许多不同配比的地质聚合物由于反应非常快，因此要求每点的测量时间较短。事实上，反应物（偏高岭土、粉煤灰和/或矿渣）和产物［碱金属硅铝酸盐和/或钙（铝）硅酸盐水合物凝胶］的主要物相都缺乏长程有序性，也就意味着应用基于 X 射线衍射的技术是不行的。粉煤灰中铁的存在、主要原子核（特别是^{29}Si）的弛豫时间短、地质聚合物易于黏到陶瓷转子表面，这些问题使得很难应用核磁共振解决这个难题。

本章将简要讨论把各种实验和计算技术应用到地质聚合物动力学研究中，特别是在确定硅铝酸盐凝胶网络生长速率和阐明影响地质聚合物动力学的许多因素等方面。在本章中，不可能详细覆盖到各个研究方面。本章的重点放在一些新近开发的技术上，这些技术特别适用于研究地质聚合物。

7.2 原位红外光谱

众所周知，红外光谱对地质聚合物胶凝材料的结构特别敏感，并且已成为众多非原位研究（即研究硬化的地质聚合物产物）的基础（Lee and van Deventer，2003；Fernández-Jiménez and Palomo，2005；Criado et al，2007；Rees et al，2007a；以及其中引用的文献）。已开发出了一种原位反应池，能够利用傅里叶变换衰减全反射红外光谱法（ATR-FTIR）来测量地质聚合物凝胶形成早期所涉及的主要官能团的相对强度变化。在该设备的早期演示中，以每 1min 的测量间隔获得了样品在 3d 时间内的红外光谱（Rees et al，2007b）。

开发原位测量技术的第一阶段需要建立一套具体的校准方法。这包括在很宽的组成范围内用 ATR-FTIR 非原位地研究地质聚合物凝胶的固化过程。使用 ATR 算法可以直接分析部分反应的地质聚合物浆体和凝胶表面的不同物相。对所有样品在 200d 内以不同时间间隔测定 Si—O—T 键的非对称伸缩振动的位置（T：四面体的 Si 或 Al；通常被称为“主带”，其主要归因于地质聚合物凝胶网络结构），这样就确定了每个样品的主带的位置。

应当指出的是，此处使用原位 ATR-FTIR 技术对于分析浓硅酸盐溶液激发的地质聚合物是有问题的。溶解的硅酸盐物质表现出与最终的地质聚合物网络相同位置区域的强烈伸缩振动（Rees，2007），这就使得很难区分这两种化学基团，与最初的假设不符，即被量化的峰强度与地质聚合物凝胶网络的特定振动有关。因此，本节的工作只涉及氢氧化钠溶液激发的粉煤灰体系。

在 30℃的密封反应池内用氢氧化钠激发粉煤灰地质聚合物体系的 FTIR

谱图如图 7.2（Rees，2007b）所示。虽然谱图以 1min 的时间间隔收集，但在该图中所示的时间仅反映主要的谱图变化。地质聚合物谱图中的肩峰大约在 $1055cm^{-1}$ 处，是由于未反应粉煤灰中 Si—O—T 的非对称伸缩振动带，6h 和 36h 之间的强度降低很小。36h 和 48h 之间观察到该频带峰强度降低。同时，由于地质聚合物凝胶网络的形成，约在 $960cm^{-1}$ 处的振动峰开始增强。从图 7.2 中可以看出，地质聚合物网络的频带在一段滞后期后开始增强，强度随时间增加。这些频带的强度变化率与样品中存在的粉煤灰和地质聚合物凝胶网络的数量成正比（Rees et al，2007a；2007b）。

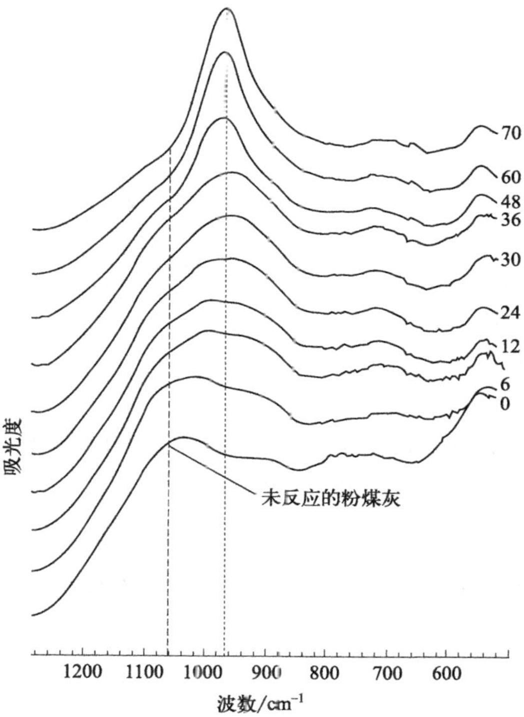

图 7.2 用 6mol/L NaOH 溶液激发粉煤灰基地质聚合物样品的 FTIR 谱图

数字代表小时数

数据摘自 Rees et al，2007b

为了量化 FTIR 谱图随时间的变化，未反应的粉煤灰振动谱带的强度（$1055cm^{-1}$）以及新形成的与地质聚合物网络相关的振动谱带的强度（$960cm^{-1}$），可以绘制成一个以时间为变量的图（图 7.3）。在 0～42.5h，主带的强度几乎没有变化（$960cm^{-1}$）。42.5h 之后，$960cm^{-1}$ 处谱带的强度开始增加，呈线性增加直到 70h 实验结束。

未反应的粉煤灰的肩峰谱带在 0～42.5h 强度稍微降低，并且在此期间似乎是以线性速率下降的。在 42.5～70h 之间，梯度变得陡峭，表明粉煤灰的分解速率在此期间有所增加，但在这一阶段也表现出线性。如图 7.3 所示，960cm^{-1} 处谱带强度的增加伴随着 1055cm^{-1} 处谱带强度的降低。在被称为“诱导期”内的滞后阶段，这些组分互相接触，然而并没有形成连贯的地质聚合物凝胶网络。这在这个时间段的样品中也能观察到，这时的样品虽然表面是固体，但在水中浸泡（Rees et al，2007a）时则迅速崩解，有某种形式的硬化凝胶相形成，但它缺乏足够的结构完整性，无法描述为真正交联的地质聚合物胶凝材料。

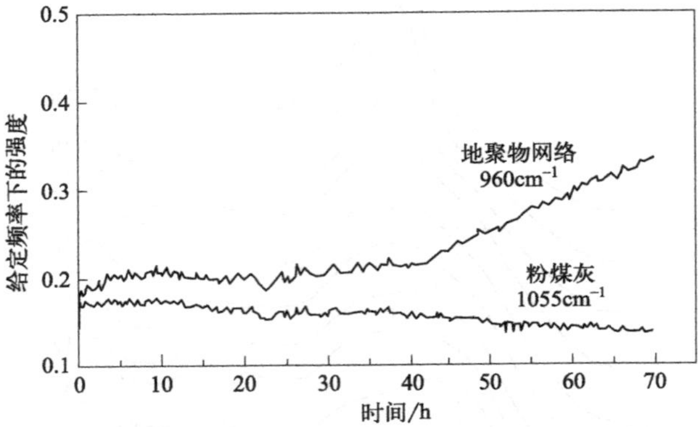

图 7.3　用 6mol/L NaOH 激发粉煤灰地质聚合物样品的动力学数据分析

数据摘自 Rees et al，2007b

进一步研究了在较低和较高浓度氢氧化钠溶液下聚合物网络的增长速率，图 7.4 中直接对比了这些样品的反应速率。为了比较梯度，将 $t=20$h 的强度

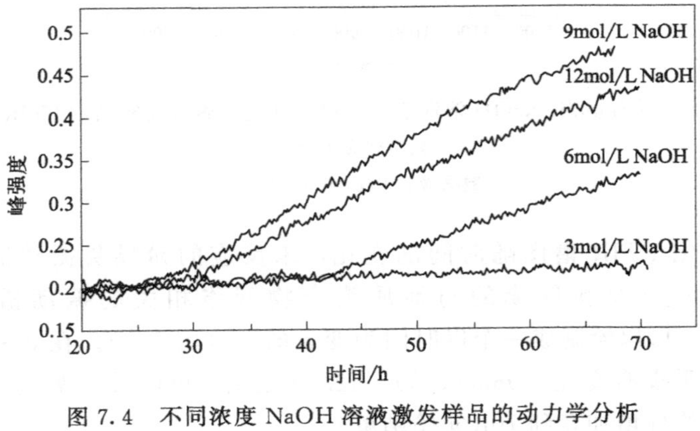

图 7.4　不同浓度 NaOH 溶液激发样品的动力学分析

数据摘自 Rees et al，2007b

归一化至相同的起点。用3mol/L NaOH激发的样品在整个72h内强度显示变化很小或没有变化，这表明诱导期比实验时间长。用较高浓度氢氧化钠激发的所有地质聚合物样品从诱导期到衰减期直到实验结束均表现出线性速率。用线性函数拟合激发期结束的数据，网络相对增长率如图7.5所示。

已发现氢氧化钠激发液的浓度对诱导期的时长和网络形成速率有重要影响。图7.5显示了氢氧化钠的浓度与地质聚合物凝胶增长率之间的关系。氢氧化钠浓度增加会导致地质聚合物生成速率的增加，直至达到最大值。此后，增加氢氧化钠浓度则导致速率降低。已知氢氧化钠可加速二氧化硅（以及铝酸盐）在水中的溶解（Brady and Walther，1989）。更快的溶解将导致高浓度的硅酸盐、铝酸盐或硅铝酸盐释放到溶液中。这似乎意味着更快的地质聚合物网络形成是由于粉煤灰的快速破坏；然而，事实并不一定如此。虽然氢氧化钠浓度的增加确实缩短了诱导期，但此期间后网络形成的速率并不总是增加。这表明，速率控制步骤可能是地质聚合物网络的形成，而不是粉煤灰的水解，而且由于凝胶组分发生了再溶解，网络在高pH条件下不易形成。

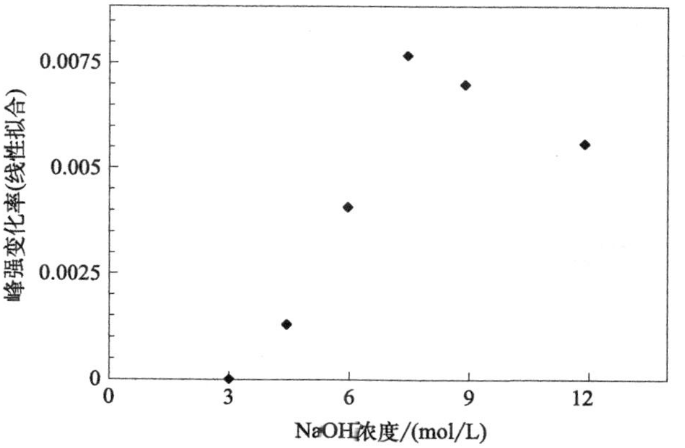

图7.5　不同浓度NaOH溶液激发粉煤灰样品主峰强度的变化率

数据摘自Rees et al，2007b

对沸石合成动力学的深入理解可以用来解释一些地质聚合物的动力学现象。Cundy和Cox（2005）综述了由前驱体凝胶制备沸石的统一模型，描述了在出现沸石晶体之前，体系中两种不同凝胶相的形成。首先形成的凝胶是不均匀且非晶态的，随着时间的推移，该凝胶在通过解聚-重新聚合反应转化成“凝胶2”的过程中与周围溶液达到平衡。在凝胶2中，更小和更高度有序的微区结构单元得以发展，其后被释放出来并被作为核（Cundy and Cox，2005；Antonić Jelić et al，2007）；当达到足够的有序度时，基质就具有足够的流动性，这些区域开始生长为沸石晶体。为了加速晶体的形成，通常通过接种小晶体充当成核中心，从而消除了诱导期（即产生稳定晶核所需的时间）。

同样，最初在氢氧化钠激发的地质聚合物体系中观察到的滞后期，可以被确定为形成稳定的“凝胶核”所需的时间，地质聚合物凝胶在该凝胶核周围生长。它们可能位于粉煤灰颗粒表面或体系中的其他位置，根据沸石制备的相关分析，从溶液中进行均相成核似乎不太可能（Bronić and Subotić，1995），这意味着成核位点与固体颗粒的表面有关。因此，在制备过程中引入高比表面积的固体颗粒提供成核位点，有望消除初期的滞后期（Rees et al，2008）。为了验证这一假设，在地质聚合物中加入成核位点，并应用原位 ATR-FTIR 观察（图 7.6）。在加入成核位点的地质聚合物中，未加入晶种的地质聚合物所存在的滞后期并未在加入成核位点的样品中出现；然而，网络一旦开始增长，增长速率在两个体系中是相同的。

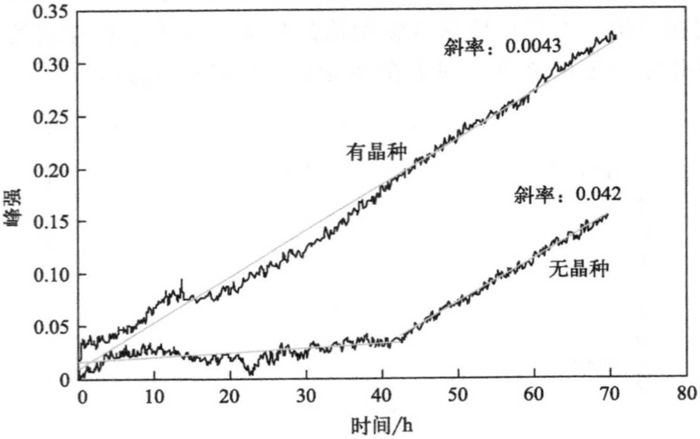

图 7.6 用 6mol/L NaOH 溶液激发粉煤灰地质聚合物在 $960cm^{-1}$ 处峰强度随时间的变化直线通过拟合得到

数据摘自 Rees et al，2007b

在这两个体系中出现的增长率类似表明网络生长机理是相似的。然而，加入纳米氧化铝颗粒（60g 样品中 0.01g 剂量）消除了未加入成核位点体系中与成核相关的滞后现象（Rees et al，2008）。纳米颗粒的添加也会引起纳米结构的变化，不同的沸石晶体（包括在地质聚合物中原来没有的相）在长龄期可以在红外光谱图中观察到有明显的红外吸收峰，这与包围在成核位点的凝胶相的分离有关（Rees et al，2008）。当相同量的可溶性氧化铝加入地质聚合物体系中时，并没有观察到这种效果，也就意味着这种成核效应不是因为粒子的溶解而诱导的。这显示出了控制地质聚合物动力学在结构形成和性能中的重要性。因此，有必要更好地理解和分析这些问题。

7.3 量热法

Palomo 和同事采用等温传导量热法（ICC）研究了包括反应温度和加入钙等各种参数的影响（Granizo et al，2000；Alonso and Palomo，2001a、2001b）。Rahier 等率先使用准等温调制差示扫描量热法（DSC）同时对地质聚合物固化过程中热流和热容变化进行观察，并将这些数据与流变学测量以及热流与凝胶的交联相关联（Rahier et al，1996a、1996b、2003）。两个研究组均提供了放热数据和地质聚合物产物的最终力学强度之间的联系。然而，尚未对所观察到的热流信号趋势的根本原因进行更多的分析。地质聚合物反应期间观察到的多重放热峰说明存在多个化学反应步骤，Rahier 等（2003）的评论说明反应似乎至少由两个步骤——溶解和聚合组成，第二步“似乎是自发的”，将在第 7.8 节早期阶段的反应动力学模型中的详细讨论与量热数据进行比较（Provis et al，2005d；Provis，2006；Provis and van Deventer，2007c）。然而，确定各个模型步骤的反应焓是有困难的（Provis，2006）。

图 7.7 展示了通过使用准等温 DSC 监测地质聚合物反应动力学获得数据的一个例子。此图显示了在 40℃偏高岭土基地质聚合物 Si/Al＝1.5 和 M^+/Al＝1.0 时的反应进程，其中 M 是 Na、K 或两者的等摩尔混合物。在每种情况下均观察到两个不同的放热峰，但没有观察到明显的混合碱效应（即混合的钠-钾体系的放热峰落在两个纯体系之间）。还可以观察到，尽管反应速率有差

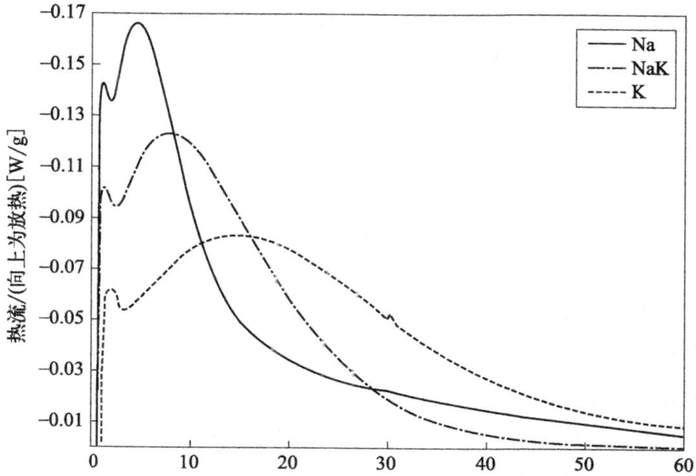

图 7.7　在 40℃不同碱的硅酸盐溶液激发偏高岭土地聚物的准等温 DSC 数据

P. Duxson 提供的未公开数据

异，释放的总热量（即曲线下的面积）三个体系之间差异不明显。这与偏高岭土基地质聚合物系统中整体的反应程度仅在一定程度上取决于钠、钾及其混合物中碱性阳离子的作用密切相关（Duxson et al，2005c；Provis et al，2005a）。

7.4 流变学

许多研究人员已经利用流变技术来监测粉煤灰和偏高岭土地质聚合物的固化动力学。Rahier 和他的同事（Rahier et al，1996b；Swier et al，1998）将地质聚合物凝胶描述为“低温无机聚合物玻璃”，并用 DSC 测量该体系流变在“玻璃化”（即硬化）之后反应继续进行了多长时间。Lloyd（2008）从微观结构上确认了粉煤灰地质聚合物的类似行为。Phair 等（2003）研究了从透明溶液中获得的稀释水凝胶，以便更容易地理解地质聚合物的早期流变学，尽管目前尚不清楚这些模型体系究竟能到多低的交联程度才会产生能观察到的差异行为。强度也被作为研究地质聚合物动力学的因素（de Silva et al，2007）；然而，在地质聚合物反应过程中，大多数“有趣”的化学反应均发生在可测量抗压强度形成之前，因此这一技术不能提供详细的动力学信息。

迄今为止，发表的粉煤灰地质聚合物流变学的最详细研究是由 Palomo 等人开展的（2005），Palomo 发现粉煤灰基地质聚合物浆体可用黏塑性流体（Bingham visco-plastic）模型来描述，类似于水化硅酸盐水泥。他们还指出，用 NaOH 激发不同粉煤灰时，决定这些样品的流变学性能的最重要参数是粉煤灰中的 Fe_2O_3 含量。这是一个重要发现，尤其是对于随后关于粉煤灰中铁对于地质聚合物反应动力学和性能方面作用的研究更是如此（van Deventer et al，2007；Keyte，2008；Lloyd，2008；Yong，2009）。

地质聚合物宾汉姆（Bingham）流体行为的一个重要方面，是宾汉姆流体具有与历程相关的流变特性，即剪切地质聚合物可以诱发其物理性质产生临时或持久的变化。这是因为在剪切力的作用下，形成的部分网络结构被破坏，进而有效地延缓固化速度。在预拌混凝土技术的应用中，波特兰水泥的类似行为得到了广泛的应用。其中，施加在混凝土搅拌车拌筒上的剪切力，使得混凝土保持足够的流动性，以便在到达目的地时能够倾倒出来。地质聚合物与剪切速率相关的流变性，为它们替代水泥基材料提供了基础。地质聚合物混凝土能够在运输过程中的剪切作用下保持流动性，不再施加破坏凝胶网络生长的剪切力时，在浇筑后可以以可接受的速率固化并获得强度。

7.5 衍射分析技术

如第 7.1 节所述，使用衍射法分析地质聚合物动力学非常复杂，原因是该反应过程涉及从一种 X 射线非晶相转变为另一种非晶相。利用 X 射线衍射分析地质聚合物中结晶沸石的形成，并研究体系在较高温度下制备或固化的反应进度（Olanrewaju，2002；Lloyd，2008），但是，在反应早期阶段仅能提供有限的信息。使用高能量、高亮度的 X 射线源和低角度检测器，可以提供足够的 d 间距分辨率作为快速数据收集，从而能够区分两种不同无序非晶相（前驱体和地质聚合物）。利用这样的装置（图 7.8），用白色光同步束以及能量色散 X 射线衍射法（EDXRD）原位测试实验室尺寸（12mm 厚）的地质聚合物样品，以便在反应过程中前 3h 表征地质聚合物的反应速率（Provis and van Deventer，2007a、2007b）。

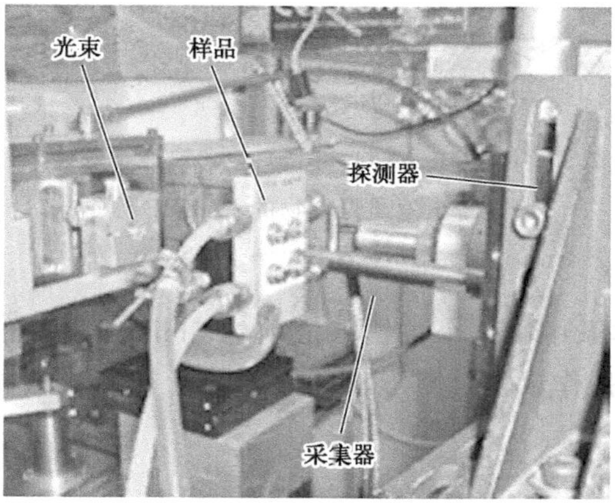

图 7.8 Provis 和 van Deventer（2007a，2007b）在美国 NSLS Brookhaven 国家实验室开展 EDXRD 所用的装置

通过测量在此期间地质聚合物在 40℃温度下完成图 7.1 所示的固化反应步骤，可以来描述通过偏高岭土的转化形成初始地质聚合物凝胶相的速率。必须指出的是，该相在结构上与最终观察到的固化地质聚合物凝胶有所不同，因为水分和热量的存在将使凝胶继续重新排列成热力学更有利的形式，达到非常高的交联度（Duxson et al，2005a），并形成纳米晶体（Provis et al，2005c）。凝胶发展的两个阶段，分为“凝胶 1”和“凝胶 2”（Fernández-Jiménez et al，2006；Duxson et al，2007），通常用“固化和硬化”和“正进行的凝胶重排和

结晶”来表示，如图 7.1 中，EDXRD 测量大致对应于固化和硬化。EDXRD 数据在图 7.9 中给出；详细的实验细节和数据处理的讨论见 Provis and van Deventer（2007a，2007b）。

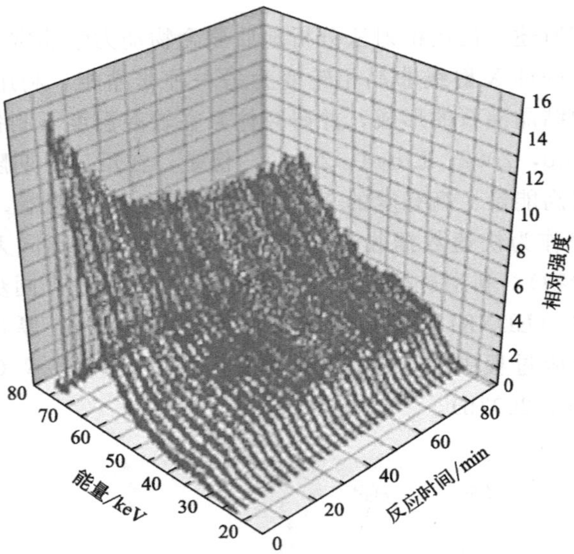

图 7.9　用 $SiO_2/Al_2O_3=3.0$ 在 40℃下制备硅酸钾/偏高岭土地质聚合物的 EDXRD 数据

数据摘自 Provis，2006

用获得每个体系中第一个数据点之前约 5min 内发生的过程作假设，用 EDXRD 获得的数据作量化，则形成了一个测量初始凝胶相形成相对程度的方法。

7.6　核磁共振（NMR）分析

Rahier 等（2007）用^{27}Al MAS NMR 探测地质聚合物形成初期阶段的动力学，NMR 观察到反应期间铝浓度的显著变化与从偏高岭土前驱体中 Al 的释放有关。他们还就反应的混合液进行了^{29}Si MAS NMR 实验，但指出对这些数据进行准确定量是“不可能的”。他们将这些数据与他们的流变学和量热数据结合，提出了一种用于描述地质聚合物反应动力学的模型，该模型给出了一些所发生反应的启发式的说明，但是由于简化，未达到对化学详细描述的要求。

7.7 显微镜分析

环境扫描电子显微镜（ESEM）也被用来观察反应早期地质聚合物的形态变化（Wei et al，2004；Zhang et al，2005a、2005b、2007）。在该技术中，样品被置于显微镜的高湿度环境中，压力低到足以使电子束穿过气体而基本不受干扰（Donald，2003）。然而，所生成的图像显示的是基本无特征的海绵状凝胶结构，从这种图像中提取动力学数据非常困难。此外，在较高电子能量下对地质聚合物进行 X 射线显微分析时，取样量较大（Lloyd，2008），而且气体环境会使显微分析变得复杂（Donald，2003），这意味着通过这种方法试图绘制出的“局部”硅/铝比（Wei et al，2005a，2005b，2007）不可能具有特别的指导意义。

7.8 建模

Provis 和 van Deventer（2007c）详细介绍了地质聚合物早期阶段的反应动力学模型的发展。简言之，将硅铝酸盐原料溶解，固体源释放的单体中 $Al(OH)_4^-$ 和 $SiO_x(OH)$ 重排，形成各种不同的硅铝酸盐预聚体，这些低聚物组合形成非晶态和/或沸石前驱体凝胶网络。建模的反应过程示意图示于图 7.10，这基本上是图 7.1 中所示简化处理的更详细的形式。通过假设反应的动力学由其化学计量确定，对每个反应步骤进行建模。这显然是对实际的过

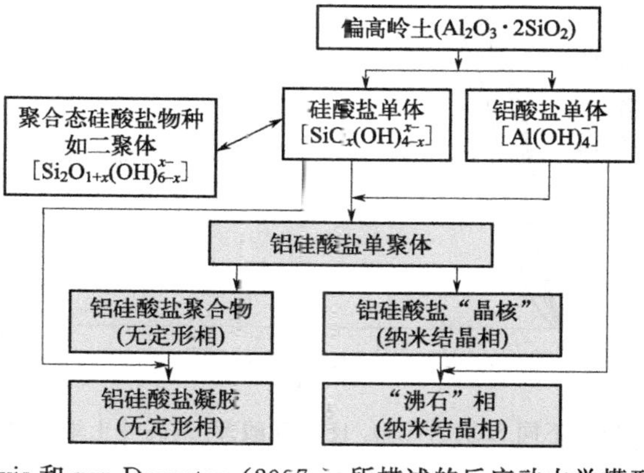

图 7.10 Provis 和 van Deventer（2007c）所描述的反应动力学模型的反应过程
阴影框分类为“反应产品”，以便与实验数据进行对比

度简化，但确实可以很好地描述所发生的过程。

监测反应过程中存在的每种物质中 Si/Al 比的变化，低聚物和较大物种的 Si/Al 比由溶液中 Si 和 Al 单体的浓度决定。溶液中硅酸盐低聚物聚合度和效果也基于实验数据进行描述（Provis et al，2005b），并将其他因素（包括碱金属阳离子含量以及反应过程中水的产生和消耗）的影响考虑进了模型。

通过对硅铝酸盐低聚物和/或固化的凝胶结构类型中 Si 和 Al 的比求和得到总反应程度，如图 7.10 中阴影所示。图 7.11 显示了自 EDXRD 得到的反应程度的实验值与对应所选模型预测值的比较。

图 7.11 显示了该模型简化描述多步非均匀聚合的过程，也提供了相对准确描述影响地质聚合物形成的一些现象。该模型预测：加入硅酸盐活性溶液将

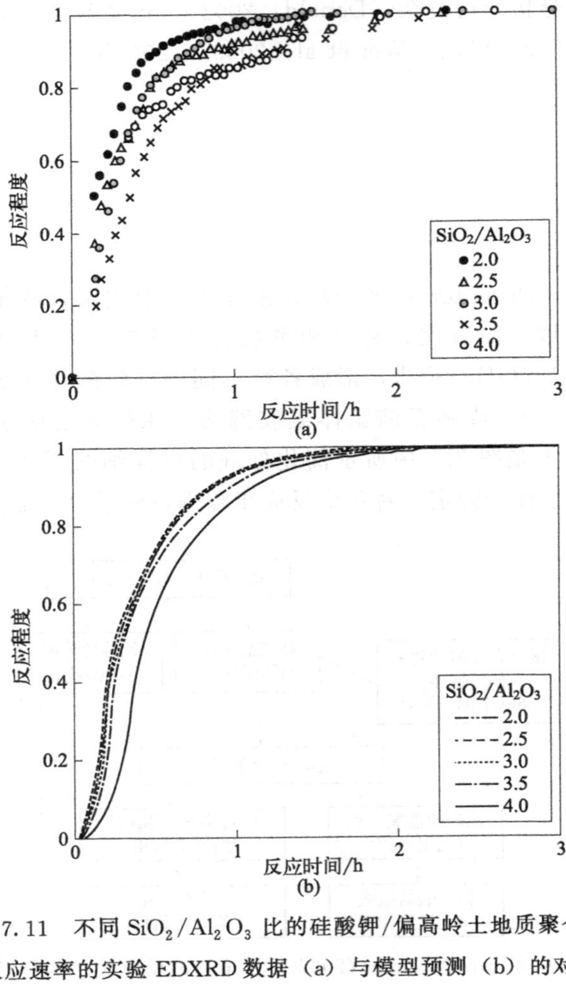

图 7.11 不同 SiO_2/Al_2O_3 比的硅酸钾/偏高岭土地质聚合物反应速率的实验 EDXRD 数据（a）与模型预测（b）的对比

数据摘自 Provis and van Deventer，2007c

导致反应速率总体下降，这与图 7.11(a) 所示的大部分实验结果相当吻合，唯一不同的是最高的 SiO_2/Al_2O_3 比。由于初始激发溶液中的高度连通性，该样品对可达到的反应程度有很大的限制（Duxson et al，2005b)，也由于溶液黏度非常高而阻碍了质量传递（即使在反应的初始阶段）。特别是后一种效应没有在反应动力学模型中考虑。然而，值得注意的是，该模型能够预测反应程度-时间曲线的形状，以及描述 SiO_2/Al_2O_3 变化造成反应速度变化的大部分趋势。通过该模型计算出的物种浓度变化与阻抗谱所观察到的电导率变化非常吻合（Provis et al，2008)，进一步验证了这种建模方法。

7.9 小结

地质聚合物制备是一个非常复杂的过程，所以要求许多不同的实验技术结合以详细理解硅铝酸盐前驱体转化为地质聚合物的具体步骤。通过红外光谱和高能 X 射线衍射法对地质聚合物浆体反应进行原位分析提供了纳米尺度的信息，并通过量热法和流变学进行批量测量可以很好地补充这些信息，数学建模有助于了解反应进程。为了提供对地质聚合物反应动力学的全面详细理解，需要仔细应用现有技术以及开发新技术，因为反应过程是一个非常复杂的过程，其过程在各种尺度范围内进行。这将为控制和调整地质聚合物的固化速率提供途径，也将对由此形成的地质聚合物产品提供很大程度的控制。

参考文献

Alonso, S. and Palomo, A. (2001a) Alkaline activation of metakaolin and calcium hydroxide mixtures: Influence of temperature, activator concentration and solids ratio. *Materials Letters,* 47, 55–62. doi:10.1016/S0167-577X(00)00212-3.

Alonso, S. and Palomo, A. (2001b) Calorimetric study of alkaline activation of calcium hydroxide-metakaolin solid mixtures. *Cement and Concrete Research*, 31, 25–30. doi:10.1016/S0008-8846(00)00435-X.

Antonić Jelić, T., Bronić, J., Hadžija, M., Subotić, B. and Marić, I. (2007) Influence of the freeze-drying of hydrogel on the critical processes occurring during crystallization of zeolite A – A new evidence of the gel 'memory' effect. *Microporous and Mesoporous Materials*, 105, 65–74. doi:10.1016/j.micromeso.2007.05.023.

Brady, P. V. and Walther, J. V. (1989) Controls on silicate dissolution rates in neutral and basic pH solutions at 25°C. *Geochimica et Cosmochimica Acta*, 53, 2823–2830. doi:10.1016/0016-7037(89)90160-9.

Bronić, J. and Subotić, B. (1995) Role of homogeneous nucleation in the formation of primary zeolite particles. *Microporous Materials*, 4, 239–242. doi:10.1016/0927-6513(94)00087-C.

Criado, M., Fernández-Jiménez, A. and Palomo, A. (2007) Alkali activation of fly ash. Effect of the SiO_2/Na_2O ratio. Part I: FTIR study. *Microporous and Mesoporous Materials*, 106, 180–191. doi:10.1016/j.micromeso.2007.02.055.

Cundy, C. S. and Cox, P. A. (2005) The hydrothermal synthesis of zeolites: Precursors, intermediates and reaction mechanism. *Microporous and Mesoporous Materials*, 82, 1–78. doi:10.1016/j.micromeso.2005.02.016.

De Silva, P., Sagoe-Crentsil, K. and Sirivivatnanon, V. (2007) Kinetics of geopolymerization: Role of Al_2O_3 and SiO_2. *Cement and Concrete Research*, 37, 512–518. doi:10.1016/j.cemconres.2007.01.003.

Donald, A. M. (2003) The use of environmental scanning electron microscopy for imaging wet and insulating materials. *Nature Materials*, 2, 511–516. doi:10.1038/nmat898.

Duxson, P., Provis, J. L., Lukey, G. C., Separovic, F. and Van Deventer, J. S. J. (2005a) ^{29}Si NMR study of structural ordering in aluminosilicate geopolymer gels. *Langmuir*, 21, 3028–3036. doi:10.1021/la047336x.

Duxson, P., Provis, J. L., Lukey, G. C., Mallicoat, S. W., Kriven, W. M. and Van Deventer, J. S. J. (2005b) Understanding the relationship between geopolymer composition, microstructure and mechanical properties. *Colloids and Surfaces A – Physicochemical and Engineering Aspects*, 269, 47–58. doi:10.1016/j.colsurfa.2005.06.060.

Duxson, P., Lukey, G. C., Separovic, F. and Van Deventer, J. S. J. (2005c) The effect of alkali cations on aluminum incorporation in geopolymeric gels. *Industrial and Engineering Chemistry Research*, 44, 832–839. doi:10.1021/ie0494216.

Duxson, P., Fernández-Jiménez, A., Provis, J. L., Lukey, G. C., Palomo, A. and Van Deventer, J. S. J. (2007) Geopolymer technology: The current state of the art. *Journal of Materials Science*, 42, 2917–2933. doi:10.1007/s10853-006-0637-z.

Fernández-Jiménez, A. and Palomo, A. (2005) Mid-infrared spectroscopic studies of alkali-activated fly ash structure. *Microporous and Mesoporous Materials*, 86, 207–214. doi:10.1016/j.micromeso.2005.05.057.

Fernández-Jiménez, A., Palomo, A., Sobrados, I. and Sanz, J. (2006) The role played by the reactive alumina content in the alkaline activation of fly ashes. *Microporous and Mesoporous Materials*, 91, 111–119. doi:10.1016/j.micromeso.2005.11.015.

Granizo, M. L., Blanco-Varela, M. T. and Palomo, A. (2000) Influence of the starting kaolin on alkali-activated materials based on metakaolin. Study of the reaction parameters by isothermal conduction calorimetry. *Journal of Materials Science*, 35, 6309–6315. doi:10.1023/A:1026790924882.

Keyte, L. M. (2008) PhD Thesis, Department of Chemical and Biomolecular Engineering, University of Melbourne, Australia.

Lee, W. K. W. and Van Deventer, J. S. J. (2003) Use of infrared spectroscopy to study geopolymerization of heterogeneous amorphous aluminosilicates. *Langmuir*, 19, 8726–8734. doi:10.1021/la026127e.

Lloyd, R. R. (2008) PhD Thesis, Department of Chemical and Biomolecular Engineering, University of Melbourne, Australia.

Olanrewaju, J. (2002) PhD Thesis, College of Earth and Mineral Sciences, Pennsylvania State University, USA.

Palomo, A., Banfill, P. F. G., Fernandéz-Jiménez, A. and Swift, D. S. (2005) Properties of alkali-activated fly ashes determined from rheological measurements. *Advances in Cement Research*, 17, 143–151. doi:10.1680/adcr.2005.17.4.143.

Phair, J. W., Smith, J. D. and Van Deventer, J. S. J. (2003) Characteristics of aluminosilicate hydrogels related to commercial 'Geopolymers'. *Materials Letters*, 57, 4356–4367. doi:10.1016/S0167-577X(03)00325-2.

Provis, J. L. (2006) PhD Thesis, Department of Chemical and Biomolecular Engineering, University of Melbourne.

Provis, J. L. and Van Deventer, J. S. J. (2007a) Geopolymerisation kinetics. 1. In situ energy dispersive X-ray diffractometry. *Chemical Engineering Science*, 62, 2309–2317. doi:10.1016/j.ces.2007.01.027.

Provis, J. L. and Van Deventer, J. S. J. (2007b) Direct measurement of the kinetics of geopolymerisation by in-situ energy dispersive X-ray diffractometry. *Journal of Materials Science*, 42, 2974–2981. doi:10.1007/s10853-006-0548-z.

Provis, J. L. and Van Deventer, J. S. J. (2007c) Geopolymerisation kinetics. 2. Reaction kinetic modelling. *Chemical Engineering Science*, 62, 2318–2329. doi:10.1016/j.ces.2007.01.028.

Provis, J. L., Duxson, P., Lukey, G. C. and Van Deventer, J. S. J. (2005a) Statistical thermodynamic model for Si/Al ordering in amorphous aluminosilicates. *Chemistry of Materials*, 17, 2976–2986. doi:10.1021/cm050219i.

Provis, J. L., Duxson, P., Lukey, G. C., Separovic, F., Kriven, W. M. and Van Deventer, J. S. J. (2005b) Modeling speciation in highly concentrated alkaline silicate solutions. *Industrial and Engineering Chemistry Research*, 44, 8899–8908. doi:10.1021/ie050700i.

Provis, J. L., Lukey, G. C. and Van Deventer, J. S. J. (2005c) Do geopolymers actually contain nanocrystalline zeolites? – A reexamination of existing results. *Chemistry of Materials*, 17, 3075–3085. doi:10.1021/cm050230i.

Provis, J. L., Duxson, P., Van Deventer, J. S. J. and Lukey, G. C. (2005d) The role of mathematical modelling and gel chemistry in advancing geopolymer technology. *Chemical Engineering Research and Design*, 83, 853–860. doi:10.1016/S0263-8762(05)72773-8.

Provis, J. L., Walls, P. A. and van Deventer, J. S. J. (2008) Geopolymerisation kinetics. 3. Effects of Cs and Sr, *Chemical Engineering Science*, 63(18), 4480–4489. doi 10.1016/j.ces.2008.06.008.

Rahier, H., Van Mele, B., Biesemans, M., Wastiels, J. and Wu, X. (1996a) Low-temperature synthesized aluminosilicate glasses. 1. Low-temperature reaction stoichiometry and structure of a model compound. *Journal of Materials Science*, 31, 71–79. doi:10.1007/BF00355128.

Rahier, H., Van Mele, B. and Wastiels, J. (1996b) Low-temperature synthesized aluminosilicate glasses. 2. Rheological transformations during low-temperature cure and high-temperature properties of a model compound. *Journal of Materials Science*, 31, 80–85. doi:10.1007/BF00355129.

Rahier, H., Denayer, J. F. and Van Mele, B. (2003) Low-temperature synthesized aluminosilicate glasses. Part IV. Modulated DSC study on the effect of particle size of metakaolinite on the production of inorganic polymer glasses. *Journal of Materials Science*, 38, 3131–3136. doi:10.1023/A:1024733431657.

Rahier, H., Wastiels, J., Biesemans, M., Willem, R., Van Assche, G. and Van Mele, B. (2007) Reaction mechanism, kinetics and high temperature transformations of geopolymers. *Journal of Materials Science*, 42, 2982–2996. doi:10.1007/s10853-006-0568-8.

Rees, C. A. (2007) PhD Thesis, Department of Chemical and Biomolecular Engineering, University of Melbourne.

Rees, C. A., Provis, J. L., Lukey, G. C. and Van Deventer, J. S. J. (2007a) Attenuated total reflectance Fourier transform infrared analysis of fly ash geopolymer gel ageing. *Langmuir*, 23, 8170–8179. doi:10.1021/la700713g.

Rees, C. A., Provis, J. L., Lukey, G. C. and Van Deventer, J. S. J. (2007b) In situ ATR-

FTIR study of the early stages of fly ash geopolymer gel formation. *Langmuir*, 23, 9076–9082. doi: 10.1021/la701185g.

Rees, C. A., Provis, J. L., Lukey, G. C. and Van Deventer, J. S. J. (2008) Geopolymer gel formation with seeded nucleation. *Colloids and Surfaces A – Physicochemical and Engineering Aspects*, 318, 97–105. doi:10.1016/j.colsurfa.2007.12.019.

Swier, S., Van Assche, G., Van Hemelrijck, A., Rahier, H., Verdonck, E. and Van Mele, B. (1998) Characterization of reacting polymer systems by temperature-modulated differential scanning calorimetry. *Journal of Thermal Analysis*, 54, 585–604. doi:10.1023/A:1010150711172.

van Deventer, J. S. J., Provis, J. L., Duxson, P. and Lukey, G. C. (2007) Reaction mechanisms in the geopolymeric conversion of inorganic waste to useful products. *Journal of Hazardous Materials*, A139, 506–513. doi:10.1016/j.jhazmat.2006.02.044.

Wei, S., Zhang, Y.-S., Wei, L. and Liu, Z.-Y. (2004) In situ monitoring of the hydration process of K-PS geopolymer cement with ESEM. *Cement and Concrete Research*, 34, 935–940. doi:10.1016/j.cemconres.2003.10.026.

Yong, S. L. (2009) PhD Thesis, Department of Chemical and Biomolecular Engineering, University of Melbourne.

Zhang, Y., Sun, W. and Li, Z. (2005a) Hydration process of interfacial transition in potassium polysialate (K-PSDS) geopolymer concrete. *Magazine of Concrete Research*, 57, 33–38. doi:10.1680/macr.57.1.33.57865.

Zhang, Y., Sun, W., Jin, Z., Yu, H. and Jia, Y. (2007) In situ observing the hydration process of K-PSS geopolymeric cement with environment scanning electron microscopy. *Materials Letters*, 61, 1552–1557. doi:10.1016/j.matlet.2006.07.077.

Zhang, Y. S., Sun, W. and Li, Z. J. (2005b) Hydration process of potassium polysialate (K-PSDS) cement. *Advances in Cement Research*, 17, 23–28. doi:10.1680/adcr.17.1.23.58388.

第二部分

地质聚合物的制备和性能

8

地质聚合物的加速老化

R. R. Lloyd 著

墨尔本大学，澳大利亚

8.1 引言

随着地质聚合物技术的商业化应用日益临近，人们对这些材料性能的认识显然存在巨大的欠缺。虽然现在已经探索了各种配方、微观结构和耐化学腐蚀等参数，但是仍欠缺地质聚合物材料的长期稳定性数据。由于这一领域的学术研究起步较晚，这在某种程度上是可以理解的，但现在的状况也令人担忧。

尽管有大量文献记载波特兰水泥混凝土在硫酸盐地下水、生物酸、海水冲刷带以及高温环境中耐久性不足，但是未受干扰的波特兰混凝土是非常稳定的（Zivica and Bajza，2002；Glasser et al，2008）。只要采取有效的预防措施即可防止环境引起的退化，混凝土结构几乎可以保证 100 年以上的寿命。因此，水泥在未受干扰状态下可保持其本身的强度。

波特兰水泥的稳定性是否可以衡量其他水泥的预期效果？并不一定。研发铝酸钙水泥（CAC）是为了提高耐久性，特别是在富含硫酸盐的环境中。其快速的强度发展后来被用于预制混凝土行业，尤其是在英国（Fu et al，1996）。尽管如此，除了小众的应用之外，铝酸钙水泥已被放弃使用了。这是因为随着混凝土老化其完整性会急剧下降。初期水化形成的亚稳定相会随时间转变为更密实的相，造成强度严重下降（Revay and Wagner，1979）。此过程在当时这种材料流行的 20 世纪五六十年代没有得到很好的理解，结果导致几座结构混凝土的灾难性失效（Dunster and Holton，2000）。这对地质聚合物以及所有新种类水泥的教训是显然的。地质聚合物的一个重要指标就是长期稳定性。

此外，对各种侵蚀性环境的抵抗能力并不能代表未受干扰状态下水泥的长期稳定性。通常认为地质聚合物凝胶是非晶态的；除了少数例外（Navrotsky，

2004)，非晶态材料在热力学上是不稳定的，随着时间的推移会转变成某种结晶形式。如果有足够的时间，非晶态的地质聚合物极有可能转变成某种晶体。但是，对于大多数混凝土结构来说，不结晶是衡量其长期稳定性的一个很差的指标。波特兰水泥中的水化硅酸钙相一般都是非晶态或者弱结晶的，然而对于混凝土结构来说已经足够稳定，那些铝酸钙水泥结晶性较好，但稳定性较差。目前既不知道在地质聚合物中结晶的速度有多快，也不了解它是否会导致性能下降。因此，确定地质聚合物可结晶的产物、结晶速率以及结晶对材料性能的影响，对建立地质聚合物作为替代水泥体系的信心至关重要。

8.2 地质聚合物凝胶合成过程中的结晶

尽管地质聚合物通常被认为是非晶态的，但是许多研究表明，在一定条件下，地质聚合物合成时会形成沸石晶体。激发剂溶液中二氧化硅含量很大程度上决定了在地质聚合物形成过程中是否会生成 X 射线衍射晶体。在合成的没有溶解性二氧化硅的样品中，含有丰富的沸石晶体，这类样品的强度一般比含有溶解性二氧化硅激发的样品强度要低（Duxson et al，2007）。随着激发剂溶液中二氧化硅浓度的增加，沸石的结晶作用似乎受到了抑制。此效应可在由偏高岭土（Duxson et al，2007）以及粉煤灰（Fernández-Jiménez et al，2006）制备的地质聚合物中观察到。Duxson 等人探究了溶解性二氧化硅对地质聚合物凝胶微观结构发展（Duxson et al，2007；Lloyd，2008）和相关物理性质的影响。

在地质聚合物制备期间，形成的主要反应产物——结晶沸石的性质可以根据目前沸石化学的知识来预测。本质上，沸石会遵循连续性转变的 Ostwald 熟化规律而继续转化为热力学上的稳定形态。此外，沸石本身还会经历进一步转变，比如，转变为长石（Bauer et al，1998），所以长石可能是此反应的最终产物。在当前背景下，此反应过程可能非常缓慢，但不重要。

对于非晶态反应产物，比如大多数具有商业化价值的地质聚合物材料在形成凝胶相时，这种结果并不是很明显。考虑到地质聚合物的形成与沸石合成具有高度相似性，因此非晶态聚合物凝胶结晶生成沸石是可信的。尽管它们的直接联系有待确立，但是一些研究者已经把地质聚合物凝胶视为“沸石前驱体”（Palomo et al，2004）。也有一些人认为地质聚合物凝胶所含的沸石纳米晶体太小，以致无法连续地衍射 X 射线（Provis et al，2005）。由于硅酸盐激发的地质聚合物有着更高的抗压强度，具有更大的商业价值，因此研究其结晶产物以及结晶的快慢具有重要的意义。

8.3 地质聚合物凝胶老化过程中的结晶

尽管地质聚合物中的凝胶相普遍认为与沸石前驱体凝胶密切相关，但令人惊讶的是，老化对地质聚合物的影响却很少受到关注。Palomo 等人（1999）研究了在室温暴露达 270d 的侵蚀性溶液对偏高岭土地聚物砂浆棒的影响。样品在 85℃养护 2h 后，分别置于去离子水、海水、硫酸钠溶液及稀硫酸溶液中，并在不同的时间间隔测量其抗折强度。尽管会观察到明显的波动，但是在 270d 后强度非常接近初始强度。在 180d 后通过 X 射线衍射在所有样品中都检测到了少量八面沸石，被认为这是强度提高的原因。同时指出八面沸石都在孔中形成的空间形成，并起到了类似于浇铸在水泥基体中的纤维的增强作用，但是这种说法没有证据支持。

国内外学者经过对古代混凝土的探究，发现其中水泥中生成了沸石，而且认为沸石的形成是古代混凝土优异耐久性的原因。据了解，罗马混凝土 opus caementicium 胶凝材料主要由石灰激发火山灰形成（Oleson et al，2004），用它建造的一些结构至今还屹立不倒，证明了这种水泥的耐久性。

此类材料中沸石的存在被认为是能够显著提高其耐久性的原因，并且沸石作为非晶态中间反应产物最终稳定形态的证明（Krivenko，1999）。虽然这一理论最初看似很合理，但它是不全面的。首先，古代的水泥在制造时并没有对其性能进行记录。因此，无法证明其性能保持、强度增加或强度大幅降低。事实上，一种结构仍然保持也可能表明它是过量设计的，同样也表明了混凝土的耐久性。显然，混凝土初始强度过量设计水平越高，结构失效前能承受的强度损失程度就越大。除此之外，混凝土中沸石的存在并不能说明它是在混凝土中原位形成的。事实上，可以认为火山灰（主要是非晶态，因此可能在热力学上不稳定）经历变质之后形成沸石。Novembre 等（2004）在罗马附近检查火山灰时，发现其中含有菱沸石、钙十字沸石以及方沸石。Turriziani（1964）的报告指出，意大利、西班牙、德国的火山灰凝灰岩中含有钙十字沸石、菱沸石、碱菱沸石、斜发沸石以及方沸石。考虑到钙十字沸石与方沸石是比较特殊的沸石，已在古老的混凝土中被鉴定出来（Krivenko，1999），很有可能是当时使用的水泥中未反应的残留物，而不是凝胶相的最终稳定形式。这些争论与 Krivenko（1999）提出的理论并不矛盾，而是他提出的理论有待被证实，并且缺乏令人信服的证据。

与其他研究者相反，de Silva 和 Sagoe-Crentsil（2008）报告指出，不同的偏高岭土基地质聚合物在长时间温热（40℃）养护后，开始结晶成沸石晶体，强度的损失与此有关。尽管一些样品发生了结晶，但是研究者使用高浓度的溶解性硅酸盐合成的样品仍保持非晶态。

关于老化对地质聚合物的影响仍然存在很大的不确定性。在不到 2000 年的时间内沸石生成似乎是共识，并且这种作用可能是有益的。显然，这并不足以使我们有信心使用地质聚合物混凝土，因此进一步的研究是必要的。

8.4 地质聚合物的加速老化测试

8.4.1 加速老化测试的必要性

对于长期稳定性这一问题，明确的答案是需要长龄期的样品。由于关于地质聚合物水泥学术研究的开展时间较短，因此这种样品尚不可得。但可以从东欧还在使用的碱激发矿渣混凝土中获得一些信息。然而，由于是不同的凝胶相，特别在碱激发矿渣中 C-S-H 占主导，所以必须对其进行仔细评估（Wang and Scrivener，1995）。当前，探究长龄期混凝土的替代方法是加速老化实验。尽管在加速试验时可能会伴随着风险（Grattan-Bellew，1997），但由于没有其他选择，因此这种测试是合理的。精心设计并仔细执行的测试会提供一些关于老化过程的见解，并说明地质聚合物混凝土是否可以安全使用。

8.4.2 老化测试注意事项

波特兰水泥的加速养护试验已引起广泛关注。通常希望根据养护一天的强度来预测 28 天的强度，并且基本上是建筑行业的一种质量控制方法。尽管强度至关重要，但微观结构在很大程度上被忽略。ASTM C684 与 BS 1881 描述了一种加速养护制度；这些试验都由不同学者提出（Resheidat and Ghanma，1997；Ozkul，2001），并讨论了其有效性。老化试验的目的存在差异，所以需指出养护试验与老化试验的区别。与养护试验不同，老化试验需要考虑到典型微观结构在长时间后的稳定性。因此加速养护试验的目的是缩短从新拌混凝土到“良好养护”混凝土所用的时间，然而加速老化试验的目的是采用“良好固化”的混凝土加速随后发生的任何自发转变。实验结果表明与一般养护不同，波特兰水泥的加速养护会导致微观结构差异（Skalny and Odler，1972；Kjellsen et al，1991）。

一般来说，很少进行水化硅酸盐水泥混凝土的加速老化试验。已经老化的波特兰水泥混凝土很容易获得，因此几乎无须进行加速试验来获取用于分析的材料。Paul 和 Glasser（2000）对比了相同时间下商业波特兰水泥浆体在 85℃与 20℃老化 8.4 年的不同。

在开发用于地质聚合物加速老化的测试中，重要的是试验程序受人为因素影响的最小化，从而在短时间内给出最具代表性的老化地质聚合物。为了实现这一目标需要重点考虑以下几个方面：

① 在开始加速老化之前应该进行最初的常规养护阶段，以尽可能地保持其正常的微结构发展。

② 应该使用相对高的温度，显著加速其老化反应，这样就能在短期内获得结果。

③ 样品应该保持在封闭体系中以防止水分流失、暴露于二氧化碳、从孔隙溶液浸出等。以上这些情况都会导致体系发生变化，除了那些纯自发过程中发生的变化。

Lloyd（2008）曾经设计了一个加速老化对水泥影响的试验，其试验流程示意图如图 8.1 所示。试验采用波特兰水泥和铝酸钙水泥分别作为阴性和阳性对照。加速老化试验表明：波特兰水泥砂浆能够维持其强度，在此过程中微观结构仅仅经历了很小的变化，这代表了波特兰水泥在现场的性能。铝酸钙水泥砂浆在老化过程中强度衰退明显，与 CAC 混凝土现场性能表现相吻合。X 射线衍射测试表明，立方水化产物会转变为六方水化产物，与强度衰退存在关联。尚无法证明在该测试流程中引入了碳化、脱钙、干燥或其他人为因素（Lloyd，2008）。

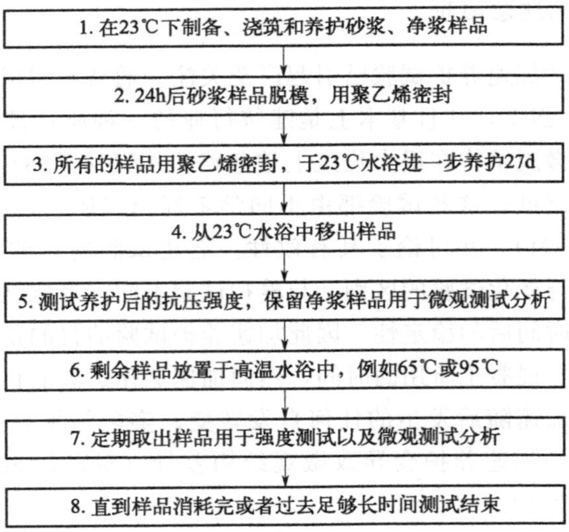

图 8.1 Lloyd（2008）提出的加速老化试验测试流程

8.5 偏高岭土合成的地质聚合物的老化

8.5.1 室温下的老化

图 8.2 显示了在 23℃下固化和老化的偏高岭土基地质聚合物立方块砂浆抗压强度的发展趋势。3d 的初始强度可达到 70MPa，在 28d 之后会观察到强度轻微但明显的下降。使用 t 检验，28d 和 360d 的抗压强度之间的差异显示大于 99%的置信度（t 统计值为 6.83，而 t 临界值为 3.71）。这为偏高岭土基地质聚合物的强度衰退提供了有力证据。由于样品与外部环境因素是隔离的，因此任何变化都仅仅归因于自发过程。

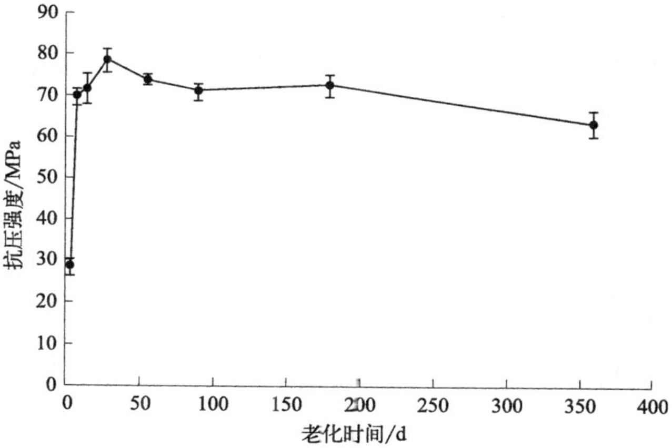

图 8.2 偏高岭土基地质聚合物立方块砂浆在 23℃老化期间的抗压强度

样品总组成为 Na_2O：Al_2O_3：$4SiO_2$：$13H_2O$。样品用聚乙烯密封以阻止老化期间样品与环境的任何交换。重复四次取平均值，误差条给出了±1%标准偏差

虽然这些结果似乎与 Palomo 等人（1999）的结果矛盾，但是仍有一些混淆因素需要考虑。首先，Palomo 等人实验时样品强度在整个实验过程中波动非常明显，由于没有提供衡量标准，因此很难客观地评估他们的数据。其次，由于实验的目的是考察不同离子种类对胶凝材料的影响，而不是将胶凝材料进行隔离，所以所有样品都浸在溶液中。这使得评定胶凝材料中存在的自发反应变化变得困难。

8.5.2 95℃下的加速老化

高温下老化产生了比 23℃所观察到的更为强烈的加速老化效应。图 8.3

给出了偏高岭土基地质聚合物块砂浆在23℃下养护28d，并随后在95℃下老化的抗压强度曲线。在23℃下养护达到的强度要略低于Duxson（2006）曾报道的组成相似（Na/Al＝1.0，Si/Al＝1.90）的样品（40℃下养护7d）。在95℃老化一天后，抗压强度增加到与Duxson（2006）报道一致的值。在95℃下1～3d的抗压强度明显下降，在95℃下老化接下来的25d内，强度保持相对稳定，大概在30MPa。观察到的强度损失约为养护值的60%；这与高水灰比的铝酸钙水泥中发生的强度衰退相当（Robson，1964），用这种类型的胶凝材料可能会导致生产的混凝土失效。

值得注意的一点是，图8.3中地质聚合物砂浆是使用较高的Si/Al比为2时合成的，代表了地质聚合物组成谱中较为稳定的末端。在Si/Al≤2时，或一部分Si/Al＞2的偏高岭土基地质聚合物中，都可能发生强度损失。这与de Silva等人（2008）的观点相矛盾，他们认为较高Si/Al比合成的偏高岭土基地质聚合物在长期老化过程中能够维持稳定。显然，至少在目前的状态下，偏高岭土基地质聚合物并不适合用作混凝土建筑中波特兰水泥的替代品。

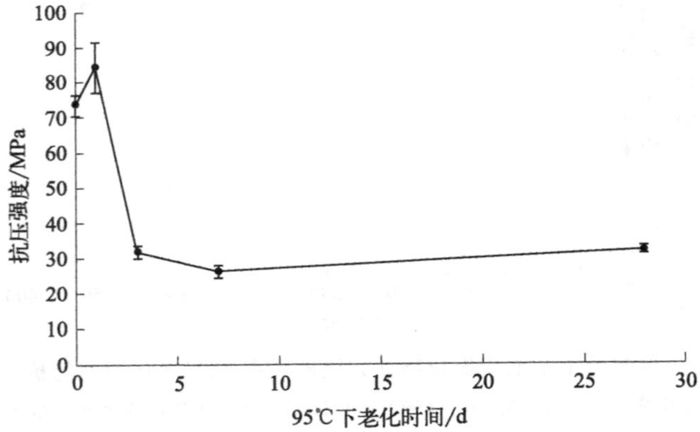

图8.3 在95℃下老化的偏高岭土基地质聚合物块砂浆的抗压强度

胶凝材料总组成为Na_2O：Al_2O_3：$4SiO_2$：$13H_2O$。样品在95℃下开始老化之前于23℃养护了28d。样品密封在聚乙烯袋中以防止老化期间样品与环境的任何交换。重复三次取平均值，误差条给出了±1%标准偏差

8.5.3 老化期间的相变

图8.4给出了偏高岭土地质聚合物在23℃养护28d后及在95℃下老化3个月的X射线衍射图谱。养护样品的衍射图样主要是无定形的，少量的结晶物质在偏高岭土反应之前就已存在。经95℃下老化一天后，X射线衍射图没有变化。然而，三天之后出现了一种明显的新结晶相，Na-P1沸石［Powder

Diffraction File (PDF)# 044-0103]，组成为 $Na_6Al_6Si_{10}O_{32}$ (Treacy and Higgins，2001)，微量的钠菱沸石（碱菱沸石，$NaAlSi_2O_6 \cdot 3H_2O$，PDF# 019-1178）也可以从 2θ 为 12.84°处的弱反射和 2θ 为 30.65°处的漫反射看出。

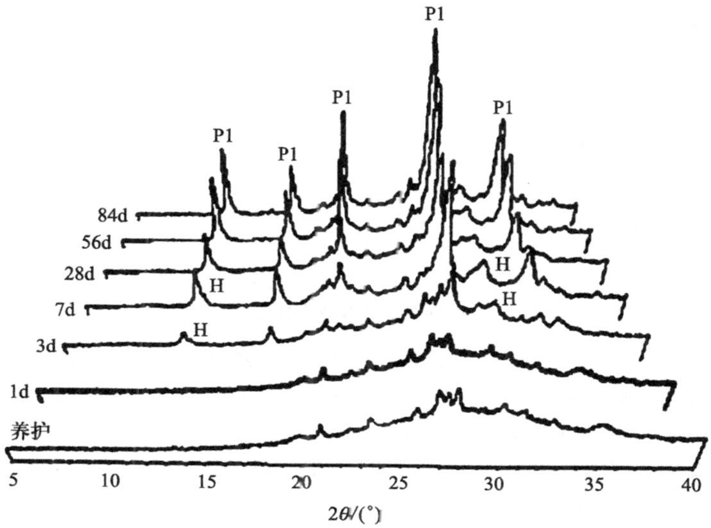

图 8.4 在 23℃养护 28d 和之后在 95℃老化 1d、3d、7d、28d、56d 和 84d 的偏高岭土地质聚合物 X 射线衍射（Cu K_α 辐射）图谱

样品总组成 Na_2O：Al_2O_3：$4SiO_2$：$13H_2O$

鉴定出了 Na-P1 沸石（P1）和钠菱沸石（H）引起的反射

在 95℃老化时 Na-P1 沸石的量持续增加至第 56 天。钠菱沸石含量在 3～7d 内增加，在之后的龄期减少甚至消失。钠菱沸石似乎是偏高岭土基地质聚合物形成 P 型沸石过程中的一种亚稳态相。亚稳态相频繁见于沸石合成中 (Cundy and Cox，2005)，并且通过连续转变 Ostwald 熟化规律预测 (Ostwald law of successive transformation)。P 型沸石已经在随后的 A 型沸石 (Rees and Chandrasekhar，1993)，以及从羟基方钠石形成的八面沸石 (Katović et al，1989) 中报道。

抗压强度与 XRD 测得的 Na-P1 沸石的含量之间的关系如图 8.5 所示。沸石开始结晶和强度损失显然是一致的，这与人们所期望的沸石结晶有利于地质聚合物水泥的性能 (Krivenko，1999；Palomo et al，1999) 相矛盾。

8.5.4 SEM 检测老化地质聚合物

扫描电子显微镜（SEM）是一种评估地质聚合物老化过程中微观结构变

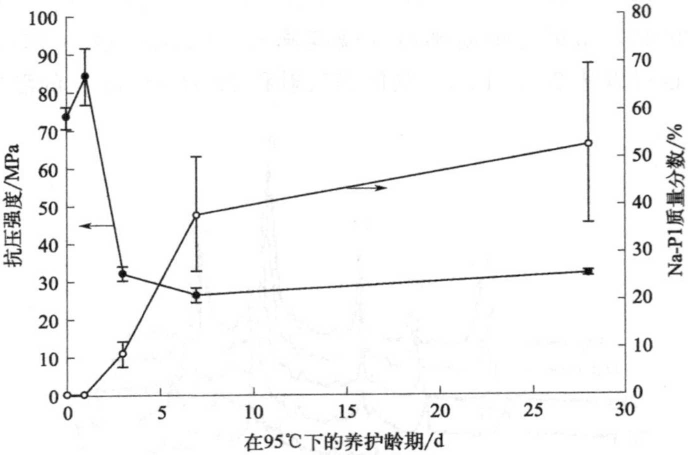

图 8.5　在 23℃养护 28d 之后在 95℃下老化的偏高岭土地质聚合物抗压强度（●，左轴）和 Na-P1 沸石含量之间（○，右轴）的关系

样品总组成 Na_2O：Al_2O_3：$4SiO_2$：$13H_2O$。抗压强度值为三次重复平均值，误差条表示标准偏差。Na-P1 含量用 X 射线确定；误差条表示±30%相对误差，这是基于 Gualtieri（2000）无结构优化所做的定量分析结果

化的有效工具。图 8.6 给出了地质聚合物在养护后、加速老化开始之前的微观结构。在图 8.7 中，地质聚合物凝胶出现了显著的结构重建，这与沸石的形成和抗压强度的降低相吻合。显然，老化过程会导致形成大的连通孔区域，其在老化之前的胶凝材料中是没有的。由于老化过程中样品的外在体积保持不变，因此固体区域的凝胶比老化之前变得更加致密。

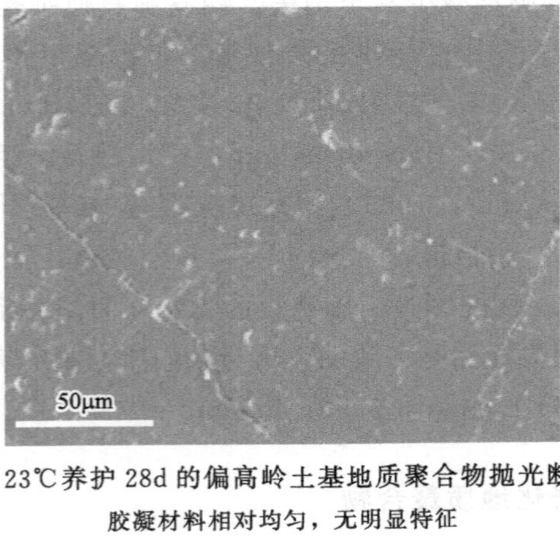

图 8.6　在 23℃养护 28d 的偏高岭土基地质聚合物抛光断面 SEM 图

胶凝材料相对均匀，无明显特征

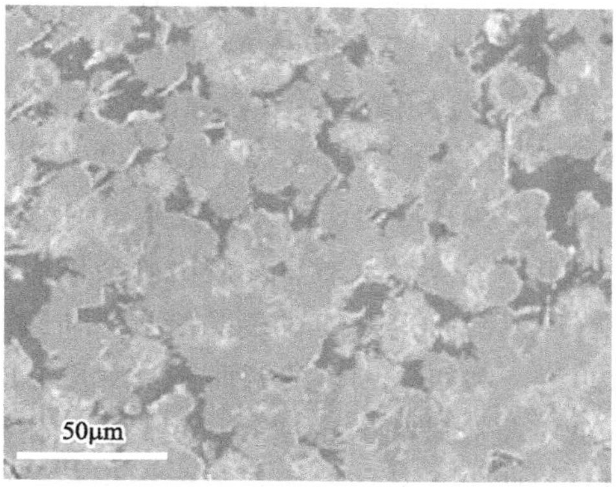

图 8.7 在 23℃养护 28d 并在 95℃老化 28d 的偏高岭土基地质聚合物抛光断面 SEM 图
胶凝材料发生了明显的结构重建，胶凝材料分离为更致密的区域（浅灰色）和孔间隙，这里表现为被环氧树脂填充（黑灰色）。大孔由未老化之前大而不明显的非连通区域所组成

8.5.5 老化过程中的强度损失机制

鉴于偏高岭土基地质聚合物与铝酸钙水泥在老化过程中的性能损失具有相似性，很有可能这两种情形有着相似的机制。在 CAC 中，初期形成的水化产物密度要低于它们的转变产物。转变过程导致水和氢氧化铝凝胶被排出，以及铝酸钙水合物相所占体积减小。因此，在转变过程中，体系的外形尺寸基本保持不变，这意味着必须增加孔隙率。

然而，这一解释并不能直接用于地质聚合物体系。硅铝酸盐凝胶和沸石中都不包含大量的结合水，尽管一些以羟基醇的形式存在于凝胶内。因此，由水占据的总体积在凝结、养护和随后的老化过程中基本保持不变。从非结晶凝胶到结晶沸石的变化不能如 CAC 那样直接与整个系统的孔体积变化直接相关。此外，凝胶与沸石都是多孔的，因此胶凝材料中的总孔隙空间分布在这两者之间。沸石的形成既可以增加也可以减少剩小凝胶的孔隙度，这取决于它们每个的具体孔体积。

就 CAC 来说，在实验过程中样品的外形尺寸没有可测量到的变化，这意味着老化过程中样品体积密度保持不变。测得的偏高岭土基地质聚合物浆体的密度为 1.76g/cm^3，而 Na-P1 沸石的密度大约为 2.17g/cm^3（取 2.21g/cm^3 和 2.13g/cm^3 的平均值，分别记录于 PDF$^\#$ 039-0219 和 044-0052 中）。这显然与 Duxson（2006）的看法相矛盾，Duxson 认为沸石相的密度相对地质聚合物凝胶要低，因此沸石的结晶会伴随着力学膨胀功。沸石相的密度比凝胶骨架的密度要低，但是地质聚合物凝胶中大体积的孔导致总体密度低于沸石的密度。因此，事实上恰恰相反，结晶不一定伴随着体积膨胀。

一种更有效测试密度的方法是单位体积内 (Si,Al)O_4 四面体 (T) 的数目。由凝胶与沸石的 T 密度差异能直接估算凝胶转变为沸石过程中的体积变化。偏高岭土基地质聚合物的分子式为：$NaAlSi_2O_6$，其密度为 1.76g/cm^3，相当于密度接近 7.5T/nm^3。这些四面体与其说是不均匀分散在凝胶中，不如说它们是密度很高的球状“骨架”区域，凝胶中剩余体积被孔隙占据 (Lloyd, 2008)。相比之下，像 P 型沸石等含有的斜方钙沸石框架大约为 15.3T/nm^3 (Baerlocher et al, 2001)，例如 Na-P1 的四面体密度是形成它的地质聚合物凝胶的两倍（尽管密度低于凝胶骨架的密度）。当沸石晶体生长比凝胶框架中的胶体要大时，会导致材料收缩，从而造成局部致密化和形成更大的孔隙。这可以解释强度损失。

老化过程中出现较大的孔隙与强度损失相吻合。然而，形成的孔隙容积与 X 射线衍射分析确定的沸石含量无关 (Lloyd, 2008)。因此，很可能在沸石形成之前发生了其他过程，或者形成了比 X 射线衍射检测所观察到的更多的沸石类型。该过程可能是二次非结晶相，其比初始地质聚合物胶体更有序；或者中间沸石相发生结晶，形成的结晶尺寸太小，以致不能被 X 射线衍射检测到。这两个过程在常规的沸石合成时就为人所知 (Cundy and Cox, 2005)。通过进一步的研究，如利用高分辨率透射电子显微镜法，可能有利于说明地质聚合物凝胶转化过程中的机理。

8.5.6 温度对地质聚合物老化的影响

已知温度会影响沸石合成中的结晶速率 (Tosheva and Valtchev, 2005)。可以预测，地质聚合物凝胶形成沸石的结晶速率在很大程度上也取决于温度。图 8.8 表明，随老化温度降低，沸石结晶速率显著下降。在 65℃ 和 40℃ 时分别在 2 个月和 3 个月后才可以看到沸石，而在 23℃ 时，在 3 个月的老化期都没有观察到结晶。尽管温度的降低导致沸石结晶变慢，但是在 65℃ 和 40℃ 下观察到的相与在 95℃ 下观察到的相同，即钠菱沸石以及 Na-P1。众所周知，温度对沸石结晶的影响主要是动力学的，并且在室温养护下形成可生长的晶核后，既不是热力学也不是化学因素阻碍了晶粒进一步生长 (Tosheva and Valtchev, 2005)。因此，在室温下养护和老化的地质聚合物样品将最终与在较高温度下老化产生的产物相同。显然，在高温老化过程中观察到的偏高岭土基地质聚合物的强度损失，也会发生在室温处理的样品中。如图 8.2 所示，这可以通过在 23℃ 下保存长达一年的样品强度下降来证明。

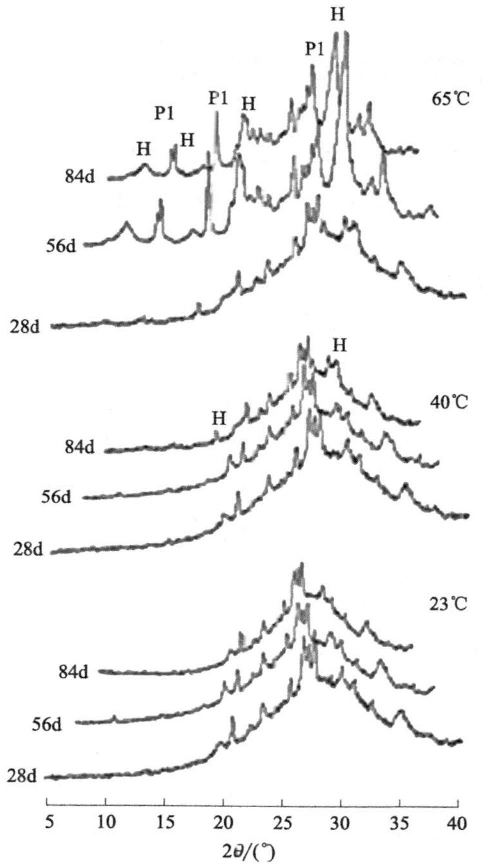

图 8.8 X 射线衍射图谱（Cu K_α 辐射）

说明了偏高岭土地质聚合物凝胶的老化温度与时间对其沸石结晶的影响。所有的样品总成分为：Na_2O：Al_2O_2：$4SiO_2$：$13H_2O$。在 23℃下固化了 28d，然后在 23℃、40℃或 65℃下老化 28d、56d 和 84d。钠菱沸石（H）和 Na-P1（P1）的衍射已标出

8.5.7 碱金属阳离子类型对地质聚合物老化的影响

已知可以通过选择碱金属阳离子（钠、钾或者二者混合物）来控制偏高岭土地质聚合物的各种性能。在加速老化期间，碱金属阳离子类型可以用来控制沸石相的形成（Lloyd，2008）。当仅存在钾时，钾菱沸石是一种稳定的沸石相；当存在等摩尔的钾钠混合物时，会形成钙十字沸石。在这两种情况下，向沸石的转变都会伴随着力学强度的损失。尽管使用何种碱金属阳离子与地质聚合物凝胶向沸石转变无关，但是当仅存在钾时，转化速度会相当低。

8.6 粉煤灰合成的地质聚合物的老化

偏高岭土基地质聚合物在建筑领域中的使用前景是有限的（Davidovits，2005）；相反，粉煤灰基地质聚合物具有的良好性能以及较低的成本，使得其更有前景。由于偏高岭土和粉煤灰基地质聚合物在化学上十分类似，因此偏高岭土基地质聚合物老化而发生的强度损失，使得对粉煤灰基地质聚合物进行老化研究十分必要。尽管两个体系存在相似之处，但是也存在显著的差异。

在粉煤灰基无机聚合物水泥的制备中广泛报道了沸石的存在（Provis et al，2005；Criado et al，2007；Rees et al，2007）。特别是，在激发液中不含有溶解性硅酸盐时，粉煤灰基无机聚合物水泥的制备中会增加结晶良好的沸石，马德里的 Palomo 团队（Criado et al，2007；Criado et al，2008）已经进行了广泛的研究。就像偏高岭土一样，碱硅酸盐溶液激发的粉煤灰似乎抑制了沸石的结晶，并且导致主要或者完全为无定形的反应产物（Criado et al，2007）。因此，对粉煤灰基地质聚合物同样需要提出与偏高岭土基地质聚合物相同的问题：无定形的反应产物会结晶成什么？结晶多快会发生？对材料性能产生什么影响？

8.6.1 老化作用对强度的影响

图 8.9 给出了室温下由粉煤灰（FA）、粉磨粒化高炉矿渣（GGBS）或二者的混合物合成的地质聚合物砂浆的强度发展。胶凝材料的组成见表 8.1。所有含粉煤灰的砂浆在 6 个月的时间内强度都在增加，而碱活化矿渣砂浆的强度在测试期间保持不变。这表明胶凝材料的相对反应速度，矿渣反应迅速，而含有较高聚合度玻璃体的粉煤灰反应则较慢。

与偏高岭土基地质聚合物不同，含有粉煤灰的地质聚合物砂浆在加速老化中具有耐强度衰退的能力，如图 8.10 和图 8.11 所示。事实上，检测到所有样品在 95℃下老化 28d 之后强度都比老化前有所提高，而由 FA1 粉煤灰制备的样品在 7～28d 之间显示出微小但是统计学上显著的强度下降。同时，由粉磨粒化高炉矿渣（GGBS）制备的样品老化的第一天后强度似乎也略有下降。

表 8.1 粉煤灰和 GGBS 的 XRF 元素组成

地聚物	Na_2O	MgO	Al_2O_3	SiO_2	K_2O	CaO	TiO_2	Fe_2O_3	其他
FA1	3.2	2.1	30.1	48.2	1.6	4.7	1.6	3.8	4.7
FA2	1.1	2.1	18.1	47.5	0.4	19.1	0.9	6.3	4.5
FA3	0.3	1.4	27.8	45.5	0.5	5.6	1.4	11.2	6.3
GGBS	0.3	6.0	13.2	32.9	0.3	40.1	0.7	0.3	6.2

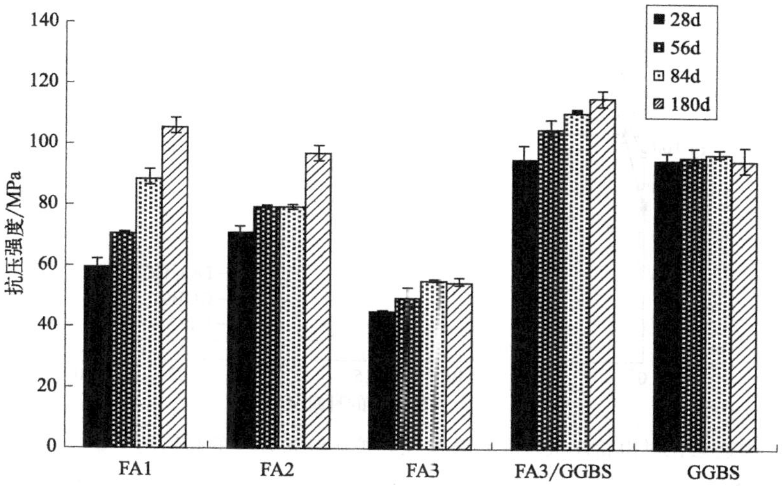

图 8.9 在 23℃存储的粉煤灰（FA1，FA2，FA3）、粉磨粒化高炉矿渣（GGBS）及二者的混合物（FA3/GGBS）合成的地质聚合物砂浆的强度变化曲线

所有样品用硅酸钠溶液激发，通过添加溶液得到 Na_2O 和 SiO_2 对胶凝材料的质量分数都为 7%（即灰和/或炉渣），水/胶凝材料比为 0.325，对于 GGBS 水/胶凝材料比为 0.350。结果是三个样品的平均值，误差条表示均值两边各有 1%标准差

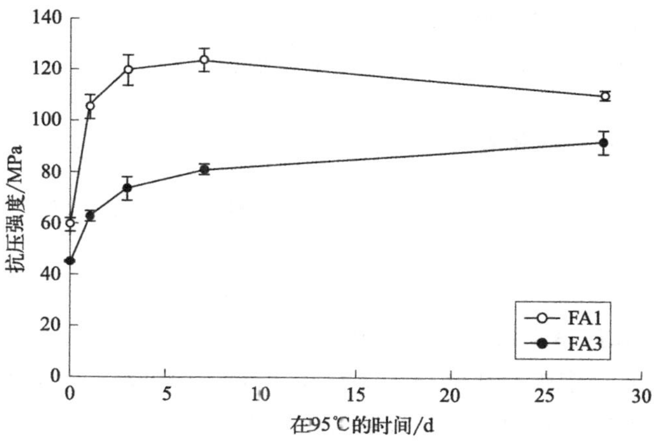

图 8.10 加速老化对低钙粉煤灰地质聚合物砂浆的影响

该砂浆先在 23℃下养护 28d 再在 95℃下老化。样品组分与图 8.9 中相同。重复三次取平均值；误差条表示均值两边各有 1%标准差

一般来说，钙含量较高的样品在老化第一天后会表现出强度增加，在随后的老化期间内变化很小；而钙含量较低的样品在 28d 的老化过程中会表现出明

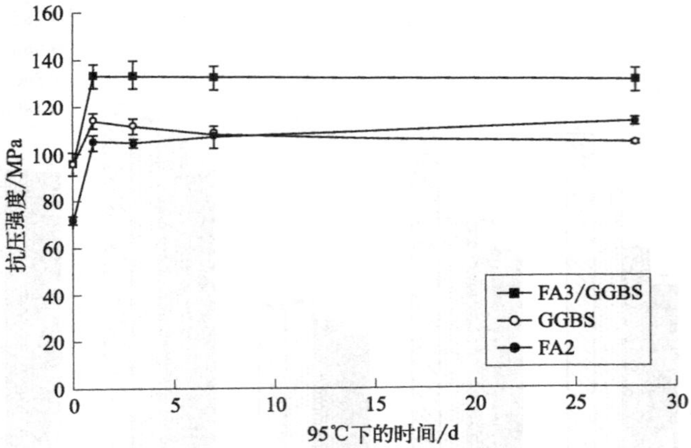

图 8.11 加速老化对由粉煤灰或者粉磨粒化高炉矿渣粉合成的高钙地质聚合物砂浆的影响

该样品最初在 23℃下养护 28h，随后在 95℃下老化。样品组分与图 8.9 相同。

数值重复三次取平均值；误差条表示均值两边各有 1%标准差

显的变化。

粉煤灰基地质聚合物的老化行为与偏高岭土基地质聚合物完全不同，这对于考虑是否利用地质聚合物作为建筑材料是很重要的。此外，与碱激发矿渣砂浆相比，粉煤灰基地质聚合物似乎表现出相同或更好的抗老化性。在斯堪的纳维亚半岛和乌克兰观察到的碱激发炉渣混凝土的耐久性，至少就其抗老化能力而言，可以对粉煤灰基地质聚合物性能的发展提供一些指导。

8.6.2 老化过程中的相变

由低钙粉煤灰 FA1 和 FA3 制备的样品，在加速老化过程中表现出一定程度的沸石结晶。

图 8.12 表明了八面沸石（$Na_2Al_2Si_{2.4}O_{8.8}$，PDF# 012-0246）以及 Na-P1 在 FA1 地质聚合物老化过程中的发展变化。在加速老化的前 28d，八面沸石的含量会有所增加，在随后的老化中由于 Na-P1 沸石开始结晶而有所减少。这符合沸石结晶热力学，并与偏高岭土基地质聚合物形成沸石结晶的机制建立了联系。值得注意的是，Na-P1 沸石会在偏高岭土基地质聚合物和粉煤灰基地质聚合物中都出现，尽管在粉煤灰基地质聚合物中出现得晚且浓度较低。在 95℃下老化 84d 后，FA1 地质聚合物的 Na-P1 含量约为 2%（质量分数），相比之下，偏高岭土基地质聚合物在 28d 后含量约为 50%（质量分数）。FA3 样品在老化之后只出现少量的八面沸石。

粉煤灰基地质聚合物中结晶行为的差异在于 Na-P1 之前形成的是八面沸

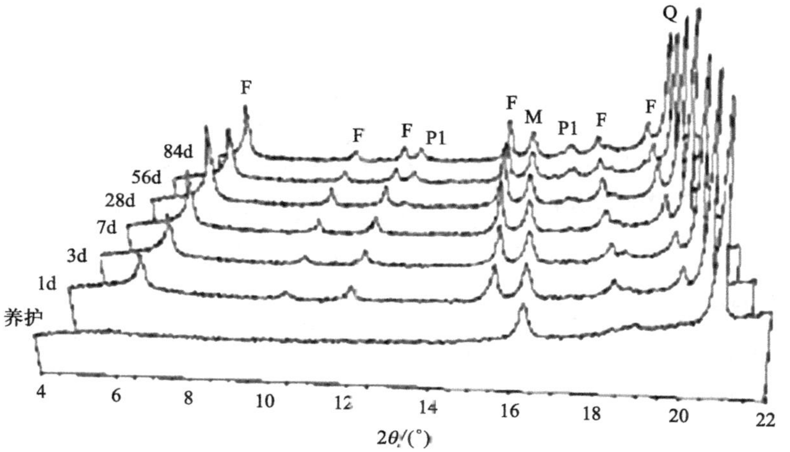

图 8.12 由 FA1 粉煤灰制备的地质聚合物在 95℃老化期间形成的八面沸石（F）和 Na-P1(P1) 沸石 X 射线衍射（Cu K_{α} 辐射）图谱

莫来石（M）和石英（Q）的衍射也被标出；这些在地质聚合物之前就已存在于火山灰中

石，而不是钠菱沸石。与偏高岭土样品中的钠菱沸石相比，八面沸石在粉煤灰样品中的出现更早并且持续的时间更长，这意味着粉煤灰基地质聚合物中 Na-P1 沸石的转变受到抑制。从这些结果显然可知，在粉煤灰基地质聚合物和偏高岭土基地质聚合物中都会出现相似的反应。然而，在粉煤灰基地质聚合物中，沸石的形成并不会伴随着明显的强度损失。

不论是由粉煤灰还是 GGBS 制备的高钙含量样品，在 95℃下老化 28d 之后都没有沸石出现的痕迹。在老化的第一天，水化硅酸钙（可能是托贝莫来石）有所增加［$Ca_5Si_6O_{16}(OH)_2 \cdot 6H_2O$，PDF# 029-0331，也被认为是 1.4nm 的托勃莫来石］，图 8.13 为粉煤灰与 GGBS 复合胶凝材料的情况。在随后的老化中未观察到水化硅酸钙进一步增加。因此，地质聚合物中钙的存在可能会抑制沸石的结晶。这可能是以下一个或几个因素作用的结果：

- 随着胶凝材料中钙含量的增加，活性铝被稀释。
- 溶液中钙离子会与活性硅酸盐和铝酸盐竞争。
- 当水化硅酸钙存在时，硬化浆体孔隙率减小导致质量传递受到阻碍。

8.6.3 SEM 检测

通过探究微观结构发现，偏高岭土基地质聚合物凝胶的微观结构在老化期间发生了显著的变化。有人提出，这种重组是由非晶态反应性凝胶重组为中间凝胶或完整结晶沸石所导致的，这也是偏高岭土砂浆强度显著下降的原因。

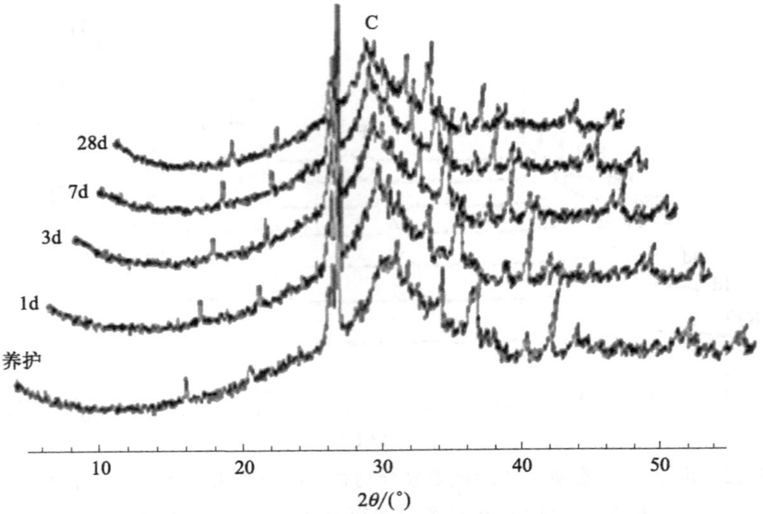

图 8.13 由 FA3 粉煤灰和 GGBS 制备的地质聚合物在 95℃ 老化期间的 X 射线衍射（Cu K_α 辐射）图谱

主要的 C-S-H 峰标为 C，其他为莫来石、石英和赤铁矿的峰，其在地质聚合物之前就已存在于粉煤灰中

与观察到的偏高岭土基地质聚合物的行为相反，由粉煤灰制备的地质聚合物在老化期间强度显著提高，并且观察到很少或者没有强度的下降。如图 8.14 所示，FA1 粉煤灰地质聚合物在显微镜下可以清晰观察到老化行为的差异。当与图 8.7 所示老化的偏高岭土基地质聚合物作比较时，很明显地看出，

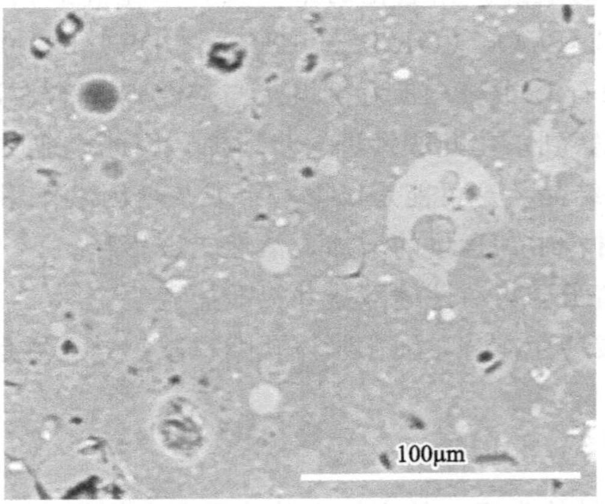

图 8.14 由 FA1 粉煤灰制备的地质聚合物在 23℃下养护 28d 后，再在 95℃下老化 28d 的抛光断面背散射电子显微照片

胶凝材料显得致密而凝聚，与老化后高度分离的偏高岭土基地质聚合物形成鲜明对比

粉煤灰基样品在所研究的时间范围内没有发生造成强度损失的地质聚合物凝胶的大规模重组。

8.6.4 沸石结晶对粉煤灰基地质聚合物强度的影响

迄今为止所检测的样品已经证明在溶解性二氧化硅存在时粉煤灰地质聚合物浆体中存在沸石结晶，但是这不会带来显著的强度损失。然而，值得注意的是，与偏高岭土基地质聚合物中观察到的沸石相比，在粉煤灰基地质聚合物样品中形成的沸石的量是很少的。当形成的沸石量很少时，就不能排除当有较多沸石结晶时，体系会出现大的强度损失。先前的工作表明当激发溶液成分发生较大变化时，形成的沸石量变化也很大（Criado et al，2007）。通过设计激发溶液来增加沸石的形成，可以探究沸石生成对强度的影响。

图 8.15 给出了激发剂溶液成分的变化对 FA1 合成的地质聚合物砂浆样品强度的影响。选择 FA1 是因为它是唯一经过测试在老化过程中会表现出一定程度强度损失的粉煤灰。研究了两个主要组成因素：减少激发溶液中溶解硅的量同时维持钠含量不变；增加钠的量同时维持溶解硅的含量不变。这两个因素都会增加激发溶液中 Na_2O/SiO_2 的比值；预期的结果是促进沸石形成（Duxson et al，2007），因此放大了老化期间内沸石结晶对强度发展的影响。与对照样品相比，减少溶解在激发溶液中二氧化硅的量降低了所有老化产品的强度，但对强度发展的过程几乎没有影响。相反，增加碱的量会带来实质性的

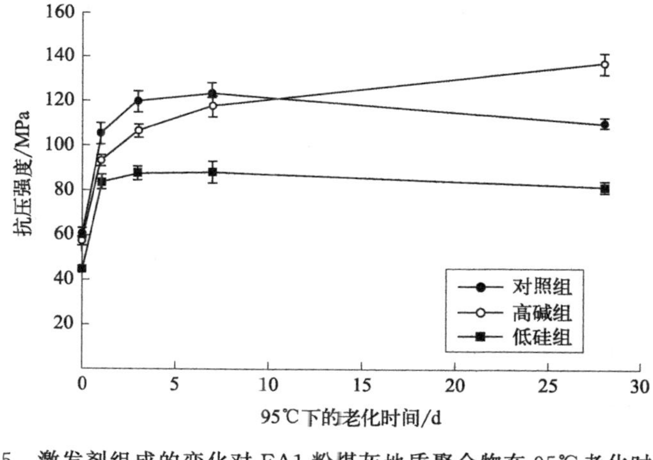

图 8.15 激发剂组成的变化对 FA1 粉煤灰地质聚合物在 95℃老化时的影响
对照样品（●）用含 7%Na_2O 和 7% SiO_2 的溶液激发；碱性较高的样品（○）用含 11% Na_2O 和 7% SiO_2 的溶液激发；硅酸盐含量较低的样品（■）用含 7%Na_2O 和 3%SiO_2 的溶液激发。报道的值是三个样品的平均值，误差条表示±1%标准差

变化。在23℃下养护后的初始强度和在95℃下老化的前几天的强度都降低了。然而，样品强度在后期继续增强，明显超过了对照样品中缓慢下降的程度。这里仍没有迹象表明在95℃下老化28d后强度会下降。

X射线衍射证实碱含量对沸石结晶有显著影响，如图8.16所示。在Na_2O占粉煤灰质量的7%时，八面沸石结晶占主导地位，并且在28d后才能辨别Na-P沸石（以下简称P型沸石）的衍射峰。随着碱Na_2O增加到占粉煤

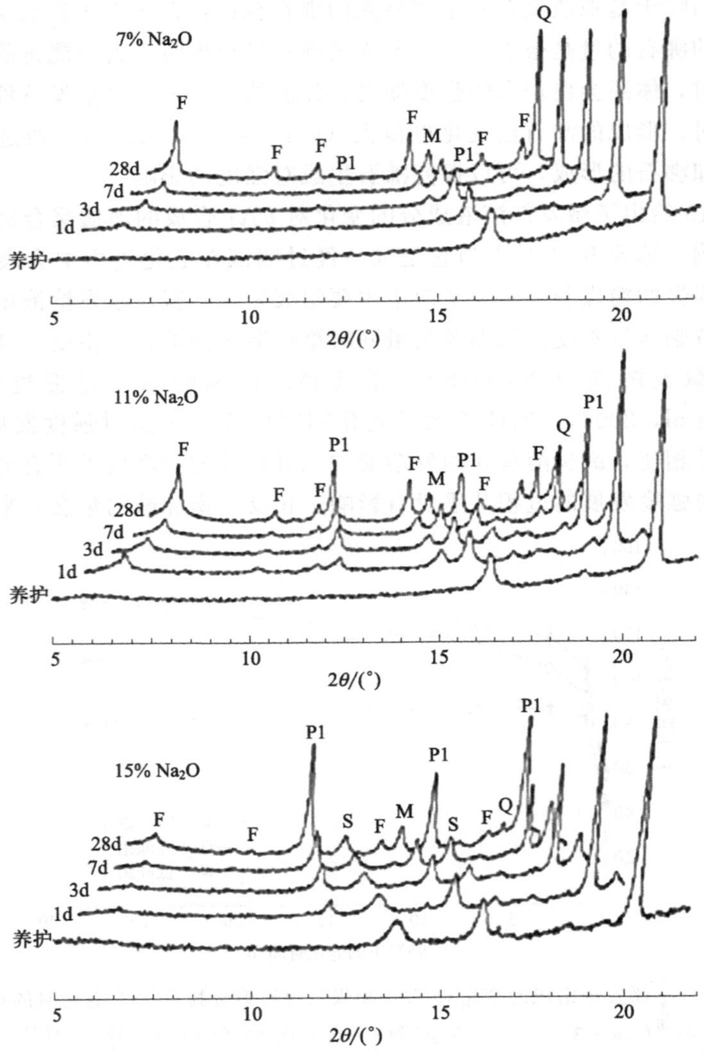

图8.16 由含有不同碱含量和相同溶解硅激发的FA1粉煤灰浆体的X射线衍射（Cu K_α 辐射）谱图

标出的衍射峰为莫来石（M）、石英（Q）、八面沸石（F）、沸石P（P1）和羟基方钠石（S）

灰质量的11%时，P型沸石结晶发生的时间更早，范围更广。当Na_2O质量占粉煤灰质量的15%时，P型沸石的结晶会很明显，并且八面沸石的形成在很大程度上会受到抑制。另一种相，即羟基方钠石［$Na_4Al_3Si_3O_{12}(OH)$，PDF# 011-0401］会在养护后立刻出现，并且在加速老化过程中浓度不变。由X射线衍射谱图估计P型沸石的含量，见图8.17，当Na_2O含量为11%时，Na-P1沸石的数量会增长到中等水平；当Na_2O含量为15%时，在95℃下放置28d之后会有接近20%（质量分数）的沸石结晶。尽管大量的沸石存在，接近偏高岭土基样品中的一半，但是并没有观察到强度降低的现象。

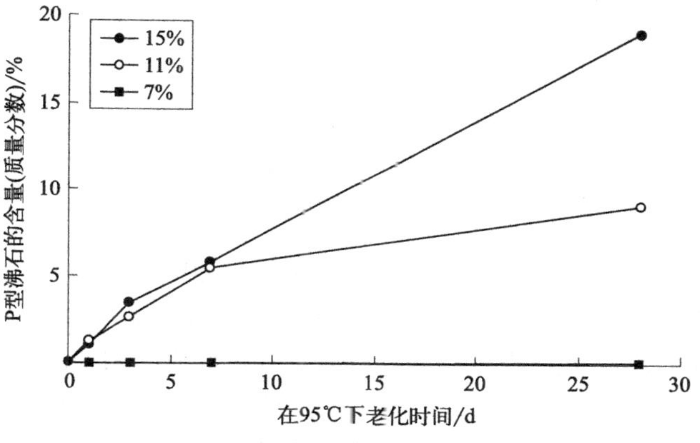

图8.17 按Na_2O占粉煤灰质量的7%、11%或15%时激发的FA1胶凝材料的P型沸石含量

该样品在95℃下加速老化不同时间间隔进行XRD测试。所有样品在老化前均在23℃养护28d。取值准确度达到±30%（Gualtieri，2000），为清楚起见省略误差条

图8.18给出了在粉煤灰基地质聚合物中通常观察不到的有序区域的发展；尽管形状完全不同，但这些看起来与偏高岭土基地质聚合物中形成的区域相似。尽管形成了这样的区域，但周围的凝胶仍然致密，并且强度会随着老化而单调增加。与此同时，虽然在用11%Na_2O活化的样品中存在大量的P型沸石，但仍存在强度稳定增加的趋势。因此，对粉煤灰基地质聚合物来说，必须清楚P型沸石结晶与偏高岭土基地质聚合物强度损失之间明显的联系。当前，偏高岭土和F类粉煤灰形成的硅铝酸钠凝胶的老化行为存在很强的相似性，但是粉煤灰基产物存在足够的差异以确保其更耐用。对于这种差异的合理解释是，偏高岭土与粉煤灰的反应速率有所差异。因为表面积较大（偏高岭土约$12m^2\cdot g^{-1}$，本研究使用的粉煤灰约$1m^2\cdot g^{-1}$），偏高岭土的反应速度要快得多，材料性质较不稳定，例如存在高应变的五配位铝（MacKenzie et al，1985），而硅铝酸盐玻璃中（如粉煤灰中的玻璃）基本不存在这种现象

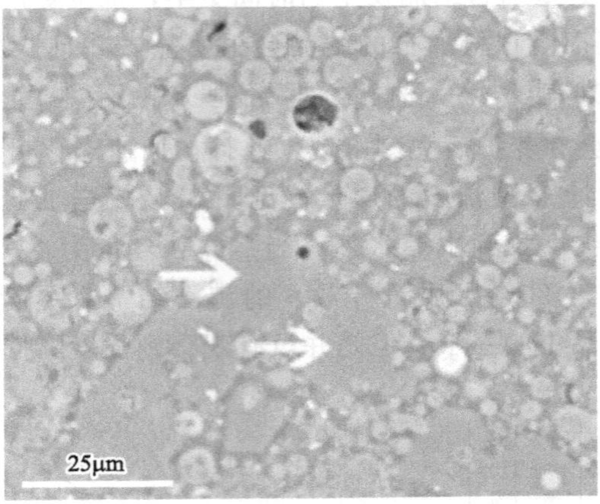

图 8.18 含 11% Na_2O 的活化液合成的 FA1 胶凝材料
(23℃固化 28d 再 95℃老化 28d) 的 SEM 背散射电子显微图片
IPC 中通常不明显的有序区域很明显，已用箭头突出表示

(Schmücker et al，1997)。当胶体发生重构时，相当比例的高岭土将发生反应，然后会观察到前章出现的微观结构高度分离的现象，包含了很大的孔隙。另外，粉煤灰的反应相对较慢，导致粉煤灰溶解形成的初期凝胶与结构重组发生明显重叠。因此，结构重组时，粉煤灰持续反应补充了凝胶。

这种机理一方面可以解释强度的持续增加，另一方面可以解释凝胶的重组和结晶度的发展。很清楚的是，这种增长不会无限持续下去，最后粉煤灰中的反应部分将会耗尽，不会有剩余材料去填满孔隙。然而，一旦出现这种情况，粉煤灰基地质聚合物的性能将保持稳定。Criado 等人 (2007) 已经证实，碱激发粉煤灰水泥可以具有高的抗压强度和高的沸石含量。这最可能归因于制备粉煤灰基地质聚合物比偏高岭土需要更少的水，因而产生的孔隙体积减小，进而降低了必须由反应产物填充的空隙。因此，由反应凝胶所形成的更加密实的沸石的过程所形成的孔隙体积以及孔的大小不足以使性能降低到不可接受的水平。需要注意的是，这些是基于材料测试所作的概括性评论。当然，在水含量过高或者粉煤灰反应性差的体系中，可能会发生有害反应。不论哪种情况，用于填充孔隙容积的材料的相对数量都会下降，甚至可能会发生破坏。

8.7 小结

加速测试对于检验地质聚合物中凝胶的老化作用证明具有重要价值。加速试验表明，无定形地质聚合物凝胶老化后可以转变为结晶沸石。转变过程遵循已知的常规沸石的合成过程，即随时间推移逐渐形成热力学上稳定的相。这极大加强了已建立的沸石化学和地质聚合物化学之间的联系。

尽管粉煤灰以及偏高岭土基地质聚合物中均存在无定形凝胶的结晶，但是其效果存在明显的差异。偏高岭土基地质聚合物会发生微观结构的重组，导致胶凝材料的致密化和大孔的形成。这伴随着抗压强度的大幅降低，其程度与铝酸钙水泥转化过程中观察到的程度相似。因此，偏高岭土基地质聚合物被认为不适合用于建筑和结构材料。

粉煤灰基地质聚合物的结晶作用是很微小的。相比偏高岭土，更少的胶凝材料转变为沸石相，并且转化过程要慢得多。此外，至少在所试验的时间段内，增加沸石形成的因素，例如增加胶凝材料中的碱含量，可增加强度并减少任何强度损失的趋势等。似乎对偏高岭土基地质聚合物有害的过程对粉煤灰基地质聚合物几乎没有影响。这可能是粉煤灰反应缓慢的结果，导致初级凝胶的形成与沸石结晶之间有很大的重叠。粉煤灰制备地质聚合物所需的低含水量以及相对于偏高岭土基地质聚合物体系的低体积，也将导致沸石形成效果的差异。不论是粉煤灰还是由 GGBS 合成的含有大量活性钙的地质聚合物，在加速老化期间都会有抗压强度衰退的特性。钙的存在似乎阻碍了沸石的形成。

基于加速老化试验提供的证据，假设满足其他方面的耐久性，粉煤灰制备的地质聚合物可能会为建材产品以及建筑工业的长久耐用材料提供基础。该领域的进一步工作是需要检验加速试验促进的老化程度，把加速老化的试验结果与室温条件下老化的样品关联起来。

参考文献

Baerlocher, C., Meier W. M. and Olson D. H. (2001). *Atlas of Zeolite Framework Types*, Elsevier, 5th ed. 308pp.

Bauer, A., Velder B. and Berger G. (1998). 'Kaolinite transformation in high molar KOH solutions.' *Applied Geochemistry*, 13: 619–623.

Criado, M., Fernández-Jiménez, A., de la Torre, A. G., Aranda M. A. G. and Palomo A. (2007). 'An XRD study of the effect of the SiO_2/Na_2O ratio on the alkali activation of fly ash.' *Cement and Concrete Research*, 37: 671–678.

Criado, M., Fernández-Jiménez, A., Palomo, A., Sobrados I. and Sanz J. (2008). 'Effect of the SiO_2/Na_2O ratio on the alkali activation of fly ash. Part II: ^{29}Si MAS-NMR survey.' *Microporous and Mesoporous Materials*, 109: 525–534.

Cundy, C. S. and Cox P. A. (2005). 'The hydrothermal synthesis of zeolites: Precursors, intermediates and reaction mechanism.' *Microporous and Mesoporous Materials*, 82: 1–78.

Davidovits, J. (2005). 'Geopolymer chemistry and sustainable development. The Poly(sialate) terminology: a very useful and simple model for the promotion and understanding of green-chemistry.' Geopolymer, Green Chemistry and Sustainable Development Solutions. Procedings of the World Congress Geopolymer 2005. J. Davidovits (Ed.), Saint-Quentin, France. 30 June–1 July 2005. 9–15.

De Silva, P. and Sagoe-Crentsil K. (2008). 'Medium-term phase stability of Na_2O–Al_2O_3–SiO_2–H_2O geopolymer systems.' *Cement and Concrete Research*, 38: 870–876.

Dunster, A. and Holton I. (2000). 'Assessment of aging high alumina cement concrete.' *Structural Survey*, 18(1): 16–21.

Duxson, P. (2006). The Structure and Thermal Evolution of Metakaolin Geopolymers. PhD Thesis. *Department of Chemical and Biomolecular Engineering*, The University of Melbourne.

Duxson, P., Mallicoat, S. W., Lukey, G. C., Kriven W. M. and van Deventer J. S. J. (2007). 'The effect of alkali and Si/Al ratio on the development of mechanical properties of metakaolin-based geopolymers.' *Colloids and Surfaces A: Physicochemical and Engineering Aspects*, 292: 8–20.

Fernández-Jiménez, A., de la Torre, A. G., Palomo, A., Lopez-Olmo, G., Alonso M. M. and Aranda M. A. G. (2006). 'Quantitative determination of phases in the alkaline activation of fly ash. Part II: Degree of reaction.' *Fuel*, 85: 1960–1968.

Fu, Y., Jian D. and Beaudoin J. J. (1996). 'Zeolite-based additives for high alumina cement products.' *Advanced Cement Based Materials*, 3: 37–42.

Glasser, F. P., Marchand J. and Samson E. (2008). 'Durability of concrete – Degradation phenomena involving detrimental chemical reactions.' *Cement and Concrete Research*, 38: 226–246.

Grattan-Bellew, P. E. (1997). 'A critical review of ultra-accelerated tests for alkali-silica reactivity.' *Cement and Concrete Composites*, 19: 403–414.

Gualtieri, A. F. (2000). 'Accuracy of XRPD QPA using the combined Rietveld-RIR method.' *Journal of Applied Crystallography*, 38: 267–278.

Katović, A., Subotić, B., mit I. and Despotović L. A. (1989). 'Crystallization of tetragonal (B8) and cubic (B1) modifications of zeolite NaP from freshly prepared gel. Part 1. Mechanism of the crystallization. *Zeolites*, 9: 45–53.

Kjellsen, K. O., Detwiler R. J. and Gjorv O. E. (1991). 'Development of microstructures in plain cement pastes hydrated at different temperatures.' *Cement and Concrete Research*, 21: 179–188.

Krivenko, P. V. (1999). 'Alkaline cements and concretes: problems of durability.' Proceedings of the Second International Conference on Alkaline Cements and Concretes, Kiev, Ukraine. P.V. Krivenko (Ed.) 3–43, Oranta Ltd.

Lloyd, R. R. (2008). The Durability of Inorganic Polymer Cements. PhD Thesis. *Department of Chemical and Biomolecular Engineering*, University of Melbourne.

MacKenzie, K. J. D., Brown, I. W. M., Meinhold R. H. and Bowden M. E. (1985). 'Outstanding problems in the kaolinite-mullite reaction sequence investigated by ^{29}Si and ^{27}Al solid-state nuclear magnetic resonance: I, Metakaolinite.' *Journal of the American Ceramic Society*, 68: 293–297.

Navrotsky, A. (2004). 'Energetic clues to pathways to biomineralization: precursors, clusters, and nanoparticles.' *Proceedings of the National Academy of Sciences of the USA*, 101: 12096–12101.

Novembre, D., Di Sabatino, B., Gimeno, D., Garcia-Valles M. and Martinez-Manent S. (2004). 'Synthesis of Na-X zeolites from Tripolaceous deposits (Crotone, Italy) and volcanic zeolitised rocks (Vico volcano, Italy).' *Microporous and Mesoporous Materials*, 75: 1–11.

Oleson, J. P., Brandon, C., Cramer, S. M., Cucitore, R., Gotti E. and Hohlfelder R. L. (2004). 'The ROMACONS project: a contribution to the historical and engineering analysis of hydraulic concrete in roman maritime structures.' *The International Journal of Nautical Archaeology*, 33: 199–228.

Ozkul, M. H. (2001). 'Efficiency of accelerated curing in concrete.' *Cement and Concrete Research*, 31: 1351–1357.

Palomo, A., Blanco-Varela, M. T., Granizo, M. L., Puertas, F., Vazquez T. and Grutzeck M. W. (1999). 'Chemical stability of cementitious materials based on metakaolin.' *Cement and Concrete Research*, 29: 997–1004.

Palomo, A., Alonso, M. M., Fernández-Jiménez, A., Sobrados I. and Sanz J. (2004). 'Alkaline activation of fly ashes: NMR study of the reaction products.' *Journal of the American Ceramic Society*, 87: 141–1145.

Paul, M. and Glasser F. P. (2000). 'Impact of prolonged warm (85°C) moist cure on Portland cement paste.' *Cement and Concrete Research*, 30: 1869–1877.

Provis, J. L., Lukey G. C. and Van Deventer J. S. J. (2005). 'Do geopolymers actually contain nanocrystalline zeolites? A reexamination of existing results.' *Chemistry of Materials*, 17: 3075–3085.

Rees, C. A., Provis, J. L., Lukey G. C. and van Deventer J. S. J. (2007). 'Attenuated Total Reflectance Fourier Transform Infrared analysis of fly ash geopolymer gel aging.' *Langmuir*, 23: 8170–8178.

Rees, L. V. C. and Chandrasekhar S. (1993) 'Formation of zeolite from the system Na_2O-Al_2O_3-SiO_2-H_2O in alkaline medium ($pH > 10$).' *Zeolites*, 13: 524–533.

Resheidat, M. R. and Ghanma M. S. (1997). 'Accelerated strength and testing of concrete using blended cement.' *Advanced Cement Based Materials*, 5: 49–56.

Revay, M. and Wagner Z. (1979). 'Determination of the expected decrease in strength of high alumina cement concrete by derivatography.' *Thermochimica Acta*, 31: 365–374.

Robson, T. D. (1964). Aluminous Cement and Refractory Castables. *The Chemistry of Cements*, H. F. W. Taylor (Ed.). London, Academic Press. 2: 3–35.

Schmücker, M., MacKenzie, K. J. D., Schneider H. and Meinhold R. (1997). 'NMR studies on rapidly solidified SiO_2-Al_2O_3 and SiO_2-Al_2O_3-Na_2O-glasses.' *Journal of Non-Crystalline Solids*, 217: 99–105.

Skalny, J. and Odler I. (1972). 'Pore structure of calcium silicate hydrates.' *Cement and Concrete Research*, 2: 387–400.

Tosheva, L. and Valtchev V. P. (2005). 'Nanozeolites: Synthesis, crystallization mechanism, and applications.' *Chemistry of Materials*, 17: 2494–2513.

Treacy, M. M. J. and Higgins J. B. (2001). *Collection of Simulated XRD Powder Patterns for Zeolites*, Elsevier, 4th Ed. 586pp.

Turriziani, R. (1964). Aspects of the chemistry of pozzolanas. In: *The Chemistry of Cements*. H. F. W. Taylor (Ed.), Academic Press. 2: 69–86.

Wang, S.-D. and Scrivener K. L. (1995). 'Hydration products of alkali activated slag cement.' *Cement and Concrete Research*, 25: 561–571.

Zivica, V. and Bajza A. (2002). 'Acidic attack of cement-based materials – a review. Part 2. Factors of rate of acidic attack and protective measures.' *Construction and Building Materials*, 16: 215–222.

9

地质聚合物的化学耐久性

A. Fernández-Jiménez，A. Palomo 著
爱德华多托罗哈研究所，西班牙

9.1 引言

材料的劣化可能通过多种化学或物理过程发生，尤其是在暴露于侵蚀性环境中时。材料的耐久性对其使用性能、设计寿命以及安全性都有重大影响。在本章中，重点放在无机聚合物水泥（IPC）中所涉及的化学反应过程。由于任何材料的耐久性都与其矿物成分和微观结构密切相关，考虑到不同情况形成的反应产物会有巨大区别，因此不能用在普通波特兰水泥（OPC）中发生的显著差异来预期。无机聚合物水泥的主要反应产物是具有三维结构的碱性硅铝酸盐凝胶（被认为是沸石前驱体）（Davidovits，1994；Palomo et al，1999a、2004；Fernández-Jiménez and Palomo，2005a；Duxson et al，2007），这与波特兰水泥水化作用形成的水化硅酸钙凝胶 C-S-H 有明显不同。同时，副反应中也会形成一些沸石类晶体。

无机聚合物通常也无 $Ca(OH)_2$ 的存在。考虑到波特兰水泥中出现的很多耐久性问题（Swamy，1992；Malek and Roy，1997；Taylor，1994；Taylor and Gollop，1997；Neville，1995）以某种方式与其钙含量相关，因此，可以预料在许多情况下，两种材料的劣化过程会有所不同。

本章中描述的研究强调了碱性无机聚合物水泥在不同条件下的耐久性。具体而言，包括一些侵蚀性环境（去离子水、ASTM 海水、硫酸钠与酸性溶液）、碱-硅反应诱发的膨胀、高温与耐火、霜冻以及其他极端环境。为了确定无机聚合物砂浆和混凝土的性能，需要研究的主要参数有：质量损失、抗压强度、体积变化、产物劣化以及微观结构改变、侵蚀机理等。这里的许多结果都表明无机聚合物水泥的耐久性在许多方面比硅酸盐水泥要好。然而，需要说明的是，对于这些材料的耐久性仍然存在一些理论上的不足。

9.2 抗硫酸盐侵蚀和抗海水侵蚀

一些天然或受污染的地下水等含硫酸盐，当水泥被这种水体侵蚀时会出现硫酸盐侵蚀现象。这种类型的侵蚀可能会导致 OPC 的强度损失、膨胀、表面开裂以及最终结构的解体（Taylor，1994；Taylor and Gollop，1997；Neville，1995）。然而，大量文献表明，由于缺乏高钙相，碱性的无机聚合物水泥，包括碱激发偏高岭土与粉煤灰等，对常规硫酸盐和海水侵蚀具有很好的抗性。

据 Palomo 等人（1999b）报道，由碱激发制备的偏高岭土砂浆在浸入各种类型的侵蚀性溶液中时表现出很好的稳定性，如去离子水、ASTM 海水、硫酸钠（质量分数为 4.4%）以及硫酸（0.001mol/L）等。结果表明，侵蚀性溶液对于硬化浆体微观结构的演变以及力学性能几乎无负面影响。经过 7 天到 3 个月的浸泡时间，仅可观察到抗折强度的波动（与侵蚀溶液的类型无关），此阶段认为发生了溶解-沉积现象。显然，此过程对于力学强度的发展具有不利影响。非结晶硅铝酸盐网状结构转变为结晶结构可以部分归因于处理（浸入）的持续时间。虽然八面沸石在晶体中所占的比例相对较小，但似乎可以增强水泥基体强度，使浸入 90 天后水泥基体力学性能稳定提高。

Bakharev（2005a）认为，在侵蚀性环境下（5%硫酸钠溶液、5%硫酸镁以及两者混合溶液），碱激发粉煤灰的稳定性取决于硅铝酸盐凝胶中组分固有的有序性。作者还发现所有研究材料的强度波动（图 9.1）与碱性物质从地质聚合物向溶液中的迁移有关。由氢氧化钠制备的地质聚合物材料比用硅酸钠激发剂制备的地质聚合物具有更高的结晶度。结晶度越高，地质聚合物在侵蚀性环境中的稳定性就越好。作者将这些发现归结于：当激发剂为氢氧化钠时，硅铝酸盐聚合物的交联结构更加稳定。通过观察发现，无论如何，碱激发的粉煤灰砂浆都比波特兰水泥表现更好，并且没有观察到明显的劣化现象。

Fernández-Jiménez 等人（2007）也得到了类似的结果。他们发现材料没有明显劣化，并且无论置于什么介质中（空气、水、4.4%硫酸钠溶液、ASTM 海水），其力学强度均随着时间的推移而增加，如图 9.2。这些结果也表明在所有介质中，早期的力学强度都是波动的。同时参比样品（在实验室条件下空气中养护）也存在强度波动的现象，因此学者认为早期强度的波动不应完全归因于样品浸入的介质。其他研究者也观察到了这种变化。然而这种变化发生的原因并不明确，因此还会在不久的将来更详细地讨论。

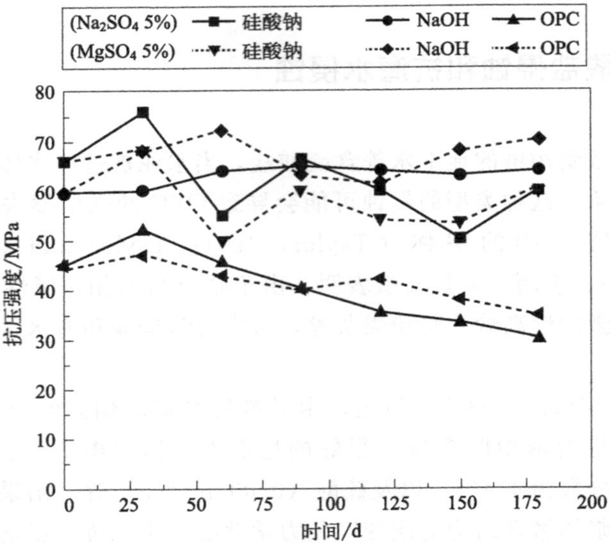

图 9.1 NaOH 和硅酸钠溶液激发的粉煤灰和波特兰水泥样品在 5% 的硫酸钠和硫酸镁溶液中的抗压强度变化

数据来自 Bakharev (2005a)

不同的研究人员（Bakharev，2005a；Fernández-Jiménez et al，2007）获得的结果表明，碱激发粉煤灰胶凝材料与砂浆在暴露于硫酸盐和海水中时的性能表现令人满意。当经过盐溶液处理后，凝胶组分以及微观结构没有观察到显著的差异。尽管如此，在某些情况下仍会发现有硫酸钠的存在。这与硫酸根离子通过多孔结构向内迁移的过程存在较大联系，而非基体的劣化过程。由于体系中存在大量的钠，硫酸根离子以硫酸钠的形式沉淀在基体缝隙或者孔中。当试样浸入海水，可以观察到溶液中的镁离子深入到基质。在这种情况下，镁离子与钠离子的互换过程会引起凝胶的形态与组分发生变化。浸泡在海水中的样品中偶尔会出现富含硅的凝胶和一些镁。这些反应会不定时地发生，但对其力学性能并没有显著的影响。

耐久性试验中性能的差别取决于使用的激发剂种类（氢氧化钠或硫酸钠）。在某种程度上是体系中不同 Si/Al 比例形成的碱性硅铝酸盐凝胶的结构变化所致，这与基质中结晶相（沸石）的含量多少也有关。众所周知，激发剂溶液中可溶性硅酸盐的存在通常会减少碱性硅铝酸的结晶，并阻碍沸石的形成（Engelhardt and Michel，1987；Klinowski，1984）。此外，硅酸盐离子的存在会导致形成更致密的结构，并伴随着凝胶中硅含量的增加（Duxson et al，2005；Fernández-Jiménez and Palomo，2005b；Fernández-Jiménez et al，2006；

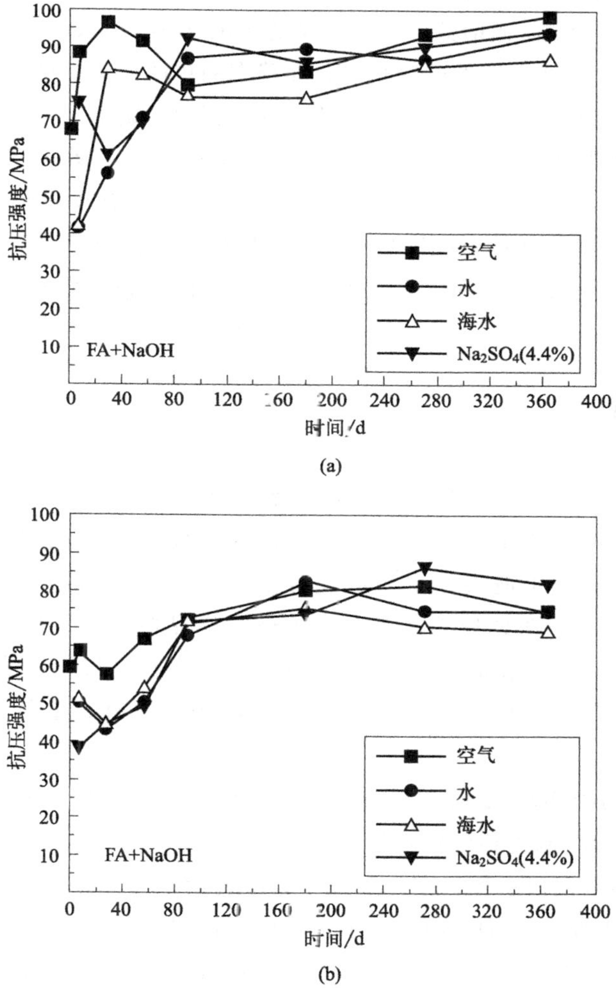

图 9.2 用 8mol·L^{-1} NaOH 溶液（a）和无水硅酸钠溶液（b）激发的粉煤灰砂浆的抗压强度变化

样品保存在室温条件（空气），并浸于去离子水、4.4%硫酸钠溶液和 ASTM 海水中

数据来自 Fernández-Jiménez et al，2007

Criado et al，2007）。这就能解释为什么用硅酸钠溶液激发的混凝土比用氢氧化钠激发的混凝土力学性能更优。

Li 等人（2005）指出，地质聚合物砂浆（来源于偏高岭土）浸入 0.31mol/L 亚硫酸钠溶液中，试块仅仅观察到少量的收缩。然而，在相似条件下，波特兰水泥砂浆试块出现了更大的膨胀。

波特兰水泥基混凝土或者砂浆中的硫酸盐侵蚀归因于钙矾石（AFt 相）的膨胀以及石膏的形成。硫酸盐离子浸入混凝土并与波特兰水泥中的 $Ca(OH)_2$ 反应形成石膏。当存在足够的硫酸盐时，亚稳态的单硫酸铝盐转化为钙矾石。这些钙矾石随后吸水分发生膨胀导致基质的局部瓦解。硫酸盐侵蚀形成大量的石膏和钙矾石是膨胀、开裂和剥落的原因（Malek and Roy，1997；Taylor，1994；Taylor and Gollop，1997）。地质聚合物中原料含少量钙或不含钙的特性避免了 $Ca(OH)_2$ 和单硫酸铝盐的形成。所以，当材料暴露于硫酸钠溶液中时，硬化浆体中没有石膏和钙矾石的生长所导致的膨胀，可免受硫酸盐侵蚀。

9.3 酸侵蚀

地质聚合物水泥的一个有趣的性质就是对酸性介质有很高的抗性。据报道，碱激发偏高岭土或粉煤灰对诸如硝酸、硫酸或盐酸之类的酸性化学侵蚀的抵抗力远优于波特兰水泥或混凝土。例如，Davidovits 等人（1999）研究表明偏高岭土基地质聚合物“K-PSS”样品浸入 5%硫酸溶液中 4 周后仅仅出现 7%的质量损失。根据 Silverstrim 等人（1977）的研究，碱激发粉煤灰样品暴露于体积分数为 70%的硝酸中 3 个月，依然保持致密的微观结构。

2001 年，Allahverdi 和 Skvara（2001）提出，地质聚合物硬化浆体在硝酸溶液中的侵蚀机制主要包括两步：

① 第一步是浸出过程，在此过程中，酸性溶液中 H^+ 或 H_3O^+ 的离子交换包括硅铝酸盐框架中的碱离子来平衡四面体铝的电荷。此过程的发生伴随着 Si—O—Al 键中酸性质子的电荷侵蚀，导致硅铝酸盐中排出四面体铝。

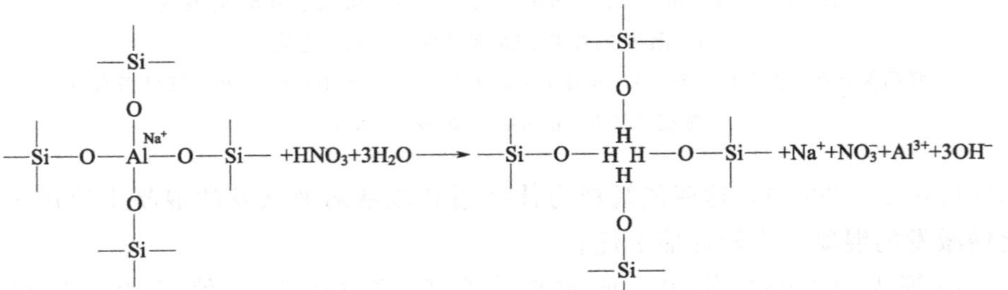

② 第二步，空缺的框架大多被硅原子再次填充，从而形成了有缺陷的高硅框架。排出的铝转化为八面体配位，主要在框架内的空间堆积。

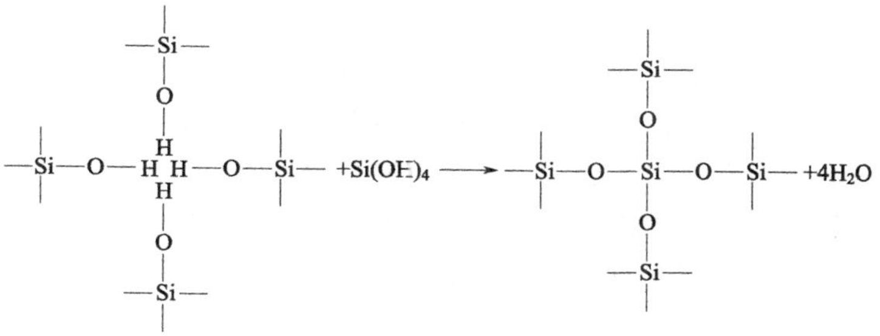

Rostami 和 Brendley（2003）指出，碱激发粉煤灰混凝土具有较高的耐酸性（就质量损失方面），并且用扫描电子显微镜（SEM）观察到酸性测试前后具有相似的微观结构。Song 等人（2005）报道了一种 F 类粉煤灰基地质聚合物混凝土在 10%硫酸酸性环境下放置 8 周，表现出 3%的质量损失以及 35%的抗压强度下降。他发现硫酸（pH=1.0）侵蚀地质聚合物混凝土的过程是由扩散机制控制的。这与扩散深度和浸泡时间有关。侵蚀的地质聚合物基质中过滤了大多数钠离子和一些铝离子后，其 pH 值从 10～11 下降到 3。同时，硫酸提供的硫酸盐与氢离子扩散到混凝土中。然而，在电子扫描显微镜照片中观察到，在侵蚀区域与不受影响区域之间并没有发生明显的变化。Song 等人（2005）提出，地质聚合物凝胶可以在 pH 值低于 3 的酸性环境下存在，并且仍然对周围的聚合物起黏结作用。

Bakharev（2005b）研究了使用粉煤灰和碱性激发剂制备的地质聚合物在暴露于 5%乙酸（pH=2.4）和 5%硫酸（pH=0.8）溶液中的耐久性。在此情况下，与在硫酸钠溶液中一样，发现由氢氧化钠溶液激发的样品（图 9.3）比用水玻璃溶液或氢氧化钠和氢氧化钾溶液的混合物激发的样品表现更好。

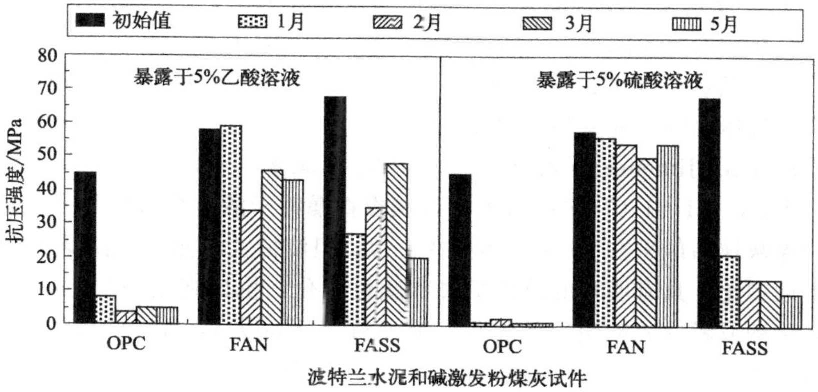

图 9.3 NaOH 溶液（FAN）和硅酸钠溶液（FASS）激发的样品浸于 5%乙酸或 5%硫酸溶液中的抗压强度的变化

数据来自 Bakharev，2005b

所观察到的性能劣化与硅酸铝聚合物解聚、氢离子或水合氢离子取代钠离子和钾离子以及地质聚合物结构脱铝有关。同时，还与硅铝酸盐地质聚合物与沸石的缩聚有关，在这种情况下也会导致强度的显著下降。

与用硅酸钠激发剂制备的非晶态地质聚合物相比，用氢氧化钠制备的较高结晶的地质聚合物材料在硫酸与乙酸溶液等侵蚀环境中更稳定。化学不稳定性也取决于硅铝酸盐凝胶表面上活性位点的存在。当钾离子存在时，该活性位点似乎会增加。

地质聚合物与浓弱酸（如乙酸）的相互作用会造成地质聚合物结构框架中可交换的阳离子（钠、钾）被置换为氢离子或水合氢离子。然而，对地质聚合物进行强酸（如硫酸）处理会直接导致硅铝酸盐结构框架的侵蚀以及脱铝。这种侵蚀将会破坏 Si—O—Al 链，增加地质聚合物中 Si—OH 以及 Al—OH 数量，还会使溶液中硅酸与二聚物的数量增加（在此条件下可能会观察到硅胶沉淀）。因此，这一过程可能会导致地质聚合物材料的质量损失。无机聚合物结构的 Si/Al 比为 1 时，相对于硅质聚合物更容易受到侵蚀。在其他情况下，脱铝过程会造成 Si/Al 比的增加以及凝胶中高分子链的加长（Bakharev，2005b）。

波特兰水泥在硫酸或者乙酸溶液中的表现并不良好，在测试的第一个月就完全劣化（图 9.3）。波特兰水泥在酸性环境下的性能剧烈劣化与材料中含钙量较高有关。

在酸性环境下，高性能的地质聚合物材料的劣化是由于非晶态聚合物基质中形成了裂纹，而低性能的地质聚合物劣化是由于沸石的结晶和脆性颗粒结构的形成。

Wallah 等人（2005）研究表明，地质聚合物混凝土（来源于碱激发粉煤灰）样品在浸泡于硫酸溶液（浓度 2%）中一年后，其表面呈现出点蚀和腐蚀现象，并且其抗压强度会有显著的下降趋势。然而，在浓度为 1%和 0.5%的硫酸中，抗压强度的降低趋势明显较小。

Fernandez-Jimenez 等人（2007）研究了碱激发粉煤灰完全浸在盐酸（0.1mol/L，pH=1.0）中的行为。目视检查暴露于酸性溶液的样品表明，碱激发粉煤灰样品似乎在 90 天后都保持正常，但波特兰水泥样品在浸蚀 56 天之后严重地劣化，具有明显的质量损失和颜色变化。抗压强度的变化结果表明，由氢氧化钠或者硅酸钠激发的粉煤灰砂浆强度下降大约 23%～25%，然而波特兰水泥砂浆强度下降率接近其两倍（47%）（图 9.4）。这种强度值的下降伴随着样品质量的减少：用 NaOH 激发的粉煤灰砂浆 90 天质量损失达到 2.5%，而用硅酸钠溶液激发的粉煤灰的质量损失为 4.2%，波特兰水泥混凝土的质量损失约为 9.8%。

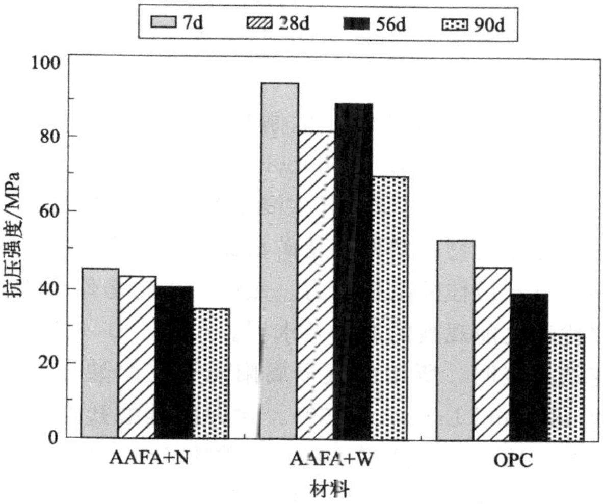

图 9.4 在 0.1mol/L 盐酸中浸蚀的 AAFA 和 OPC 混凝土的力学强度

N 指 NaOH，W 指硅酸钠溶液

数据来自 Fernández-Jiménez et al，2007

在这种情况下，X 射线衍射的结果揭示了砂浆中矿物组分的一些变化。特别地，沸石相的峰值随时间延长而消失（图 9.5）。与此同时，非结晶鼓包峰的面积增大。换言之，盐酸溶液的侵蚀也可能导致与硝酸和硫酸溶液侵蚀相似

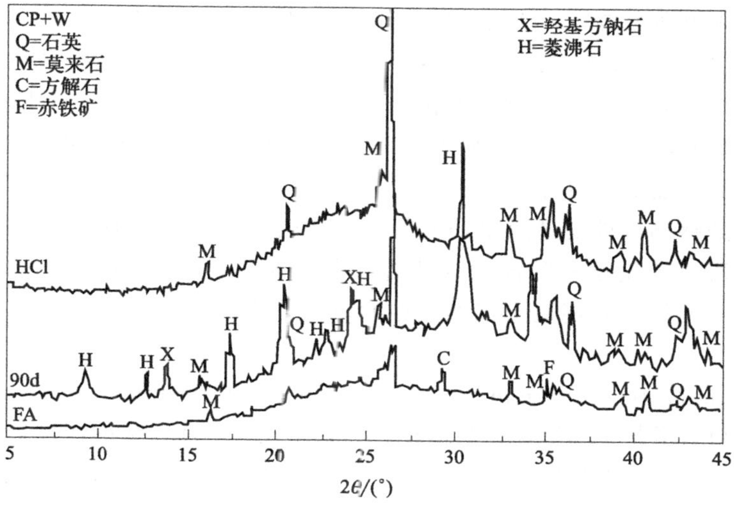

图 9.5 用硅酸钠溶液激发的粉煤灰及其原料在实验室养护 90 天和在 0.1mol/L 盐酸中浸蚀 90 天后的 XRD 衍射图样

数据来自 Fernández-Jiménez et al，2007

的脱铝过程。这进一步说明了地质聚合物反应产物与酸性溶液之间［涉及氢离子或氢离子取代可交换阳离子（钠、钾）与氢离子或氢铵离子的置换作用］相互作用的机理。

总而言之，各种情况下酸性侵蚀机制是相似的（Allahverdi and Skvara，2001、2005；Bakharev，2005b；Davidovits，1991；Fernandez-Jimenez et al，2007）。同时研究结果之间的细微差异主要取决于：选择的酸性强度、溶液浓度、曝光时间以及样品的物化结构以及矿物成分。总之，由氢氧化钠激发的碱性粉煤灰对于酸性具有最佳的抵抗能力。然而，无论是什么情况，此类地质聚合物的性能都要优于之前观察的波特兰水泥。

最后，研究结果表明，所用的碱金属阳离子在耐酸性方面也起着重要作用。据报道（Weldes and Lange，1969），含钾的硅酸盐通常在硫酸或者二氧化碳中表现得更好，这是由于钠离子在此类酸性环境下易于形成水合盐，但是钾不会。然而，基质中含钾会拥有较低的结晶度，这使得其天生对盐酸侵蚀的抗性就低（van Jaarsveld and van Deventer，1999）。

9.4 钢筋的耐侵蚀性

在波特兰水泥混凝土中，钢筋混凝土结构（RCS）提前失效的主要原因是钢筋锈蚀。从这一方面来说，现在建造的 RCS 结构维修的花费将会很高，甚至在短期内就会被破坏，从而导致其寿命一般在 10～20 年。这种风险常与侵蚀环境有关，或与钢筋混凝土结构技术的错误使用有关。其结果是建筑业中大约 40%～60%的资源用于钢筋的保养和修理。在发达国家，不论是从经济还是社会的重要性方面，建筑监管部门都视混凝土失效为土木工程的最大挑战，特别是钢筋混凝土结构失效。

考虑到钢筋侵蚀是造成钢筋混凝土结构失效最主要的原因，因此碱激发粉煤灰混凝土钝化钢筋的能力对于保证钢筋混凝土结构的耐久性是很重要的。对于地质聚合物混凝土钢筋侵蚀的研究并不多，可找到的科学文献也比较少。

Miranda(2005)、Fernández-Jiménez(2009) 和 Bastidas(2008) 等人研究表明，粉煤灰混凝土能够使钢筋钝化，尽管发现在不断变化的环境条件下，钝化态的稳定性在很大程度上取决于所用的活化溶液。对于这部分工作的主要结论如下：

① 激发的粉煤灰砂浆可以像波特兰水泥砂浆一样快速有效地钝化钢筋。

② 钝化态寿命以及稳定性很大程度上取决于用于活化粉煤灰的化合物。

③ 使用水玻璃和苛性钠活化的混凝土有较低的渗透率，会显著延迟碳化，从而确保钢筋在不存在其他不利因素（如氯化物）时钝化态能够维持更久。

④ 激发粉煤灰砂浆中氯化物的浓度高于临界钝化阈值时，会使侵蚀速率增加约 100 倍，这与传统的波兰特水泥中观察到的现象一致。

在 2.5 年的时间内，通过测量侵蚀电位（E_{corr}）和极化电阻（R_p）来表征氢氧化钠和水玻璃溶液中嵌入波特兰水泥和碱活化粉煤灰砂浆的电极行为。在此试验中，将被测试的砂浆样品，从初始相对较高的湿度（RH≈95%）环境移至相对干燥的环境（RH≈30%）中几个月，随后又在测试结束之前恢复到初始状态。

图 9.6 为在 0% 和 2%（相对水泥质量）的氯化物环境下不同种类砂浆（水泥/粉煤灰）中钢筋的变化。A 与 B 表示暴露于干燥实验环境的开始与结束时间。在 A 之前和 B 之后的时间内，环境相对湿度保持在 95%左右。在十分潮湿的环境下，氯化物增加使侵蚀速率增加了近 100 倍。

研究结果说明，与用波特兰水泥制成的试件一样，活化粉煤灰能迅速钝化钢筋，而氯化物在这些材料中的钝化效果与多年前在波特兰水泥产品中所发现的一样（Page et al，1990；Slater，1983）。

然而，在室温条件下，相对湿度（以及孔隙网络中的水分含量）的大幅波动改变了 8mol/L NaOH 激发的粉煤灰砂浆的钝态［见图 9.6(b)］。相比之下，这些变化并不影响波特兰水泥混凝土或水玻璃-苛性钠混合激发材料的钝化态的稳定性。为了在将来的研究中进一步理解这一过程，作者通过比重分析与电化学检测同时进行，以确保从 R_p 得出的腐蚀速率完全可靠的定量估计。这种可靠性对于波特兰水泥来说多年前已经得到证实（Andrade and González，1978）。

在用 8mol/L NaOH 激发的无氯化物粉煤灰基质中观察到钢的去钝化，而 NaOH＋水玻璃活化的基质并未观察到此现象，原因是无氯化物组样品中形成了碳酸钠。经酚酞测试证实，该化合物在体系中的沉淀可引起 pH 降低。因此，与苛性钠与硅酸钠混合激发的粉煤灰相比，8mol/L 氢氧化钠激发的材料具有更严重的碳化，这可能是因为苛性钠与硅酸钠混合体系中较低的孔隙率与孔径。这与其他文献中渗透性的结果相一致（Criado et al，2005；Kovalchuk et al，2007），并最终有助于延缓大气中二氧化碳通过孔隙网络的渗透。

研究表明，除了用于引发地质聚合物化学反应的碱激发剂以外，养护过程在低孔隙率而多碳化基体中也发挥了巨大作用（Criado et al，2005；Kovalchuk et al，2007）。因此该项研究可能要延期至 2.5 年。

Yodmunee 和 Yodsudjai（2006）在加速侵蚀试验中，对碱激发粉煤灰混凝土中钢筋的侵蚀进行了研究，也获得了相似的结果。研究表明，对于具有相

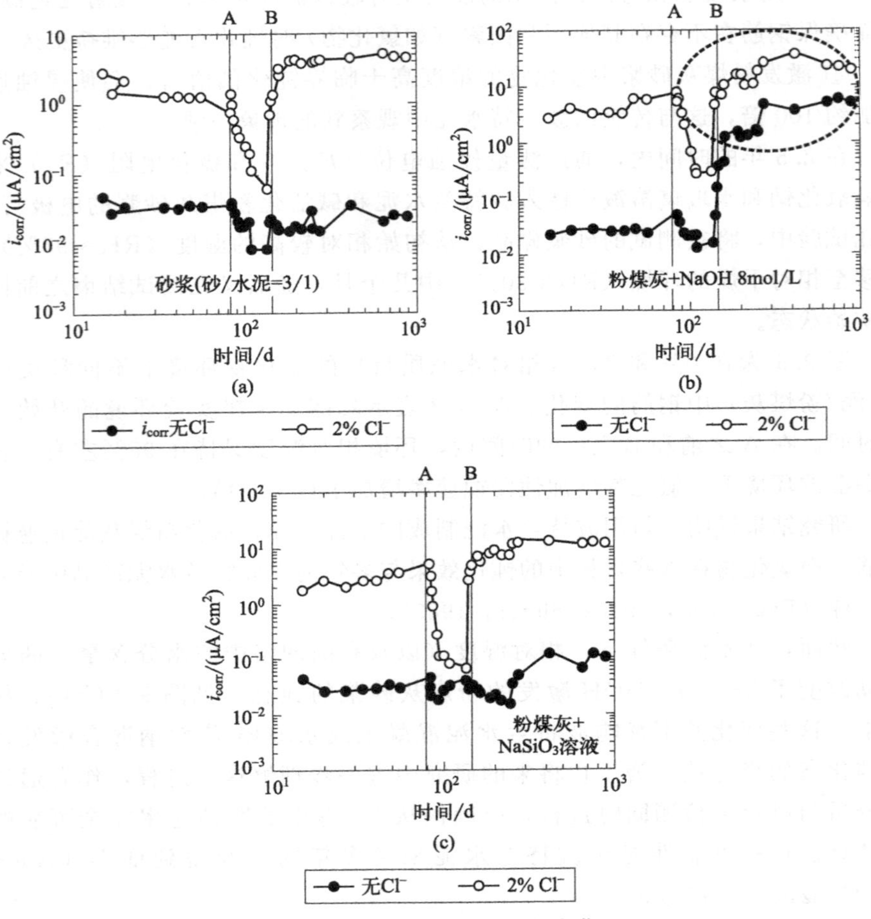

图 9.6　侵蚀电流随时间的变化

(a) 波特兰水泥；(b) NaOH 溶液激发的粉煤灰；(c) 用硅酸钠激发的粉煤灰

同抗压强度的材料而言，地质聚合物混凝土相对常规混凝土具有更好的抗钢筋侵蚀性能。具有更高抗压强度的地质聚合物也具有更好的抗钢筋侵蚀性能。

关于其他类型金属的侵蚀，Morris 和 Hodges（2001）发现，嵌入在一系列粉煤灰基地质聚合物和砂浆中的许多代表性工程金属，表现出的电化学和腐蚀行为与 OPC 混凝土系统中预期的大致相似。钢、铜以及 316 不锈钢已成功嵌入了碱激发的粉煤灰混凝土中，但是铝与未养护的混合物接触会受到严重侵蚀，因此不适合在该体系中使用。在与未凝固混合物接触时，初期发生的锌快速侵蚀对其适用性提出了质疑，尽管侵蚀速率下降得足够快，以致可能与基体稳定结合。然而，在这方面还需要更多的研究。

9.5 碱硅反应

碱硅反应是一个化学过程，涉及的碱性氧化物通常来自水泥中的碱以及集料中以某些形式存在的活性硅（Swamy，1992）。该过程取决于许多因素，例如潜在反应性聚集体的存在、介质中碱（即 Na_2O+K_2O）的存在、富含钙的相、湿度等因素。这些因素的缺乏可能会阻止碱硅反应过程，甚至会导致膨胀损伤。

对于通常用于制备 OPC 混凝土的潜在无活性骨料而言，碱激发粉煤灰砂浆的较高碱含量和较低钙含量不太可能形成易膨胀的钠-钙硅酸盐凝胶。Gourley 和 Johnson（2005）指出，在地质聚合物砂浆中可能发生的任何碱硅反应都将在最初的溶解和缩聚过程中发生，而此时产物仍为凝胶形式。这类反应有利于形成胶凝材料-集料的化学键合，同时也使地质聚合物混凝土形成良好的抗拉强度。由于养护阶段中集料颗粒周围形成密实黏结区，因此在老化中不会再发生反应。此外，孔隙水的 pH 为 10～11，并且基质中包含大量未反应的粉煤灰。

在其他研究中，García-Lodeiro 和 Fernández-Jiménez 等人依据 ASTM 标准 C1260-94 中的加速测试研究发现，用含有氢氧化钠或硅酸钠溶液的碱激发粉煤灰砂浆在 16d 后膨胀低于标准规定的 0.1%限值（图 9.7）。所测试的样品没有表面开裂，并且通过 SEM/EDX 未检测到典型的 ASR 产物，只有可见的硅铝酸钠凝胶（N-A-S-H 凝胶）和一些结晶沸石。

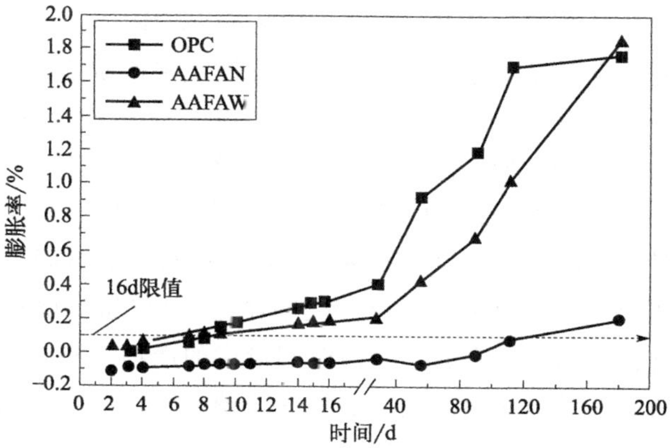

图 9.7 根据 ASTM 标准 C1260-94 开展的加速试验确定的碱硅反应诱导膨胀

数据来自 Fernández-Jiménezl，2007

随后，在粉煤灰基体系中发现碱能够在两个竞争反应中相互作用。在初级反应中，它们被用来活化组分的玻璃组分并将其转化为胶凝材料，甚至形成沸石晶体。但与此同时，它们可能会参与聚合的第二个反应。在这里研究的粉煤灰系统中，碱活化是主要的反应，导致组分中的玻璃态组分形成无机聚合物以及一些少量的沸石结晶相。碱-骨料反应也会在此过程中伴随发生。然而，体系中缺少钙，所以 AAR 产物并不会膨胀。因此，所有测试的粉煤灰体系中，膨胀都小于其对应的硅酸盐水泥体系，见图 9.7。

然而，在经过 180d 老化后无论使用哪种活化溶液，都会观察到一些膨胀。在相似条件下，这类膨胀相对波特兰水泥混凝土没有那么明显。根据对其固有性质的研究，作者发现在 ASTM C1260-94 加速试验中会造成两种效应的重叠，这也许能够解释这段时期的膨胀。

① ASR 膨胀形成的产物。恶劣的测试条件（样品浸入 1mol/L 的 NaOH 溶液中，温度为 85℃）可显著加速 OPC 体系中 ASR 膨胀产物的形成。碱激发粉煤灰材料也可能发生同样的情况，尽管此时检测到的 ASR 产物数量很少[图 9.8(b)]。

② 沸石的转化。在 85℃的 1mol/L NaOH 溶液中储存 180d 后，一种新的沸石相会被检测出来，即方沸石。这种沸石转变被认为是由一定压力造成的，这将有助于检测到膨胀现象。

由上述研究可得基本结论是：由碱性溶液活化的粉煤灰（不含波特兰水泥）形成的胶凝材料（砂浆与混凝土）不易受到碱硅反应的膨胀影响。当加速试验的持续时间远超标准时间时，观察到的膨胀受到两部分的影响：ASR 和沸石的生长。

第二个假设涉及沸石的生长，这与 Sindhunata 等人（2008 年）的实验结果相一致。他们研究了在碱性溶液中浸泡对粉煤灰基地质聚合物的凝胶结构和孔网络的影响，结果表明，粉煤灰基地质聚合物经过碳酸盐（pH≈11）或氢氧化物溶液（pH＞14）的浸泡，会导致地质聚合物凝胶中骨架成分（Si 或 Al）的浸出量降低。同时凝胶的介孔结构基本保持不变。当浸入溶液且孔隙网络结构崩塌时，更高的碱度（最高 8mol/L NaOH）会对凝胶骨架造成更多损害。通过最初的 X 射线还可观察到无定形凝胶中结晶出少量沸石。众所周知，地质聚合物在高温环境下养护一段时间形成的产物与沸石相同。这说明碱性浸泡下发生的反应是最初地聚反应过程的一种延续。然而，浸入饱和碳酸钠溶液的影响很小，这主要是因为阻碍了物质的传输，而浸入水中则不会导致显著的骨架溶解。

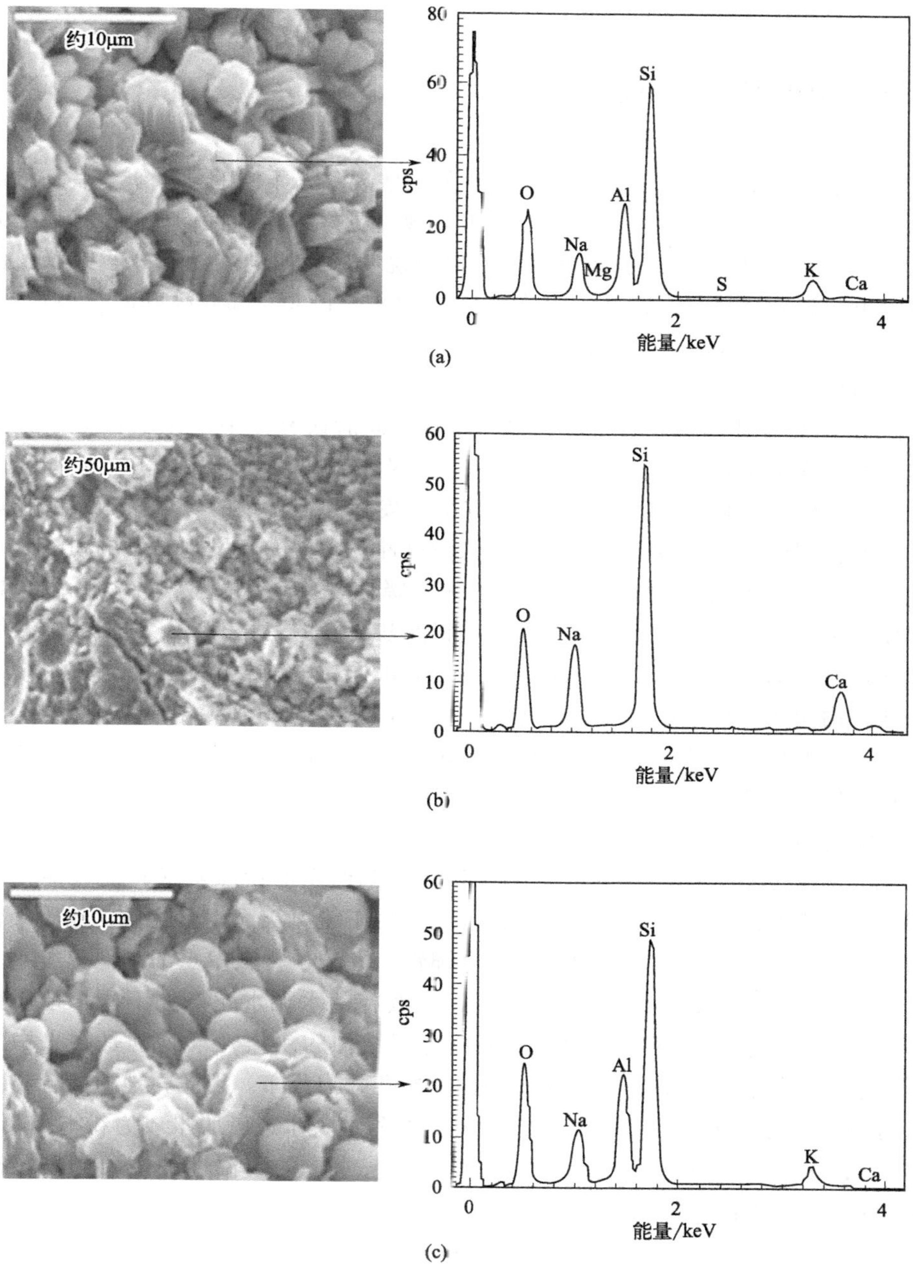

图 9.8　经历加速试验的 NaOH 激发粉煤灰溶液的微观分析

(a) 观察 16d 的 P 型沸石晶体；(b) 经历 180d 的碱硅反应产物形成类玫瑰色晶体；

(c) 经历 180d 的方沸石晶体

数据来自 Fernández-Jiménez et al，2007

9.6 耐高温与阻燃性

关于高温下碱活化的硅铝酸盐发生的一些现象，不同的学者研究后一致认为，地质聚合物比波特兰水泥或混凝土表现出更好的阻燃性。Davidovits 等人（1991，1994，1999）之前调查研究报道中说明，使用硅酸钠、硅酸钾以及偏高岭土制备的材料会有很好的耐热性，在 1200～1400℃都有很好的热稳定性。Barbosa 和 MacKenzie（2003）发现水和硅酸钠含量的增加可能会造成暴露于火中的地质聚合物耐热性下降；在高达 1300～1400℃ 的环境下，硅酸钾（Si/Al≈1）地质聚合物有很高的热稳定性。同时研究发现，在 1000℃下地质聚合物试样中矿物相经历再结晶成为长石、白云母与六方钾霞石。

对于碱激发粉煤灰，Bakharev（2006）发现利用含钾的碱溶液激发的粉煤灰材料较用钠激发的材料表现出更好的耐火性。含钠的激发剂激发的粉煤灰样品在 800℃时会出现收缩开裂和强度快速下降的现象，这一般与平均孔径急剧增加有关。高温中强度的损失可能与硅铝酸盐凝胶的退化有关。硅铝酸盐凝胶分解释放出钠、硅、铝，并产生钠长石。如果样品中钠含量增加，会使得熔点降低。由硅酸钾活化的材料，加热后的抗压强度会有显著增加，并且在 1000℃以上强度才开始退化。这可能是由于基质在高温中钠的扩散率比钾要高（van Vlack，1964）。

将此与其他作者的结果进行比较（Davidovits，1991；Barbosa and Mackenzie，2003）可以推论出，由含钠激发剂激发的粉煤灰材料的性能比使用偏高岭土基的材料的性能要差。这可能是由于粉煤灰反应程度低、地质聚合物聚合不完全以及粉煤灰中出现杂质（即铁）导致了材料熔点的降低。

Gourley 和 Johnson（2005）表明，与波特兰水泥水化产物不同，地质聚合物是一种类玻璃的网状结构，大幅提高了结构的耐火性（特别是在火中）。孔隙结构中具有较小的绝对水体积和连续的孔结构分布。因此，地质聚合物水泥的分解方式是在 1000℃时熔化，而不是剧烈地失水或者脱水成为粉末。

Skvara 等人（2005）也认为碱激发粉煤灰水泥的耐温性的主要问题出现在 500～700℃ 的范围内，并且可能是开始形成的熔体引起的。不同作者（Bakharev，2006；Barbosa and Mackenzie，2003；Krivenko and Kovalchuk，2002、2007；Fernández-Jiménez et al，2008；Skvara et al，2005）都认同这样一种观点，就是燃烧后的冷却样品测得的抗压强度显示出增长趋势；这种表现可以归因于熔体的养护。然而，热处理之后的碱激发粉煤灰的残余强度比波特兰水泥高（图 9.9，Fernández-Jiménez et al，2008）。

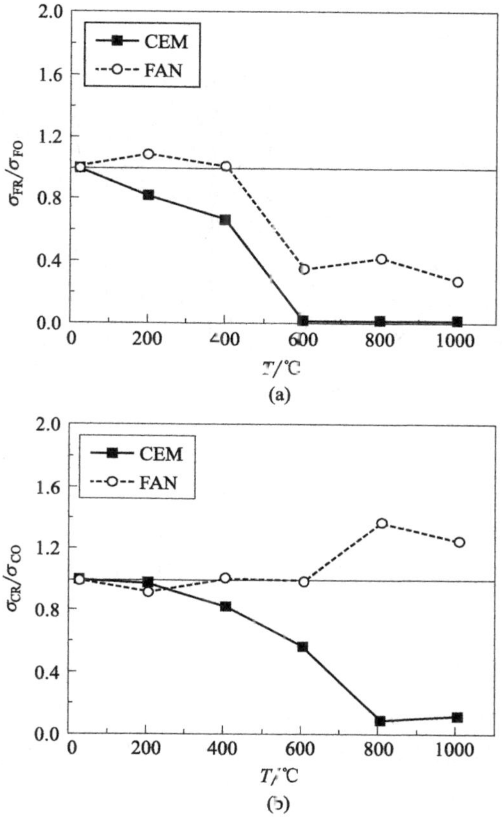

图 9.9　样品暴露于高温下 1h 后的残余弯曲强度（a）和抗压强度（b）的变化

CEM—波特兰水泥；FAN—氢氧化钠碱性激发剂激发粉煤灰

数据来自 Fernández-Jiménez et al，2008

Krivenko 和 Kovalchuk（2002，2007）说明了高温下偏高岭土与粉煤灰两种不同硅铝酸盐组分混凝土材料中的化学组分、养护条件以及一些微观结构和性能对高温下耐热性的影响，主要结论如下：

① 在低温（<250℃）下，主要反应产物是一种硅铝酸盐结晶-半晶质凝胶（N-A-S-H 凝胶），其中含有一些沸石结晶。凝胶组成和沸石类型取决于养护条件、活化剂的类型和浓度、原料（偏高岭土、粉煤灰）等。相反，当这些材料暴露在高温（750～1300℃）下时，会形成结晶类长石产物，其性质完全取决于燃烧温度和初始化学成分，而不取决于低温下初步养护的类型（图 9.10）。

② 无水硅铝酸盐的结晶温度取决于最初的组分，主要取决于碱含量。通常在富碱体系中，微晶在 600℃下出现的数量有限，而在低碱体系中，结晶过程在 1000℃时才开始。

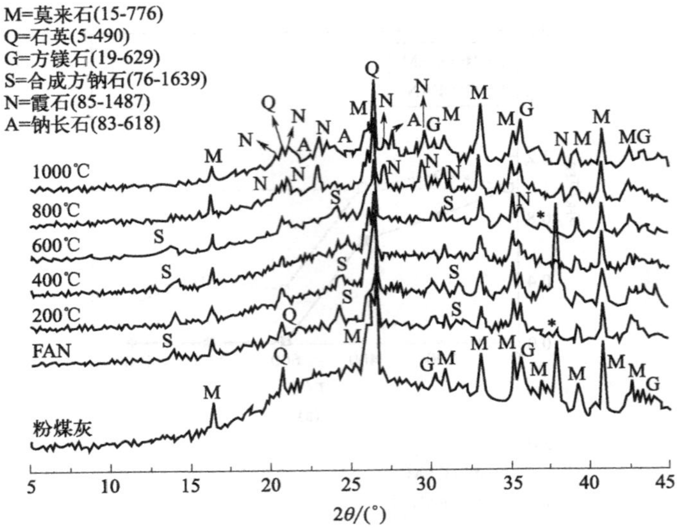

图 9.10 初始粉煤灰在室温下测试的样品（标记为 FAN）和高温下测试的样品的 X 射线衍射图样

数据来自 Fernández-Jiménez et al，2007

③ 在高温加热期间可能发生一些收缩/膨胀过程。具有适量（2.5%～10%）的热稳定性沸石产物（即分子筛、羟基方钠石等）的材料在燃烧后可显示出收缩减少。这些相的特征在于平稳脱水和随后重结晶成稳定的无水碱性硅铝酸盐，如霞石和钠长石，而不破坏硅铝酸盐骨架。同样，收缩/膨胀过程可以通过添加耐热填料（例如火泥）并选择最佳混合物来调节。

上面列出的这些研究的另一个共同点是，一旦样品冷却下来，他们都会在材料经受高温后对其进行研究。Fernandez-Jiménez（2008）和 Palomo（2008）等人还研究了材料在高温下原位加载时的行为。在安装于炉内的 Instron 伺服机械上，使用不同类型的棱柱试样测定了在 25～600℃温度间试样的弯曲强度和抗压强度。将样品以 4℃/min 的速率加热，达到目标温度后，将样品稳定 20min，然后进行测试。此外，在所有情况下，样品在加热过程中都要经受 5N 的预加载，以将它们牢固地固定到测试设备上。

在图 9.11 中，显示了波特兰水泥（参考系）和 NaOH 激发粉煤灰的弯曲强度和抗压强度。在室温下硅酸盐水泥表现出很高的弯曲强度以及抗压强度，但随着温度的升高有所下降。600℃下，弯曲强度仅为初始强度的 20%。这种下降是十分明显的，并且在弯曲试验中很早就会出现，这是由于强度对材料中的缺陷具有很高的敏感度。相比之下，由碱激发粉煤灰的弯曲强度几乎不随温度变化（实际上升很快），然而令人惊讶的是，它的抗压强度在 400℃时会显著上升。

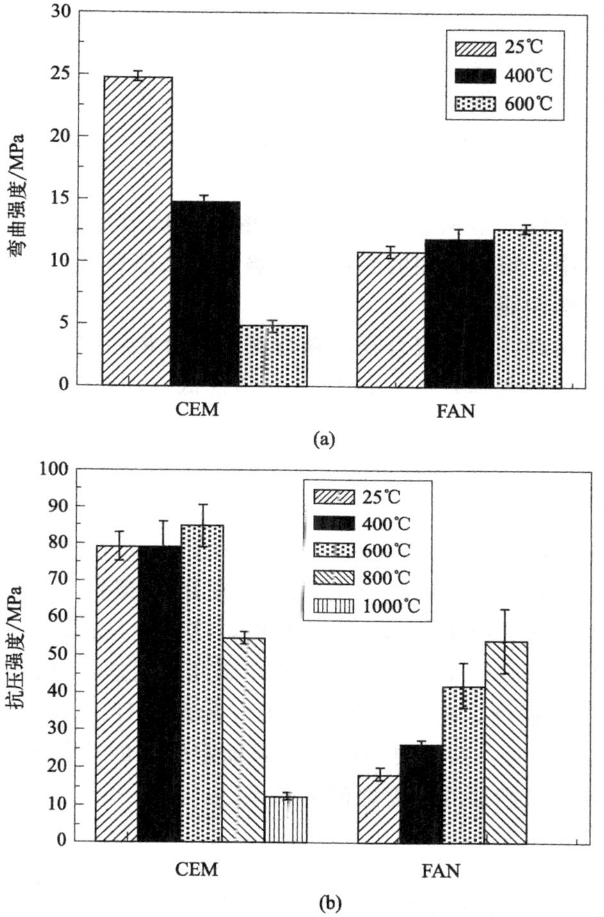

图 9.11 弯曲强度（a）和抗压强度（b）随温度的变化

数据来自 Palomo et al，2008

在 600℃下，波特兰水泥试样（强度会随着温度升高突然下降）出现了宏观裂缝并且在熔炉中发现了碎片。实验结果如图 9.11 所示，400℃以上样品的强度迅速下降。然而，碱激发的粉煤灰在 600℃下表现出非常致密的基体，没有发现裂痕。相反，在 600℃以上的弯由试验中，粉煤灰胶凝材料表现出了有趣的“假塑性”行为。对棱柱施加一点负载（仅 5N 即可将棱柱固定在测试设备上），600℃的温度足以引起固体变形。在这种情况下，棱柱在 800℃左右会发生破裂。

可以观察到，玻璃相的形成是导致观察到的塑性行为的原因，包括可能引起局部塑性变形，以致在最初的阶段造成裂缝和孔的密封。未反应的粉煤灰颗粒以及沸石结晶都会嵌入基质中，这会导致其更加紧密。这反过来又会增加能够传输负载的材料的横截面积。因此，尽管内在强度可能会下降，但是由于内在面积的增加，宏观强度将会增加。这些现象也能解释为什么材料在500～600℃时会更加紧密，裂纹的尺寸也会更小。同时，这些过程说明材料在600℃以上会迅速降解，并且塑性在整个样品中扩展，因此即使在非常低的载荷下也表现出变形。

该特征证实了以下事实：在高温下，熔融相成分形成了块状材料的一部分。在冷却过程中，该熔融相的养护可以解释热处理和冷却的碱激发的粉煤灰优异的非原位力学性能。

还可以得到结论：地质聚合物材料与有机聚合物相比具有优势，因为它们不易燃，不释放毒性气体，并且质量损失非常低，加热至1000℃时地质聚合物质量损失只有5%～12%，而耐火聚合物纳米复合材料的质量损失为50%～80%（Bakharev，2006)。当暴露于700～1000℃时，地质聚合物材料比波特兰水泥的热性能更加优越（Bakharev，2006)。然而根据文献（Bakharev，2006；Krivenko and Kovalchuk，2002、2007；Fernández-Jiménez et al，2008；Palomo et al，2008；Skvara et al，2005)，使用F类粉煤灰的材料由于收缩率高和抗压强度变化大而不适用于耐火材料，这可能是粉煤灰中存在的大量铁杂质的负面影响所致。但是，在防火方面，研究表明这些材料在燃烧后拥有相当好的稳定性以及强度，这表明其具有很好的耐火性。然而，当暴露于ISO 834规定的标准火灾时，需要更多的研究来确定样品的热传导，以及保护层的热阻与等效混凝土保护层的厚度之间的关系。

9.7 耐极端环境的抵抗力：霜冻侵蚀

众所周知，对于波特兰水泥砂浆和混凝土，其抗冻融性主要取决于其饱和度以及硬化水泥浆中的孔隙体系。如果混凝土永远不饱和，则不会因冻结和融化而损坏。然而，当混凝土的受冻过程发生的膨胀超过一定范围时，就会出现损坏。随着冰的形成，损伤的程度从表面膨胀到完全解体，从混凝土裸露的表面开始，一直延伸到其深处。在一些情况下，用于除去公路上或者桥上表面冰的盐可能被上面混凝土吸收，会产生很高的渗透压力，从而导致水分朝着最冷的区域移动，加剧了混凝土的膨胀状况。

关于地质聚合物霜冻侵蚀情况，存在一些对立的研究结果。Skvara (2007) 研究表明，粉煤灰基地质聚合物材料拥有很好的抗冻性。对于硅酸钠激发的粉煤灰混凝土，在水环境中进行冷冻和除霜循环期间，其样品的质量并没有实质变化（即样品没有发生瓦解)。与没有任何冻融循环28d后的样品相比，冷冻循环后样品的抗压强度较低。在150次冻融循环后，其外观没有检测到可见的缺陷或变形。然而，与室温中未冻融环境的样品相比，经过150次冻融循环后的样品强度是其强度的70%。

然而，Puertas等人（2003）研究表明，当同时将两种材料经历50次冻融循环后，用NaOH溶液激发的粉煤灰砂浆比普通波特兰水泥性能更差。在干/湿测试中也得到相似的结果。

这种不同结果出现的原因可能与材料微观结构差异相关。孔隙率以及尺寸对于抗冻性有很大影响。大量的前期研究表明，激发剂的浓度和类型以及养护的时间和温度对于材料的微观结构有很大的影响。因此，未来关于地质聚合物抗冻性的研究应进一步完善，以便更好地理解其在不同环境下的反应机理。

9.8 小结

在本章中，总结了地质聚合物耐久性的相关知识（碱激发粉煤灰或者碱激发偏高岭土）。对于这一特殊主题，并没有收集到全部可用的信息，但我们真诚地相信其中包含了最相关的数据。

从本章的合理分析中可以得出的主要结论是，地质聚合物具有类似于波特兰水泥的耐久性。更重要的是，地质聚合物的一些耐久性是优异的，比OPC更好，如抗酸性侵蚀、高温行为等。

无论如何，笔者认为地质聚合物的耐久性是一个仍需要更多研究的课题。我们仍然需要很长一段路要走，才能够确定材料微观结构在不同侵蚀条件下的变化。

不可避免地，长期测试是唯一确定的研究方法，但是这种方法几乎不可能实现。目前正在进行大量工作，以确定适用于这类材料的标准研究方法。

参考文献

Allahverdi A., Skvara F., (2001), 'Nitric acid attack on hardened paste of geopolymeric cements', *Ceramics-Silikaty*, 45, (4), 143–149.

Allahverdi A., Skvara F., (2005), 'Sulfuric acid attack on hardened paste of geopolymer cements. Part 1. Mechanisms of corrosion at relatively high concentrations', *Ceram-Silik*, 49, 225.

Andrade C. and González J.A., (1978), 'Quantitative measurements of corrosion rate of reinforcing steels embedded in concrete using polarization resistance measurements', *Werk. Korros.*, 29, 515–519.

Bakharev T., (2005a), 'Durability of geopolymer materials in sodium and magnesium sulfate solutions' *Cem. Concr. Res.*, 35, 1233–1246.

Bakharev T. (2005b), 'Resistance of geopolymer materials to acid attack '*Cement Conr. Res.*, 35, 658–670.

Bakharev T., (2006), 'Thermal behaviour of geopolymers prepared using class F fly ash and elevated temperature curing', *Cem. and Concr. Res.*, 36, 1134–1147.

Barbosa V.F.F., Mackenzie K.J.D., (2003), 'Thermal behaviour of inorganic geopolymers and composites derived from sodium polysialate, *Mater, Res. Bull.*, 38, 319–331.

Bastidas D.M., Fernández-Jiménez A., Palomo A., González J.A., (2008), 'A study on the passive state stability of steel embedded in activated fly ash mortars', *Corrosion Science*, 50(4), 1058–1065.

Criado M., Fernández-Jiménez A., and Palomo A., (2005), 'Alkali activation of fly ashes. Part 1: Effect of curing conditions on the carbonation of the reaction products', *Fuel*, 84, 2048–2054.

Criado M., Fernández-Jiménez A., de la Torre A.G., Aranda M.A.G., and Palomo A., (2007), 'An XRD study of the effect of the SiO_2/Na_2O ratio on the alkali activation of fly ash', *Cem. Concr. Res.*, 37, 671–679.

Davidovits, J., (1991), 'Geopolymer: inorganic polymeric new materials' *J. of Thermal Analysis*, 37 (8), 1633–1656.

Davidovits J., (1994), 'Properties of geopolymer cements', Proceedings First Int. Conf. Alkaline Cements and Concretes, Vol,1, SRIBM. Kiev, Ukraine, 131–149.

Davidovits J., Buzzi L., Rocher P., Gimeno D., Marini C., and Tocco S., (1999), Geopolymeric Cement based on Low Cost Geopolymer Materials. Results from the European Research Project GEOCISTEM, Geopolymer '99 Proceeding, 83–96.

Duxson P., Provis J.L,. Lukey G.C, Mallicoat S.W., Kriven W.M., and. van Deventer J.S.J, (2005), 'Understanding the relationship between geopolymer composition, microstructure and mechanical properties' *Colloids and Surfaces A – Physicochemical and Engineering Aspects*, 269, (1–3), 47–58.

Duxson P., Fernández-Jiménez A., Provis J.L,. Lukey G.C, Palomo A., van Deventer J.S.J., (2007), 'Geopolymer technology: The current state of the art', *J. Materials Science*, 42, 2917–2933.

Engelhardt G., and Michel D., (1987), *High-Resolution Solid-State NMR of Silicates and Zeolites*'. John Wiley and Sons.

Fernández-Jiménez A., and Palomo A., (2005a), 'Mid-infrared spectroscopic studies of alkali-activated fly ash structure', *Microporous and Mesoporous Materials*, 86, 207–214.

Fernández-Jiménez A., and Palomo A., (2005b), 'Composition and Microstructure of alkali activated fly ash mortars. Effect of the activator', *Cem. Concr. Res.*, 35, 1984–1992.

Fernández-Jiménez A., Palomo A., Sobrados I., and Sanz J., (2006), 'The role played by the reactive alumina content in the alkaline activation of fly ashes', *Microporous and Mesoporous Materials*, 91, 111–119.

Fernández-Jiménez A., García-Lodeiro I., and Palomo A., (2007), 'Durability of alkali-activated fly ash cementitious materials', *J. Materials Science*, 42, 3055–3065.

Fernández-Jiménez A., Palomo A., Pastor J.Y., Martín A. (2008), 'New binder material based in alkali activated fly ashes. Mechanical behaviour at high temperature' *J. Am. Ceramic Society*, 91, (10), 3308–3314.

Fernández-Jiménez A., Miranda J.M., González J.A. and Palomo A. (2009), 'Steel passive state stability in activated fly ash mortars' *Cem Concr. Res.*, (in press).

García-Lodeiro I., Palomo A., and Fernández-Jiménez A., (2007), 'The alkali-aggregate reactions in alkali activated fly ash mortars' *Cem. Concr. Res.*, 37, (2), 175–183.

Gourley G., Johnson G.B., (2005), 'Developments in geopolymer precast concrete' World Congress Geopolymer 2005: Green chemistry and sustainable development solution, France, 139–143.

Klinowski J, (1984), 'Nuclear magnetic resonance studies of zeolites', *Progress in NMR Spectroscopy*, 16, (3–4), 237–309.

Kovalchuk G., Palomo A., and Fernández-Jiménez A., (2007), 'Alkali activated fly ashes. Effect of thermal curing conditions on mechanical and microstructural development-Part II', *Fuel*, 86, 315–322.

Krivenko P.V., Kovalchuk G.Y., (2002), 'Heat-resistant fly ash based geocements' Proceedings of the Int. Conf. Geopolymer 28–29 October 2002, Melbourne, Australia, 2002.

Krivenko P.V., Kovalchuk G,Y. (2007), 'Directed synthesis of alkaline aluminosilicate minerals in a geocement matrix', *J. Mater. Sci.*, 42, 2944–2952.

Li K-L., Huang G-H, Chen J., Wang D. and Tang X.-S (2005), 'Early Mechanical Property and Durability of Geopolymer, Geopolymer 2005, Proceedings, 117–120.

Malek R.I.A., Roy D.M. (1997), in: *Mechanisms of Chemical Degradation of Cement Based Systems*, p-83-89, Eds. Scrivener K.L. Young J.F, E & FN Spon, London 1997.

Miranda J.M., Fernández-Jiménez A., González J.A., Palomo A., (2005) Corrosion resistance in activated fly-ash mortars, *Cem. Concr. Res.*, 35, 1210–1217.

Morris J., Hodges S., (2001), 'Corrosion of metals in fly ash-based geopolymers' *Geopolymer, Green Chemistry and Sustainable Development Solutions*. Geopolymer Institute, France, 51–55.

Neville, A. M. (1995), '*Properties of Concrete*', Longman, Essex.

Page, C.L. Treadaway, K.W.J. and Bamforth P.B. (eds) (1990), *Corrosion of Reinforcement in Concrete*, Society of Chemical Industry, published by Elsevier Applied Science, London.

Palomo A., Grutzeck M.W. and Blanco M.T., (1999a), 'Alkali-activated fly ashes. A cement for the future' *Cem. Concr. Res.*, 29, 1323–1329.

Palomo A., Blanco-Valera M.T, Granizo M.L., Puertas F., Vázquez T. and Grutzeck M.W., (1999b), 'Chemical stability of cementitious materials based on metakaolin' *Cem. Concr. Res.*, 29, 997–1004.

Palomo A., Alonso S., Fernández-Jiménez A., Sobrados I., and Sanz J., (2004), 'Alkali activated of fly ashes. A NMR study of the reaction products', *J. Am. Ceramic. Soc.*, 87, (6), 1141–1145.

Palomo A., Fernández-Jiménez A., Pastor J.Y., Martín A., LLorca J., (2008), 'Alkali Activated Fly Ash: Mechanical Behaviour At High Temperatures' Non-Traditional Cement & Concrete (3rd International Symposium) Brno, Czech Republic, June 10–12, 2008, 525–534, ISBN: 978-80-214-3642-8.

Puertas F., Amat T., Fernández-Jiménez A., Vazquez T., (2003), 'Mechanical and durable behaviour of alkaline cement mortars reinforced with polypropylene fibres' *Cem. Concr. Res.*, 33, 2031–2036.

Rostami H., Brendley W., (2003), 'Alkali Ash Material: A Novel Fly Ash-Based Cement' *Environ Sci. Technol*, 37, 3454.

Silverstrim T., Rostami H., Clark J., Martin J., (1997), 'Microstructure and Properties of Chemically Activated Fly Ash Concrete', *Proc. 19th Int. Conf. Cem. Microsc*, Int. Cement Microscopy Assoc. 355–373.

Sindhunata, Provis J.L., Lukey G.C., Xu H., and van Deventer J.S.J., (2008), 'Structural

Evolution of fly ash Based Geopolymers in Alkaline Environments' *Ind. Eng. Chem. Res.*, 47, 2991–2999.

Skvara F., (2007), 'Alkali activated material-Geopolymer' Proceedings of 2007 Int. Conf. on Alkali Activated Materials. Research. Production and Utilization, Prague, Czech Republic, 661–676, ISBN 978-80-86742-19-9.

Skvara F., Jilek T., Kopecky L., (2005), 'Geopolymer materials based on fly ash' *Ceramics-Silikáty*, 3, 195–204.

Slater J.E., (1983), '*Corrosion of Metals in Association with Concrete*', ASTM STP 818. Philadelphia, PA.

Song X-J., Marosszeky M., Brungs M., and Chang Z-T, (2005), 'Response of geopolymer concrete to sulphuric acid attack' Geopolymer 2005 Proceedings, 157–160.

Swamy R.N., (1992), '*The Alkali-Silica Reaction in Concrete*' Chap.1 Blackie, New York 96–121.

Taylor H.F.W., (1994), 'Delayed Ettringite Formation', in Advances in Cement and Concrete (M.W. Gruzzek & S.L. Sarkar, Eds.), American Society of Civil Engineers, 1994; see also: 'Sulfate Reactions – Microstructural and Chemical Aspects', in *Cement Technology, Ceramic Transactions* 40, (194), 61–78.

Taylor H.F.W., Gollop R.S. (1997), 'Some chemical and microstructural aspects of concrete durability,' in: K.L. Scrivener, J.F. Young (Eds), *Mechanisms of Chemical Degradation of Cement-Based Systems*, E. and FN Spon, London, 177–184.

van Jaarsveld J.G.S. and van Deventer J.S.J. (1999), 'Effect of the alkali metal activator on the properties of fly ash-based geopolymers' *Ind. Eng. Chem. Res.*, 38, 3932–3941.

Van Vlack H. (1964). '*Physical Ceramics for Engineering*, Addison-Wesley London, pp.94–102.

Wallah S.E. Hardjito D., Sumajouw D.M.J. and Rangan B.V. (2005), 'Performance of fly ash-based geopolymer concrete under sulphate and acid exposure' Geopolymer 2005, Proceedings, 153–156.

Weldes H.H., Lange K.R. (1969), 'Properties of soluble silicates.' *Ind. Eng. Chem.*, 65(14) 61–69.

Yodmunee S., Yodsudjai W., (2006), 'Study on corrosion of steel bar in fly ash-based geopolymer concrete' International conference on Pozzolan, Concrete and Geopolymer, Khon Kaen, Thailand, May 24–25, 189–194.

10

地质聚合物的生命周期分析

M. Weil[1]，K. Dombrowski[2]，A. Buchwald[3] 著

[1]技术评估和体系分析研究所，德国

[2]弗莱堡科技大学，德国

[3]魏玛包豪斯大学，德国

10.1 引言

根据 Glukhovsky 的著作，地质聚合物或无机聚合物胶凝材料在 20 世纪 60 年代后期就已经出现（Glukhovsky，1959）。在俄罗斯和东欧的一些国家已出现了有关地质聚合物的工业应用（如铁路枕木）的报道（Petrova et al，2005），但地质聚合物从未大规模生产。直到今天，只有一些小型应用（如防火胶、排烟管道、防火/防热屏障）的产业在西欧建立起来。

然而，由于环境问题日益突出和原材料成本的不断增加，地质聚合物的研究和应用进入复苏阶段。后起的工业国家，特别是中国和印度，正在寻找对不断增加的工业废弃物进行循环利用的方法，以防止大规模固体废物所带来的问题和解决水泥短缺的问题。

一般而言，地质聚合物体系适合作为工业废弃物［如 C(高钙）/F(低钙）类粉煤灰、高炉矿渣、红泥］的二次资源利用。因此，后起工业国家对地质聚合物的大规模应用抱有极强的兴趣。

尽管已经在实验阶段和半工业化阶段证明了可以以二次资源为基础来生产地质聚合物，但关于地质聚合物生产的生态影响知之甚少，特别是与竞争性体系相比。

从数量上看，已有文献对某单一环境因素进行了估算或粗略计算（没有明确体系边界）。大多数研究都涉及地质聚合物（混凝土）和波兰特水泥（混凝土）生产过程中的二氧化碳排放量。与普通水泥相比，地质聚合物生产过程中的二氧化碳排放量减少的幅度约在 20%～80%之间（Duxson et al，2007c；Komnitsas and Zaharaki，2007；Nowak，2008）。但是仅以二氧化碳排放量对

新材料进行评估是不够的。应该考虑其他排放和资源消耗，才能对其有更精确的认识。

评估潜在环境影响的最常见方法是生命周期评估（LCA）方法。LCA是一种跨媒介的方法，可以对产品和服务进行更加全面的调查。本研究的目的是为地质聚合物的设计提供指导，以开发对生态更有利的地质聚合物。

10.2 生命周期评估

10.2.1 生命周期评估方法

每种产品的生产阶段、使用阶段及使用后阶段（回收、废弃）都会消耗资源，并向空气、水和土壤排放废弃物。要了解产品的复杂性，必须使用生命周期分析方法以及有质量保障的数据库。

生命周期评估（LCA）是一种评估材料、产品或技术潜在生态影响的成熟方法。在生命周期评估中，有这样一份详细目录，其中罗列着某一物品整个生命周期（从开始到结束）中的物质和能量流动，依此来评定这一物品的生态影响。国际ISO标准14040（ISO 14040，2006）给出了生命周期评估方法。这些标准给出了有效的框架，并允许采用一致的方法。

一次完整的生命周期评估通常由四个主要步骤组成（图10.1）。

(1) 目标和范围

“目标和范围”步骤定义了调查的目的和预期应用。对某一产品的生命周期评估无法做到面面俱到。因此，“目标和范围”将确定研究达到必要的精准性和正确性，以及将生命周期的哪一部分（如，从摇篮到大门，从摇篮到坟墓，或从大门到大门）作为研究模型。与研究目标密切相关的是功能单元的确定，它明确地定义了所考虑的体系的功能。这是非常重要的一步，因为准确地定义功能单位，能够避免在研究中比较两件毫不相关的事物。生命周期评估的结果通常都会参考功能单位。

(2) 清单分析（LCI）

清单分析（LCI）指某一产品或服务体系的相关输入和输出。在输入方面，所有的能量和原材料消耗都会被考虑进去，而产品排放到空气、水和土壤中的物质则属于输出。清单分析结果是生命周期评估解释步骤的重要信息来源。

(3) 影响评估（LCIA）

在LCI确定了与环境有关的输入与输出后，影响评估将评价潜在的生态影响。

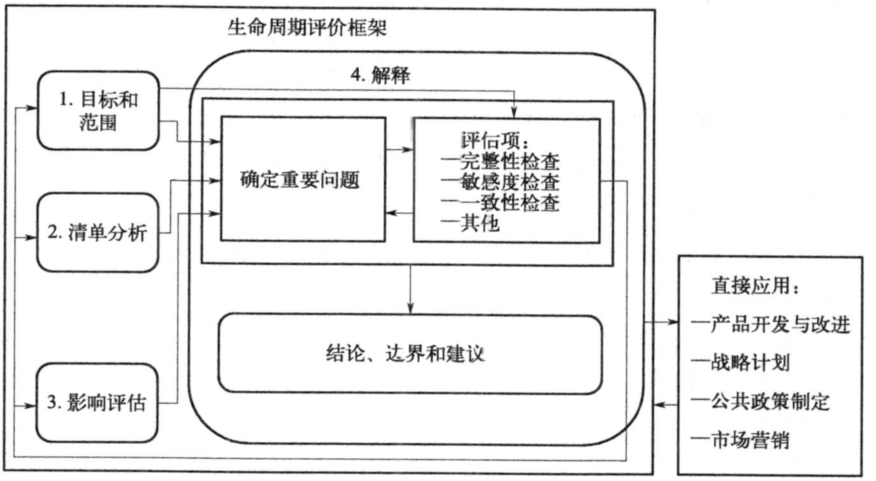

图 10.1 按照 ISO 标准 14040 系列（ISO 14040，2006）开展的 LCA 架构

通过运用不同的环境机制模型（如温室气体排放而导致全球变暖）就可将清单（LCI）转换为潜在的生态影响。对此转换有不同的方法，各有不同的优点和缺点（Dreyer et al，2003）。下面列出的是常用的影响的类型（和指标）：

- 资源消耗（非生物性资源损耗潜力，abiotic depletion potential，ADP）；
- 气候变化（全球变暖潜力，global warming potential，GWP）；
- 酸化（酸化潜力，acidification potential，AP）；
- 富营养化（富营养化潜力，eutrophication potential，EP）；
- 人体毒性（人体毒性潜力，human toxicity potential，HTP）；
- 臭氧消耗（臭氧消耗潜力，ozone depletion potential，ODP）。

（4）解释

最终的解释步骤确定了重大的环境影响（如能源使用、温室气体）和体系中重要的单元过程。确定影响生态环境的驱动因素时，既要考虑清单分析的结果，也要考虑影响评估的结果。此外，这一最终步骤还包括对一致性的检查、对敏感度的分析和对完整性的核对。根据研究的假设条件、限制条件及最初的目标和范围，最终得出结论并提出建议。

10.2.2 数据库

在目前的研究中，清单分析是根据不同来源的数据完成的。目前原材料、辅助材料和半成品常用的基础数据均来自 Ecoinvent 数据库（Ecoinvent，2006）。Ecoinvent 提供科学合理、易懂和有质量保障的数据集。但是，针对有计划的调查研究，数据库的某一特定清单是否适合不同的情况仍有待证明。对某些特定原材料（如偏高岭土）的清单，必须提供新的和具体产品的数据集。以偏高岭土为例，其基础数据（如能源消耗）是通过欧洲的一个偏高岭土制造/销售商得出的。表 10.1 给出了所用的材料和工艺、数据来源及数据质量。根据估算，应用数据的质量从“丰富”到“非常好”，排名从低到高。数据质量尽管存在一些局限（如数据分歧、不同的区域环境），但是数据对于所进行的调查仍然是可接受的。

表 10.1 所用材料和工艺、数据来源和被评估数据质量

硅酸盐溶液	Ecoinvent，文献	非常好
NaOH 溶液	Ecoinvent	好
高炉矿渣	文献	丰富（未包括粉碎而释放到空气中的粒子）
C/F 粉煤灰	Ecoinvent，文献	丰富
波特兰水泥	Ecoinvent	好
石子/砂子	Ecoinvent	好
水	Ecoinvent	好
HDPE	Ecoinvent	好（人类和生态毒性评估受到严重限制）
辅助材料的混合	Ecoinvent，工业	好，丰富（未包括粉碎而释放到空气中的粒子）
塑性成型	Ecoinvent	好
卡车/船运输	Ecoinvent	非常好

10.2.3 影响评估方法

本研究使用了 CML 法（Guinée et al，2001），也考虑了累积能量需求(CED，[MJ])。CML 法由一些环境类别的相关指标组成。这里分析了两个重要的环境指标：

- 全球变暖潜能（GWP，[千克 CO_2 当量]）
- 非生物资源枯竭潜能（ADP，[千克锑当量]）

如果能够分析与人体毒性有关的指标会更好，但遗憾的是，通过数据库无法评估其潜在影响。颗粒排放物（尘埃）对人体健康有相当大的影响，但这方面的基础数据较少，尤其缺乏矿物加工过程（如矿渣的研磨）的详细说明。

10.3 地质聚合物合成对生态环境的影响

地质聚合物是由质量明显不同的多种固体和流体原料制备而成的。除了制备工艺，所选的原材料也是决定地质聚合物凝结行为、施工性及化学和物理性能的重要参数（Duxson et al，2007a）。此外，对生态环境的影响很大程度上取决于所用原材料。在资源密集型特征明显的初级固态物料（如偏高岭土）和资源密集型特征相对不太明显的再生固态物料（如粉煤灰）之间，以及资源密集型特征明显的初级液态物料（如氢氧化钠溶液、硅酸盐溶液）和资源密集型特征相对不太明显的初级液态物料（如水）之间，存在着显著的差异。图 10.2 比较了不同的地质聚合物（原料）组成的系统边界，其中运输流程没有包括在内。将两种不同地质聚合物原材料的质量占比（图 10.3，左侧）和以 GWP 100 为指标衡量的生态影响占比（图 10.3，右侧）进行比较，发现了以下几点重要的信息：

• 尽管质量占比高，但砂和碎石对全球变暖潜能的贡献较小；

• 粉煤灰［C（高钙）/F（低钙）类粉煤灰］对全球变暖潜能的贡献并不明显；

• 矿渣（只是混合物 MI 中的复合物，图 10.3）对全球变暖潜能的贡献是显著的；

• 水对全球变暖潜能的贡献并不显著；

• 硅酸盐溶液对全球变暖潜能的贡献是显著的，而且在两种混合物中，它在影响环境方面都居支配地位；

• 在两种混合物中使用适量 NaOH 溶液（50%）会对 GWP 产生重大影响；

• 适量的偏高岭土（仅存在于混合物 SI 中）对全球变暖潜能的贡献是显著的。

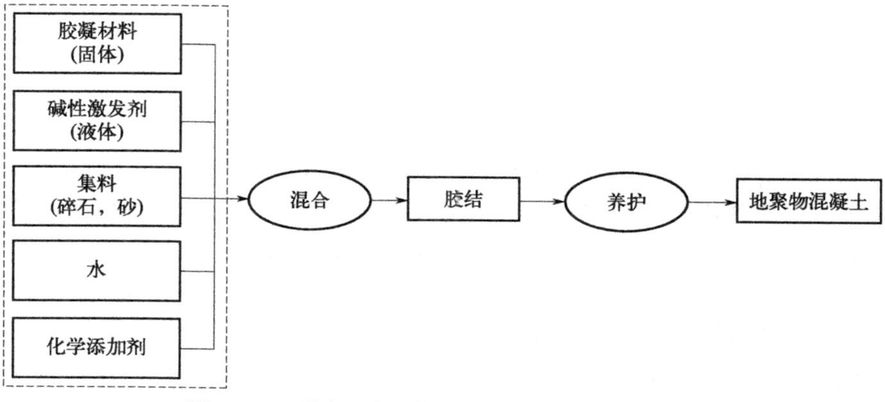

图 10.2　不同地质聚合物组成的系统边界的比较

对于不考虑成分变化对最终地质聚合物性能影响的硬化浆体，可以得出一些一般性结论。应尽可能减少硅酸盐溶液和氢氧化钠溶液的使用，或者应使用

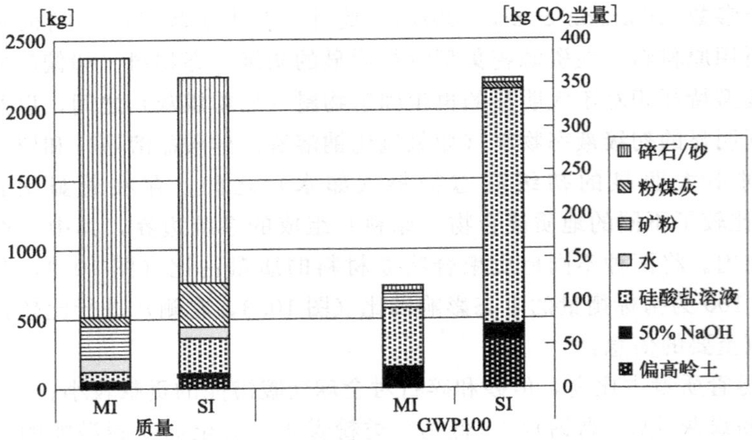

图 10.3 两种不同地质聚合物组成（MI、SI）的质量平衡和 GWP 结果的比较

更环保的激发剂代替这些材料。为了降低环境负荷，偏高岭土也应该被替换。在此必须说明的是，地质聚合物合成中使用的偏高岭土的品质是非常高的（就纯度而言）。因此，在大规模的地质聚合物生产过程中，使用较低质量的偏高岭土是否适当值得调查。如果再生资源（废弃物）是可用的且不会超出环境限制值，那么使用这些再生原料，如粉煤灰（不再需要研磨或热活化）或炼铁过程中产生的高炉矿渣（只需要研磨），也是有利的。

10.4 地质聚合物生产过程对生态环境的影响

地质聚合物生产过程（图 10.4）可分为以下两个主要步骤：

- 组分的混合；
- 热养护。

在浇筑过程中无须考虑额外的压实过程（通过使用振动台），但是在其他情况下（通常使用），压实振荡对环境影响也不大。混合过程也是如此，（地质聚合物生产中）压实振荡对生态环境影响的贡献率不超过 1%。

与此相反，热养护过程显著增强了地质聚合物对生态环境的影响。必须指出的是，并不是每种地质聚合物合成都需要热养护过程。富含矿渣成分的地质聚合物可在无需热养护的室温条件下放置几个小时或几天获得所需的力学性能（Duxson et al，2007b；Bakharev et al，1999）。

粉煤灰（或其他反应缓慢的原材料）基混合物需要热处理来提高地质聚合物的聚合度。热处理温度范围通常在 20～80℃之间。此温度范围内热养护在预制混凝土行业中普遍应用，这一过程能够加速构件混凝土强度的提高。

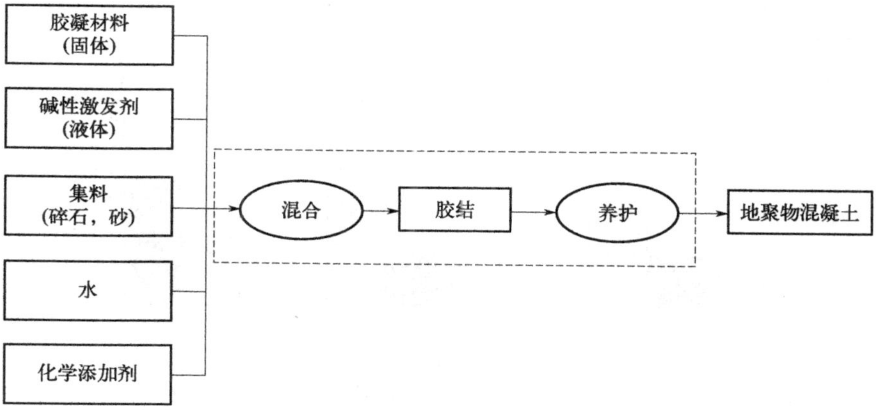

图 10.4 识别相关生产过程的体系边界

普通的预制企业在生产混凝土时，能量消耗在 20～500kW·h/m^3 之间（Menzel，1991），或大概在 0.01～0.2kW·h/kg 之间。假设使用一个电控箱（<100kW），图 10.5 着重突出了能量消耗对环境产生影响的有关指标（CED，GWP，ADP）。从图中可以明显看出能耗与环境影响指标之间存在着简单的线性关系。此外，图 10.5 中的虚线还表明了热养护过程中能量消耗的正常范围。

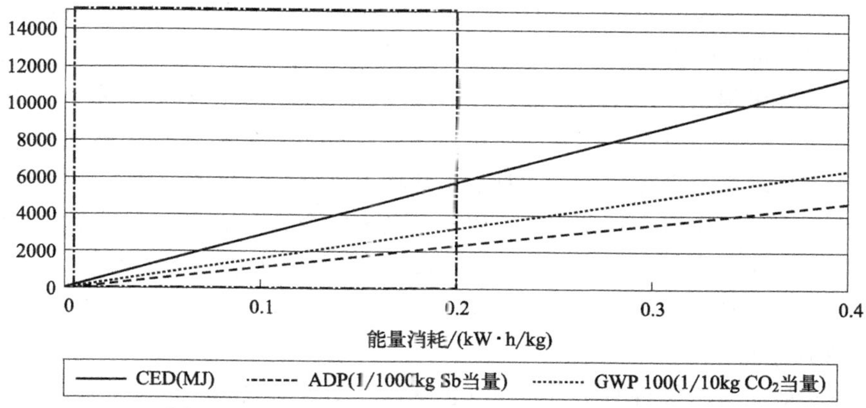

图 10.5 加热养护（消耗电能）对环境指标的影响

图 10.6 展示了地质聚合物生产过程中热养护这一工序对生态环境的影响。在这种特定情况下，如果热养护工序消耗能量适中（0.1kW·h/kg），那么所有的环境指标值都会增长一倍多。如果用气体风扇燃烧炉代替电控炉，虽然环境指标值的增长不会那么剧烈，但也很显著。因此，从工艺角度来看，应尽可能少地使用热养护工艺。利用其他过程产生的废热可能是减少环境影响的另一种选择。

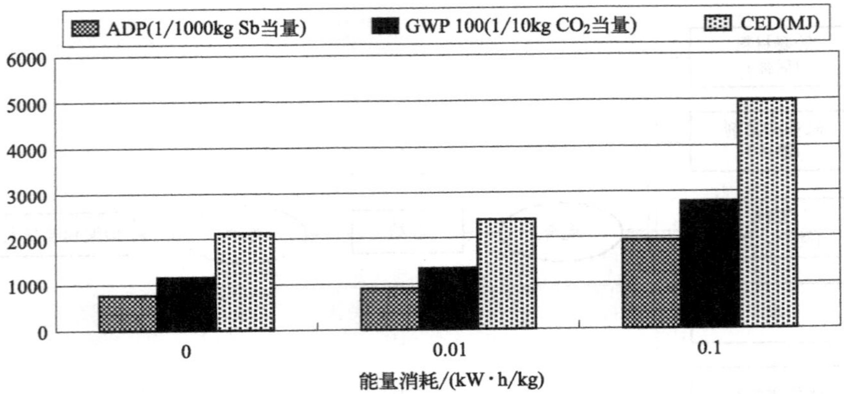

图 10.6 地质聚合物加热养护对生态环境的影响

10.5 地质聚合物和其他产品体系的生命周期评估比较

想要发展适用于不同应用领域、有竞争力的地质聚合物，必须理解地质聚合物的成分、加工过程、工艺性能和生态/经济效果之间的相互依赖性（Weil et al，2006；Dombrowski et al，2008）。研究领域往往集中在提高一两种性能来制备所谓的高性能原材料。实际上，市场需要的是有适当工艺性能（指南或标准中会详细阐述应用范围、最低性能）、成本适度（相对现有技术有竞争力）且最好对环境影响较小的产品。在地质聚合物的开发阶段比较生命周期评估，即与现有传统系统进行比较，这对于从环境角度确定优化潜力或发出警告非常有帮助。由于地质聚合物在许多应用领域尚未完全具备工业产品的特性，因此其与传统产品体系相比要受到一些限制。传统产品体系的长期性能（如耐久性）的信息已经具备，与之相反的是，地质聚合物的相关信息往往是有限的(Gruskovnjak et al，2006)。

虽然如此，原材料的使用周期（包括保养期）对整体环境绩效还是具有显著影响的。要处理这个问题，必须应用可以理解的假设或必须根据已知的限制条件，讨论研究获得的结果。

紧扣两种完全不同的应用，将提出一种进行充分比较的方法。

10.5.1 地质聚合物 vs. 水泥混凝土

在工业化国家，水泥可能被视为适合混凝土大量生产的廉价产品。要和这样一种最优化产品体系竞争，可以将便宜的原材料（例如高炉矿渣和粉煤灰）

用于地质聚合物生产。

使用再生原材料也能减小地质聚合物体系对环境的影响。然而，问题在于从环境的角度看地质聚合物体系相对于水泥体系是否还有竞争力。为了进行对比，考虑一种符合更高要求的混凝土（功能单位）：根据 DIN EN 206-1/DIN 1045-2，选择展示级 XF2 和 XF4 的抗冻融混凝土。体系界限如图 10.7 所示。

使用后，地质聚合物混凝土和水泥混凝土会被粉碎并应用于不同土木工程中。因此，就“回收/处置”阶段而言，没有证据表明地质聚合物混凝土比水泥混凝土具有更大的生态优势或缺点。所以，两者的使用后阶段被认为是可比较的，但是，只有在原材料和产品都符合现有的环境阈值（例如重金属）的情况下，才能得出此结论。

满足功能单位的最低要求（展示级 XF2 和 XF4 的抗冻融混凝土），才能确保两种材料在使用阶段具有可比性。根据强度发展和 CDF 冻融循环实验等基本的必要研究发现，地质聚合物混凝土与水泥混凝土相比具有相当甚至更好的性能（就主要技术性能而言）。

在比较的 LCA 中，可以排除两种材料的生命周期阶段。因此，研究将主要聚焦于生产阶段和相关的资源开采前的产业链阶段（图 10.7）。但由于系统在全球范围内运输所需原材料需要的工作量大不相同，因此它并未包括在系统范围内。所以，运输过程的影响应仅在特定区域内评估。

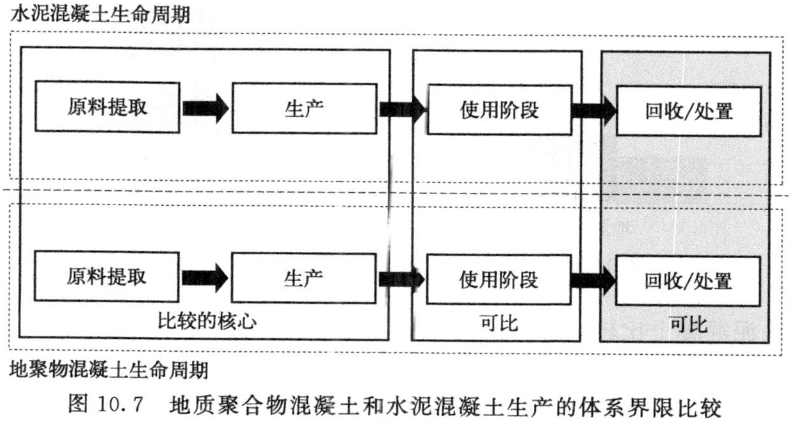

图 10.7 地质聚合物混凝土和水泥混凝土生产的体系界限比较

表 10.2 展示了两种体系组成成分的对比。所有混合物的碎石/砂含量都是完全相同的，而且混凝土在生产过程中没有添加任何化学添加剂（如超塑化剂）。波特兰水泥混凝土混合物中水泥的含量是 340kg/m^3，比 DIN EN 206-1/DIN 1045-2 规定的抗冻融混凝土（XF2、XF4）中水泥的最低含量标准高 20kg。已经优化的地质聚合物混凝土（Dombrowski et al，2008）的矿渣/粉煤灰比例约为 80∶20，在室温 20℃下进行制备与养护，无需任何热养护。

表 10.2 地质聚合物和水泥混凝土的组分　　单位：kg/m^3

材料	水泥混凝土	地质聚合物混凝土
水泥 CEM I32.5R	340	
矿渣		230
粉煤灰		57
反应性废物		83
硅酸盐溶液/硅酸钠(37%)		33
NaOH(50%)		24
去离子水	170	99
碎石/砂(0～16)	1878	1878
密度	2388	2404

在使用阶段和回收/处置阶段相同的情况下，图 10.8 依据 ADP 和 CED 展示了地质聚合物体系在这一具体应用（抗冻融混凝土）中可比的生态影响。与此相反，地质聚合物混凝土对全球变暖潜能值的贡献相当小。与波兰特水泥混凝土相比，地质聚合物混凝土的全球变暖潜能值大约低了 70%。

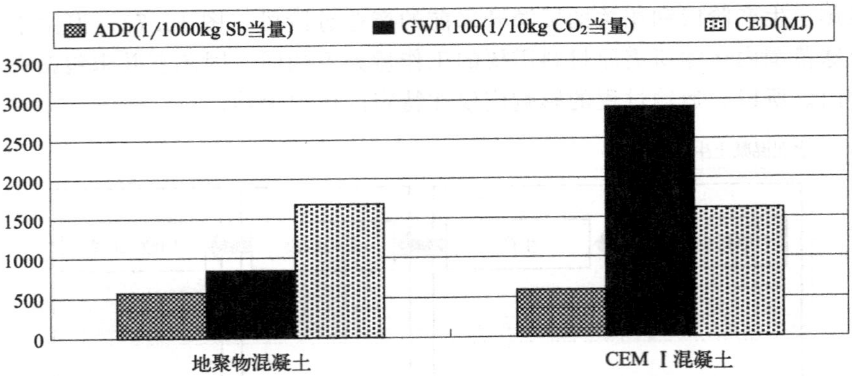

图 10.8 地质聚合物和水泥混凝土的 LCA 结果

与水泥混凝土比较，以下两点是十分关键的：

• 使用的水泥含量超出了规定的最低水泥含量（DIN EN 206-1/DIN 1045-2）$20kg/m^3$。

• 波特兰水泥（已知所有种类的水泥中，对能源和资源的需求量最高）替代了混合水泥，如 CEM Ⅱ 甚至 CEM Ⅲ，据 DIN EN 206-1/DIN 1045-2，这也可适用 XF2、XF4 级。

实际上，以上提到的两方面能够改善水泥混凝土对环境的影响。将水泥含量降低到规定要求的最小量（320kg），能使环境指标值下降 3%～5%；使用富含矿渣的复合波特兰水泥，则能使环境指标值下降 11%～16%。假设水泥混凝土能达到这样的最佳状况，并假定这样的混合物拥有所需的技术特性，则这种水泥混凝土混合物在 ADP 和 CED 方面将表现出显著的优势。尽管如此，地质聚合物对全球变暖潜能的影响将大大降低（全球变暖潜能值）。为了便于决策必须考虑区域运输的工作量。

当满足 DIN EN 206-1/DIN 1045-2 的要求时，两种体系的使用阶段被认为是可以比较的。由于二者不同的碳化性能，应从技术角度研究增强水泥和地质聚合物混凝土的不同耐久性。通过考虑复杂环境条件下的耐久性模型，可为体系的生命周期提供更加细致的评估，同时为地质聚合物和水泥混凝土生命周期的比较提供更加全面的参考信息。

10.5.2 污水污泥管中地质聚合物涂料与 HDPE 涂层系统的比较

地质聚合物可以展示出非凡的技术性能，如高强度、高耐热性和高耐酸性。因其具有高耐酸性，地质聚合物被用来设计污水污泥管道的耐酸涂层。未经保护的混凝土管道通常用于家庭废水排放。如果需要提高抗酸能力或使用寿命，混凝土管道通常会以高密度聚乙烯（HDPE）作为内衬。拥有高密度聚乙烯内衬的污水污泥管道能够较好地抵抗化学侵蚀和机械侵蚀（Guermazi et al，2008）。

原则上，地质聚合物涂层也可以保护混凝土面，使其免受化学侵蚀（Bakharev，2005；Bakharev et al，2003）和机械磨损。

图 10.9 展示了两种保护体系的边界对比。混凝土管道（受保护体）假定相同，且不被考虑在体系边界内。成型的高密度聚乙烯管道直接装在剥离混凝土管道的模具内部，而不使用额外的黏合剂成分。与高密度聚乙烯内衬不同，地质聚合物涂层必须通过喷涂技术实施。没有证据表明这两种应用技术都会对环境造成重大影响。

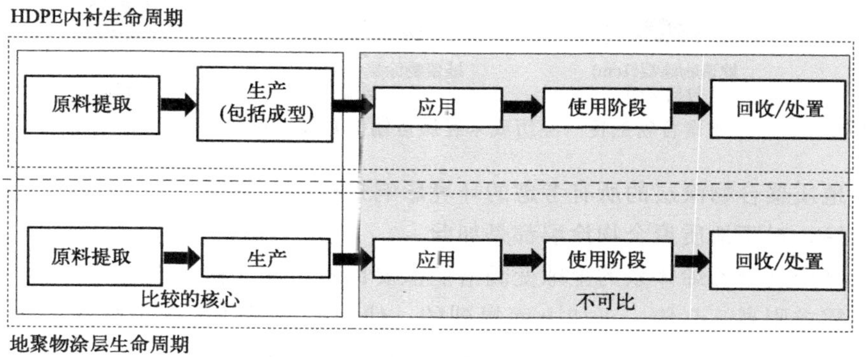

图 10.9 涂覆地质聚合物和 HDPE 衬里的体系界限比较

由于两种体系中使用了不同的原材料（图 10.9），因此使用阶段和回收/处置阶段可能也不同。在这种情况下，使用阶段（包括维护）可能对环境的影响起决定性作用。回收/处置阶段的重要性估计相对较小。因为有关应用、使用和回收/处置阶段的数据比较缺乏，为简化起见，调查仅集中在生产阶段。但必须牢记，这样研究得出的结果是受到限制的，特别是由于排除了使用阶段。

对比评估的功能单位是 $100m^2$ 保护层：

- 高密度聚乙烯内衬的厚度为 5mm（密度为 $0.97kg/dm^3$）；
- 地质聚合物涂层的厚度为 10mm（密度为 $2.23kg/dm^3$）。

Anja Buchwald 为这种应用设计出了技术性能极具发展前景的地质聚合物混合物。其成分包括：14.3%软粉煤灰（卡车运输距离 300km）；6.1%偏高岭土（卡车运输距离 300km，船舶运输距离 6000km）；11.8%硅酸盐溶液（卡车运输距离 300km）；2.2%氢氧化钠溶液（卡车运输距离 300km）；3.9%水（不需运输）；61.7%砂/细砂（卡车运输距离 10km）。

为了以一致的方式比较高密度聚乙烯内衬（包含原材料的运输）和地质聚合物涂层体系，还考虑了以地质聚合物为基础的生产体系（集中在中欧）的运输方案（图 10.10）。假定原材料的运输距离如上所述，这些距离是相当远的（假定最糟糕的情况）。

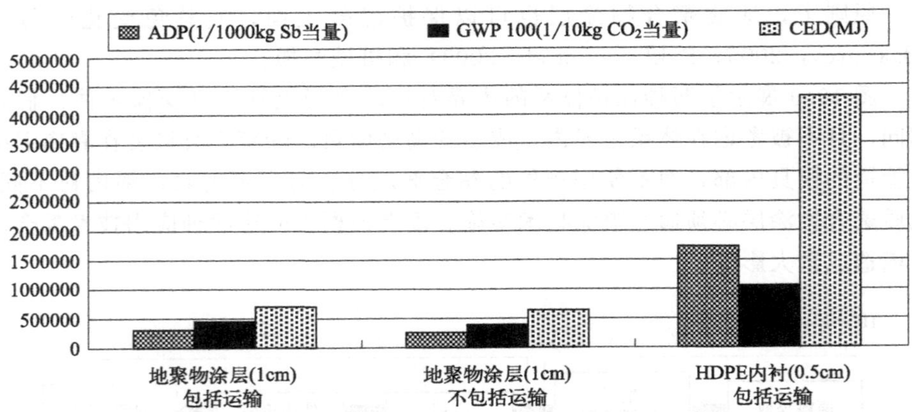

图 10.10　地质聚合物涂覆（经历或未经历运输的）和 HDPE 衬里的 LCA 比较结果

地质聚合物涂层的所有考虑的环境影响指标都低得多。无论是否考虑原材料运输，对于地质聚合物涂层都是如此。

高密度聚乙烯体系的全球变暖潜能值要比地质聚合物涂层高 2.3 倍，累积能量需求则高 5.9 倍。正如上面提到的，使用阶段对环境的影响起决定性作用。因此，呈现出来的结果并不偏向任一选择，除非存在有关两个体系的耐久性的可比较的信息。

尽管地质聚合物涂层的生命周期只有高密度聚乙烯内衬的一半，同时需要现场维护（用地质聚合物重新涂层），但它可能具有环境优势。在中等程度的侵蚀性环境下，地质聚合物涂层可能是不加涂层的混凝土管道和昂贵的高密度聚乙烯内衬混凝土管道之间的折中之选。

10.6 地质聚合物和再生资源的利用

从环境影响（和成本）看，用再生资源代替胶凝原材料可以优化地质聚合物的成分。生命周期评估结果建议进行这种优化。但实际上，当需要良好的技术性能时，这种优化仍面临着各种问题。与初级原材料相比，再生原料往往拥有更多样的化学成分。因此，各种地质聚合物的性能往往具有较大的差异，这对工业应用而言是一个不小的问题。由于一些再生原料中还含有重金属元素，因此以工业生产为目的来使用这些原料时可能会受到环境阈值的限制。

另外一个问题是如何得到再生资源，尤其是具有理想的低化学组成变化和低重金属或杂质含量的再生资源。即使世界范围内再生资源的可用性变化很大，但问题还是一样的，与其他传统或新体系争夺这些再生资源。举例来说，在德国，高炉矿渣已经被运用到传统的水泥基体系中。与传统的再生资源竞争并不利于这种新技术的市场推广。因此，开发用于不同用途的地质聚合物混合物，应该优先支持那些在其他工业领域还没有作为原材料大规模应用的再生资源。

10.7 小结

产品对环境的影响应该降至最低。为了开发更环保的材料，材料设计者应该既了解一些有关新材料系统环境影响因素的知识，也应该了解一些有关传统材料竞争对环境影响的知识。地质聚合物生产的原材料各种各样，工艺条件多变，因此可以实现适合不同应用目的的工艺特性。因此，有关地质聚合物的环境影响问题是相当复杂的。

选择原材料时既要注意固态成分，也要注意液态成分。在改善地质聚合物的环境影响方面，硅酸盐溶液和氢氧化钠溶液展示出了巨大的潜力。此外，地质聚合物生产过程中热养护工艺的运用应该降至最低，或者应利用其他工艺产生的废热以减少伴随的环境负荷。

地质聚合物体系和以水泥为基础的体系的对比评估清晰地展示出二者在环境方面的竞争力。针对具体的应用领域，二者（假定技术性能是可比的）竞争力的大小取决于（两种生产体系的）具体的组成成分。地质聚合物管道涂层和高密度聚乙烯内衬之间的对比呈现出了完全不同的情况。在这一特定情况下，若只考虑生产阶段，地质聚合物体系展示出了可观的生态优势。通常，我们迫切需要了解地质聚合物相对于传统体系在耐用性和生命周期方面的表现。只有了解了这些重要信息，我们才能得出有关地质聚合物产品对环境影响的最终结论。

致谢

感谢大众汽车基金会提供的财务支持，使本研究得以完成。

参考文献

Bakharev, T. (2005). Resistance of geopolymer materials to acid attack. *Cement and Concrete Research*, 35(4), 658–670.

Bakharev, T., Sanjayan, J.G., and Cheng, Y.-B. (1999). Effect of elevated temperature curing on properties of alkali-activated slag concrete. *Cement and Concrete Research*, 29(10), 1619–1625.

Bakharev, T., Sanjayan, J.G., and Cheng, Y.-B. (2003). Resistance of alkali-activated slag concrete to acid attack. *Cement and Concrete Research*, 33(10), 1607–1611.

Dombrowski, K., Weil, M., and Buchwald, A. (2008). Geopolymer binders. *ZKG International*, 61(3), 70–80.

Dreyer, L.C., Niemann, A.L., and Hauschild, M.Z. (2003). Comparison of three different LCIA methods: EDIP97, CML2001 and Eco-indicator 99 – Does it matter which one you choose? *International Journal of Life Cycle Assessment*, 8(4), 191–200.

Duxson, P., Fernandez-Jimenez, A., Provis, J.L., Lukey, G.C., Palomo, A., and van Deventer, J.S.J. (2007a). Geopolymer technology: the current state of the art. *Journal of Materials Science*, 42(9), 2917–2933.

Duxson, P., Mallicoat, S.W., Lukey, G.C., Kriven, W.M., and van Deventer, J.S.J. (2007b). The effect of alkali and Si/Al ratio on the development of mechanical properties of metakaolin-based geopolymers. *Colloids and Surfaces A: Physicochemical and Engineering Aspects*, 292(1), 8–20.

Duxson, P., Provis, J.L., Lukey, G.C., and Van Deventer, J.S.J. (2007c). The role of inorganic polymer technology in the development of `green concrete'. *Cement and Concrete Research*, 37(12), 1590–1597.

Ecoinvent (2006). Database. *Ecoinvent Version v 1.3*.

Glukhovsky, V.D. (1959). *Soil Silicates*. Gosstroyizdat Ukrainy Publishing, Kiev.

Gruskovnjak, A., Lothenbach, B., Holzer, L., Figi, R., and Winnefeld, F. (2006). Hydration of alkali-activated slag: comparison with ordinary Portland cement. *Advances in Cement Research*, 18(3), 119–128.

Guermazi, N., Elleuch, K., Ayedi, H.F., Zahouani, H., and Kapsa, P. (2008). Susceptibility to scratch damage of high density polyethylene coating. *Materials Science and Engineering: A*, 492(1–2), 400–406.

Guinée et al. (2001). Life cycle assessment. An operational guide to the ISO standards. Part 1: LCA in perspective. Part 2a: Guide. Part 2b: Operational annex. Part 3: Scientific background. Ministry of Housing, Spatial Planning and the Environment (VROM) and Centre of Environmental Science, Leiden Niederlande.

ISO 14040 (2006). *Environmental management – life cycle assessment – principles and framework*. International Organization for Standardization (ISO).

Komnitsas, K. and Zaharaki, D. (2007). Geopolymerisation: A review and prospects for the minerals industry. *Minerals Engineering*, 20(14), 1261–1277.

Menzel, U. (1991). Heat treatment of concrete. *Concrete plant + precast technology*, 12, 92–96.

Nowak, R. (2008). Geopolymer concrete opens to reduce CO_2 emissions. *The New Scientist*, 197(2640), 28–29.

Petrova, T., Dzhashi, N., and Poletaev, A. (2005). Durability of Slag-Alkaline Conretes. In: Bilek, V., Keršner, Z. (Eds.), Proceeding of the 2nd International Symposium Non-Traditional Cement and Conrete, Brno, 14–16 June, 61–68.

Weil, M., Buchwald, A., and Dombrowski, K. (2006). Sustainable Design of Geopolymers–Integration of Economic and Environmental Aspects in the Early Stages of Material Development. *GDCH-Monograph*, 36, 297–306.

11

地质聚合物混凝土的工程性能

B. V. Rangan 著
科廷科技大学，澳大利亚

11.1 引言

作为最广泛使用的建筑材料之一，波特兰水泥混凝土的需求正逐步增加。水泥行业对造成气候变化的二氧化碳排放负有责任，因为1t水泥生产过程中大约要向大气排放1t二氧化碳。为此，可考虑使用地质聚合物替换波特兰水泥在混凝土工业中的应用（Duxson et al，2007）。对全球气候变暖而言，正如Gartner（2004）详细分析指出的，地质聚合物技术能够显著减少水泥行业向大气排放的二氧化碳。

已有研究人员（Davidovits，1994；van Jaarsveld et al，1997）和书籍对地质聚合物的化学成分进行了解释。关于地质聚合物混凝土的工程性能，水是在形成地质聚合物的化学反应中释放出来的。在养护和进一步干燥期间，从地质聚合物基质中排出的水在基质中留下了不连续的纳米孔，会对地质聚合物混凝土的性能起到促进作用。因此，地质聚合物混凝土中混合的水，对于化学反应的发生没有影响；它仅仅是在搅拌的过程中提供施工性。这与水化反应过程中波特兰水泥混凝土混合物中水的化学反应不同。

本章描述了高温养护低钙粉煤灰地质聚合物混凝土的工程性能。低钙（ASTM F级）粉煤灰比高钙粉煤灰（ASTM C级）更适宜作为原材料。较高的钙含量可能会干扰聚合作用和改变其微观结构（Gourley，2003；Gourley and Johnson，2005）。

11.2 地质聚合物混凝土

燃煤发电站获得的低钙（ASTM F级）粉煤灰可用来制造地质聚合物混

凝土。当氧化硅和氧化铝的质量分数约为80%，硅铝比约为2时，低钙粉煤灰可成功用于地质聚合物混凝土的制造。氧化铁的含量通常占质量的10%～20%，然而氧化钙的含量按质量计算小于5%。粉煤灰中的碳含量会随着燃烧而下降，甚至低于2%。粒度分布实验表明，80%的粉煤灰颗粒粒径都低于50μm（Gourley，2003；Hardjito and Rangan，2005；Wallah and Rangan，2006；Sumajouw and Rangan，2006；Fernandez-Jimenez et al，2006a；Sofi et al，2007a）。Fernandez-Jimenez等人（2006b）已经对地质聚合物基质中低钙粉煤灰火山灰活性进行了研究。

用于混凝土工业的粗集料和细集料也适用于制造地质聚合物混凝土。混凝土实验中的集料等级曲线现在也适用于地质聚合物混凝土（Hardjito and Rangan，2005；Wallah and Rangan，2006；Sumajouw and Rangan，2006；Gourley，2003）。

氢氧化钠和硅酸钠溶液的混合物可作为碱性溶液使用。质量比如下：SiO_2/Na_2O质量比约为2的硅酸钠溶液A53（即$SiO_2=29.4\%$，$Na_2O=14.7\%$，水为55.9%）和溶解在水中的纯度为97%～98%的氢氧化钠固体（Hardjito and Rangan，2005；Wallah and Rangan，2006；Sumajouw and Rangan，2006）。氢氧化钠溶液浓度范围在8～16mol/L。需要注意的是，水是碱性溶液中最主要的成分。

为了提高施工性，需要在混合物中加入高效的超塑化剂、减水剂以及额外的水。

11.3 混合比设计、制备及养护

11.3.1 混合比设计

地质聚合物混凝土与波特兰水泥混凝土的主要差别在于胶凝材料。低钙粉煤灰中的氧化硅和氧化铝与碱性液体反应形成地质聚合物浆体来黏结松散的粗集料、细集料以及其他未反应的材料，进而形成地质聚合物混凝土。

与波特兰水泥混凝土一样，粗细集料占地质聚合物混凝土质量的75%～80%。地质聚合物混凝土骨料部分可采用目前用于波特兰水泥混凝土的方法来进行设计。

地质聚合物的抗压强度和施工性受到浆体组分材料比例及性能的影响。实验结果（Hardjito and Rangan，2005）如下：

- 采用高浓度（按照摩尔分数）氢氧化钠溶液的地质聚合物混凝土具有更高的抗压强度。

• 溶液中硅酸钠与氢氧化钠质量之比越高，地质聚合物混凝土抗压强度越高。

• 添加萘系磺酸盐超塑化剂（接近粉煤灰质量的 4%）会改善新地质聚合物混凝土的施工性；然而当超塑化剂掺量超过 2%时硬化混凝土的抗压强度会出现轻微的下降。

• 地质聚合物混凝土新拌浆体的坍落度随水含量的增加而增加。

• 地质聚合物混凝土抗压强度随氢钠比增加而下降。

从上可知，各种因素对地质聚合物混凝土抗压强度和施工性的影响是复杂的。学者提出“水/地质聚合物固体比”（按质量）单一参数有助于低钙粉煤灰基地质聚合物混凝土的混合比设计。在该参数中，水的总质量是硅酸钠溶液中的水、氢氧化钠溶液中的水以及添加到混合物中的额外水（如果有）的质量的总和。地质聚合物中固体质量是粉煤灰、氢氧化钠固体以及硅酸钠溶液中固体的质量之和（即 Na_2O 和 SiO_2 之和）。

实验研究中两种不同地质聚合物混凝土混合物的混合比列于表 11.1（Wallah and Rangan，2006）。许多其他混合物的细节在文献中有报道（Hardjito and Rangan，2005；Sumajouw and Rangan，2006）。

表 11.1　地质聚合物混凝土混合物的混合比设计

材料		含量/(kg/m³)	
		混合物 1	混合物 2
粗集料	20mm	370	370
	14mm	277	277
	7mm	647	647
细砂		554	554
灰(低钙 ASTM F)		408	408
硅酸钠溶液(A53)		103	103
氢氧化钠溶液		41(8mol/L)	41(14mol/L)
超塑化剂		6	6
额外水		无	22.5

开展该测试是为了研究水与地质聚合物的固体质量比对地质聚合物混凝土抗压强度和施工性的影响规律。测试样品为 ϕ100mm×200mm 的圆柱体，并在相应温度下热养护 24h。实验结果如图 11.1 所示，地质聚合物混凝土的抗压强度随着地质聚合物中水固比的增加而下降（Hardjito and Rangan，2005）。这一结果与已知的水胶比对波特兰水泥抗压强度的影响类似。显然，随着水与地质聚合物固体比的增加，较高的含水量会改善浆体的施工性。

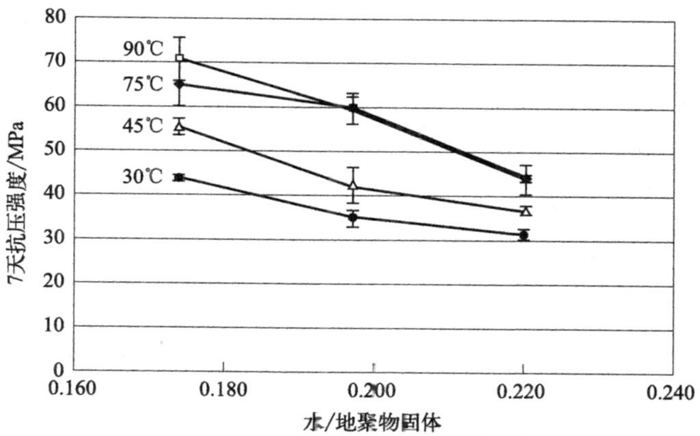

图 11.1　水与地质聚合物固体质量比例对抗压强度的影响（Hardjito and Rangan，2005）

11.3.2　制备

地质聚合物混凝土可采用波特兰水泥混凝土的传统制备技术来生产。在实验室，首先将粉煤灰与骨料混合于 80L 容量的搅拌器中干搅拌 3min；碱性液体与超塑化剂以及额外的水（如果有的话）混合在一起。然后，混合的液体组分加入干燥的材料，再持续混合 4min。新拌混凝土 120min 内没有任何凝固的迹象，并且抗压强度也不会降低。按照波特兰水泥混凝土的方法，浇筑的新拌混凝土振荡成型（Hardjito and Rangan，2005；Wallah and Rangan，2006；Sumajouw and Rangan，2006）。地质聚合物混凝土的抗压强度和可加工性也受到湿混时间的影响（Hardjito and Rangan，2005）。随着湿混时间增加，地质聚合物混凝土硬化浆体的抗压强度增加，而新拌浆体的施工性略有下降。

11.3.3　养护制度

尽管低钙粉煤灰基地质聚合物混凝土可在室温条件下养护，但一般推荐热养护。热养护制度非常有助于地质聚合物新拌浆体发生化学反应。

养护时间与温度均会影响地质聚合物混凝土的抗压强度。养护时间的影响如图 11.2 所示（Hardjito and Rangan，2005）。测试样品为 ϕ100mm×200mm 圆柱，在 60℃热养护条件下从 4h 到 96h（4 天）的养护时间。较长的养护时间会改善地质聚合物反应过程，从而提高抗压强度。在养护 24h 期间，强度很快增加；24h 之后，强度增加不太明显。因此，实际应用中加热养护时间不用达到 24h。养护温度对抗压强度的影响见图 11.1。

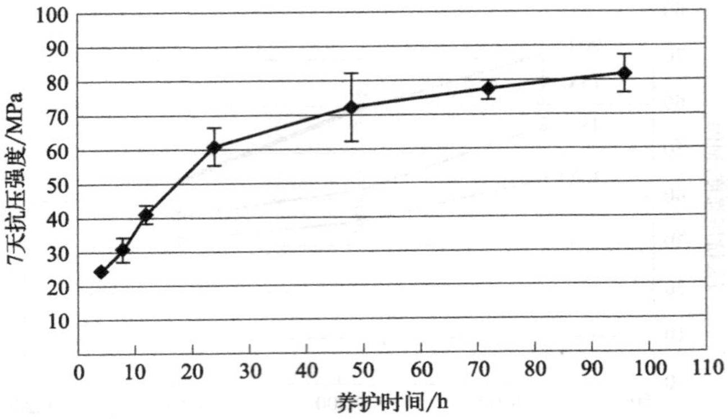

图 11.2　养护时间对地质聚合物混凝土抗压强度的影响（Hardjito and Rangan，2005）

通过蒸汽养护或者干燥养护可以实现加热养护。实验数据表明，干燥养护的聚合物混凝土的抗压强度比蒸汽养护高约 15%（Hardjito and Rangan，2005）。

为了符合实际应用的需求，可以调节加热养护的方式。在实验室中，用地质聚合物混凝土制造预制产品；设计规范需要在 60℃下蒸汽养护 24h。为了优化模具的使用，首先将产品浇筑并蒸汽养护大约 4h，随后停止蒸汽养护一段时间，以确保产物从模具中拿出。然后将产物的蒸汽养护再继续 21h。这两个阶段的蒸汽养护并不会导致产品发生强度退化（Hardjito and Rangan，2005）。

同样地，地质聚合物混凝土的加热养护可以推迟几天。测试表明，开始热养护时间的延迟不超过五天不会导致抗压强度的降低。事实上，早期加热养护的推迟实质上会明显增加地质聚合物混凝土的抗压强度（Hardjito and Rangan，2005）。这可能是在热氧化开始之前发生的聚合反应所致。

上述地质聚合物混凝土的加热养护，可以适用于实际应用中原型产品的生产。

11.4　地质聚合物混凝土的短期性能

11.4.1　压缩行为

粉煤灰基地质聚合物混凝土的压缩行为和失效模式与波特兰水泥混凝土相似。图 11.3 显示了地质聚合物混凝土典型的应力-应变曲线。实验数据表明，在峰值应力下的应变范围是 0.0024～0.0026（Hardjito and Rangan，2005）。Collins 等人（1993）提出，波特兰水泥混凝土在压缩过程中的应力-应变关系可以通过如下表达式计算：

$$\sigma_c = f_{cm}\frac{\varepsilon_c}{\varepsilon_{cm}}\times\frac{n}{n-1+(\varepsilon_c/\varepsilon_{cm})^{nk}} \tag{11.1}$$

式中，f_{cm} 为峰值应力；ε_{cm} 为峰值应力时的应变。当 $\varepsilon_c/\varepsilon_{cm}>1$ 时，$k=0.67$；或者 $\varepsilon_c/\varepsilon_{cm}\leqslant 1$ 时，$k=0。8+(f_{cm}/17)$，$k=0.67+(f_{cm}/62)$。图 11.3 表明测得的地质聚合物混凝土应力-应变曲线与用式(11.1) 计算的值具有良好的一致性。

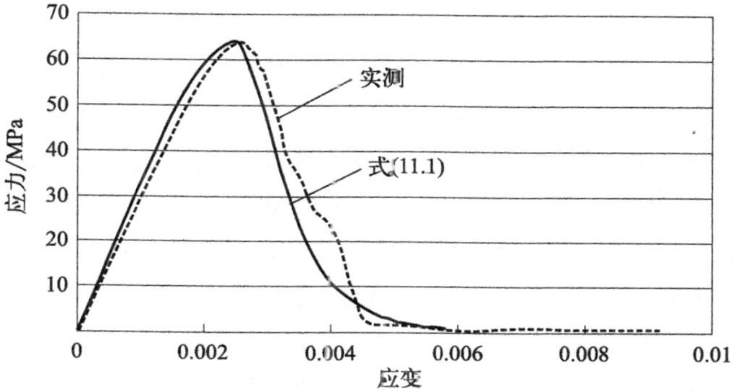

图 11.3 地质聚合物混凝土受压的应力-应变关系（Hardjito and Rangan，2005）

表 11.2 中给出了地质聚合物混凝土在受压过程中的弹性模量测量数值。正如预期一样，地质聚合物混凝土弹性模量随抗压强度增加而增加（Hardjito and Rangan，2005）。

对于波特兰水泥混凝土，澳大利亚混凝土结构标准草案 AS3600（2005）推荐使用如下表达式来计算弹性模量值，偏差不超过±20%：

$$E_c=\rho^{1.5}\times(0.024\sqrt{f_{cm}}+0.12)\quad (\text{MPa}) \tag{11.2}$$

式中，ρ 为混凝土的单位容重，kg/m^3；f_{cm} 为抗压强度的平均值，MPa。美国混凝土学会委员会 ACI363（1992）推荐使用如下表达式计算弹性模量：

$$E_c=3320\sqrt{f_{cm}}+6900\quad (\text{MPa}) \tag{11.3}$$

粉煤灰基地质聚合物混凝土单位容重平均为 2350kg/m^3，表 11.2 给出粉煤灰基地质聚合物混凝土弹性模量的测量值，以及与利用方程（11.2）和方程（11.3）计算的值之间的比较。

从表 11.2 可见，测试值始终低于方程（11.2）与方程（11.3）的计算值。这是地质聚合物混凝土在制造过程中采用粗集料的缘故。

表 11.2 地质聚合物混凝土在受压中的弹性模量

f_{cm}/MPa	E_c(测量值)/GPa	E_c[方程(11.2)]/GPa	E_c[方程(11.3)]/GPa
89	30.8	39.5±7.9	38.2
68	27.3	36.2±7.2	34.3
55	26.1	33.9±6.8	31.5
44	23.0	31.8±6.4	28.9

测试实验中所用粗骨料是一种花岗岩。尽管样品由 f_{cm}＝44MPa 的混合物制备，测试的圆柱失效表面也会沿着粗骨料断开，从而形成光滑的失效表面。这表明粗骨料相对地质聚合物浆体及浆体-骨料界面更弱。

对于使用花岗岩型粗集料的波特兰水泥混凝土，Aitcin 与 Mehta（1990）研究表明在 f_{cm}＝84.8MPa 与 88.6MPa 时，测得弹性模量值分别为 31.7GPa 与 33.8GPa。这些测量值与表 11.2 中给出的地质聚合物混凝土测量值相似。

Sofi 等人（2007a）使用三种不同来源的低钙粉煤灰来制备地质聚合物浆体以及混凝土样品，测得的弹性模量值与表 11.2 中给出的数值相近。

实验研究表明，地质聚合物中的浆体-骨料界面过渡区相对波特兰水泥更强（Lee and van Deventer，2004）。这可能是地质聚合物混凝土具有优异的力学性能和长期耐久性的原因（Provis et al，2007）。

当粉煤灰基地质聚合物混凝土的抗压强度在 40～90MPa 范围变化时，泊松比随之落在 0.12～0.16 之间，与波特兰水泥混凝土相似。

11.4.2 间接拉伸强度

粉煤灰基地质聚合物混凝土的拉伸强度在 ϕ150mm×300mm 的混凝土圆柱劈裂试验中测定。测试结果见表 11.3，可知地质聚合物混凝土抗拉劈裂强度只是抗压强度的一小部分，与硅酸盐水泥混凝土的情况相类似（Hardjito and Rangan，2005）。

表 11.3 地质聚合物混凝土间接拉伸强度

平均抗压强度/MPa	平均间接拉伸强度/MPa	特征拉伸强度[方程(11.4)]/MPa	拉伸断裂强度[方程(11.5)]/MPa
89	7.43	3.77	5.98
68	5.52	3.30	5.00
55	5.45	3.00	4.34
44	4.43	2.65	3.74

澳大利亚混凝土结构标准草案 AS3600（2005）推荐使用以下方程来确定波特兰硅酸盐水泥混凝土（FCT）的特征拉伸强度：

$$f_{ct}=0.4\sqrt{f_{cm}}\quad (\text{MPa}) \tag{11.4}$$

Neville（2000）建议波特兰水泥混凝土的拉伸断裂强度与抗压强度的关系表示为：

$$f_{ct}=0.3(f_{cm})^{2/3} \quad (\text{MPa}) \tag{11.5}$$

用方程（11.4）与方程（11.5）计算的 f_{ct} 值见表 11.3，表明测试的粉煤灰基地质聚合物混凝土间接拉伸强度高于澳大利亚标准草案 AS3600（2005）以及 Neville（2000）给出的波特兰水泥混凝土数值。这一结果与波特兰水泥混凝土的情况类似。

Sofi 等人（2007a）也用三种不同来源的低钙粉煤灰制备的地质聚合物砂浆及混凝土样品开展了间接拉伸试验。所观察到的趋势与表 11.3 中给出的结果类似。

11.4.3 单位体积质量

混凝土的单位体积质量基本取决于混合物中使用骨料的单位体积质量。试验表明，低钙粉煤灰基地质聚合物混凝土与波特兰水泥混凝土的单位体积质量相似。当使用花岗岩型粗集料时，单位体积质量在 2330～2430kg/m³ 的范围（Hardjito and Rangan，2005）内变化。

11.5 地质聚合物混凝土的长期性能

11.5.1 抗压强度

在四年的时间内生产了许多批次的混合物 1 和混合物 2（表 11.1）。每一批次地质聚合物混凝土样品都制造成 ϕ100mm×200mm 的圆柱状。在浇筑完的第 7 天，至少 3 个圆柱状样品会进行抗压强度测试，同时也确定样品的单位体积质量。对于由配比 1 和配比 2 制成的样品经 60℃ 24h 热养护后，其实验结果列于表 11.4（Wallah and Rangan，2006）。

表 11.4 地质聚合物的抗压强度和单位体积质量

混合物	养护类型	第 7 天抗压强度（在 60℃热养护 24h）/MPa		单位质量/(kg/m³)	
		平均	标准偏差	平均	标准偏差
混合物 1	干燥养护(炉内)	58	6	2379	17
	蒸汽养护	56	3	2388	15
混合物 2	干燥养护(炉内)	45	7	2302	52
	蒸汽养护	36	8	2302	49

为了研究养护龄期对热养护地质聚合物混凝土抗压强度的影响。用表 11.1 混合物 1 制成的三组 ϕ100mm×200mm 圆柱样品在 60℃温度下养护 24h 及在实验的 4 年期内的不同时间测试了抗压强度值。图 11.4 中的测试数据表明，与第 7 天抗压强度相比，其抗压强度会随着养护龄期时间的延长而增加 10%～20%（Wallah and Rangan，2006）。

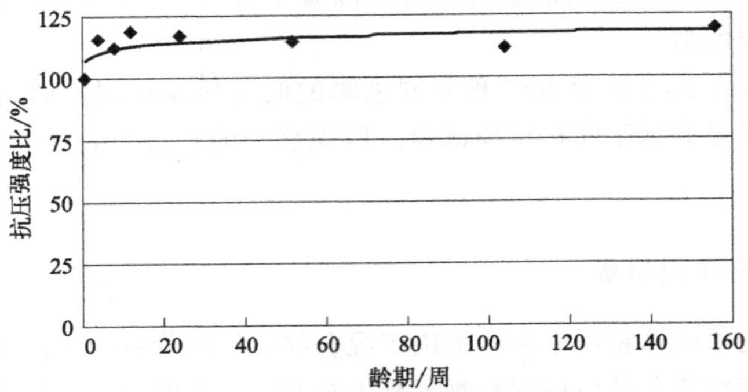

图 11.4　热养护地质聚合物混凝土的抗压强度在老化过程中的变化（Hardjito and Rangan，2005）

以上测试数据证明了低钙粉煤灰基地质聚合物混凝土的稳定的质量、重现性和长期稳定性。

为了研究养护龄期对室温养护条件下粉煤灰基地质聚合物抗压强度的影响，用表 11.1 中混合物 1 为原料制备了三组地质聚合物混凝土。试验样品是 ϕ100mm×200mm 的圆柱体。第一组（5-05）是在 2005 年 5 月制成的，第二组（7-05）是在 2005 年的 7 月制成的，第三组（9-05）是在 2005 年 9 月制成的。第一批次产品 2005 年 5 月制成后的一周内，室温在 18～25℃之间，相应地，第二、三批次产品制成后的一周内，室温分别在 8～18℃和 12～22℃之间。这几个时间段内的实验室平均湿度在 40%～60%之间。这些用于试验的圆柱体在制成一天后被移出模具，随后一直置于实验室环境条件下，直至相应的龄期。

图 11.5 中的测试结果显示，经过室温养护的地质聚合物，抗压强度随着时间而显著增加（Wallah and Rangan，2006）。这一试验趋势与之前提到的龄期对热养护地质聚合物抗压强度的影响形成对比。

11.5.2　徐变与干燥收缩

热养护低钙粉煤灰基地质聚合物混凝土的徐变和干燥收缩过程已被研究了长达一年的时间（Wallah and Rangan，2006）。在该研究中，采用混合物 1 与混合物 2 制备地质聚合物混凝土混合料的配比见表 11.1。该实验样品为

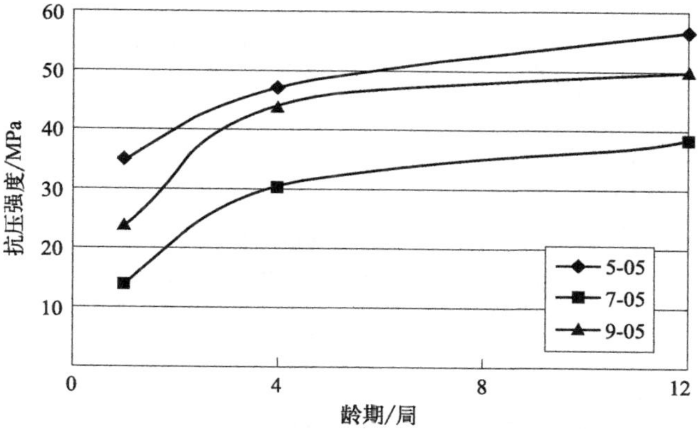

图 11.5 室温条件下地质聚合物混凝土的抗压强度（Hardjito and Rangan，2005）

ϕ150mm×300mm 的圆柱体，60℃下热养护 24h。推荐浇铸 7 天后对样品进行徐变实验，持续应力为当天抗压强度的 40%。对混合物 1 制备的样品加热养护的测试结果见图 11.6（Wallah and Rangan，2006）。对于混合物 1 和混合物 2，无论是在烤箱中加热还是在蒸汽中加热，测试结果的趋势都是相似的。

试验结果表明，热养护的粉煤灰基地质聚合物在一年后几乎没有发生干燥收缩，约为 100 微应变。该值明显低于波特兰水泥混凝土的收缩范围。

荷载为 40MPa、47MPa 和 57MPa 的热养护地质聚合物混凝土在加载一年后的徐变系数定义为徐变应变与弹性应变的比率，其徐变系数在 0.6～0.7 之间；当热养护地质聚合物混凝土抗压强度为 67MPa 时，其值在 0.4～0.5 之间。这些值仅仅相当于澳大利亚标准草案 AS3600（2005）中规定的硅酸盐水泥混凝土数值的 50%。

室温养护的地质聚合物混凝土的干燥收缩应变，数倍高于热养护的实验样品（图 11.7）。如前所述，地质聚合物的化学反应过程中会释放水分。室温养护样品中，一段时间内水的蒸发会引起显著的干燥收缩应变，尤其是在前两个星期内，见图 11.7（Wallah and Rangan，2006）。

11.5.3 抗硫酸盐侵蚀

实验研究了热养护的低钙粉煤灰基地质聚合物混凝土的抗硫酸盐侵蚀性能。在 60℃下热养护 24h 试验样品［由混合物 1 制备（表 11.1）］经 5%的硫酸钠溶液浸渍一年。根据硫酸侵蚀后的质量变化、长度变化和抗压强度变化对其抗硫酸盐侵蚀性能进行评估。质量和抗压强度变化测试试样为 ϕ100mm×200mm 的圆柱体，长度变化测试试样为 75mm×75mm×285mm 的棱柱（Wallah and Rangan，2006）。

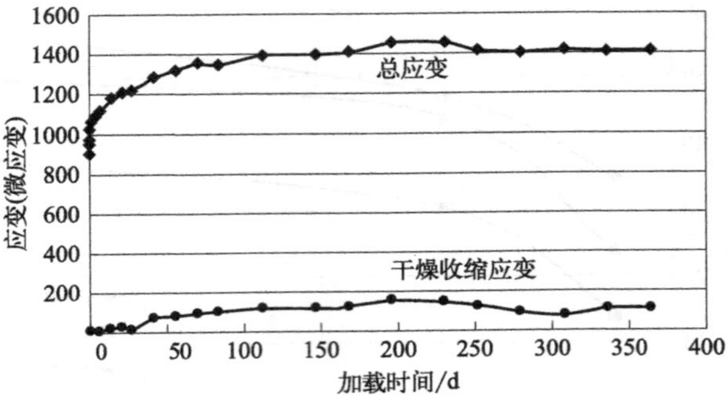

图 11.6　热养护地质聚合物混凝土总应变和干燥收缩应变

热养护的地质聚合物混凝土的低干燥收缩应变和低徐变有利于混凝土结构的长期性能（Wallah and Rangan，2005）

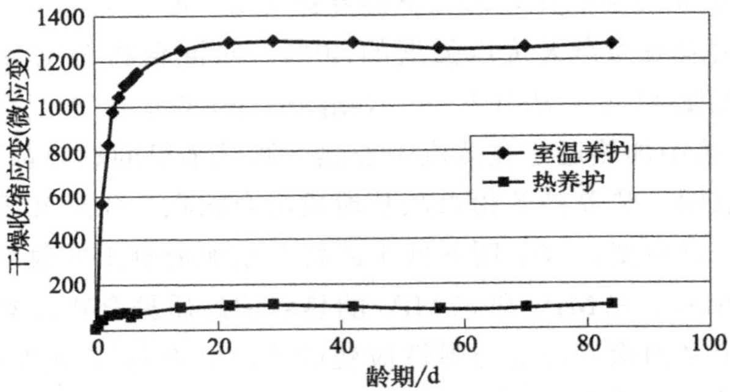

图 11.7　热养护和室温养护地质聚合物混凝土的干燥收缩应变（Wallah and Rangan，2006）

试验结果表明，热养护的低钙粉煤灰基地质聚合物混凝土具有出色的抗硫酸盐侵蚀性。与初始状态相比，浸泡在硫酸钠溶液中长达一年后的样品外观没有变化，表面也没有出现开裂或剥落的迹象。同时，浸泡在自来水中的样品也没有可见的外观变化。

试验结果表明，在一年时间的暴露下，各个时期的试样质量和抗压强度没有发生显著的改变。试样长度上的变化是非常小的，小于 0.015%（Wallah and Rangan，2006）。

硫酸盐侵蚀下，波特兰水泥混凝土的劣化可归因于膨胀石膏和钙矾石的形成导致混凝土膨胀、开裂和剥落。低钙粉煤灰基地质聚合物混凝土的机理与波特兰水泥混凝土不同，并且其水合产物不同。地质聚合物的主要产物不像水合产物那样易受硫酸盐的侵蚀。因为在地聚合的主要产物中通常没有石膏或钙矾石形成，所以热养护的低钙粉煤灰基地质聚合物混凝土不会受到硫酸盐的侵蚀。然而，粉煤灰或集料中高含量的钙会导致在地质聚合物混凝土中形成石膏和钙矾石。

11.5.4 抗硫酸侵蚀性

实验研究了热养护的低钙粉煤灰基地质聚合物混凝土的抗硫酸侵蚀性。实验用的硫酸溶液浓度分别为2%、1%和0.5%。根据暴露于硫酸条件下一年后样品的质量损失以及残余抗压强度，来评估地质聚合物混凝土的抗硫酸侵蚀性。实验样品为使用混合物1（见表11.1）制备的ϕ100mm×200mm圆柱，并在浇铸后于60℃加热养护24h（Wallah and Rangan，2006）。

在不同浓度的硫酸溶液中浸泡一年后，直接观察地质聚合物混凝土试样表面的侵蚀情况。随着酸溶液浓度的增加，试样表面的破坏程度增加。

与其他研究报道（Gourley and Jonson，2005）的波特兰水泥混凝土相比，测试样品在浸泡一年后的质量损失是比较小的，约有3%。如图11.8所示，样品暴露于硫酸中会引起抗压强度的下降。下降的程度取决于酸溶液的浓度和暴露的时间（Wallah and Rangan，2006）。对抗压试验后的混凝土圆柱碎片进行目测，试样在2%硫酸溶液中浸泡1年后，其酸腐蚀似乎发生在直径为100mm的试验圆柱的20mm外壳中。

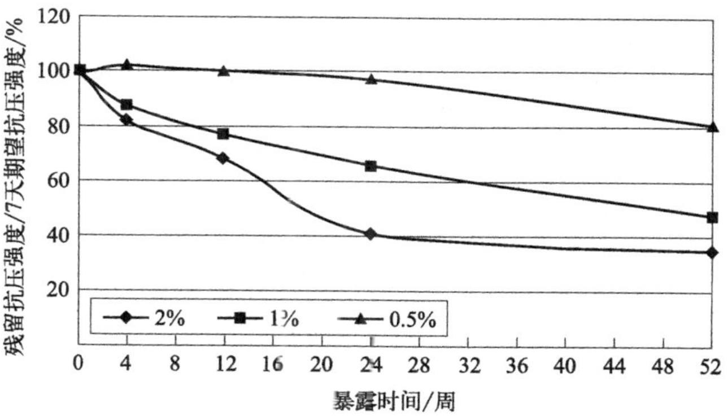

图11.8 热养护地质聚合物混凝土的耐酸性（Wallah and Rangan，2006）

11.6 小结

本章介绍了热养护粉煤灰基地质聚合物混凝土工程特性的信息。采用低钙粉煤灰（ASTM的F级）作为原料代替波兰特水泥来制备混凝土。

低钙粉煤灰基地质聚合物混凝土具有良好的抗压强度，并适于多种应用。

已经确认了显著影响新混凝土和硬化混凝土特性的因素。

硬化的地质聚合物混凝土的弹性与波特兰水泥混凝土的弹性相似。热养护的低钙粉煤灰基地质聚合物混凝土还显示出优异的抗硫酸盐侵蚀性、良好的耐酸性、低徐变和极小的干燥收缩应变。

一些研究针对地质聚合物混凝土构件展开（Sumajouw and Rangan，2006；Fernandez-Jimenez et al，2006a；Sofi et al，2007b；Gourley and Johnson，2005）。这些研究表明，目前适用于增强波特兰水泥混凝土的规范（ACI Committee 318，2002）与标准（Committee BD-002 Standards Australia，2005）中包含的相关设计规定，可用于增强地质聚合物混凝土构件。因此，地质聚合物混凝土可能在许多领域中用作建筑材料。

参考文献

ACI Committee 363 (1992), State-of-the-Art Report on High-Strength Concrete, ACI 363R–92, Farmington Hills, MI.

ACI Committee 318 (2002), *Building Code Requirements for Structural Concrete*, American Concrete Institute, Farmington Hills, MI.

Aitcin, P C and P K Mehta (1990), 'Effect of coarse-aggregate characteristics on mechanical properties of high-strength concrete' *ACI Materials Journal* 87(2), 103–107.

Collins, M P, Mitchell D and MacGregor J G (1993), 'Structural design considerations for high strength concrete' *ACI Concrete International* 15(5), 27–34.

Committee BD-002 Standards Australia (2005), *Concrete Structures: Draft Australian Standard AS3600-200x*, Standards Australia.

Davidovits J (1994), 'High-Alkali Cements for 21st Century Concretes'. In Concrete Technology, Past, Present and Future, in Metha P K (ed.), *Proceedings of V. Mohan Malhotra Symposium,* ACI SP-144, American Concrete Institute, Detroit, 383–397.

Duxson P, Provis J L, Lukey G C and van Deventer J S J (2007), 'The role of inorganic polymer technology in the development of Green concrete', *Cement and Concrete Research*, 37(12), 1590–1597.

Fernández-Jiménez A M, Palomo A, and López-Hombrados C (2006a), 'Engineering properties of alkali-activated fly ash concrete' *ACI Materials Journal*, 103(2), 106–112.

Fernández-Jiménez A M, de la Torre A G, Palomo A, López-Olmo G, Alonso M M, and Aranda M A G (2006b), 'Quantitative determination of phases in the alkali activation of fly ash. Part I. Potential ash reactivity', *Fuel*, 85(5–6), 625–634.

Gartner E (2004), 'Industrially interesting approaches to 'low-CO_2' cements' *Cement and Concrete Research*, 34(9), 1489–1498.

Gourley J T (2003), 'Geopolymers; Opportunities for Environmentally Friendly Construction Materials' in *Materials 2003 Conference: Adaptive Materials for a Modern Society*, Sydney.

Gourley J T and Johnson G B (2005), 'Developments in Geopolymer Precast Concrete' in *Proceedings of the International Workshop on Geopolymers and Geopolymer Concrete*, Perth.

Hardjito D and Rangan B V (2005), *Development and Properties of Low-Calcium Fly Ash-based Geopolymer Concrete,* Research Report GC1, Faculty of Engineering, Curtin University of Technology, Perth, available at *espace@curtin.*

Lee W K W and van Deventer J S J (2004), 'The interface between natural siliceous aggregates and geopolymers' *Cement and Concrete Research*, 34(2) 195–206.

Neville A M (2000), *Properties of Concrete*, Prentice Hall.

Provis J L, Muntingh Y, Lloyd R R, Xu H, Keyte L M, Lorenzen L, Krivenko P V, and J.S.J. van Deventer J S J (2007), 'Will geopolymers stand the test of time?', *Ceramic Engineering and Science Proceedings*, 28(9), 235–248.

Sofi M, van Deventer J S J, Mendis P A and Lukey G C (2007a), 'Engineering properties of inorganic polymer concretes (IPCs)' *Cement and Concrete Research*, 37(2), 251–257.

Sofi M, van Deventer J S J, Mendis P A and Lukey G C (2007b), 'Bond performance of reinforcing bars in inorganic polymer concrete (IPC)', *Journal of Materials Science*, 42(9), 3007–3016.

Sumajouw M D J and Rangan BV (2006), *Low-Calcium Fly Ash-Based Geopolymer Concrete: Reinforced Beams and Columns*, Research Report GC3, Faculty of Engineering, Curtin University of Technology, Perth, available at *espace@curtin.*

van Jaarsveld, J G S, van Deventer J S J and Lorenzen L (1997), 'The potential use of geopolymeric materials to immobilise toxic metals: Part I. Theory and applications', *Minerals Engineering*, 10(7), 659–669.

Wallah S E and Rangan, B V. (2006), *Low-Calcium Fly Ash-Based Geopolymer Concrete: Long-Term Properties*, Research Report GC2, Faculty of Engineering, Curtin University of Technology, Perth, available at *espace@curtin.*

12

耐火和耐热地质聚合物的制备

G. Kovalchuk，P. V. Krivenko 著

基辅国立土木工程与建筑大学，乌克兰

12.1 引言

提高水泥和混凝土的耐高温性已成为当今社会的迫切需求。一般而言，这些材料被应用于两个重要领域，即制造具有更高耐火性的混凝土结构和制作免烧混凝土代替陶瓷耐火材料用于高温设备的砌体。

世界各地重要建筑或者有潜在危险性建筑灾难性火灾的经验表明，目前迫切需要能应用于隧道建筑、地下结构、摩天大楼、战略建筑等方面的新型耐火材料。这些结构应保证在发生大范围火灾时功能稳定。然而，传统 OPC 基建筑材料的结构高温时会失去力学强度，从而导致破坏。这将妨碍疏散和救援行动。

另外，混凝土在建筑方面的应用不断增长。相比传统耐火材料，耐热混凝土不需要焙烧。这降低了 1.5～2 倍的燃料消耗，使单位砖石材料的成本下降 30%～50%，提高了生产率，并增加了耐久性（Inamura，1984）。

传统的硅酸盐水泥暴露在高温条件下时其结构是不稳定的，即使在影响混凝土行为的其他因素都合适的情况下也是如此（例如，尺寸、载荷、湿度、增强材料、集料的类型等）。OPC 基建筑材料在燃烧后失效的主要原因是高温下其微观结构单元不稳定，这是 C-S-H 凝胶及其他结晶水合物脱水和降解所致。从晶体化学上讲，煅烧后的微观结构和初始水合产物没有关系。在这方面，最危险的组分是氢氧化钙：在燃烧阶段，其转变成了氧化钙，而氧化钙随后由于大气湿度在冷却后会重新与水反应，造成严重的体积膨胀并几乎完全破坏了基体。这就是 OPC 基混凝土在 800～1000℃燃烧后的残余强度不足其正常值 20%～30%的原因（Nekrasov，1972；Diederichs et al，1989）。

提高 OPC 热性能的传统途径是采用能够与氢氧化钙结合的添加剂，例如

火山灰掺合料。然而，该技术并不能完全消除该问题，它仅能让使用温度提高至700～800℃，但是这些体系的初始力学强度较低，且在燃烧后仍会失去力学强度。其他应用于高温的水泥价格昂贵，同时也存在其他缺点（Nekrasov，1988），如铝酸盐水泥的强度会发生变化，水玻璃的黏度高且无耐水性，磷酸盐结合剂的凝固时间较短且影响环境。

Pushkarova（1994）证明了在 Na_2O-CaO-Al_2O_3-SiO_2-H_2O 和 Na_2O-CaO-MgO-Al_2O_3-SiO_2-H_2O 体系中制造耐热碱激发矿渣胶凝材料的可能性。结果发现，碱/碱土活化高炉矿渣水泥热性能得到改善的原因如下：

- 水硬性产物应能够重结晶成无水产物；
- 燃烧过程中产生的无水产物由于其结晶化学相似而取向性依附；
- 低共融的混合物液体质量应该在5%～10%，用于基质的自我增强；
- 基质应充分分散，砾岩的玻璃相和结晶相间应该存在最佳比例。

这些原因能使耐热碱性矿渣水泥的承受温度高达1000～1600℃（取决于高炉矿渣成分和主要氧化物之间的比例）。根据初始体系的组成，燃烧后的脱水产物主要为石榴石（C_3AS_3-C_3FS_3）、硅酸钙（α-CS 和 β-CS）、霞石（NAS_2）、硅酸镁（CMS_2 和 MS）。碱性波特兰水泥是 OPC 渣料、硅铝酸盐改性剂（粉煤灰或偏高岭土）和碱性活化剂的混合物，也被认为是一种具有前景的耐热混凝土体系（Krivenko et al，2005、2007）。

然而，所有上述研究都是基于Ⅱ级碱性水泥（Krivenko，1995、1997年）。也就是说，只应用了二元体系钠＋钙的活化作用。在这些体系中，以 N-A-S-H 凝胶（“沸石前驱体”）为代表的碱金属硅铝酸盐结构在正常和高温条件下均在结构形成中起次要作用。与此相反，在低温水泥/地质聚合物中，上述化合物是在低温和高温固化后唯一产生力学强度的相。这意味着，在这些体系中结构的形成过程是以完全不同的方式进行的，以适用不同的特性，进而适应不同的应用领域。

12.2 常温和高温固化后的碱金属硅铝酸盐水泥的物相组成

12.2.1 碱金属硅铝酸盐矿物在地质作用过程中的转变

已知碱金属是良好的助熔剂，这是它们在耐火材料中的含量受到严格限制的原因。然而，大自然给我们展示了一个很好的例子，即如何使碱金属形成耐热矿石，如霞石（NAS_2），其熔点为1257℃；或者钠长石（NAS_6），其熔点为1118℃（Schairer and Bowen，1956）。碱金属形成持久耐热矿石的根本条件是，能以共价键的形式形成三维硅铝酸盐网络。

众所周知，大自然是耐久性的最佳判断者，没有什么比天然矿物更耐用。在开发新水泥时，应该将耐久性视为关键的性能。实际上，普通波特兰水泥（OPC）相的组成与天然矿物截然不同。它导致 OPC 混凝土耐久性有关的一些问题仍在讨论中。同时，古代水泥优异的耐久性是由于其化学组成的特殊性（即通过增加碱含量），这导致在这种水泥反应产物中形成了天然沸石的类似物（Malinowski，1979；Davidovits，1987；Krivenko，1999）。Glukhovsky（1959、1967、1989）首先提出火山岩石转变成沸石的地质过程发生在低温和低压下的沉积岩成形期间，这可在水泥体系中建立模型并进行模拟。

碱金属在地壳矿石的相互转化和循环过程中起着重要作用。值得一提的是，碱性硅铝酸盐（首先是长石）比钙盐更加稳定和耐久（Glukhovsky，1967）。某种矿物相对其他矿物的优势可以通过耐久性来比较。沸石是一种天然碱性或碱土水合硅铝酸盐，具有骨架状多孔结构，被认为是沉积矿物体系中最重要的一种。通常，它们是由硅铝酸盐火山岩在碱性溶液存在下在低温下（低于 200～300℃，取决于沸石类型）转变而形成的。温度升高到 400℃会促进其再结晶形成更稳定的高硅结构，首先结晶成方沸石，然后再结晶成长石，这是地壳的主要矿物质。图 12.1（Breck，1974；Barrer，1982；Dyer，1988）展示了在盐湖或开放的水文地层形成时，原始火山玻璃的可能转变过程。

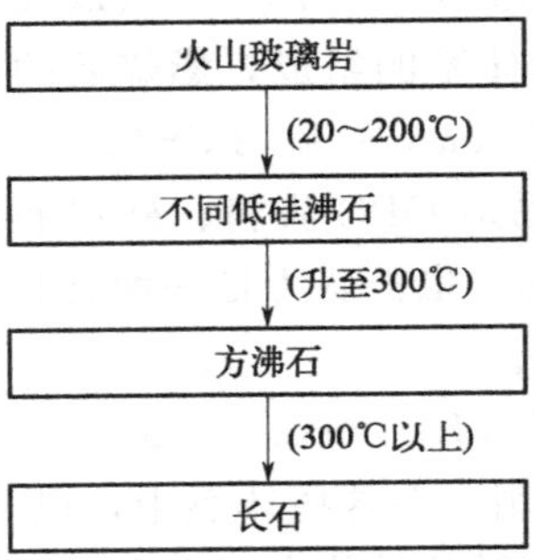

图 12.1 地质过程中天然硅铝酸碱金属盐的转变

硅铝酸盐相的形成类型也取决于阳离子类型（表 12.1）。注意：沸石家族极为多样，但是只有某些相应的无水相（似长石和长石）。此外，还有一种钠长石和钙长石混合物，被称为斜长石（Na_2O-CaO-Al_2O_3-SiO_2，从钠长石到钙长石，几乎有相同的 XRD 谱图，因此不可能用 X 射线衍射法进行区分），具体取决于钠/钙含量的比值。然而，在自然界中，钾长石（$K_2O \cdot Al_2O_3 \cdot 6SiO_2$）通常不与钠或钾类似物混合（唯一的例外就是混合钠/钾正长石，这相对于正长石或斜长石来说是一个稀有矿物）。

表 12.1 硅铝酸碱金属盐矿物的转变（取决于阳离子类型）

矿物分组	阳离子类型		
	钠(Na)	钙(Ca)	钾(K)
沸石(例子)	方沸石 NAS_4H_2	菱沸石 $CAS_4H_{7.5}$	钙十字沸石 $KAS_{4.4}H_4$
似长石	霞石 NAS_2		白榴石 KAS_4
长石	斜长石 钠长石(NAS_6)-钙长石(CAS_2)		正长石 KAS_6

可以清楚地看出，所有这些转变都是在较低温度下发生的，这一过程可以对该水泥体系硬化过程进行建模。由于在实际的自然条件下该地质过程需要大量的时间，所以这些过程应用在建筑行业中应通过采用高强度技术进行加速，例如易反应的起始原料、高的初始碱度、高养护温度等。在这样的胶凝体系的相组成中，碱金属硅铝酸盐矿物的定向合成可以保证人造石具有优异的耐久性，同时也具有一系列有用的新性能，因为沸石的结构和性能在很大范围内变化。

12.2.2 低温下地质聚合物的矿物相转变历程：未来耐热性的关键

结晶或半结晶状态的三维水合碱金属硅铝酸盐聚合物是地质聚合物水泥在低温（通常低于200℃）下形成的主要结构产物，它们被称为“沸石”和“沸石前驱体”。这些相的热稳定性取决于它们的结构：有些沸石结构是耐热性的，而另一些在加热期间容易被破坏。在地质聚合物水泥结晶的各种沸石中，只有某些沸石会保持其结构直至700～800℃。其中具有热稳定性结构的是：钠石网络（羟基方钠石）、方沸石、菱沸石（沸石R，碱菱沸石）、八面沸石族（Na-X和Na-Y沸石）、丝光沸石（Breck，1974）。这些相在某一地质聚合物中被合成（或类似结构的N-A-S-H凝胶）。在被加热到200～400℃期间，其结晶度有所提高，并且在到达800℃前保持其结构，超过800℃后再结晶形成与霞石和钠长石相似的结构（Skurchinskaya，1973；Krivenko and Kovalchuk，2002）。其他沸石结构，例如Na-A或P沸石，会在120～300℃的范围内被破坏，因此这种材料不能够在高温下应用。

以上就是低温养护（预养护）后相组成对后期热性能至关重要的原因。事实上，通过定向形成某些结晶或半结晶形式的沸石产物来定向形成耐热基质，标志着低温结构形成阶段的开始。碱激发偏高岭土和粉煤灰的水合产物的相组成具有相似性，如表12.2和图12.2所示。因此，高压釜养护的碱激发粉煤灰的相组成主要以方沸石、沸石P和沸石R（菱沸石/碱菱沸石族）的形式呈现。由于混合制剂的特性，苛性钠的含量较高，$SiO_2/Al_2O_3=4$的粉煤灰基组分在蒸汽养护和干燥养护中合成羟基方钠石，这与高碱度常压处理的相似体系中所获得的结果密切相关。当同时使用$SiO_2/Al_2O_3=6\sim8$的低碱组合物进行低强度处理时（如蒸汽或干燥养护），标准的养护时间不足以使沸石结晶。然而，DTA图谱显示可以形成三维硅铝酸盐凝胶。

从XRD峰高测定的沸石形成速率来看，粉煤灰基胶凝材料比偏高岭土基胶凝材料高很多。另外，应用粉煤灰1（总的$SiO_2+Al_2O_3$含量是73.8%，表12.2）能合成量相当大的纯沸石状产品，而应用纯净度较低的粉煤灰2（总

的 SiO_2 + Al_2O_3 含量是 67.9%，表 12.2）则形成更多样的低结晶沸石的组合物。

表 12.2 原材料的化学成分

构成部分	化学成分												布莱恩细度/(m^2/kg)
	SiO_2	TiO_2	Al_2O_3	Fe_2O_3	FeO	MnO	MgO	CaO	R_2O	P_2O_5	LOI	总计	
高岭土	48.17	0.62	36.33	0.36	—	—	0.30	0.62	—	—	13.63	100.03	1000
粉煤灰 1	50.27	1.20	23.55	9.60	0.70	0.15	1.75	2.30	3.24	0.45	6.05	100.06	360
粉煤灰 2	48.20	0.89	19.65	4.50	3.15	0.11	1.36	2.18	3.82	0.02	16.02	99.92	380
熟料	60.2	—	35.3	0.8	—	—	0.31	0.29	2.13	—	0.22	99.25	410

在偏高岭土和粉煤灰基地质聚合物干养后，无论其组成如何，其 XRD 峰是固定的（0.493nm，0.323nm，0.308nm，0.264nm，0.245nm，0.211nm，0.204nm）。最初，该次要相被标记为“Z 相”，但有关碳化的研究最终表明，这些峰可以鉴定为矿物天然碱（$Na_2CO_3 \cdot NaHCO_3 \cdot 2H_2O$，JCPDS# 29-1447，75-1195，76-0739，76-1105，78-1064）。在蒸汽养护的情况下，形成了另一次级碳酸钠 $Na_2CO_3 \cdot H_2O$（JCPDS# 08-0037，70-0845，70-2148，76-0910），其在 0.276nm、0.237nm 处有主峰。其碳化的原因是钠结合到不溶性沸石状产物的速率小。研究还表明这两相在某些时候是可以共存的，尽管在初始 W/S 比较高时，天然碱的合成有增加的趋势，但是碳酸钠水合物的形

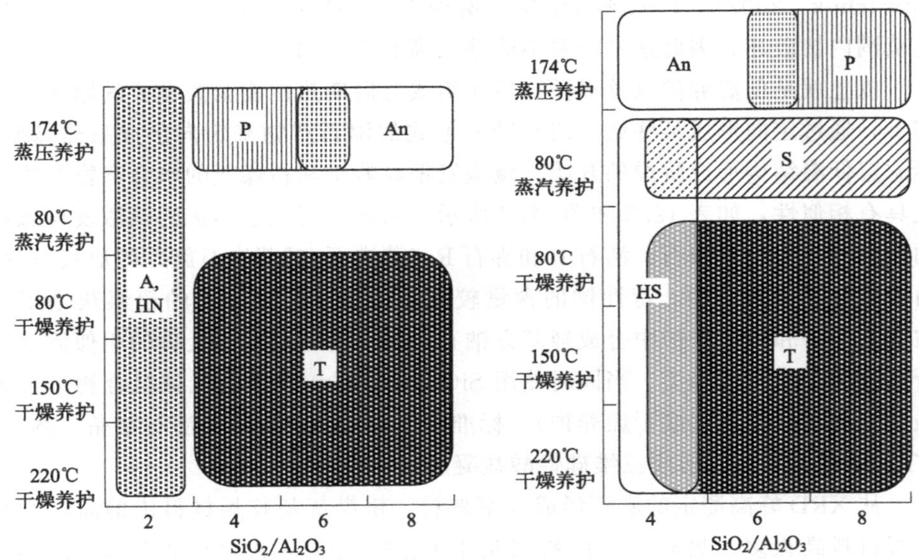

(a) 偏高岭土　(b) 粉煤灰1

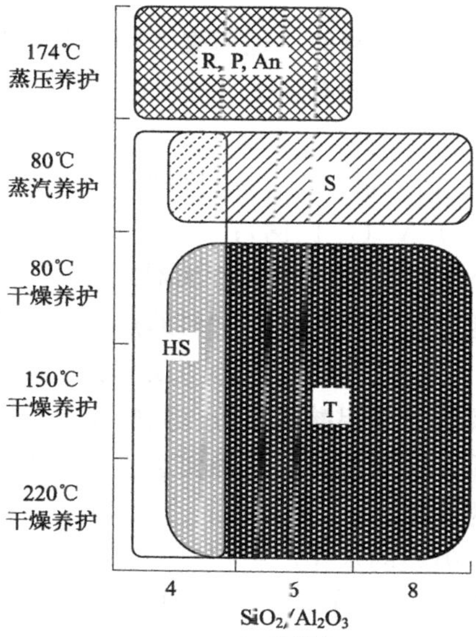

(c) 粉煤灰2

图 12.2 水合产物成分与地质聚合物水泥成分和养护条件

An—方沸石；A—Na-A 沸石；P—P 沸石；R—R 沸石；HN—霞石水合物；

HS—羟基方钠石；T—天然碱；S—钙方钠石

摘自 Krivenko and Kovalchuk，2007

成仅在低 W/S 的混合物中发生。在水热条件下（蒸汽养护，在气密模具中养护），碱度增加，这意味着两相出现的机理完全不同。由于上述两个碳酸盐相具有不同的化学性质，因此需要进一步研究碳化，并且根据初步结果显示，从耐久性的角度考虑时，碳酸钠水合物的生成是不希望的。

12.2.3 加热过程中碱性硅铝酸盐水泥的相变

燃烧后，在地质聚合物水泥结构中的类沸石产物再结晶形成无水硅铝酸盐。微观结构的形成可以表示如下：

- 形成沸石型结构（结晶或半结晶）；
- 其形成温度高达约 400℃；
- 非晶与否取决于组成；
- 稳定的无水相（霞石、钠长石或方石英，取决于混合成分和养护温度）从 600～800℃开始结晶；
- 熔化（烧结）导致破坏。

最后两个阶段导致准陶瓷结构的形成，使地质聚合物水泥具有优良的应用特性，尤其是有良好的抗压强度。

上述内容是一般性规律。然而，地质聚合物水泥高温相变还有一些特性受其他因素影响。其中，最重要的有：

• 养护温度；
• 活性二氧化硅含量（SiO_2/Al_2O_3 比例）；
• 初始碱度（Na_2O/Al_2O_3 比例）；
• 阳离子类型（Na 或 K 以及钙的添加剂）。

这些因素也影响地质聚合物水泥基材料的热性能。然而，起初的微观结构（在低温养护后形成的组织，下文中称为“预养护”）也是一个重要的因素。因此，预养护类型以及初始硅铝酸盐组分（高岭土、偏高岭土、粉煤灰）的种类，对高温相变的本质影响很小，但它确实会影响热性能。

(1) 预养护模式的作用

与依赖于低温养护类型的水化产物相反，在 800℃下脱水后的相成分只取决于地质聚合物水泥组分，而不依赖于初步低温养护的类型。因此，$SiO_2/Al_2O_3=4$ 的地质聚合物水泥组成相为霞石（图 12.3)，其形成与初步低温养护的方式无关，且其余的 SiO_2 可能以非晶态二氧化硅或沸石前驱体的形式存在，而沸石前驱体不会有 XRD 衍射峰。所形成结晶产物的结晶程度也不取决于初步低温养护的类型，其他条件相同则取决于硅铝酸盐组分的类型：使用化学组分极纯的偏高岭土时，可以观察到最大值。粉煤灰中的杂质导致所形成的无水硅铝酸盐的含量降低，并产生了额外的赤铁矿。

图 12.4 给出了粉煤灰基水泥的典型 DTA 图样，包括 SiO_2/Al_2O_3 摩尔比、初始水固比和养护模式三项。DTA 曲线是这些系统的典型曲线，它们揭示了如下热效应。

• 吸热效应：125～160℃，与碳化制品水合物和 N-A-S-H 结构吸收的水的蒸发有关。此吸热效应的结果、强度和温度取决于组成和预养护条件。

• 放热效应：约 330℃，与粉煤灰组合物氧化铁的结构转变（赤铁矿转变为磁铁矿）有关。

• 弱放热效应：630～690℃，与粉煤灰组成物的燃煤残留物有关。

• 弱放热效应：820℃，与霞石的结晶有关。

其余的影响非常弱，不能被识别。

根据预养护条件，研究体系的热性能没有明显差异。主要的区别在于 120～170℃时失去结合水的量，这表明水合产物的数量按以下顺序增加：干养护＜密封模具中的养护＜蒸汽养护。因此，预养护条件不会影响地质聚合物水泥基体系的热转变过程。然而，结合水含量的一些不同，可能反映了热性能的差异，例如残余抗压强度、热收缩率等。

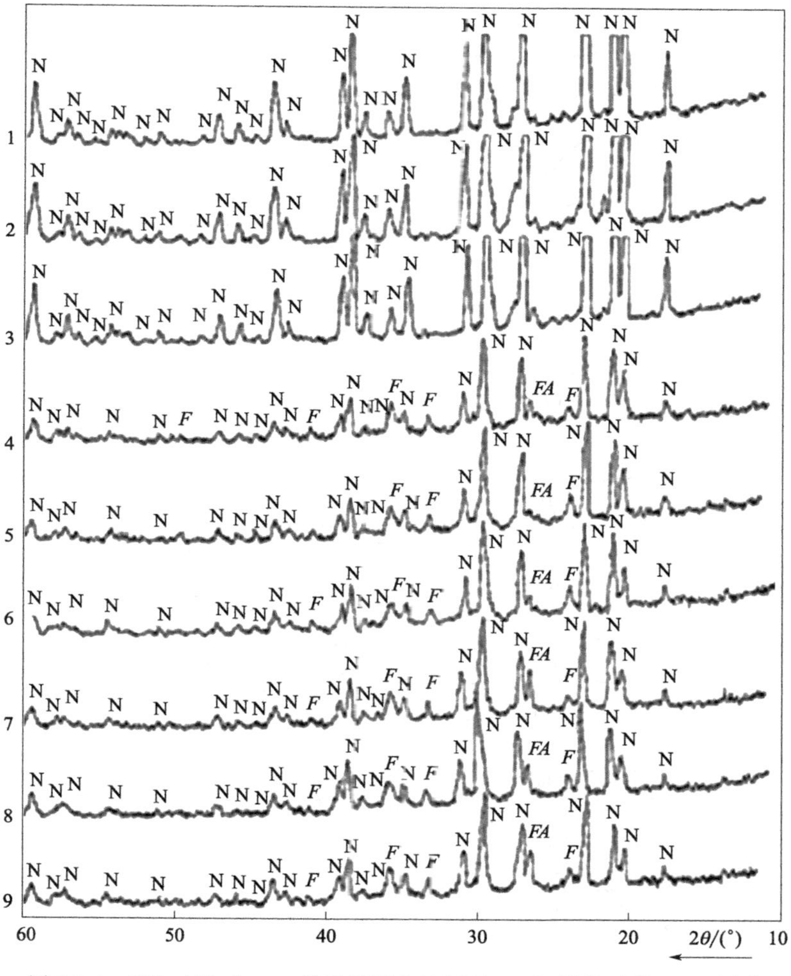

图 12.3 $SiO_2/Al_2O_3=4$ 的地质聚合物经过 800℃煅烧后的 XRD 图谱

硅铝酸盐组分：1～3—偏高岭土；4～6—粉煤灰 1；7～9—粉煤灰 2

预处理方式：蒸汽养护（1,4,7），干燥养护（2,5,8），未经过预处理（3,6,9）

(2) 硅铝酸盐组分类型和 SiO_2/Al_2O_3 比例的作用

偏高岭土和粉煤灰是用于制造水泥/地质聚合物最有用的硅铝酸盐成分。黏土矿物（首先是高岭土）也被用于早期的研究。尽管有一些结构上的特殊性，但基于它们的地质聚合物材料的结构形成过程没有显著差异。所有这些材料中，当在适合的温度下进行碱激发和养护时，在无定形或者半结晶状态下会出现一些三维碱金属硅酸盐（沸石前驱体）的微观结构，这种微观结构中的一些结晶沸石取决于养护方式。当高温养护时，偏高岭土基和粉煤灰基的碱激发材料都有初始类沸石结构重结晶成无水碱性硅铝酸盐的现象。

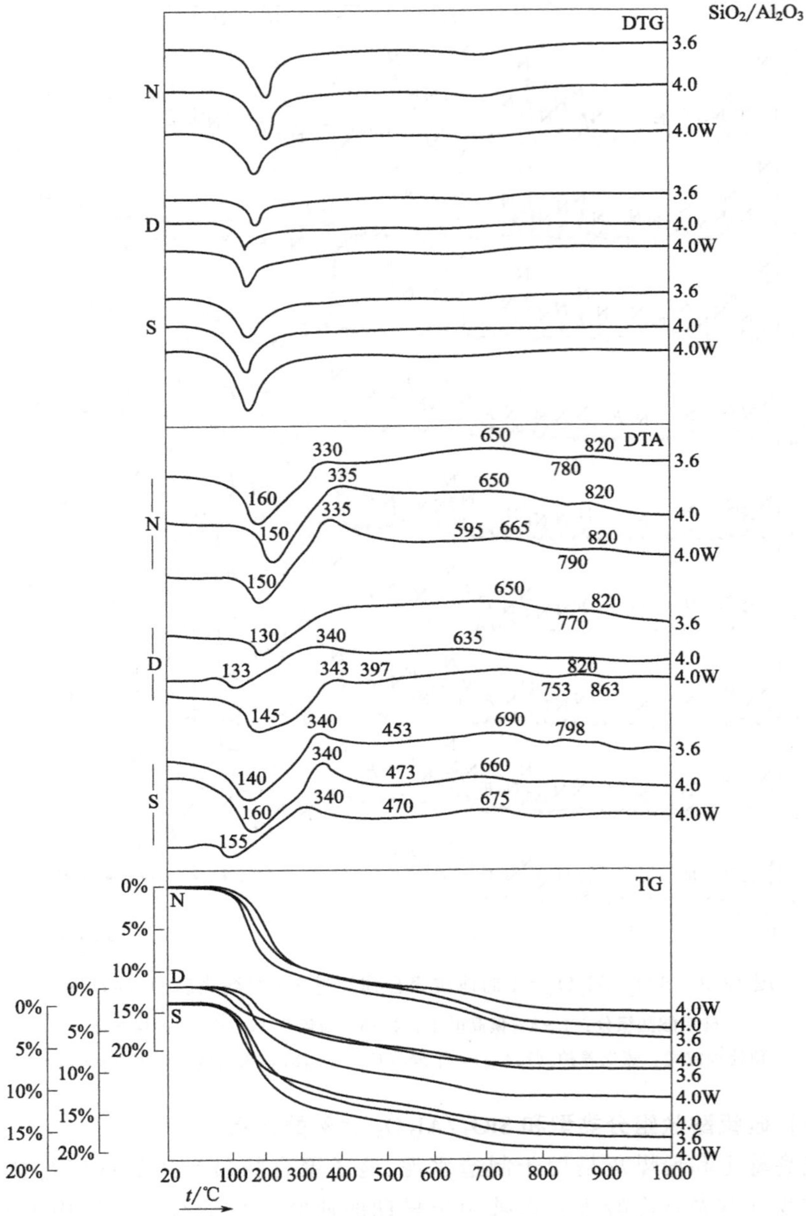

图 12.4 粉煤灰基水泥的 DTA 图样

养护模式：N—在密封模具内养护；D—干燥养护；S—蒸汽养护；W—增加水固比例（0.36：0.18）

黏土基碱金属硅铝酸盐水泥相变的特殊性取决于初始黏土矿物的 SiO_2/Al_2O_3 比和激发剂的类型（Skurchinskaya，1973；Krivenko，1994）。因此，霞长石和钠长石在 600℃下碳酸钠活化后的黏土中生成；石榴石和正长石则是黏土在 400～600℃下碳酸钾活化后的主要产物（图 12.5）。

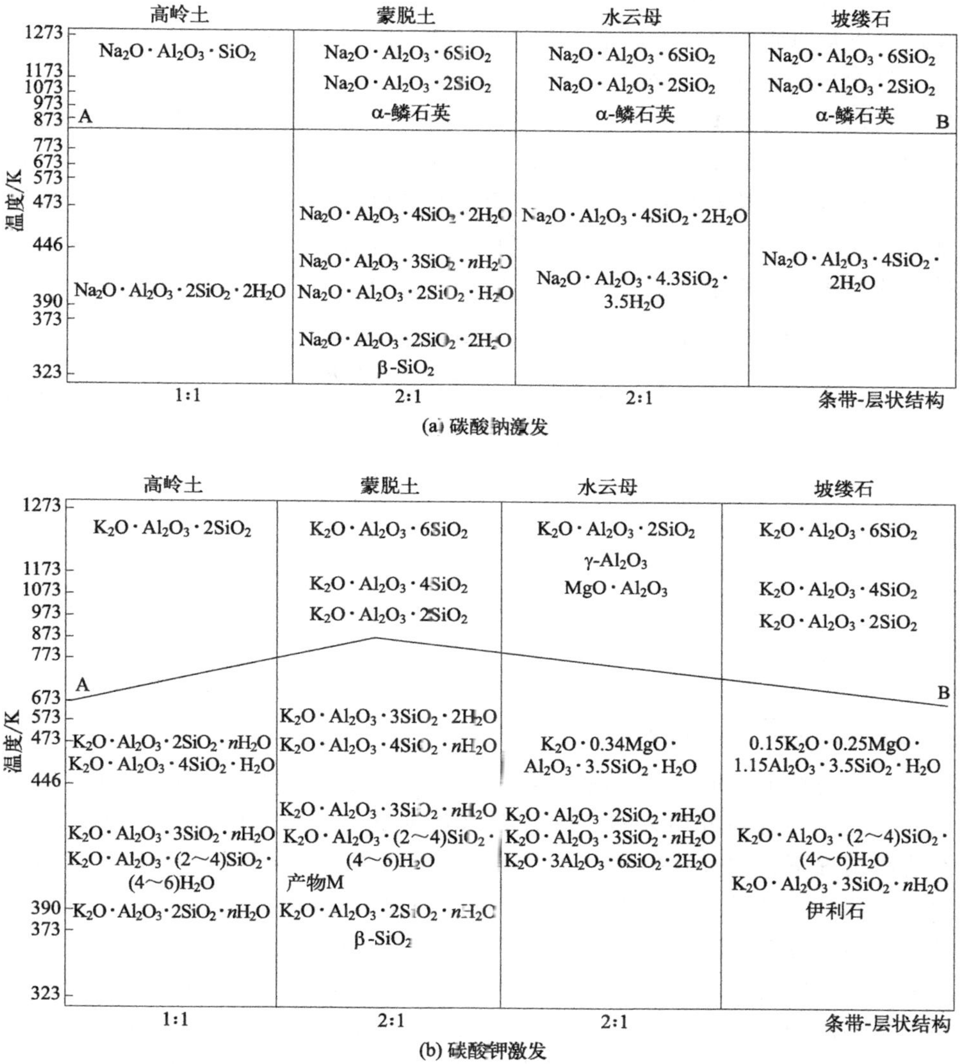

图 12.5 不同矿物组分和不同活化剂的碱激发黏土（上部的）在加热过程中的相变

碱激发偏高岭土和粉煤灰的混合成分对其脱水后相组成影响的研究（Krivenko and Kov alchuk，20C7）指出，初始地质聚合物水泥中的 SiO_2/Al_2O_3 摩尔比与其脱水产物存在着相关性（表 12.3，图 12.6）。当这个比例从 2 增加到 8 时，脱水产物的类型变化如下：霞石（$Na_2O\cdot Al_2O_3\cdot 2SiO_2$）—钠长石（$Na_2O\cdot Al_2O_3\cdot 6SiO_2$）—方石英（$SiO_2$）。因此，无论所用的硅铝酸盐组分的类型如何，具有 $SiO_2/Al_2O_3=2\sim4$ 的地质聚合物水泥的相组成由长石状霞石表示（在硅铝酸盐骨架中 $SiO_2/Al_2O_3=2$）。应当提到的是，当理论配比的霞石组合物被使用时，通过 XRD 测得合成霞石的数量达到了最大。在偏高岭土基地质聚合物水泥中，SiO_2/Al_2O_3 比例的提高（6～8）会导致非晶态二氧化硅结晶成方石英（$d=0.411nm$；0.252nm；0.206nm；0.163nm）。这与水热化学的数据（Barrer，1982）一致，根据 Ostwald 的连续转变规则，在碱激发体系中无定形二氧化硅通过亚稳相（方石英）而不是稳定的相（石英）进行结晶。随着非晶态二氧化硅含量的增加，方石英形成的速度也急剧增加。这证明与可溶性硅酸钠（水玻璃）的形式引入的无定形二氧化硅相比，以硅粉的形式引入的非晶态二氧化硅反应不够充分。

表 12.3　初始地质聚合物水泥中 SiO_2/Al_2O_3 摩尔比与其在 800℃下脱水产物的关系（高温结构的形成）

硅铝酸盐组分	SiO_2/Al_2O_3 摩尔比	
	初始地质聚合物	脱水产物(相应阶段)
偏高岭土	2	2(霞石)
	4	2(霞石)
	6	∞(方石英),2(霞石)
	8	∞(方石英),2(霞石)
粉煤灰	4	2(霞石)
	6	6(钠长石),2(霞石)
	8	∞(方石英),2(霞石)

摘自 Krivenko and Kovalchuk，2007。

与偏高岭土基地质聚合物相反，当粉煤灰基混合物中 SiO_2/Al_2O_3 比增大到 6 时，会有高硅白云石、钠长石以及少量的霞石共同形成（图 12.6）。在这种情况下，钠长石的形成是因为高含量的杂质，这些杂质也可以视为氧化矿。此外，钠长石的形成还可能取决于初始偏高岭土、粉煤灰中二氧化硅和氧化铝的碱溶解动力学特性。当 SiO_2/Al_2O_3 的比高达 8 时，粉煤灰基水泥的水合产物组分与偏高岭土基水合产物的组分相似，但是其方石英的数量小于在偏高岭土基中的含量。这可能是由一些粉煤灰基混合物中非活性成分（如石英和莫来石）的二氧化硅含量所决定的，这减小了在粉煤灰基体系中的 SiO_2/Al_2O_3 比。

如上所述，所用的硅铝酸盐组分的类型（偏高岭土或粉煤灰）一般不会引起差异。从图 12.7 中可以看出（Kovalchuk，2002），在相同的 SiO_2/Al_2O_3 比例下，上述碱激发偏高岭土和粉煤灰水泥的 DTA 曲线的形状是近似相同的（当 $SiO_2/Al_2O_3=4$ 时，和混合物 M-4、FA1-4 和 FA2-4 相比）。但是，当这个比例变化时，DTA 曲线会有显著的不同，其反映了合成水合产物的差异。

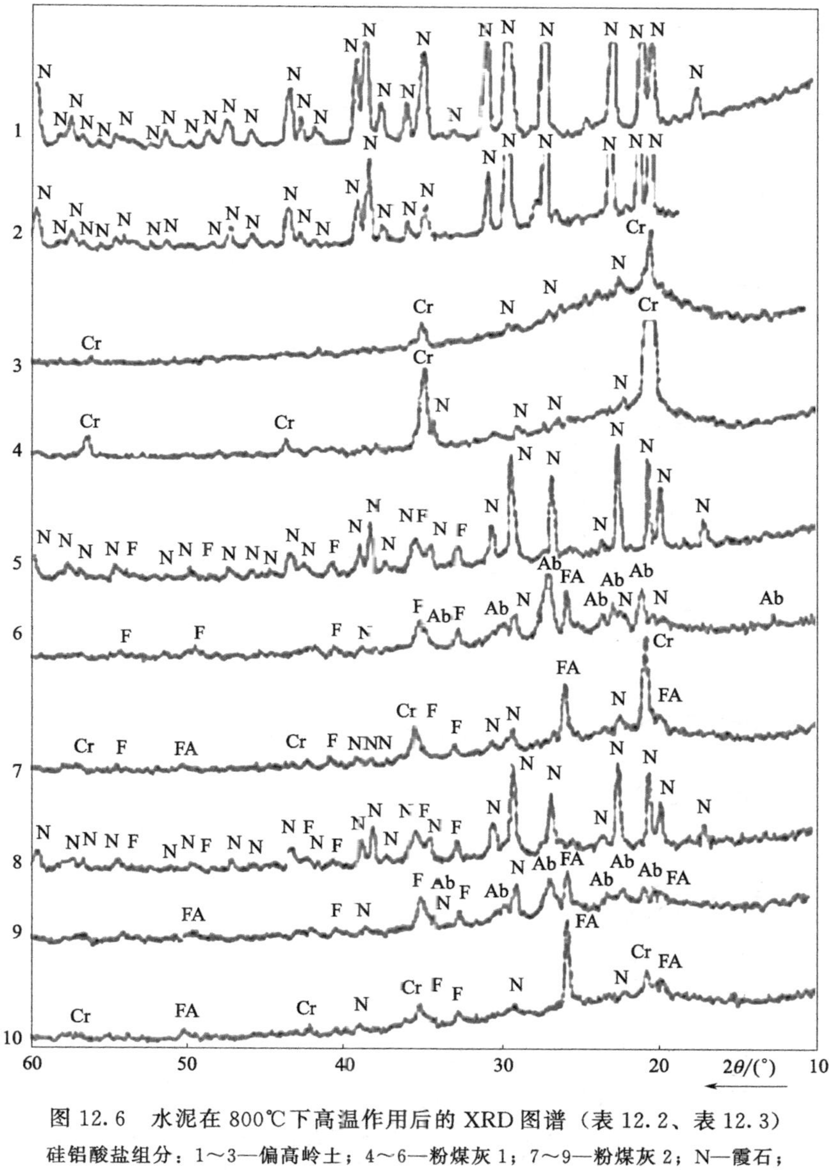

图 12.6　水泥在 800℃下高温作用后的 XRD 图谱（表 12.2、表 12.3）

硅铝酸盐组分：1～3—偏高岭土；4～6—粉煤灰 1；7～9—粉煤灰 2；N—霞石；Ab—白云石；Cr—钠长石；F—赤铁矿；FA—粉煤灰剩余的晶质杂质

一旦加热至高温（600～1000℃），所有地质聚合物水泥都趋向于形成在高温下维持稳定的微观结构。相比于 OPC 基材料，地质聚合物水泥中没有确定的不稳定相。然而，更纯的硅铝酸盐成分——偏高岭土，使得更高纯度和更高含量的高温相形成（例如，对比偏高岭土基和粉煤灰基地质聚合物水泥的霞石峰的强度，图 12.6 中 2、5 和 8）。与此同时，粉煤灰生成的产物较少，但是

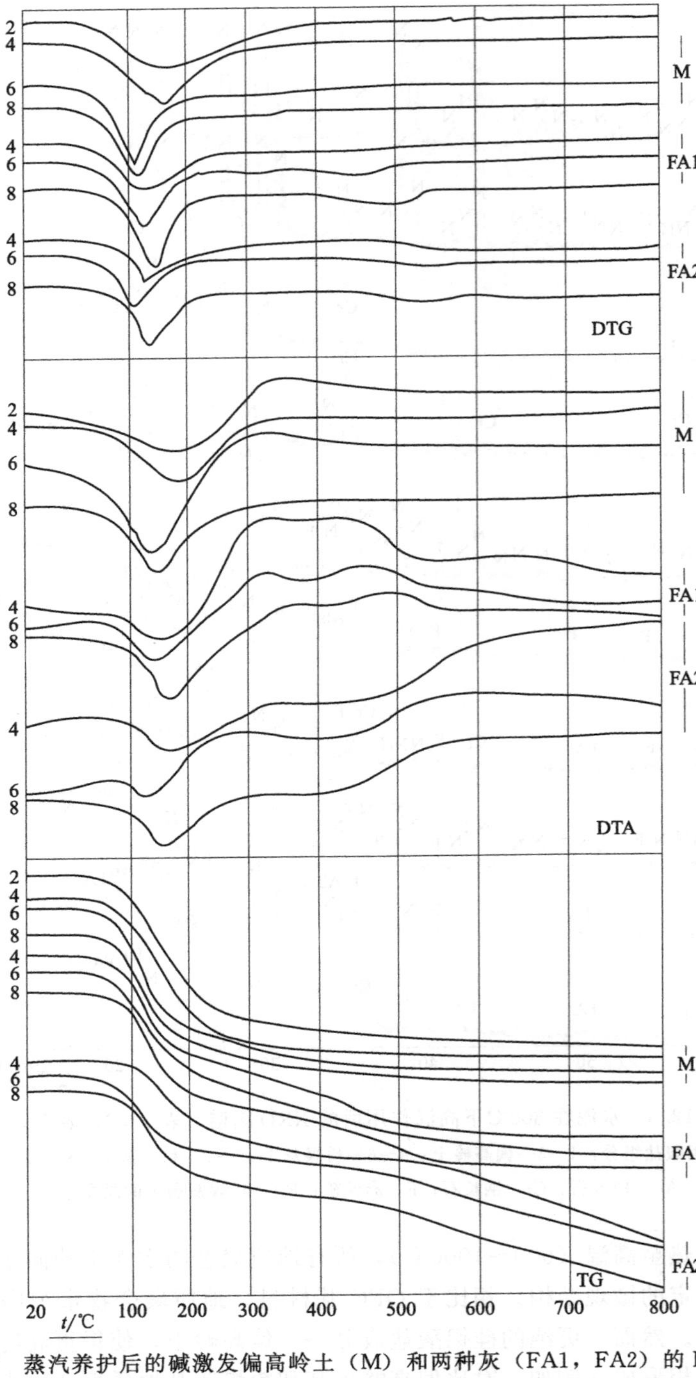

图 12.7 蒸汽养护后的碱激发偏高岭土（M）和两种灰（FA1，FA2）的 DTA 曲线
数字表示 SiO_2/Al_2O_3 比例

其组成变化更大（例如，相比于霞石，钠长石是更高的高温相，仅在800℃下的粉煤灰基体系中出现）。这一方面可能是由偏高岭土和粉煤灰中的二氧化硅和氧化铝的溶解度差异引起的，另一方面可能是由粉煤灰组合物中其他较高含量的氧化物所引起的（这些氧化物如 Fe_2O_3 可能会影响在高温时发生的反应）。

Duxso 等人（2007a，b）发现，无论阳离子类型如何（Na、K 或混合的 Na/K），SiO_2/Al_2O_3 的比例越高，偏高岭土基地质聚合物中无水相的结晶起始温度越高，且观测到的结晶相在总体中的占比越低。因此，当 $SiO_2/Al_2O_3=2.3$ 时，结晶从600℃开始，在1000℃下结晶相的占比（霞石或钾霞石）达到65%～90%。然而，当 $SiO_2/Al_2O_3=4.3$ 时，结晶无水硅铝酸盐仅仅占30%～40%，且其结晶从800℃开始。

(3) 初始碱度的作用（SiO_2/Al_2O_3 比）

众所周知，碱是良好的助熔剂，因此其在耐火材料中的含量极其有限。然而，在碱性水泥中，碱在结构形成的所有阶段都发挥着非常重要的作用。特别是碱的含量［例如粉煤灰（Glukhovskiy et al，1969；Krivenko，1994；Palomo and Fernández-Jiménez，2003；Kovalchuk et al，2007a)］决定原材料的活化速率，因此，碱含量的限制会导致较低的初始强度（高温养护之前）。从这个观点来看，为了使加热到工作温度以后的碱激发胶凝材料具有足够的初始强度和有限的热收缩，必须找到最优的碱含量。

无水硅铝酸盐的结晶温度取决于初始成分，首先取决于碱含量。在富含碱的体系（$Na_2O/Al_2O_3=1.0$，$SiO_2/Al_2O_3=3.6$）中，它们在600℃时生成有限的晶体产物，在碱度稍低的混合物中（$Na_2O/Al_2O_3=1.0$，$SiO_2/Al_2O_3=4.0$），它们在800℃的温度下会消失，而在低碱性成分（$Na_2O/Al_2O_3=0.5$，$SiO_2/Al_2O_3=4.0$）中结晶仅在1000℃时开始（图12.8、图12.9）（Krivenko et al，2006；Kovalchuk et al，2007b），这可能是因为在相同温度下出现了较少量的液相（烧结）。相应地，随着温度升高，无水相结晶的数量更多，而初始水合产物（在这种情况下为羟基方钠石）的数量较少。

也就是说，理论上初始碱度越低，耐热性越好。然而，由于碱激发材料中的初始碱度调节了碱激发的速度，并随后调节了强度的增长，因此初始碱度应保证烧结前砾岩具有足够的力学强度。因此，应用于高温的碱激发材料混合设计必须在煅烧后足够的初始力学强度和目标性能之间取得平衡。

(4) 阳离子类型和相转变方向性的作用

钠基地质聚合物胶凝材料由于其是碱性硅铝酸盐黏结体系中价格最低的地质聚合物，故而成为应用最广泛的地质聚合物水泥。然而，在某些特殊的情况下，钾基水泥可能会得到更好的结果，尤其是钾硅铝酸盐比钠硅铝酸盐具有更高的耐热性。例如，正长石的热破坏（熔融）温度（$K_2O \cdot Al_2O_3 \cdot 6SiO_2$）比钠长石（$Na_2O \cdot Al_2O_3 \cdot 6SiO_2$）高（1170℃ vs. 1118℃）。但需要强调的是，二元体系（例如，钠/钾）的耐热性显著低于纯体系。众所周知，在这样的体系中会形成共晶溶液，且这些混合体系会在更低的温度下熔化（Eitel，1954）。同样的情况也发生在其他二元体系（Na/Ca 或 K/Ca）和三元体系（Na/K/Ca）中。含钙化合物作为地质聚合物水泥改性剂被广泛应用，技术上解决了普通地质聚合物水泥中的诸多问题（Krivenko et al，2000）。但是，一

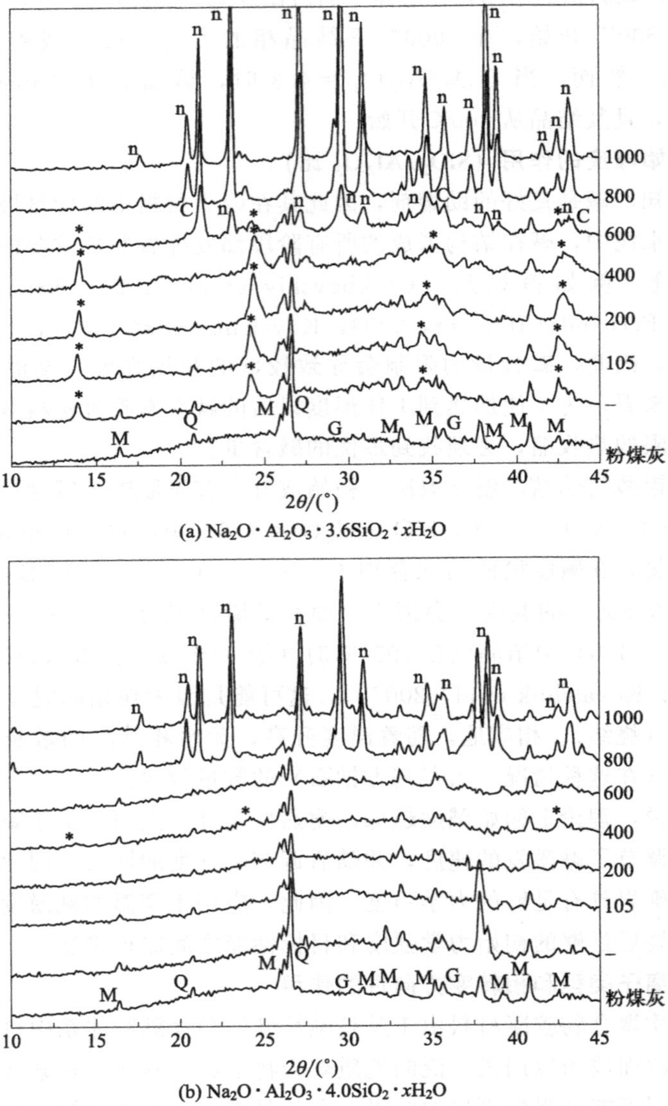

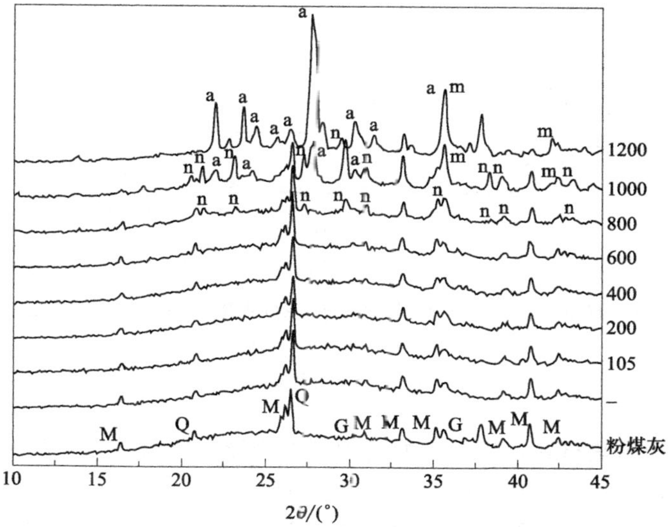

(c) $0.5Na_2O \cdot Al_2O_3 \cdot 4.0SiO_2 \cdot xH_2O$

图 12.8 不同组分 XRD 图谱

粉煤灰结晶的杂质：Q—石英；M—多铝红柱石；G—赤铁矿

新构型：*—羟基方钠石或方钠石；n—hepheline；a—钠长石；m—磁铁矿

Krivenko et al，2006

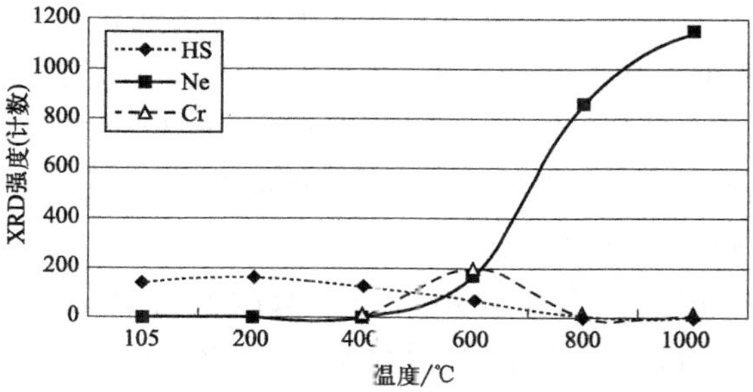

(a) $Na_2O \cdot Al_2O_2 \cdot 3.6SiO_2 \cdot xH_2O$

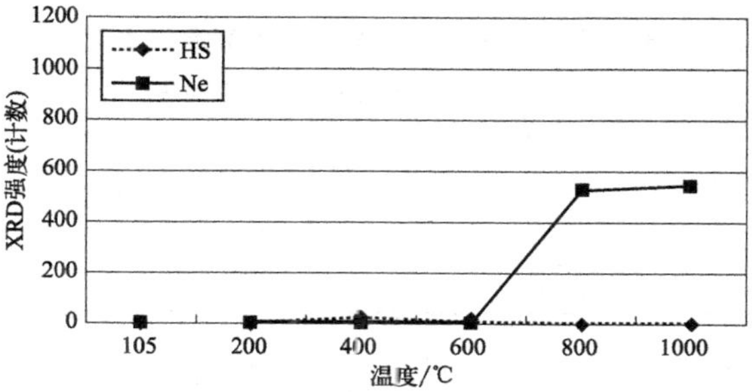

(b) $Na_2O \cdot Al_2O_3 \cdot 4.0SiO_2 \cdot xH_2O$

图 12.9

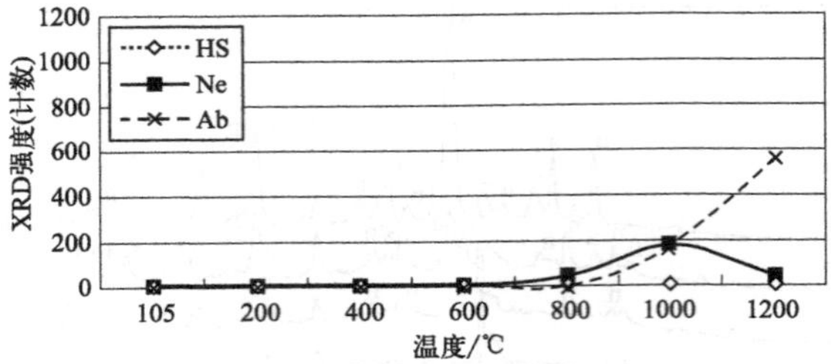

(c) $0.5Na_2O \cdot Al_2O_3 \cdot 4.0SiO_2 \cdot xH_2O$

图 12.9 碱激发粉煤灰水泥形成相的 XRD 强度（取决于不同初始组分）

Ab—白云石；Cr—钠长石；Ne—霞石；HS—硫化氢

由图 12.8 计算得出

且将之运用于耐热材料，钙含量的增加可能会导致低温烧结和高的热收缩。值得注意的是，该规律仅在有限含量的氧化钙（约 10%）下如此，因为在较高的钙含量下，该体系开始显示其他行为，并且实际上不是纯地质胶凝物/地质聚合物。在高的钙含量下，钙化合物开始发挥单独的作用，并且它们的行为与Ⅱ类碱性水泥类似（Krivenko，1997），特别是高炉矿渣碱性水泥。

尽管存在这些差异，但所有碱激发水泥，所用的阳离子类型和硅铝酸盐成分都存在一般规律：加热（约 600～900℃）过程中出现的第一相是低硅长石（钠基地质聚合物水泥生成的霞石和钾基地质聚合物水泥生成的白石榴石），而高硅长石出现在较高的温度（900～1200℃）。因此，较早的各种黏土碱激发结果（图 12.5）表明，碱性硅铝酸盐的相组成可以通过改变高温养护的温度进行调节。因此，与黏土类型和初始低温养护类型无关，在750～900℃下煅烧后发现该黏土＋钠碱成分体系的一个主要产物是霞石，并且在 900～1000℃煅烧后会出现钠长石。碱激发粉煤灰表现出类似的现象（表 12.4）。当黏土被钾类化合物活化后，煅烧之后的主要产物是白云母（Svechinskaya，1994）。

表 12.4 不同阳离子类型和不同温度下碱激发水泥的相组成

温度范围/℃	地质聚合物体系加热后的产物		
	N-A-S-(H)	K-A-S-(H)	N-K-C-A-S-(H)*
400～600	无	—	—
600～900	霞石	钾霞石	—
900 以上	钠长石	白云母	白云母，斜长石

因为在三元体系中没有相应的长石相，所以在 600～800℃下只会出现钠和钾类长石的混合物。在较高的温度下，钾类白云母存在于体系中，但钠和钙的化合物合成了斜长石（二元钠钙长石如拉长石）。钾（KOH）和钙（OPC

熟料）改良的地质聚合物水泥（Kovalchuk，2002）中白云母（钾长石）和拉长石（钠钙长石）是煅烧之后主要的相（图 12.10）。该混合化合物组分（N-K-C-A-S-H）在 800℃下烧结后具有非晶态结构，而在 1000℃烧结后，将会在 XRD 上显示出白云母和拉长石的强衍射峰。用 DTA 方法测定其结晶的温度约为 900℃（图 12.11）。在 1300℃下煅烧后，体系会按照其各种产物在该温度下的热力学稳定性对其含量进行分配：霞长石数量增加，但白云母数量会减少。

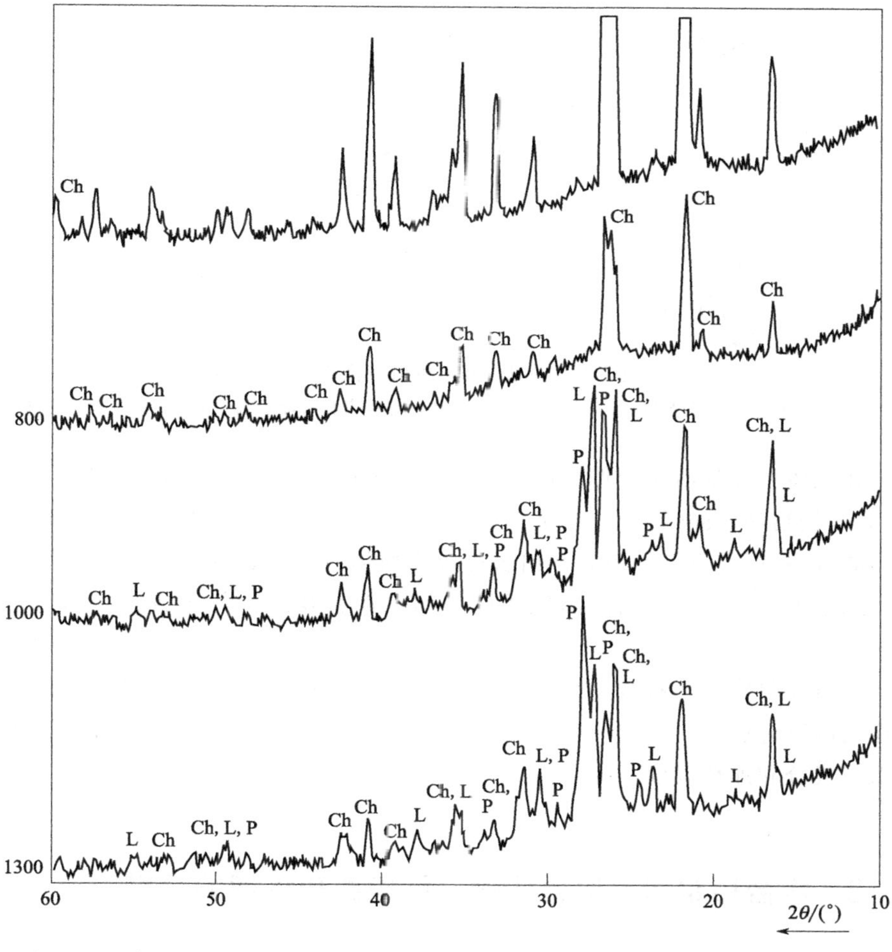

图 12.10 在 800℃、1000℃、1300℃高温作用后 Na-K 地质聚合物水泥-OPC 熔渣（低于 10%）体系的 XRD 谱图

地质聚合物水泥由火泥填充

L—白云母；P—斜长石；Ch—火泥组分的结晶相

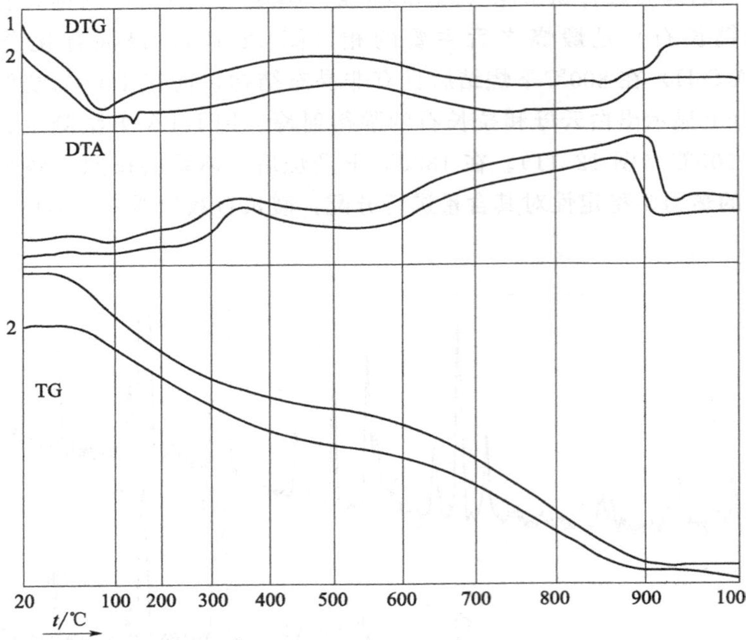

图 12.11 Na-K 地质聚合物水泥-OPC 熔渣（低于 10%）体系的 DTA 曲线

地质聚合物水泥由火泥填充。900℃后 DTA 曲线的显著变化可能归因于无水铝硅酸盐的形成

在纯体系钾基活化的偏高岭土中（Duxson et al，2007b），钾霞石大约在600℃开始结晶，800℃后开始被白云母取代。另外，当用混合钠/钾进行活化时，混合钠/钾霞石、钾霞石和白云母成为加热后的主要结晶相。

总结上述信息，应当指出地质聚合物水泥微观结构的形成过程通常可表示为：

沸石前驱体→沸石微晶→无定形化→似长石→长石→熔化。当热稳定性沸石在低温下合成时，无定形化不会发生。似长石或长石的类型取决于地质聚合物水泥成分和加热温度。

12.3 水合和脱水后混合比例、相组成和性质的关系

需要强调的是，以 OPC 基水泥制作耐热材料的主要问题是残余强度低，但这对生产大多数碱性水泥（包括碱激发偏高岭土或者粉煤灰）来说不是问题，因为几乎所有这些体系在经过 800～1000℃煅烧后都展现出高强度。考虑到标准状况下，传统的碱性水泥具有较高的抗压强度，生产耐热水泥的主要问

题是在 200～600℃范围内获得稳定的性能，这一温度下，体系的微观结构会发生特定或完全的非晶转变，这可能导致强度降低。另一个问题是高碱性导致熔融液相的数量增加而引起高热收缩。这就是一些只关注焙烧或加热之后的残余强度而忽略热收缩的研究不正确的原因。因此，主要的目标是调节在低温和高温下结构的形成过程，防止在加热和控制热收缩期间强度的显著变化。在某些情况下，裂化、耐热性（循环加热/冷却评估）和在负荷下的变形（4%和 40%）温度等特征也十分值得关注。

大多数研究者（Davidovits，1988；Xu and van Deventer，1999；van Jaarsveld and van Deventer，1999；Palomo and Fernández-Jiménez，2003）得出结论：为了达到最佳的力学强度，地质聚合物水泥/人造石合成的地质聚合物的非晶结构更可取。然而，结晶或半结晶结构似乎更适合于一些特殊的应用，由于晶体对酸侵蚀或热冲击更具抵抗力，因此人造石的结晶度提高可能更能够抵抗上述因素（Krivenko et al，2000；Kovalchuk，2002）。由于沸石的族系非常多样，因此一旦在地质聚合物水泥成分中合成，就可以确保获得不同的目标性能。例如，Gonchar（2000）报道，偏高岭土基地质聚合物水泥（方沸石形成水合产物）适合于制作低温陶瓷材料，因为 P 型沸石可保证其在 20～250℃温度范围内的高强度；R、NaX、NaY 沸石在加热至 800℃期间可提供稳定的力学强度。因此，应该研究碱激发材料的性能与微观结构的特性（相组成、结晶度等）之间的关系。

抗压强度和热收缩在加热过程中会发生显著的变化（图 12.12）。当热稳定的沸石类相是主要产物时，抗压强度往往在 200～600℃（有时高达 800℃）内缓慢下降，同时伴随着热收缩的缓慢增加。在这之后，一些烧结液相出现，它使强度急剧增加，而且收缩率也急剧增加。一旦热收缩达到一定值后（一般为 1%～2%），尽管这些材料仍保持良好的力学强度，但体积和形状等的开裂和不稳定使其可能不会保持原有的性能。因此，在多数情况下，达到热收缩极限值的温度是该材料的最高使用温度。每种地质聚合物水泥变软时都有一个对应的温度，该温度主要取决于碱度和阳离子类型。最好的耐热地质聚合物水泥基材料可抵抗 1300℃的高温（某些特殊高炉矿渣碱性水泥高达 1600℃）。

碱性活化材料的热收缩具有两个最大值（Duxson et al，2006），第一个大约在 150～200℃，这是干燥时物理结合水的损失所造成的，第二个在 700～900℃烧结时。相对来说，后者的危害更大。

为了控制收缩，一些可行的措施如下：

- 定向结构的形成导致合成了最适量的热稳定结晶沸石，这些沸石是抵抗加热过程中机械应力的骨架中心。
- 引入一些抗热填料，这种填料本质上是一种硅铝酸盐，其高温下的抵抗

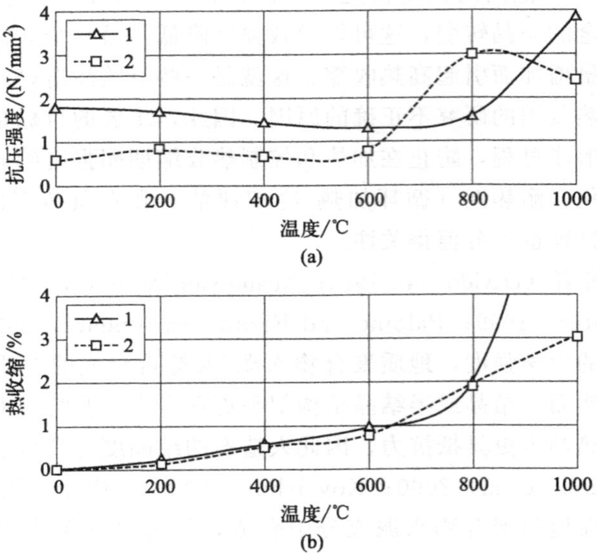

图 12.12 抗压强度和热收缩随加热温度的变化

材质：耐热加气混凝土土工材料。1—基于偏高岭土；2—基于粉煤灰

性很好，并且其不包含钙镁添加剂。最好的热抗性地质聚合物水泥填料是硬质合金、多硅材料（粉末耐火材料、纤维）、金刚砂和粉煤灰（偏高岭土基体系）。

- 引入一些上述材料作为细集料（最大尺寸为 2mm），减小机械强度但提高其他性能。
- 引入热抗性纤维。
- 引入高温下（而不是低温下）能够支持硅土体系的材料。
- 引入一些可以作为结晶及提高抗热冲击性的天然石或者人工沸石。

耐热复合材料需要在宽温度范围内保持体积稳定性。研究表明，对加热过程中收缩/膨胀的控制，应通过选择最优地质聚合物水泥混合物组分并加入耐热填料来进行调节。人们发现，火泥是一个合适的选择（Gonchar，2000；Kovalchuk，2002）。采用磨碎火泥与改进组分质量比 1∶1 进行混合组分、预养护条件、微观结构的相组成与地质聚合物水泥基人造石性能之间关系的研究（图 12.13）。此外，还研究了结晶相的相对强度与关键性能之间的关系：在本实验中，X 射线衍射图谱中最大峰高（在蒸压养护的 $SiO_2/Al_2O_3=4$ 粉煤灰 1 基地质聚合物水泥的 X 射线衍射图谱中，方沸石主要峰值在 0.343nm）视为 100%。对混合料组分、养护条件、微观结构的相组成与地质聚合物水泥基人造石的性能间相对关系的研究，是在磨碎火泥与改进组分质量比为 1∶1 中进行的。同时还发现，粉煤灰基地质聚合物水泥-粉磨火泥的最佳组分比为

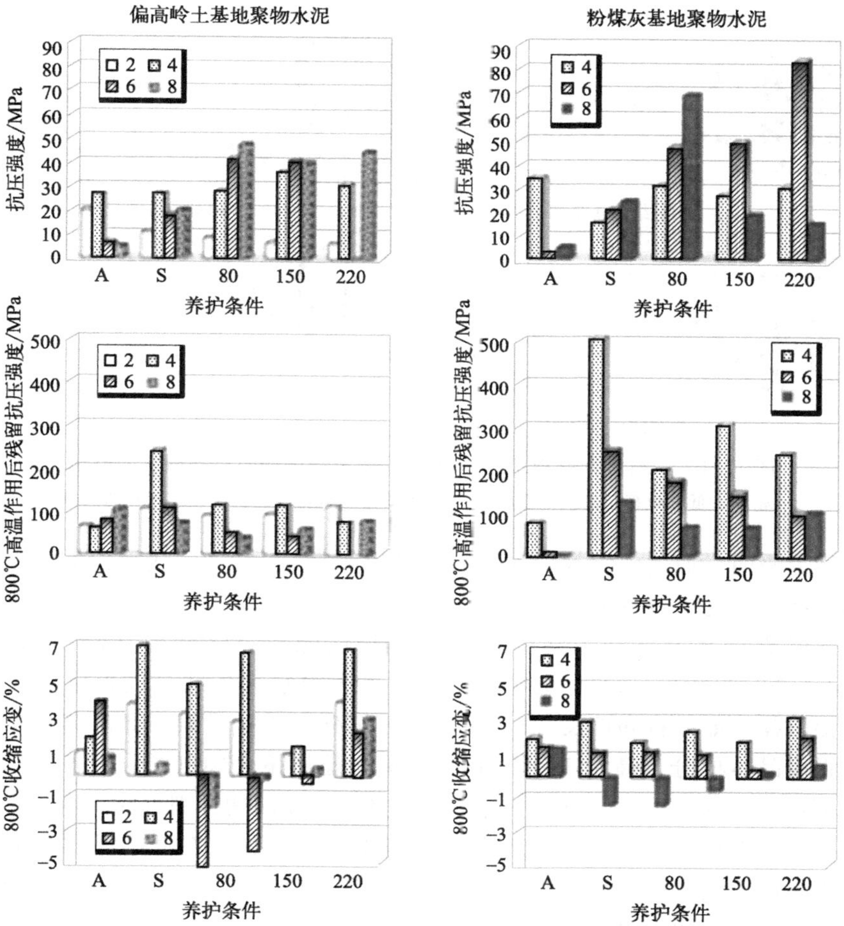

图 12.13 不同组分和预养护条件下的地质聚合物的抗压强度、800℃煅烧后的残余强度和收缩应变

A—高压罐固化；S—蒸汽固化；80～220℃—在相应温度下干燥固化

图例代表 SiO_2/Al_2O_3 摩尔比率的变化，收缩率图中的负值归因于试样的膨胀

摘自 Krivenko and Kovalchuk，2007

1∶1，但这在常温或高温下对凝结时间或抗压强度有更高的要求，增大填料含量会导致这些性能的恶化。另外，因经济原因，建议可使用高替代量（最高为 1∶3）以限制黏合剂含量或控制高温膨胀/收缩率。

为了对结构形成过程特性与组合物性质之间的相互关系进行研究，从而确定最佳混合物的范围，研究了结晶相的相对结晶强度与主要性质之间的相互关系。在整个实验中，X 射线衍射图谱的最大峰值高度取为 100%。在 0%～30% 的相对结晶强度范围内寻找相关性，其中包括了 94%的实验数据（图 12.14）。

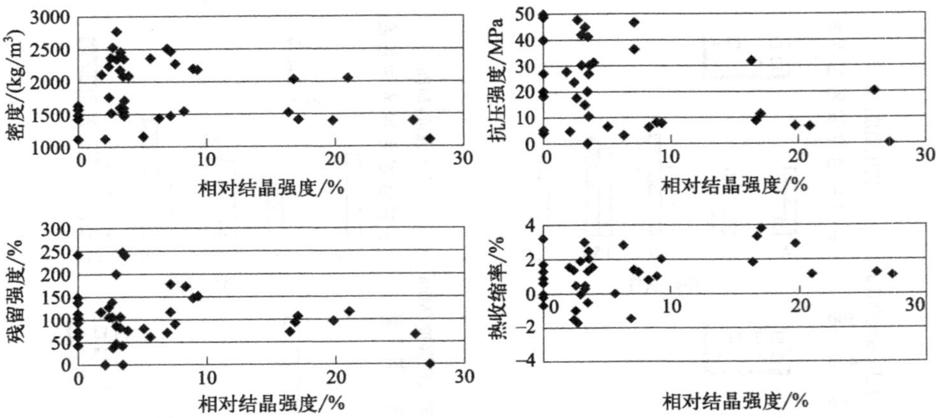

图 12.14 “地质聚合物水泥-火泥”混合组分的相对结晶强度与性能（密度、低温处理后的抗压强度、800℃燃烧后的残留强度及热收缩率）的关系

结果表明，通过一定数量（平均含量为 2.5%～10%）热稳定类沸石构成的微观结构（比如方沸石、羟基钠石和沸石），在煅烧之后低收缩的情况下，还能同时获得高密度和力学强度的最佳热性能和力学性质（Krivenko and Kovalchuk，2002）。这些相的特征是经过连续脱水后再结晶成稳定的无水碱性硅铝酸盐（如霞石和钠长石），而不会破坏硅铝酸盐骨架。高温养护后形成的高强度晶体成分（高于 10%）和高含量硅地质聚合物（0%～2.5%）的结晶度不足，导致应用性能急剧下降。如果是高晶体结构，则可能是由于在高温下进行剧烈重结晶时，已经硬化的水泥石中应力增加；在低结晶结构的情况下，则是由于缺少硬结晶骨架。粉煤灰基地质聚合物水泥的耐热性要高于偏高岭土基地质聚合物水泥。

考虑到偏高岭土在水合初始阶段比粉煤灰具有更高的活性，建议使用两种耐热组合物体系（表 12.5）。这些最佳组合物在 80℃下的凝固时间最长可达 4h，抗压强度达 89MPa，煅烧后残留强度达到 245%，且煅烧后收缩率在 4.2%以内。这些组合物将被用于制造大面积的非煅烧耐热复合材料。

表 12.5 耐热性钠基地质聚合物水泥复合材料的最佳混合比例

地质聚合物混合物		耐热性填料
硅铝酸盐来源	SiO_2/Al_2O_3	
偏高岭土	4.0	粉煤灰 1
偏高岭土	4.0	粉煤灰 2
粉煤灰 1	4.5	烧磨土粉
粉煤灰 2	5.0	烧磨土粉

在水泥体系和混凝土中，熔融意味着收缩。相应地，初始液化温度越低，热收缩越高。混合体系的相图也表明，相对于任何混合体系，单组分体系通常具有高的烧结温度。这就是混合物中额外引入一种以上阳离子会增大热收缩的原因（图 12.15）。地质聚合物水泥基引气混凝土的热收缩等参数图（图 12.16）也表明，热收缩与熟料添加剂中钙含量成反比（注意到最小收缩率低于 2%，是熟料添加剂的最小量，出现在垂直轴上）。

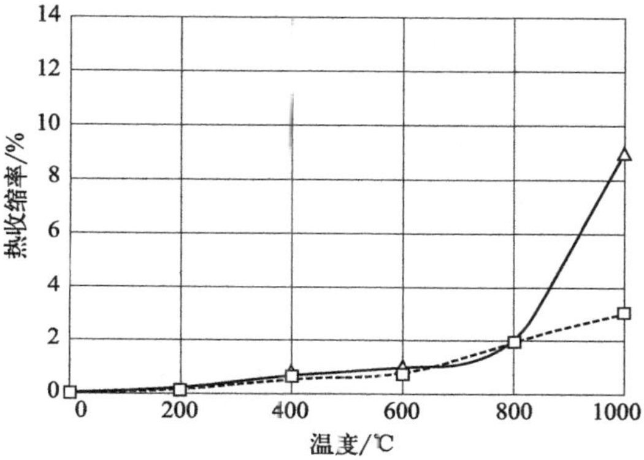

(a)

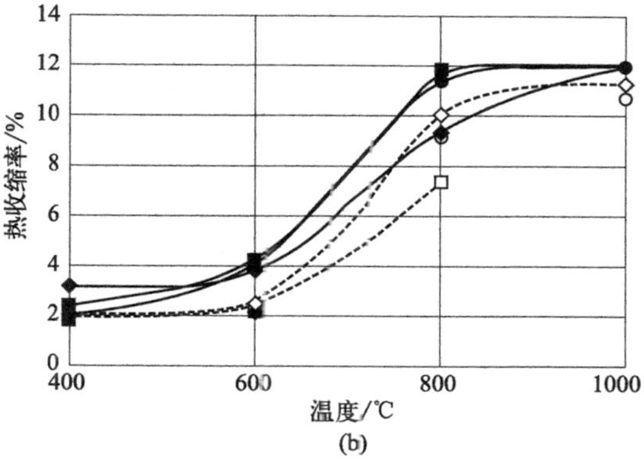

(b)

图 12.15　含有 N-A-S-H(a) 和 N-K-C-A-S-H(b) 组分的地质聚合物水泥基材料的热收缩率随温度的变化曲线

钾基聚合物始终显示出比钠基聚合物更低的收缩性。同时，仅在低硅混合物（$SiO_2/Al_2O_3=2.8$）时，混合钠/钾基聚合物的热收缩性在纯钠和纯钾基聚合物之间；在二氧化硅含量较高时，混合地质聚合物比钾基或者钠基地质聚合物的热收缩性要高。钾或钠混合物（Duxson et al，2006），从 600～800℃开始的热收缩伴随着孔隙率的急剧下降，它往往会从 800℃开始突然下降到零（Duxson et al，2007a）。

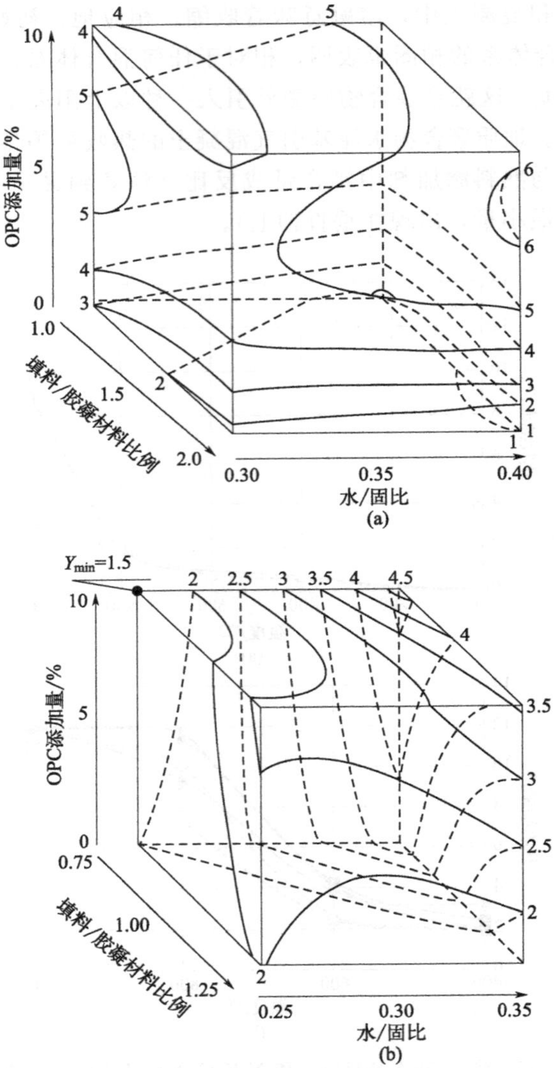

图 12.16 800℃煅烧后的耐热引气地质聚合物基混凝土热收缩率等参数图

使用偏高岭土（a）和粉煤灰（b）制备地质水泥

12.4 应用经验

碱激发的偏高岭土或粉煤灰在高温下保持稳定的结构，是在 800℃及更高温度下使用各种材料（例如耐热和/或耐火混凝土、高温胶黏剂、复合材料）

的优良基础，可用于土木工程、冶金、船舶和汽车工业、保护涂料、陶瓷等（Shi et al，2006）。

尽管没有碱激发偏高岭土或粉煤灰基耐热重质混凝土在工业规模上应用的数据，但是上述性质似乎使这个方向非常有前景。实际上，有使用耐热轻质混凝土的经验。利用粉煤灰基地质聚合物水泥和铝粉末作为气体产生剂，开发了耐热引气混凝土，其最高使用温度为 800℃（Kovalchuk，2002；Krivenko et al，2005）。这种材料旨在用于高温设备的隔热，如炉、导管、烟囱、锅炉、壁炉等。工艺参数和混合比例的改进使得生产密度在 300～1200kg/m³ 之间变化的耐热引气混凝土成为可能，抗压强度达到 16MPa，在空气环境中耐热性达到 34 次循环，800℃煅烧后残余强度为 75%～537%，收缩率为 0.94%～1.97%。相比于传统轻质耐火材料的制造，这种材料的制造不需要高温，并且造价低廉，更节能环保。这种材料在商业上用于玻璃器皿厂的炉衬绝热材料（Kiev，Ukraine）。用特殊设计的基于地质聚合物水泥的耐热胶黏剂，可以将引气混凝土制成的耐热砖直接黏合到热炉表面（最高 700℃），而不会中断炉子的运行（图 12.17）。在工作六个月之后，耐热性引气混凝土产品没有毁坏。

图 12.17 耐热性引气地质聚合物基混凝土的小型工业规模应用

（a）耐热引气混凝土结构；（b）试验室烤炉中耐热性黏合剂的测试；

（c）和（d）用发展的材料作玻璃器皿炉衬的碎片

引自 Krivenko and Kovalchuk，2007

对于隧道、地下结构、摩天大楼、战略建筑等，地质聚合物水泥/地质聚合物耐火混凝土可能是一种有潜力的材料。从这个角度来看，最重要的性能是高耐热性（高温下力学强度的稳定性），这是由于在初始结构中高含量 OH^- 基团的良好吸热性能（即低温电导率）（Davidovits，1999）。

耐热纤维填充的碱性活化材料用于制造复合材料，用于汽车/航空工业（Davidovits，1999；Davidovits，2002），并用于船舶建筑以提高耐火性（Tailing，2002；van Deventer，2002），用于冶金制造液态金属管（Vozniuk，1999）以及用于高温绝热层等领域（Krivenko et al，2002）。碱性硅铝酸盐基质的热膨胀系数与碳或硅铝酸盐纤维相似，在较宽的温度范围内提供了有效的结合效果。

以填充分散细骨料（熟料、刚玉、碳化硅）的碱性硅铝酸盐黏合剂为基础的复合材料，成功地用于制造耐磨和耐热的工业仪器（切割机和磨轮等）（Gonchar，2000）。另外，填充轻质填料（蛭石或珍珠岩）复合材料表现出良好的耐热性，也可用于高温设备的隔热（Krivenko et al，1999b）。

在 V. D. Glukhovskiy 研究所（Ukraine）和 OTIS 公司的联合项目中，地质聚合物水泥被全面应用在电梯防火门上（图 12.18）。在这个项目中，使用耐热黏合剂将耐热层与门的金属结构连接起来。这种方式制备的门可以满足防火门的所有要求（Krivenko et al，2002）。耐热黏合剂也被成功用于安装耐热引气混凝土砖到炉子的热表面（Krivenko and Kovalchuk，2002；Kovalchuk，2008）。

(a)

(b)

(c)

图 12.18 制作电梯防火门的过程

(a) 准备地质聚合物水泥黏结剂；(b) 将黏结剂涂抹到门上；(c) 完成门板并储存

具有高二氧化硅含量的碱性活化材料加热到 300～600℃时会膨胀。它用于钢和木结构的防火膨胀涂层（Krivenko et al，1999a）。这种混合物覆于被保护结构的表面，着火时，这层物质可以膨胀并起到很好的绝热效果，并且延长结构被毁坏的时间，为火灾救援时人员的疏散和火势控制争取宝贵时间。

最后，无水硅铝酸盐在基体中的定向结构形成技术被应用于各种陶瓷。

12.5 小结

经过焙烧之后，水泥结构中的沸石状产品会再结晶成无水硅铝酸盐。微观结构的成因有如下几个方面：

• 形成沸石型结构（结晶或半结晶）；

• 增强合成能力，达到约 400℃；

• 是否无定形化（取决于组成成分）；

• 稳定的无水相的结晶（霞石、钠长石或方石英，取决于混合成分和养护温度），从 600～800℃开始；

• 熔化（烧结）导致破坏。

粉煤灰基水泥通常在 150℃下干燥之后强度会增加，但是脱水或非晶化之后强度会降低，直到形成基于无水碱性硅铝酸盐的晶体结构（霞石或钠长石，取决于组成，600～800℃）。上述结构的形成会导致强度略微增加（熔化引起破坏前），但也导致液相出现和体积膨胀。根据成分不同，碱的含量越少，热性能和力学性能越好。

从未来热性能的角度来看，低温养护（“预养护”）后的相组成至关重要。事实上，耐热基质定向成型标志着低温结构成型的开始，该定向成型是沸石产物在结晶和半结晶时实现的。热稳定的沸石状产物（例如方沸石、沸石 R 和羟基方钠石）可以连续脱水，并随后再结晶成稳定无碱硅铝酸盐（霞石、钠长石），从而制成耐热复合材料。

碱激发的偏高岭土或粉煤灰在高温下仍保持稳定的结构，可用于 800℃或者更高的温度。对于耐热和耐火混凝土、高温黏合剂、用于土木工程的复合材料，以及冶金学、船舶或者汽车工业、防护涂层以及陶瓷等工业应用而言，具有积极的意义。

参考文献

Barrer R (1982), *Hydrothermal chemistry of zeolites*, London, Academic Press.

Breck D (1974), *Zeolite molecular sieves*, New York, J. Wiley & Sons.

Davidovits J (1987), 'Ancient and modern concretes: what is the real difference', *Concrete Intern.: Design and Construction*, 9, No. 12:23.

Davidovits J (1988), 'Geopolymer chemistry and properties', in Davidovits J (ed.), *Proceedings of the 1st European Conf. on Soft Mineralurgy 'Geopolymer'88'*, Saint-Quentin, 25–48.

Davidovits J (1999), 'Fire proof geopolymeric cements', in Davidovits J (ed.), *Proceedings of the Second International Conf. on Geopolymers 'Geopolymer'99'*, Saint-Quentin, 165–169.

Davidovits J (2002), '30 years of successes and failures in Geopolymer application', in Lukey G C (ed.), *Proceedings of the international conference 'Geopolymer-2002'*, Melbourne.

Diederichs U, Jumppanen U-M, and Penttala V (1989), '*Behavior of high strength concrete at high temperatures*', Report 92, Julkaisu.

Duxson P, Lukey G C, and Van Deventer J S J (2006), 'The thermal evolution of metakaolin geopolymers: Part 2 – Physical evolution', *Journal of Non-Crystalline Solids*, 352, 5541–5555.

Duxson P, Lukey G C, and Van Deventer J S J (2007a), 'Physical evolution of Na-geopolymer derived from metakaolin up to 1000°C', *J Mater Sci*, 42, 3044–3054.

Duxson P, Lukey G C, and Van Deventer J S J (2007b), 'The thermal evolution of metakaolin geopolymers: Part 2 – Phase stability and structural development', *Journal of Non-Crystalline Solids*, 353, 2186–2200.

Dyer A (1988), *An Introduction to Zeolite Molecular Sieves*, New York, J. Wiley & Sons.

Eitel W (1954), *The Physical Chemistry of the Silicates*, The University of Chicago Press.

Glukhovsky V (1959), *Soil Silicates*, Kiev, Gosstroyizdat USSR.

Glukhovsky V (1967), *Soil Silicate Articles and Constructions*, Kiev, Budivelnik.

Glukhovsky V (1989), 'Ancient, modern and future concretes', in *Durability of concrete. Aspects of Admixtures and Industrial By-Products*, Goteborg, 53–62.

Glukhovsky V, Starchevskaya E, and Krivenko P (1969), 'Studies on formation of silicates in mixes of clays, quartz sand and sodium carbonate', *Ukrainian Chemical Journal*, T. 35, V. 4, 65–68.

Gonchar V (2000), Abrasive and Thermoresistant Composite Materials Based on Alkaline Aluminosilicate Binders, PhD Thesis, Kyiv National Univ. on Civil Eng. and Architecture.

Inamura (Ed.) (1984), *Refractory Materials and their Applications*, Moscow, Metallurgia.

Kovalchuk G (2002), Heat Resistant Gas Concrete Based on Alkaline Aluminosilicate Binder, PhD Thesis, Kyiv National Univ. on Civil Eng. and Architecture.

Kovalchuk O (2008), 'Experience of industrial application of foamed concrete with improved thermo-mechanical properties based on alkaline Portland cement', in *Construction of Ukraine*, 1'2008, 18–19.

Kovalchuk G, Palomo A, and Fernandez-Jimenez A. (2007a), 'Alkali Activated Fly Ash. Mechanical strength development as a function of the composition of the starting system', *Mater. Construcc.*, 58, 291, 35–52.

Kovalchuk G, Palomo A, and Fernandez-Jimenez A. (2007b), Alkali Activated Fly Ash. Part II: Mechanical strength development as a function of the thermal curing conditions', *Fuel*, Vol. 86, Issue 3, 315–322.

Krivenko P (1994), 'Alkaline cements', in Krivenko P (ed.), *Proceedings of the 1st Intern. Conf. 'Alkaline Cements and Concretes'*, Kyiv, Oranta, 11–129.

Krivenko P (1995), 'Alkaline cements: Terminology, classification, fields of application', *Building materials and constructions*, 1, 23–24.

Krivenko P (1997), 'Alkaline Cements: Terminology, Classification, Aspects of Durability', in *Proceedings of the 10th ICCC, Goteborg*, 4iv046–4iv050.

Krivenko P (1999), 'Alkaline cements and concretes: Problems of durability', in Krivenko P (ed.), *Proceedings of the 2nd Intern. Conf. 'Alkaline Cements and Concretes', Kyiv*, Oranta, 3–43.

Krivenko P, and Kovalchuk G (2002), 'Heat-resistant fly ash-based geocements', in Lukey G C (ed.), *Proceedings of the international conference 'Geopolymer-2002'*, Melbourne.

Krivenko P, and Kovalchuk G (2007), 'Directed synthesis of alkaline aluminosilicate minerals in a geocement matrix', *J Mat Sci*, 42, No. 9, 2944–2952.

Krivenko P, Pushkarova K, and Sukhanevich M (1999a), 'Concrete Coatings to Improve Fire-Resistance of Building Structures', in Dhir R K (ed.), *Proceedings of the International Conference on Creating with Concrete (Concrete Durability and Repair Technology)*, Dundee, 415–422.

Krivenko P, Petropavlovskiy O, Mokhort M, and Resenchuk V (1999b), 'Heat insulating and constructive materials based on alkaline aluminosilicate binders and expanded natural materials', in *Proceedings of the seminar 'Effective heat and hydro insulation of buildings and constructions, and their fire protection'*, Kyiv, NDIBK, 26–32.

Krivenko P, Mokhort M, and Popel G (2000), 'Durability of propective coatings for concrete on Geocement base', in *Proceedings 5th CANMET/ACI Internat. Conf. on Durability of Concrete*, Barcelona, 719–735

Krivenko P, Mokhort M, and Petropavlovskii O (2002), 'Industrial uses of Geocement-based materials in construction and other industries', in Lukey G C (ed.), *Proceedings of the international conference 'Geopolymer-2002'*, Melbourne.

Krivenko P, Kovalchuk G, and Kovalchuk O (2005), 'Heat-resistant cellular concretes based on alkaline cements', in Dhir R K (ed.), *Proceedings of the Intern. Congress 'Global Construction: Ultimate Concrete Opportunities'*, University of Dundee, 97–104.

Krivenko P, Kovalchuk G, Palomo A, and Fernández-Jiménez A (2006), 'Fly Ash Based Geocement: Genesis of Microstructure and Properties in Hydration-Dehydration Process', in *Proceedings of the International Congress BMC-8*, Warszaw, 55–64.

Krivenko P, Kovalchuk O, and Kovalchuk G (2007), 'Directing the Hydration/Dehydration Structure Formation of Alkaline Portland Cement: A Perspective Way for Obtaining a High Temperature Concrete', in *Proceedings of the International Conf. 'Alkali Activated Materials – Research, Production and Utilization'*, Prague, Agentura Action M, 369–378.

Malinowski R (1979), 'Concretes and Mortars in Ancient Aqueducts', in *Concrete Intern.: Design and Construction*, 1.

Nekrasov K (ed.) (1972), *Heavy concrete in the increased temperature conditions*, Moscow, Stroyizdat.

Nekrasov K (1988), 'Devolopment of heat resistant concretes' production', in *Cement-free heat resistant concretes based on natural and waste raw materials*, Makhachkala, Academy of Science USSR, 5–15.

Palomo A, and Fernandez-Jimenez A (2003), 'Alkali Activated Fly Ash: Properties and Characteristics', in *Proceedings of the 11th Intern. Congress on the Chemistry of Cement*, Durban, 1332–1340.

Pushkarova E (1994), 'Heat resistant alkaline binders', in Krivenko P (ed.), *Proceedings of the 1st Intern. Conf. 'Alkaline Cements and Concretes'*, Kyiv, Oranta, 245–256.

Schairer J, and Bowen N (1956) 'The system Na_2O-SiO_2-Al_2O_3', *American Journal of Science*, 254(3), 129–195.

Shi C, Krivenko P, and Roy D (2006), *Alkali Activated Cements and Concretes*, Taylor & Francis.

Skurchinskaya Zh (1973), Synthesis of natural minerals' analogs in order to obtain an artificial stone, PhD Thesis, Kiev Institute for Civil Engineering.

Skurchinskaya Zh (1994), Progress in alkaline cements', in Krivenko P (ed.), *Proceedings of the 1st Intern. Conf. Alkaline Cements and Concretes'*, Kyiv, Oranta, 271–298.

Tailing B (2002), 'Geopolymers give firesafety to passengers cruise ships', in Lukey G C (ed.), *Proceedings of the international conference 'Geopolymer-2002'*, Melbourne.

Van Deventer J S J (2002), 'Opportunities and Obstacles in the Commercialization of Geopolymers', in Lukey G C (ed.), *Proceedings of the international conference 'Geopolymer-2002'*, Melbourne.

Van Jaarsveld G S, and Van Deventer J S J (1999), 'Effect of the alkali metal activator on the properties of fly ash based geopolymers', *Ind. Eng. Chem. Res.*, 38 3932–3941.

Vozniuk G (1999), 'Environmentally friendly composite materials based on geocements for foundry application (moulding and core mixes)', in Krivenko P (ed), *Proceedings of the 2nd International Conference on Alkaline Cements and Concretes*, Kyiv, Oranta, 237–247.

Xu H, and Van Deventer J (1999), 'The geopolymerisation of natural alumino-silicates', in Davidovits J (ed.), *Proceedings of the Second International Conf. on Geopolymers "Geopolymer'99"*, Saint-Quentin, 43–64.

13

利用尾矿制备地质聚合物胶凝材料

F. Pacheco-Torgal, S. Jalali,
葡萄牙　米尼奥大学
J. P. Castro Gomes
葡萄牙　贝拉内陆大学

13.1　引言

尾矿是指在提取和加工形成矿物产品的材料后产生的残渣或其他无价值材料（Harrison et al，2002）。然而，目前还没有公认的尾矿分类标准。在过去的15年里，出于对保护稀缺自然资源、减少环境污染和节约能源的需要（Hammond，1988），很多国家进行了关于尾矿的调查（Mitchell et al，2004）。西班牙的阿斯纳尔科拉矿山（1998）因排放硫铁矿污泥污染了多纳自然公园2656公顷的土地；罗马尼亚的巴亚马雷矿山（2000）的调查也清楚地表明，从短期和环境的角度考虑，尾矿如同温室气体一样存在显著危害（BRGM，2001；Puura et al，2002）。在西欧和东欧，采矿和采石废弃物分别占总废弃物的15%和31%（Eurostat，2003）。西欧是世界上采矿和采石业最集中、最活跃的地区，且对欧洲经济作出了非常重要的贡献。总体而言，采掘业的产值约为30亿吨，价值约为7500亿美元，雇员约50万人。据估计，欧盟生产总值的20%以上以某种形式依赖于采掘业（Brodkom，2000）。因此，科学界必须努力探寻采矿和采石废弃物的资源化利用途径并找到稳定它们的方法以防止扩散而污染周围地区，进而保护自然生物多样性、饮用水供应和城市环境。硅铝酸盐矿物是地壳中含量最高的矿物，因此大多数采矿废料很可能属于此类，所以它们能够成为地质聚合物的可能原料来源。本章主要分析了利用尾矿制备地质聚合物胶凝材料，包括煅烧工艺对尾矿反应活性的影响以及混合比设计参数如何影响强度发展；涵盖了一些物理和力学性能，特别是尾矿胶凝材料和普通波特兰水泥混凝土之间的黏附力；还描述了包括耐磨和耐酸在内的耐久性，并通过浸出测试评估了环保性。关于尾矿地质聚合物的更多信息，详见有关文献（Torgal et al，2007a、2007b、2007c、2008）。

13.2 煅烧工艺对尾矿反应活性的影响

硅铝酸盐材料的热处理会导致其结构随着非晶相的增加而发生变化。天然材料力学性能较差，碱激发胶凝材料的力学强度取决于硅铝酸盐材料的结构条件。较高的力学强度与材料经受煅烧有关，如偏高岭土或高温过程形成的副产品如粉煤灰、高炉矿渣等。与火山灰反应一样，碱激发的反应活性取决于无定形硅和铝的含量。反应活性与材料的结构相关，无定形含量越高则反应活性越强。作者的研究集中在钨矿的硅铝酸盐废料上，葡萄牙钨矿床由带有一些石英脉的蓝色片岩构成（Neiva，1987）。片岩是一种十分常见的变质岩，由涉及大量应变的动态高温高压变质作用形成。作者报道了热处理是钨矿废料反应活性增加的原因。运用 Materials Data JADE 6.0，结合图 13.1 所示的 XRD 图谱可以得出，使用的矿山废料主要由白云母和石英组成。白云母的化学式为：$(K,Ba,Na)_{0.75}(Al,Mg,Cr,V)_2(Si,Al,V)_4O_{10}(OH)_2$。

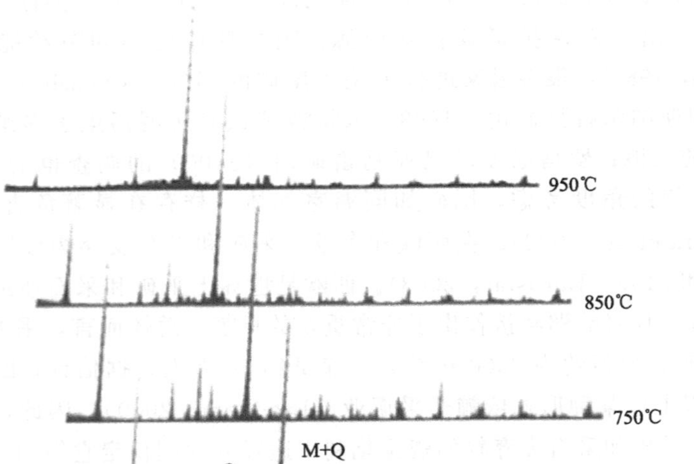

图 13.1　不同处理温度下尾矿的 XRD 图谱

M—白云母；Q—石英

矿山尾矿砂浆的化学组成和比表面积如表 13.1 所示。通过 XRD 监测淬火至室温的废料在煅烧时的相变，以避免无定形白云母结晶。达到处理温度后立即将样品放到静态炉进行热处理，热处理结束后打开静态炉取出样品。结果表明煅烧导致无定形相的形成，在 850～900℃煅烧的样品 XRD 衍射背景峰增强，这与其他层状硅酸盐黏土矿物的热行为类似（He et al，1995）。即使将样品加热到 950℃之后，白云母的主峰（$2\theta=8.8°$）仍然存在，尽管已经明显降低。峰面积说明 950℃煅烧下依然存在 12%的白云母。尾矿砂浆的抗压强度可用来评估脱羟基程度，浇筑 50mm×50mm×50mm 的立方体来研究抗压强度及其随养护时间的发展。砂子、废料、活化剂的质量比是 1∶1∶1。活化剂由氢氧化钠（12mol/L）和硅酸钠溶液按质量比 1∶2.5 配制。图 13.2 显示了用尾矿砂浆在 30min、60min、120min、300min 和 480min 内煅烧制成的砂浆的抗压强度结果。温度在 750℃以下的煅烧对碱激发尾矿砂浆的抗压强度没有作用，这意味着它对尾矿的活性没有影响。当煅烧温度提高至 800℃时，虽然出现了活性，但只有长时间煅烧后才能获得。在 850℃和 900℃煅烧 5h 后产生非常相似的抗压强度，但在 950℃煅烧 2h 后表现不佳，这清楚地表明煅烧过程中材料结构发生了变化。在 950℃下煅烧尾矿 120h，由于结构上的脱羟基化，白云母脱水成无定形产物，从而大大提高了 28 天后的强度。这一结果与表 13.2 中 XRD 结果一致。此外，Mazzucato 等人（1999）报道，增加煅烧时间和温度不会改善其强度，这可能是因为像莫来石状的结晶相的形成。

表 13.1 尾矿砂浆化学组成和比表面积

成分	质量分数/%
SiO_2	53.48
Al_2O_3	16.66
Fe_2O_3	12.33
K_2O	7.63
Na_2O	0.62
MgO	1.27
SO_4	3.10
TiO_2	1.39
As	1.28
其他微量氧化物	2.22
布莱恩细度/(m^2/kg)	257

表 13.2 煅烧对尾矿的 XRD 衍射的影响

XRD	煅烧温度/℃			
	650	750	850	950
2θ/(°)	8.845	8.807	8.803	8.806
白云母主峰面积/%	51	47.5	40.8	11.5
BG/%	33.5	33.7	40.5	58.3

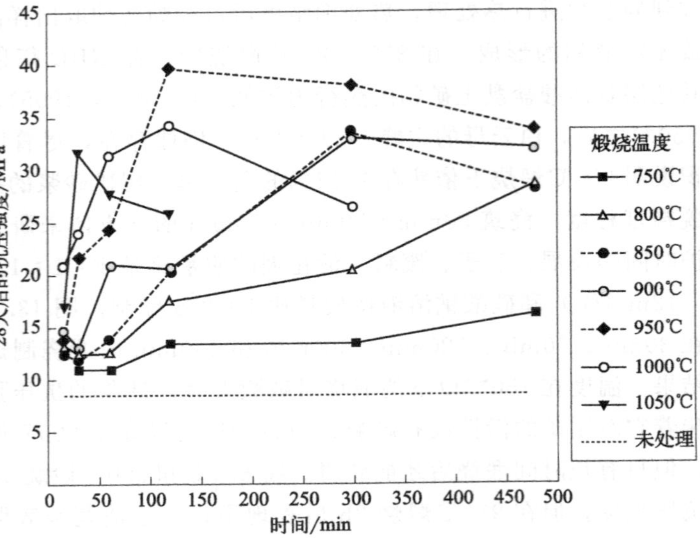

图 13.2 不同热处理条件下的尾矿抗压强度

如表 13.3 所示，用废矿砂浆和煅烧废矿砂浆配制的碱激发砂浆的抗压强度数据提高了近 300%，说明热处理是有效的。尽管如本研究一样在静态炉中煅烧废矿砂浆的操作比较昂贵，但是一些研究者已经开发了快速煅烧的工业生产装置，速度可达到 800kg/h，能够让煅烧时间缩短至几秒钟，并且不用进一步研磨（Salvador，1995、2000），这极大降低了废矿砂浆的热处理成本。

表 13.3 碱激发废矿砂浆的抗压强度

养护时间/天	抗压强度/MPa	
	废矿原料	在 950℃下煅烧 2h
7	8.4(1.2)	27.4(1.8)
14	9.3(4.3)	37.0(1.1)
28	11.2(1.8)	39.6(1.8)

括号内的值为标准差。

13.3 强度发展和混合比设计参数

13.3.1 $Ca(OH)_2$ 和 NaOH 浓度的影响

之前的研究表明，不含氢氧化钙的废矿混合物抗压强度非常低。如表 13.4 所示，含 10% 氢氧化钙的矿浆混合物呈现最大抗压强度，接近

30MPa，其中氢氧化钠的浓度为16mol/L，H_2O/Na_2O的摩尔比为13.7，如图13.3所示。水胶比中水的总质量是指氢氧化钠溶液中所含的水、水玻璃中所含的水和添加到混合物中额外水的质量之和。这些结果与Alonso和Palomo（2001a，2001b）的研究结果一致。他们采用偏高岭土/氢氧化钙混合物，着重报道了氢氧化钠浓度对最终产物性质的影响，研究结果有助于解释钙在地质聚合物胶凝材料中的重要性，同时说明了为什么PZ-Geopoly®地质聚合物胶凝材料含有11%的氧化钙（Davidovits，1999）。但是除了诸如Ca^{2+}的正离子需要存在于骨架空腔中以平衡铝酸盐基团的负电荷的解释之外，仍然不清楚为什么氢氧化钙在碱激发胶凝材料的强度中起如此重要的作用。

表13.4 砂浆成分

对照	氢氧化物浓度	水玻璃：氢氧化物	M_s（二氧化硅模数）	H_2O/Na_2O摩尔比	氢氧化钙/%
C105			1.34	13.7	17.5
	16mol/L				
C106				13.9	22.5
C107			1.41	14.3	17.5
	14mol/L				
C108				14.6	22.5
C109				15.1	17.5
	12mol/L		1.49		
C110				15.3	22.5
		1.5∶1			
C111				16.0	17.5
	10mol/L		1.59		
C112				16.3	22.5
C113				17.2	17.5
	8mol/L		1.72		
C114				17.5	22.5
C115			1.90	18.7	17.5
	6mol/L				
C116				19.1	22.5

氢氧化钙占比高于10%的混合物在养护14天后强度下降。这种强度下降的行为在其他研究者的研究中也得到了证实（Yip et al，2005）。关于它的解释是形成了地质聚合物凝胶和硅酸钙水合物两种不同的相，其中前者表现出微集料的作用。研究者认为，随着养护时间延长，强度损失可能是由于CSH反应和地质聚合反应相互竞争可溶性硅酸盐，使胶凝材料由两个多孔相组成。Yip等人（2008）研究了钙源对地质聚合反应的影响，指出较低强度是由于未反应的矿物颗粒破坏了地质聚合物的凝胶网络。另一种解释认为可能与骨料附近出现收缩裂缝有关，这可能导致明显的抗拉强度降低，只有在研究收缩和抗

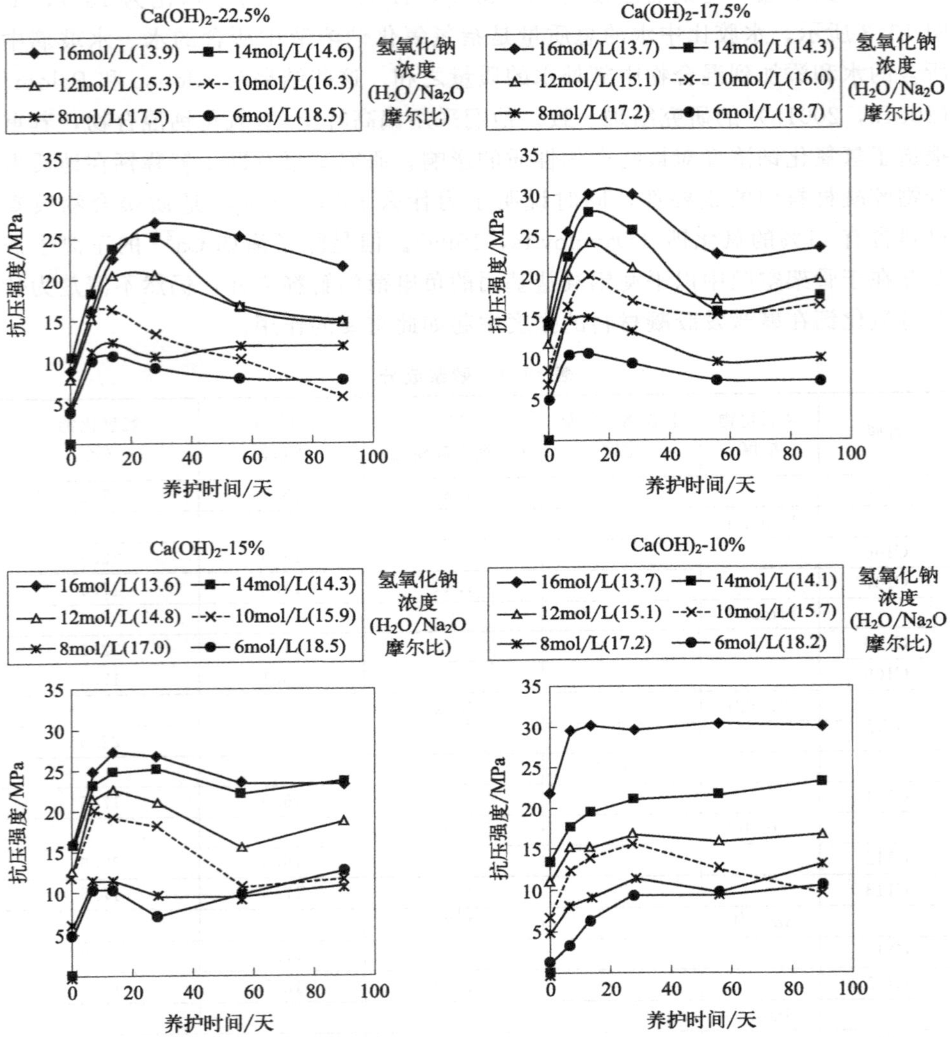

图 13.3 不同氢氧化钙含量下（22.5%、17.5%、15%、10%）抗压强度与氢氧化钠浓度的关系

拉强度时才能证实。图 13.4 中结果表明，抗压强度随着 H_2O/Na_2O 摩尔比的降低而上升。这对于氢氧化钙含量为 10%、H_2O/Na_2O 摩尔比低于 15 且养护时间长的混合物来说比较明显。其余氢氧化钙含量较高的混合物有时会表现出从养护 14 天开始随着 H_2O/Na_2O 摩尔比降低而强度增加的现象，不过有时也会出现相反的情况。这种行为必然与高碱环境中氢氧化钙的溶解度以及氢氧化钙和氯化萘沉淀物的形成有关（Stade，1989；Macphee，1989）。

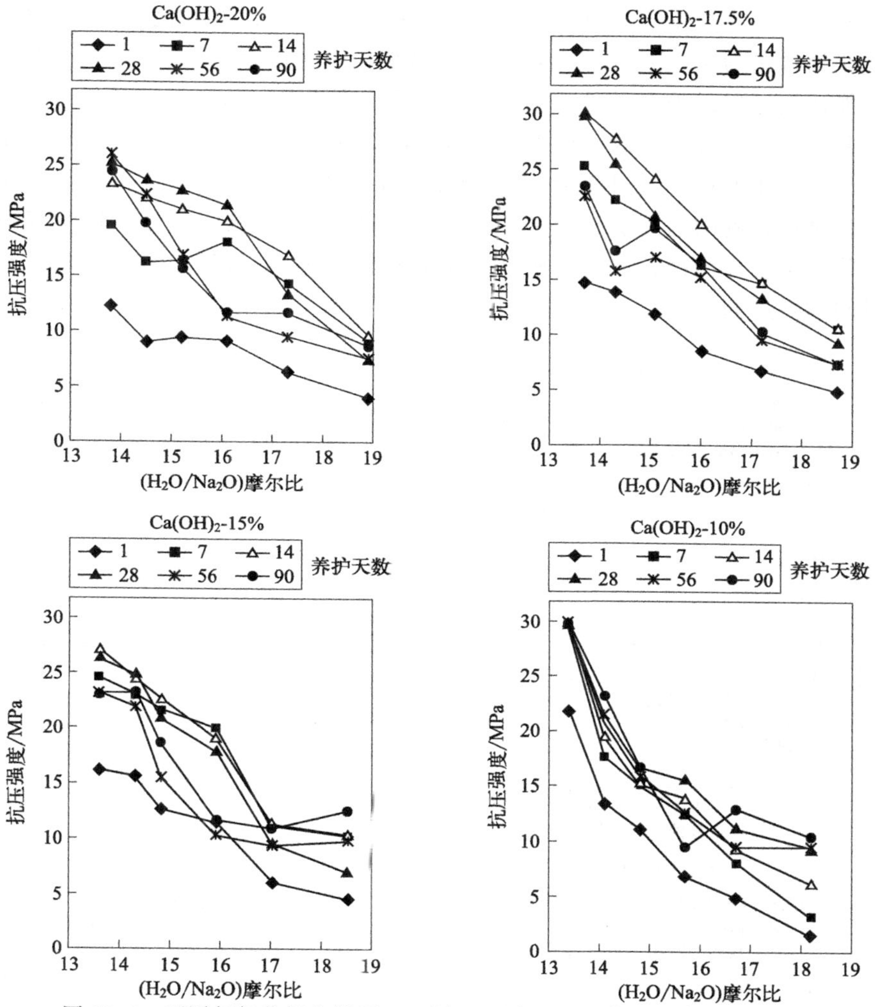

图 13.4 不同氢氧化钙含量下（10%、15%、17.5%、20%）抗压强度与 H_2O/Na_2O 摩尔比的关系

13.3.2 H_2O/Na_2O 摩尔比的影响

如图 13.5 所示，养护一天强度就达到了 30MPa，而 28 天后强度达到 70MPa。该性能的获得主要是由于使用了较少集料从而减少了用水量。与使用 10%氢氧化钙混合物时相比，使用含有 5%氢氧化钙的混合物在长时间养护后强度较低。强度的差别在养护初期表现尤为明显，经过一天养护后，5%氢氧化钙体系的强度仅是 10%体系的一半。强度的显著增长源于使用了较低的 H_2O/Na_2O 摩尔比，且当碱浓度升高，硅铝酸盐的溶解量增大，从而获得更

多的胶凝材料参与反应。研究结果表明，抗压强度受到氢氧化钙含量的影响。氢氧化钙含量为10%时强度最高，但是氢氧化钙含量为5%时，经过长时间养护也能达到近似的强度。这意味着对于此类混合条件，抗压强度受氢氧化钙的影响并不大。这种现象或许可以用形成了硅铝酸盐（地质聚合物）化合物来解释。尽管由于使用24mol/L浓度而导致强度增加，但是16.7%和25%含量的氢氧化钙混合物的强度仍然远低于10%氢氧化钙混合物的强度。这种现象是由于使用了较少的硅铝酸盐尾矿（用氢氧化钙代替），氢氧化钙的存在导致凝固时间缩短进而使未反应的颗粒增加。

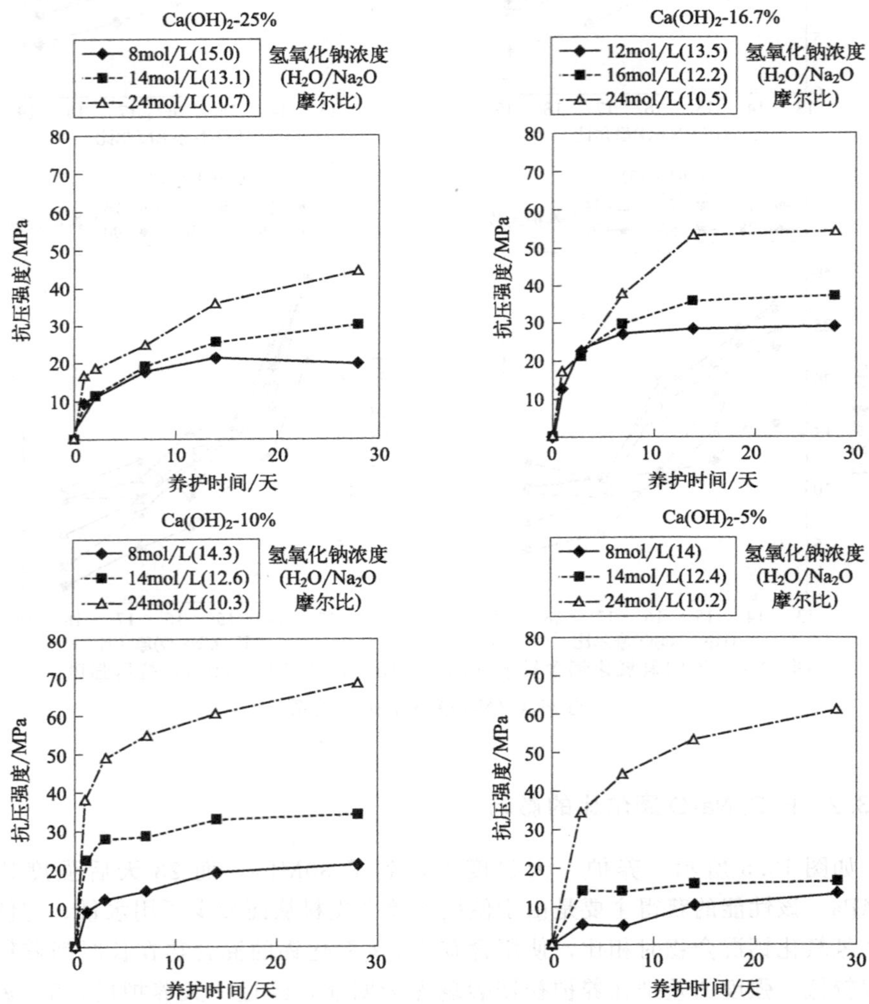

图 13.5　不同含量氢氧化钙和不同水玻璃/氢氧化钠质量比下抗压强度与养护时间的关系

13.4 物理和力学性能

13.4.1 工作性

工作性是新拌胶凝材料（砂浆或混凝土）的一种特性，它决定了其拌合、浇筑、捣固和抹面的难易程度（Neville and Aitcin，1998）。Neville（1997）也提到过流动性是判断工作性的重要指标。由于水玻璃的黏附性影响砂浆与设备金属面之间的黏结性能，因而无法使用流动稠度试验台来评估废矿砂浆的工作性。即使使用油脂涂层也无法改善。添加额外的水（所有组分正确混合后再添加的水）会使操作过程中的流动性更大（首先使用高浓度钠并且保证水/钠摩尔比不变，从而使强度不受损失）。当尾矿砂浆被放置在流动稠度试验台的锥形模内，脱模时胶凝材料（尾矿砂浆）会与金属表面黏结，导致无法测量。即使在混合物中添加高效减水剂也不能完全克服。砂浆组分见表 13.5。

表 13.5 砂浆组分（C126～C128）

组分	氢氧化物浓度	水玻璃：氢氧化物	M_s（二氧化硅模数）	H_2O/Na_2O 摩尔比	氢氧化钙/%
C126	24mol/L	2.5∶1	1.17	10.3	10
C127				10.7	25
C128				10.2	5

13.4.2 凝固时间

胶凝材料的凝固时间与其从流态到刚性状态转变过程中的稠度损失有关。出于实用目的，该时间不得少于放置材料所需的时间。凝固时间用维卡针装置来测定。若用一定百分比的废泥代替含 10%氢氧化钙的废矿浆体，保持水玻璃/氢氧化钠的质量比为 2.5，氢氧化钠浓度为 24mol/L，这个体系的初凝和终凝时间分别为 125min 和 145min。这个凝固时间（ST）比 Pinto（2004）报道的值高得多，其采用相同氢氧化钙含量的碱激发偏高岭土的初凝时间仅为 28min。可是，我们必须认识到偏高岭土具有很高的纯度和更多的活性硅铝酸盐相，因此它是一种更具活性的硅铝酸盐材料。这就解释了为什么钨矿废泥浆（TMWM）的碱激发只能使用可溶性二氧化硅（水玻璃）和高浓度的氢氧化钠来实现。此外，可以在混合物中加入额外水来提高工作性进而改善凝固时间。不同的凝固时间带来的是混合物中溶解的硅铝酸盐颗粒含量的差异。这就意味着，碱激发胶凝材料不能像OPC胶凝材料一样，可以通过其凝固时间很好地估算混凝土拌和物的凝固时间。

13.4.3 自由收缩

尾矿地质聚合物胶凝材料的自由收缩率（美国）如图13.6所示。除了一些集料/胶凝材料质量比为1.5或1.7的样品外，大多数样品的水/干燥固体胶凝材料的质量分数为3.6%，额外水的质量分数对应为7%和10%。使用片岩（SC）作为细骨料的TMWM胶凝材料，骨料与胶凝材料的比值为1.5，被命名为SC-AG/B1.5。同样，当用石灰石（LS）和花岗岩（GR）集料时，分别为LS-AG/B1.5和GR-AG/B1.5。TMWM混合料用矿山废泥和质量分数为2%的高效减水剂混合，分别命名为SC/SP、GR/SP和LS/SP。根据标准LNECE 398—1993，自由收缩率的测量采用40mm×40mm×160mm的棱柱形样品。测量间隔为：在最初的10h内每小时进行一次自由收缩率读数，在接下来的6天内每3h进行一次，其余时间每天两次。

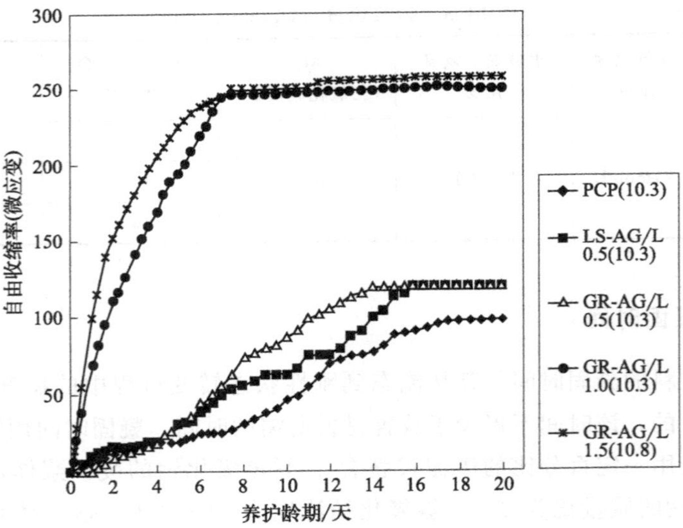

图13.6 自由收缩率

遗憾的是，由于该设备仅在浇铸混合物后24h才测量收缩率，因此它错过了US变形的重要部分。这部分就是在样品养护期间，从模具取出到放置在测试装置的这一段时间。这个假设仅可在养护一开始就能测试US变形的测试装置上来确定。而对于OPC技术，目前使用的维卡渗透测试无法做到这一点，此方法忽略了初始24h的变形（Aitcin，2001）。US数据显示了集料/胶凝材料质量比为1.0和1.5的尾矿混凝土与当量为0.5的矿用砂浆相比，具有更高的收缩率。由于混凝土中集料含量远低于胶凝材料，即砂浆中集料与胶凝材料的比低于 2.0，而混凝土为 4～5，因此，骨料充当了大量包裹在连续浆体基质中的夹杂物，并且不会形成有助于减少 US 变形的刚性骨架（Aitcin，2001；Tazawa and Myazawa，1995）。因此，就集料/胶凝材料质量比而言，将集料/胶凝材料质量比从 0.5 提高到 1.5，不足以减小其 US 变形。除了与收缩率相关的体积变化外，还取决于样品的质量，即质量越低，孔隙率越高，收缩率将更高。

13.4.4 吸水率

表 13.6 显示了毛细吸水系数（CWAC）。可以看出，一些混合物有相同的 CWAC，因为它们有相同的集料含量，而集料的吸水率低。Torgal 和 Castro Gomes(2006) 报道了花岗岩和石灰岩的 CWAC 值在 0.0007～0.005g/cm^3 之间。这意味着钨矿废泥浆的毛细吸水系数主要依赖于浆体。此外，如果多孔和可渗透的骨料-砂浆界面存在，那么可以预估混合物（SC/SP-AG/B 1.5）将会由于集料尺寸较小而呈现较高的毛细吸水系数。至于 GR/SP-AG/B 1.5 混合物，它具有最高的 CWAC 是难以解释的，因为它使用了高效减水剂，由于更高的密实度，所以比不含减水剂的 GR-AG/B 1.5 具有更好的抗压强度，理论上 CWAC 应该更低。

表 13.6 毛细吸水系数（CWAC）

混合物	CWAC/(g/cm^2)	变化系数 CV/%
SC/SP-AG/B 1.5	0.012	0.9
GR-AG/B 1.5	0.013	0.8
LS/SP-AG/B 1.5	0.12	1.2
GR/SP-AG/B 1.5	0.15	1.6

13.4.5 静态弹性模量（SME）

SME 测量可以将含有花岗岩集料（GR）的混合物与含有片岩（SC）的混合物的弹性行为分开，如表 13.7 所示。同样质量分数集料下，获得不同的静态弹性模量（含花岗岩集料混合物的静态弹性模量是含片岩集料的 85%）。这可能与集料尺寸相关，因为较大尺寸和较小体积会导致 SME 较低。对于花岗岩集料混合物而言，集料总量增加 100% 会导致 SME 升高 14.5%。这些 SME 数据与其他报道一致（Pinto，2004；Hardjito et al，2004；Duxson et al，2005；Wang et al，2005；Kirschner and Harmuth，2004）。这可以理解为是集料的影响，并且事实上一些学者认为对于普通混凝土的弹性模量，集料是最关键的因素（Teychenné，1978；Zhou et al，1995；Rashid et al，2002）。Hardjito 和 Pinto（2004）测量了混凝土试件的 SME，Duxson（2005），Wang（2005）以及 Kirschner 和 Harmuth（2004）测量了砂浆的 SME，也许可以对此进行解释。之前通过 SME/EDS 微量分析对尾矿胶凝材料的研究得出如下数据：GR-AG/B 1.5 的 Si/Al 为 3.3，XS-AG/B 1.5 的 Si/Al 比为 3.2。在 Davidovits（1999）的研究中，当 Si/Al 比升至 3 以上时，高纯度碱激发偏高岭土的静态弹性模量下降。这在 Fletcher（2004）等的一些工作中也得到证实，他在研究碱激发偏高岭土时发现，SME 下降仅发生在 Si/Al 摩尔比超过 24 时。但是，Fletcher 的 SME 数据与图 13.7 Davidovits（1999）针对三维结构提出的 Si/Al 比极限存在出入。我们认为产生差异的原因是两组工作中使用了不同的硅铝酸盐材料，进而产生了不同的水化产物和结构。但是，由于 Fletcher 也未能确认 Si/Al 比的极限值，我们也只好将它们作为信息数据。

表 13.7　静态弹性模量（SME）

混合物	SC-AG/B 0.75	GR-AG/B 0.75	GR-AG/B 1.5
SME/GPa	34.9	29.7	34.0

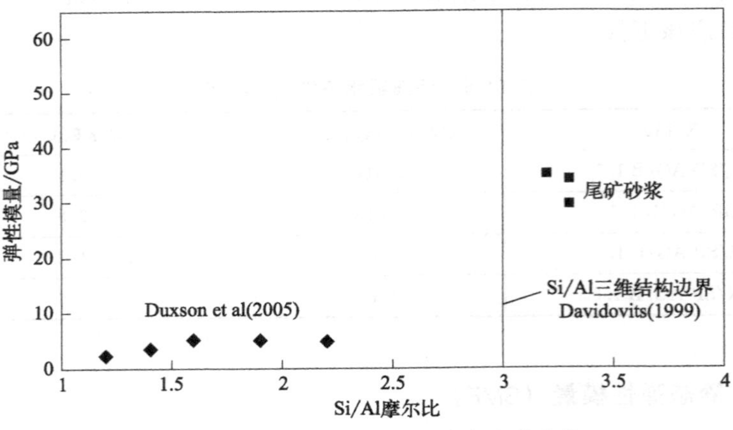

图 13.7　弹性模量随 Si/Al 摩尔比的变化

图 13.8 为静态弹性模量和抗压强度的统计关系，可以看出，碱激发胶凝材料的文献数据，属于静态弹性模量随抗压强度变化基本保持不变的一类。但碱激发混凝土的数据却属于第二类，与尾矿胶凝材料接近。前者的静态弹性模量较高，这可能是由于采用布莱恩细度较低的硅酸盐材料而形成了较粗糙的微观结构。

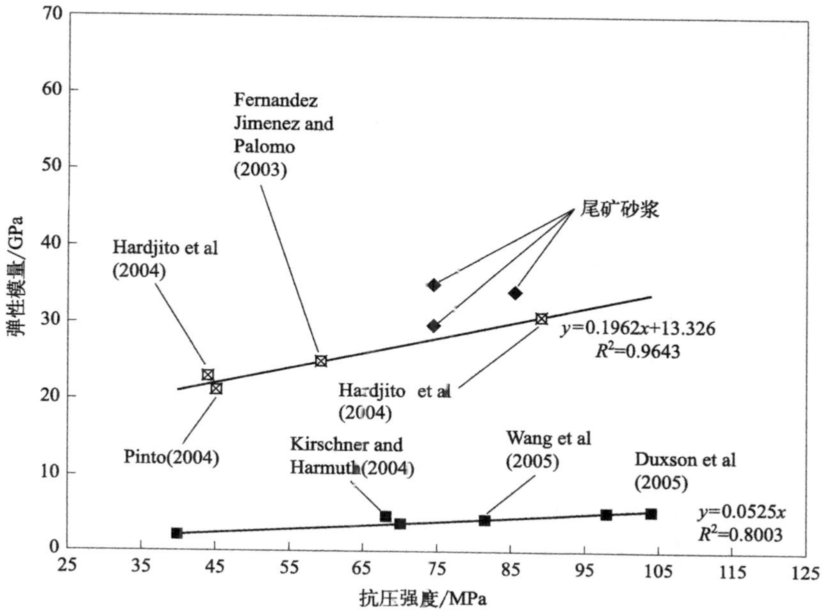

图 13.8 静态弹性模量与抗压强度之间的关系

13.4.6 尾矿地质聚合物胶凝材料黏附性

失效的模式通常是样品黏附位置发生失效，当破坏面沿界面时，定义为黏结失效。图 13.9 展示了整体失效模式下的倾斜剪切试样。具有整体失效模式的倾斜剪切试件黏结强度较低。样品以修复材料和混凝土基体表面处理形式命名。使用商业产品 R1 修复混凝土基体的样品，经过表面处理和未经过表面处理分别命名为 R1-ES（蚀刻表面）和 R1-NTS（无表面处理)。类似地，当钨矿废泥浆地质聚合物胶凝材料被用来黏结两个半面时，被命名为 GP-ES 和 GP-NTS。当钨矿废泥浆地质聚合物涂覆在金属样板表面和木质样板表面时，分别命名为 GP-MF 和 GP-WF。从图 13.10 可以看出，用尾矿地质聚合物胶凝材料修复的样品即使在早期也具有很高的黏结强度；并且在养护 28 天后，尾矿地质聚合物对样品的黏结强度依然高于现存的商业胶凝材料。用尾矿地质聚合物修复的试样，不受混凝土表面基质化学处理的影

图 13.9 倾斜样品整体失效

响，而受浇铸模板的影响。含有丰富氢氧化钙但缺乏粗骨料的表面，由于二氧化硅从骨料表面溶解而具有较高的黏结强度。

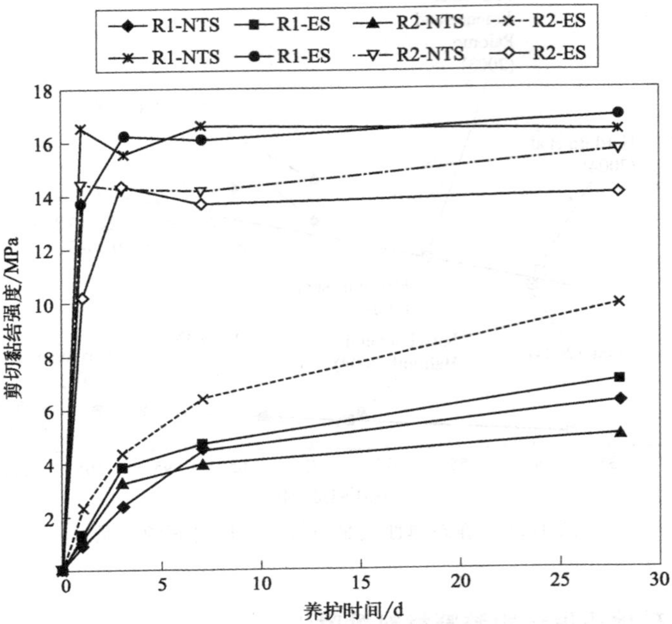

图 13.10　倾斜剪切试验结果

在调查的商业产品中，波特兰水泥、硅灰、纤维和其他添加剂经过分级后，它们的最大尺寸为 2mm，共混后进行包装。出厂材料的典型密度为 $2100kg/m^3$，仅需要添加干净的水便可以直接用于现场混合和使用。

商业修复产品的强度性能很大程度上取决于养护时间，但是当对产品早期强度有所要求时，则很难达到理想的效果。结果表明，修复产品 R2 的黏结强度明显地受到表面处理的影响。

表 13.8 列出了出现黏结失效的样品数量。可以看出，用地质聚合物和锯切的混凝土基体修复过的倾斜试样，由于其较高的黏合强度而呈现出整体失效。用当前的商业产品 R1 和 R2 修复试样的失效模式是相同的，并且都发生在接口部，与混凝土基体表面的处理方式无关。表 13.9 显示了黏结强度变异系数（COV）随养护时间的变化。结果表明，在所有情况下，COV 随养护时间和剪切强度增加而减小，但是由尾矿地质聚合物修复或者经过化学表面处理（GP-ES）修复的样品除外。使用 R1 和 R2 修复的样品在早期具有很高的 COV，养护 28 天后，表现出可以接受的值。对于两种商业修复产品，COV 结果明显受到表面处理的影响。用尾矿地质聚合物胶凝材料修复的样品在早期表现出低的 COV 值，此值不受化学处理的影响。比较使用上述商业修复产品

和地质聚合物胶凝材料修复过的样品的 COV 结果，可以清楚地看出后者的修复方案更可靠。这是由于普通混凝土基体表面富含氢氧化钙，其将与地质聚合物基胶凝材料发生反应，因为骨架空腔中需要阳离子（如 Ca^{2+}）存在以平衡 AlO_4^- 基团中的负电荷，同时也由于集料受到碱激发时，集料表面释放的硅离子会引起机械互锁现象。如图 13.11 显示，微观结构上没有观察到明显的界面过渡区，因此可以认为混凝土基体是通过化学键与地质聚合物相结合的。

表 13.8 胶凝材料失效的试样

固化天数	修复材料与基板的表面处理							
	R1		R2		GP			
	ES	NTS	ES	NTS	ES	NTS	MF	WF
1	4	4	4	4	2	0	4	4
3	4	4	4	4	0	0	4	4
7	4	4	4	4	0	0	4	4
28	4	4	4	4	0	0	4	4

ES—蚀刻过的表面；NTS—未经处理的表面；MF—金属样板；WF—木质样板。

表 13.9 黏结强度变异系数（COV）

养护天数	修复材料和基体表面处理							
	R1		R2		GP			
	ES	NTS	ES	NTS	ES	NTS	MF	WF
1	23.0	33.3	21.7	27.3	6.7	6.7	12.5	14.8
3	13.1	20.8	20.4	24.2	5.6	6.4	8.4	6.3
7	8.5	17.7	14.1	20.0	5.6	6.0	7.7	5.8
28	10.0	16.1	12.1	16.0	6.0	6.1	7.0	1.4

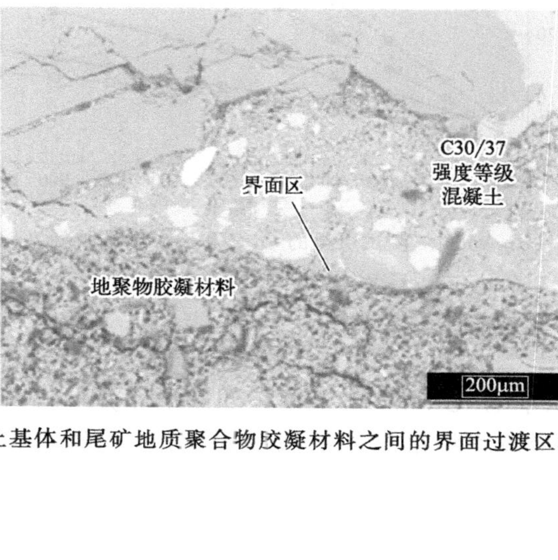

图 13.11 混凝土基体和尾矿地质聚合物胶凝材料之间的界面过渡区域 SEM 显微照片

13.5 耐久性和环保性

对于耐久性，研究者评估了尾矿地质聚合物混合料和类似的普通混凝土（OPC）的耐磨性和耐酸性，并通过浸出试验评估了环保性。

13.5.1 耐磨性

根据 ASTM C131-06，研究者使用 Los Angeles 磨耗仪评估了耐磨性。将 50mm×50mm×50mm 的立方体试样与磨耗仪金属圆筒内的八个钢球放置在一起。然后将圆筒设置 1000 转，并且每 100 转后对试样进行称重以记录其质量变化。结果显示尾矿胶凝材料样品表现出较低的质量损失，而 OPC 样品质量损失严重。亦如图 13.12 所示，尾矿胶凝材料具有更高的耐磨性。这一结果与尾矿浆体具有较高的抗压强度有关；对于 OPC 样品而言，耐磨性似乎比混合材中使用的骨料更受抗压强度的影响。

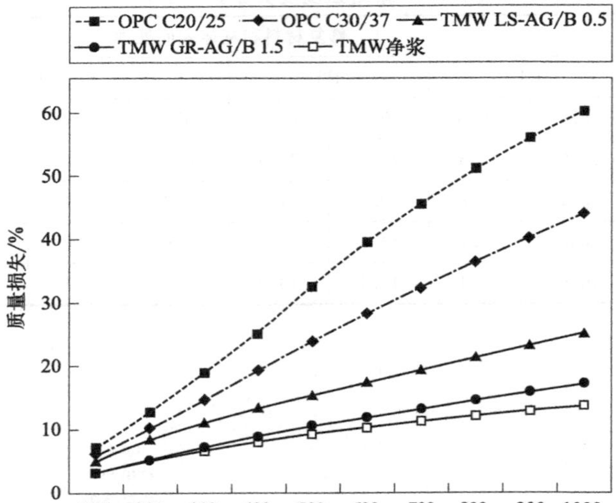

图 13.12 Los Angeles 测试所得的 OPC 和钨矿尾矿胶凝材料的耐磨性

13.5.2 耐酸性

图 13.13 显示了 OPC C30/37 混凝土和尾矿胶凝材料的耐酸性（以质量计）。通过把尾矿胶凝材料和 50mm×50mm×50mm 的 OPC 样品置于 5%硫

酸、盐酸和硝酸溶液中浸泡 28 天后来测定耐酸性。为了保持 pH 值恒定，在 14 天后更换酸性溶液。28 天后，将样品烘干至恒重，并去除可分离颗粒。由于无法评估浸渍于酸性介质中试样的抗压强度，因此耐酸性仅通过酸洗前后干燥样品的质量差异进行评估。除了硫酸溶液，OPC 对其他酸的耐酸性均相当差，样品的质量损失是由于样品表面的氢氧化钙和酸发生了反应。置于盐酸溶液中 OPC 样品情况最糟糕，这是因为盐酸与钙化合物反应形成了具有极高溶解度（质量分数为 46.1%）的氯化钙（Zivica and Baja，2001）。对于尾矿胶凝材料的质量损失，则与酸的类型无关。其他研究者还报道了粉煤灰和高炉矿渣地质聚合物的不同结果（Allahverdi and Skvára，2001a、2001b、2005）。尾矿地质聚合物样品的质量损失较低可能是由于较低的吸水率，以及它们的氢氧化钙含量较低。偏高岭土地质聚合物胶凝材料，其耐酸性比尾矿地质聚合物还要高（Palomo et al，1999），这些研究者还报道了地质聚合物样品在酸中浸泡时其抗压强度会增加的情况。

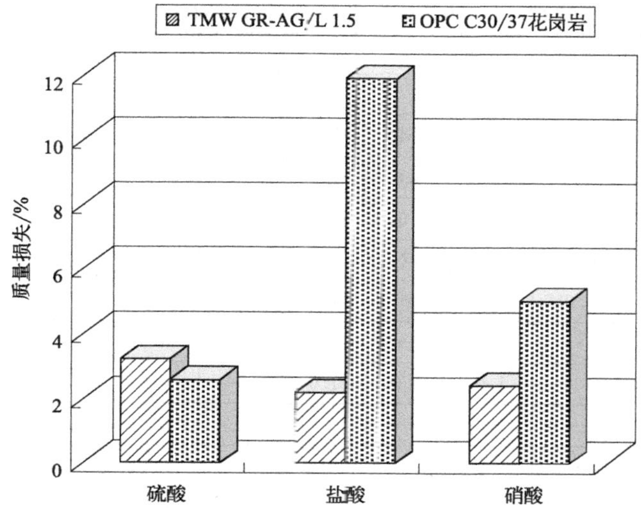

图 13.13 酸性侵蚀后的质量损失

13.5.3 环保性

使用新型胶凝材料作为建筑材料需要评估其环保性。为此，研究者根据 DIN 38414-S4 开展了浸出试验。浸出结果如表 13.10 所示，所有参数都低于标准规定的限值，可以认为是惰性材料。关于葡萄牙第 236/98 号法令（表 13.11）规定的水污染限值，尽管某些参数高于饮用水的限值，但灌溉用水的所有限值都得到了满足。

表 13.10 经 DIN 38414-S4 浸出过程后废水中的污染物浓度

污染物	测试结果/(mg/L)	限值(DIN38414-S4)	
		Max	Min
锌	0.011	2	5
砷	<0.002	0.1	0.5
铅	0.197	0.5	1.0
铜	0.062	2	5
锰	0.019	—	—
铁	0.203	—	—
钾	123.75	—	—
钠	3792.5	—	—
镁	0.163	—	—
硫酸盐	<0.003	500	1500

表 13.11 葡萄牙第 236/98 号法令对水质的规定　　单位：mg/L

成分	附录Ⅰ						可饮用水 附录Ⅵ		灌溉用水 附录ⅩⅥ	
	A1		A2		A3					
	VMR	VMA	VMR	VMA	VMR	VMA	VMR	VMA	VMR	VMA
锌	0.5	3.0	1.0	5.0	1.0	5.0	(*)	—	2	10
砷	0.01	0.05	—	0.05	0.05	0.1	—	0.05	0.1	10
铅	—	0.05	—	0.05	—	0.05	—	0.05	50	20
铜	0.02	0.05	0.05	—	1.0	—	(**)	—	0.2	5.0
锰	0.05	—	0.1	—	1.0	—	0.02	0.05	0.2	1.0
铁	0.1	0.3	1.0	2.0	1.0	—	0.05	0.2	5.0	—
钾	—	—	—	—	—	—	0.01	0.01	—	—
钠	—	—	—	—	—	—	0.02	0.15	—	—
镁	—	—	—	—	—	—	0.03	0.05	—	—
硫酸盐	150	250			150	250	0.03	0.25	575	—

VMR—最大推荐值；VMA—最大值；*—标准处理后（0.1×10^{-3}）；**—标准处理后（0.1）；A1—物理处理并杀毒；A2—物理和化学处理并杀毒；A3—物理和化学抑制处理并杀毒。

13.6 未来研究方向

对尾矿地质聚合物胶凝材料展开进一步研究，以阐明认识欠缺的几个方面，例如：

• 由于水含量影响了反应产物的无定形性质，这就意味着必须对低水含量的尾矿胶凝材料进行研究。

• 关于尾矿砂浆的工作性，还缺乏哪些外加剂可以克服某些刚性行为的认识。

• 在 OPC 胶凝材料中，用砂浆和维卡针来衡量其凝固时间。但尾矿胶凝材料的凝固时间受到集料体积和性质的影响，所以必须研究其他方法来评估这一属性。

• 对尾矿胶凝材料收缩行为的评价并没有测试总收缩变形，因此，收缩变形必须通过位于试样内的整体进行评估。

• 存在于混合料中的尾矿胶凝材料会导致其抗弯强度降低。已经提出了几种假设来解释这种行为，但是仍需进一步的研究来阐明。

• 到目前为止，关于浆体-集料界面的研究并没有充分解释粗骨料溶解的作用，以及这些物质如何影响新型胶凝材料硬化所涉及的反应机理。因此，需要对不同粒径和不同孔隙率的集料展开进一步研究。

参考文献

Aitcin, P.C. (2001), *High performance concrete. Modern Concrete Technology 5* E & FN Spon.

Allahverdi, A., Škvára, F. (2001a), 'Nitric acid attack on hardened paste of geopolymeric cements – Part 1.' *Ceramics-Silikaty*, 45, 81–88.

Allahverdi, A., Škvára, F. (2001b), 'Nitric acid attack on hardened paste of geopolymeric cements – Part 2.' *Ceramics-Silikaty*, 45, 143–149.

Allahverdi, A., Škvára, F. (2005), Sulfuric acid attack on hardened paste of geopolymer cements. Part 1. Mechanism of corrosion at relatively high concentrations. *Ceramics-Silikaty*, 49, 225–229.

Alonso, S., Palomo, A. (2001a), 'Calorimetric study of alkaline activation of calcium hydroxide metakaolin solid mixtures.' *Cement and Concrete Research*, 31, 25–30. doi:10.1016/S0008-8846(00)00435-X.

Alonso, S., Palomo, A. (2001b), 'Alkaline activation of metakaolin and calcium hydroxide mixtures: Influence of temperature, activator concentration and solids ratio.' *Materials Letters* 47, 55–62. doi:10.1016/S0167-577X(00)00212-3.

BRGM (2001), 'Management of mining, quarrying and ore-processing waste in the European Union.' European Commission, DG environment, 50319–FR.

Brodkom, F.(2000), '*Good Environmental Practice in the European Extractive Industry: A reference guide*.' Centre Terre & Pierre, 88.

Davidovits, J. (1999), 'Chemestry of geopolymeric systems. Terminology.' Proceedings of 99 Geopolymere Conference (1)9–40. France.

Duxon, P., Provis, J.L., Lukey, G.C., Mallicoat, S., Kriven, W., van Deventer, J.S.J. (2005), 'Understanding the relationship between geopolymer composition, microstructure and mechanical properties.' *Colloids and Surfaces A*, 269, 347–58. doi:10.1016/j.

colsurfa.2005.06.060.
Eurostat, Theme 8 Environment and Energy (2003), 'Waste generated and treated in Europe.' Data 1990–2001.
Fernandez-Jimenez, A., Palomo, A. (2003), 'Characterisation of fly ashes. Potential reactivity as alkaline cements.' *Fuel*, 82, 2259–2265. doi:10.1016/S0016-2361(03)00194-7.
Fletcher, R. A., Mackenzie, K.J.D., Nicholson, C., Shimada, S. (2004), 'The composition range of alumino silicate geopolymers.' *Journal of European Ceramic Society*, 25,1471–1477. doi:10.1016/j.jeurceramsoc.2004.06.001.
Hammond, A. (1988), 'Mining and quarrying wastes: a critical review.' *Engineering Geology*, 25, 17–31. doi:10.1016/0013-7952(88)90016-6.
Hardjito, D., Wallah, S. E., Sumajouw, D., Rangan, B. V. (2004), 'Fly ash based geopolymer concrete, Construction material for sustainable development.' *Concrete World*: Engineering & Materials, American Concrete Institute, India.
Harrison, D. J., Bloodworth, A. J., Eyre, J. M., Macfarlane, M., Mitchell, C. J., Scott, P. W., Steadman, E. J. (2002), '*Utilisation of mineral waste:cases studies.*' BGS Commissioned Report CR/02/227 N.
He, C., Makovic, E., Osbaeck, B. (1995), 'Thermal stability and pozzolanic activity of raw and calcined illite.' *Applied Clay Science*, 9, 337–354. doi:10.1016/S0169-1317(00)00011-9.
Kirschner, A., Harmuth, H. (2004), 'Investigation of geopolymer binders with respect to their application for building materials.' *Ceramics – Silikaty*, 48, 117–120.
Macphee, D. E. (1989), 'Solubility and aging of calcium silicate hydrates in alkaline solutions at 25°C.' *Journal of the American Ceramic Society*, 72, 646–654. doi:10.1111/j.1151-2916.1989.tb06189.x.
Mazzucato, E., Artioli, G., Gualtieri, A (1999), 'High temperature dehydroxylation of muscovite 2M.' *Physics and Chemistry of Minerals*, 26, 375–381.
Mitchell, C. J., Harrison, D. J., Robinson, H. L., Ghazireh, N. (2004), 'Minerals from waste: recent BGS and Tarmac experience in finding uses for mine and quarry waste.' *Minerals Engineering*, 17, 279–284. doi:10.1016/j.mineng.2003.07.020.
Neiva, A. M. R. (1987), 'Geochemistry of white micas from Portuguese tin and tungsten deposits.' *Chemical Geology*, 63, 299–317. doi:10.1016/0009-2541(87)90168-9.
Neville, A M. (1997), '*Properties of concrete.*' Fourth and Final Edition (1997). J. Wiley.
Neville, A., Aitcin, P. (1998), 'High performance concrete-An overview.' *Materials and Structures/ Materiaux et Constructions*, 31, 111–117.
Palomo, A., Blanco-Varela, M. T., Granizo, M.L., Puertas, F., Vazquez, T., Grutzeck, M. W. (1999), 'Chemical stability of cementitious materials based on metakaolin.' *Cement and Concrete Research*, 29, 997–1004. doi:10.1016/S0008-8846(99)00074-5.
Pinto, A. T. (2004), *Metakaolin alkali-activated based binders*. PhD Thesis, University of Minho. Portugal. [in Portuguese].
Puura, E., Marmo, L., Marco, A. (2002), 'Mine and quarry waste – the burden from the past.' Directorate General Environment of the European Commission, Italy.
Rashid, M. A., Mansur, M. A., Paramasivam, P. (2002), 'Correlations between mechanical properties of high strength concrete.' *Journal of Materials in Civil Engineering*, 230–238. doi:10.1061/(ASCE)0899-1561(2002)14:3(230).
Salvador, S. (1995), 'Pozzolanic properties of flash-calcined kaolinite. A comparative study with soak-calcinated products.' *Cement and Concrete Research* 25, 102–112. doi:10.1016/0008-8846(94)00118-I.
Salvador, S. (2000), 'A semi-mobile flash dryer/calciner unit manufacture pozzolana from raw clay soils – application to soil stabilization.' *Construction and Building*

Materials, 14, 109–117. doi:10.1016/S0950-0618(00)00005-2.

Stade, H. (1989), 'On the reaction of CSH with alkali hydroxides.' *Cement and Concrete Research* 19, 802–810 doi:10.1016/0008-8846(89)90051-3.

Tazawa, E., Myazawa, M. (1995), 'Experimental study on mechanism of autogenous concrete shrinkage of concrete.' *Cement and Concrete Research*, 25, 1633–1638. doi:10.1016/j.cemconres.2004.05.050.

Teychenné, D. C. (1978), '*The used of crushed rock aggregates in concrete*.' Building Research Establishment, Garston.

Torgal, F. P., Castro Gomes, J. P. (2006), 'Influence of physical and geometrical properties of granite and limestone aggregates on the durability of a C20/25 strength class concrete.' *Construction and Building Materials*, 20, 1079–1088.doi:10.1016/j.conbuildmat.2005.01.063.

Torgal, F. P., Castro Gomes, J. P., Jalali, S. (2007a), 'Investigations on mix design of tungsten mine waste geopolymeric binder.' *Construction and Building Materials*, 22, 9, 1939–1949. doi:10.1016/j.conbuildmat.2007.07.015.

Torgal, F. P., Castro Gomes, J. P., Jalali, S. (2007b), 'Properties of tungsten mine waste geopolymeric binder.' *Construction and Building Materials*, 22, 6, 1201–1211. doi:10.1016/j.conbuildmat.2007.01.022.

Torgal, F. P., Castro Gomes, J. P., Jalali, S. (2007c), 'Investigations about the effect of aggregates on strength and microstructure of geopolymeric mine waste mud binders.' *Cement and Concrete Research*, 37, 933–941 doi:10.1016/j.cemconres.2007.02.006.

Torgal, F. P., Castro Gomes, J. P., Jalali, S. (2008), 'Adhesion characterization of tungsten mine waste geopolymeric binder. Influence of OPC concrete substrate surface treatment.' *Construction and Building Materials*, 22, 154–161. doi:10.1016/j.conbuildmat.2006.10.005.

Wang, H., Li, H., Yan, F., Yan (2005), 'Synthesis and mechanical properties of metakaolinite-based geopolymer.' *Colloids and Surfaces A*, 268, 1–6. doi:10.1016/j.colsurfa.2005.01.016.

Yip, C. K., Lukey, G. C., van Deventer, J. S. J. (2005), 'The coexistence of geopolymeric gel and calcium silicate hydrate gel at the early stage of alkaline activation.' *Cement and Concrete Research*, 35, 1688–1697. doi:10.1016/j.cemconres.2004.10.042.

Yip, C. K., Lukey, G. C., Provis, J. L., van Deventer, J. S. J (2008), 'Effect of calcium silicate sources on geopolymerisation.' *Cement and Concrete Research*, 38, 554–564. doi:10.1016/j.cemconres.2007.11.001.

Zhou, F. P., Lydon, F. D., Barr, B. I. (1995), 'Effect of coarse aggregate on elastic modulus and compressive strength of high performance concrete.' *Cement and Concrete Research*, 25, 177–186. doi:10.1016/0008-8846(94)00125-I.

Zivica, V., Bazja, A. (2001), 'Acid attack of cement based materials – a review. Part 1. Principle of acid attack.' *Construction and Building Materials*, 15, 331–340. doi:10.1016/S0950-0618(01)00012-5.

14

无热活化黏土在地质聚合物制备中的应用

K. J. D. Mackenzie 著
惠灵顿维多利亚大学，新西兰

14.1 引言

硅铝酸盐地质聚合物的常规制备方法最初是由 Joseph Davidovits 提出的，这种方法涉及在强碱性条件下完全脱羟基高岭石黏土（称作偏高岭土）和碱性硅酸盐溶液（如硅酸钠或硅酸钾或两者的混合物）的反应（Davidovits and Davidovics，1988；Davidovits，1991）。

在 500～550℃低温下，高岭土就可发生脱羟基作用，但 Davidovits 原文献清楚地表明脱羟基反应完全完成的最佳热处理温度是 800℃。由于地质聚合物材料的主要优点之一是其能在环境温度下固化而节约能耗，但这一优点被预处理主要固体反应物需要的能耗所抵消，所以任何减少该能耗的方法（不损害产品的性能）都将是非常有益的。

应该指出的是，Davidovits 的发明并不是首次使用碱处理黏土来生产实用产品（如建筑材料）。早期的研究者，包括 Gluchovskii（1959）和 Berg 等人（1970）已用碱性化合物处理了各种硅铝酸盐原料以生产实用产品。特别是 Berg 等人（1970）用未脱水高岭土与 NaOH 在 140～170℃下反应，在该条件下 30%～50%的高岭土转化成沸石矿物——羟基方钠石（$Na_2Al_2Si_2O_8 \cdot H_2O$），反应方程式如下：

$$Al_2Si_2O_5(OH)_4+2NaOH \longrightarrow Na_2Al_2Si_2O_8 \cdot H_2O+2H_2O$$

生成的羟基方钠石牢固地结合在其他矿物颗粒上（如石英砂或废弃砖粉），用于制造具有高耐磨性和抗冻性能的建筑材料。添加天然或合成的着色颜料可使制品用作装饰表层（Berg et al，1970）。推荐的生产流程包括将高岭土原材料与 NaOH 溶液以及砂子混合，并压制成所需要的形状，然后在 140～170℃

下加热 2h。

未热处理土壤黏土的低聚物化是其一种比较相关的应用。火山灰质的土壤经过与高浓度的 NaOH 溶液或 $NaAlO_2$ 碱性溶液反应实现稳定，凝结并形成一种具有地质聚合物 XRD 和 NMR 特征的坚固材料（Verdolotti et al，2008）。然而，在这种情况下，火山灰土壤已经由于火山作用而经受了高温，因此严格来说不能与未脱羟基的黏土这种能量上更有利的情形进行比较。

因为与 Davidovits 的地质聚合物之间存在相似之处，所以它们引起了人们对于 Škvára（2007）关于地质聚合物如何与其他碱激发材料相关联的问题的关注。Škvára 提出含有高比例固相的反应混合物主要形成了由 Davidovits 描述为地质聚合物的 X 射线无定形固体产物。其他反应条件和/或原材料可以产生一系列沸石胶结化合物或凝胶（Škvára，2007）。这就提出了关于反应条件（碱类型、浓度、水含量、反应温度等）的影响的问题，所有这些都已被广泛研究，但超出了本章的范围。

在这里，将考虑硅铝酸盐黏土矿物的结构和组成对 Davidovits 型地质聚合物形成的影响，特别是热预处理在多大程度上改变了初始结构，使矿物碱更容易反应并因此更适合地质聚合物的形成。这引起了对矿物结构和反应机理具有相同影响的其他预处理方式的思考。本讨论还简要扩展到形成地质聚合物前体的其他方法，通过未脱羟基黏土的固态反应或通过完全消除黏土，利用在常规黏土基合成中源自黏土矿物本身的可溶性组分。

14.2 1∶1型层状硅铝酸盐矿物的脱羟基化

首先，有必要了解传统热脱羟基对于 1∶1 层状晶格聚硅铝酸盐矿物的结构和活性的影响，这是生产偏高岭土的方法，而偏高岭土是常规 Davidovits 型地质聚合物合成中最常用的原料。

14.2.1 高岭石脱羟基

1∶1 层状晶格硅铝酸盐最著名的代表是高岭石 $Al_2Si_2O_5(OH)_4$。它具有由硅氧四面体通过顶氧连接形成的六边形网络所组成的硅氧四面体层结构（图 14.1 中 A）。这些硅氧四面体层 b 穿插着通过共角连接的铝氧八面体层 a，形成 ab ab ab 重复叠加序列。为了平衡该结构中的电荷，硅和铝氧单元共有层中的一些氧是羟基的形式，所有羟基都处在八面体氧位置并且都背向共氧层。因此，铝原子与羟基密切相关，而且加热使羟基脱水对其造成的影响最大，在

500～600℃的吸热过程中大约损失14%的质量（Deer et al，1962）。这种加热后的产物称为偏高岭土（高岭石脱羟基产物），这些产物在X射线下是无序、非晶态的[图14.2(a)]。通过X射线散射实验（Gualtieri and Bellotto，1998）计算出的径向分布函数表明，长程有序的消失反映了原始高岭石的无序性。偏高岭土的^{27}Al固态MAS NMR谱[图14.2(c)]通常在约53×10^{-6}、28×10^{-6}和4×10^{-6}处包含三个宽共振，对应于Al与氧的4配位、5配位和6配位的结构（MacKenzie and Smith，2002）。这种材料的无序性已通过其^{29}Si MAS NMR谱图得到证实[图14.2(b)]，其中-92×10^{-6}处尖锐的高岭石共振变宽，并在偏高岭石中移至约-102×10^{-6}，这与Si—O键合环境和Si—O层结构的扁平化相符合（MacKenzie and Smith，2002）。固体MAS NMR图谱首次表明了在热脱羟基过程中，高岭石结构的这种严重扭曲（MacKenzie et al，1985），说明了在地质聚合物反应中偏高岭土的活性增强，也有助于阐明2∶1型层状硅铝酸盐矿物表现出不同行为的原因（见下文）。

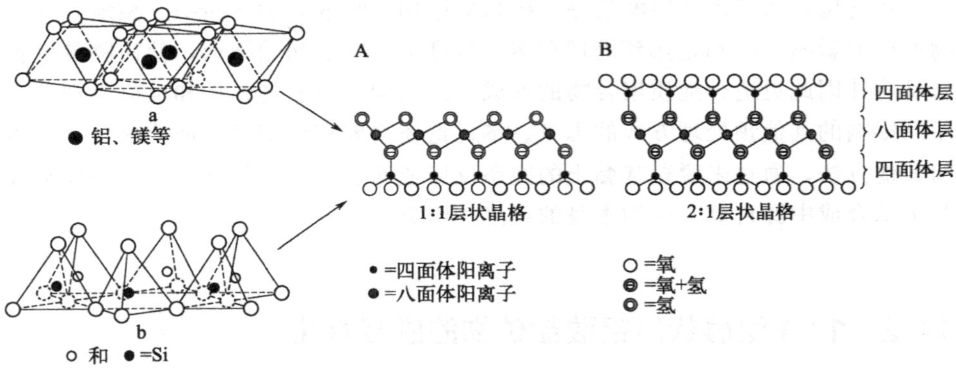

图14.1　层状硅铝酸盐矿物的晶格结构

在（A）1∶1型层状硅铝酸盐晶格（如高岭土）和在（B）2∶1型层状硅铝酸盐晶格（如叶蜡石）中Al—O四面体和Si—O四面体层的堆叠方式

14.2.2　埃洛石脱羟基

埃洛石和高岭石具有相似的化学成分，但形貌不同。埃洛石由高岭石片卷成管状并内附有水。因此在加热时，水在两个吸热过程中损失，第一次是在约150℃下，对应于内部结合水损失了2.6%，第二次是在约550℃下，发生正常脱羟基。但从地质聚合物合成的角度来看，脱羟基埃洛石在各方面的表现都与偏高岭土相同，但由于其纯度很高，因此一直是一些基础研究的首选原料（MacKenzie et al，2007）。

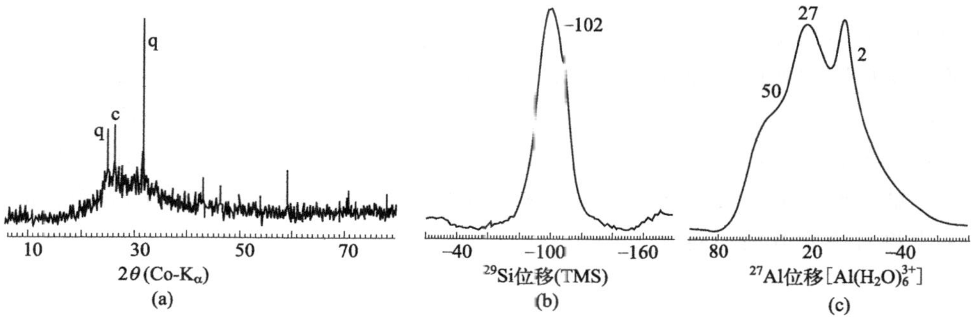

图 14.2 脱羟基埃洛石的粉末 XRD 图谱

叠加在宽基线鼓包峰上的尖锐峰来源于杂质 α 石英晶体（q）和方石英（c）（a），

11.7T ^{29}Si MAS NMR 谱（b）以及 11.7T ^{27}Al MAS NMR（c）谱

14.3 2∶1型层状硅铝酸盐矿物的脱羟基反应

2∶1 型层状硅铝酸盐矿物是地质聚合物化更加困难的一类，即使从脱羟基材料开始也是如此。为了理解这种反应性的差异，有必要考虑这些矿物的结构（图 14.1 中 B），以及这些结构是如何通过脱羟基改变的。代表性的 2∶1 型层状硅铝酸盐矿物是叶蜡石 $Al_4Si_8C_{20}(OH)_4$，其他与叶蜡石相关的 2∶1 型层状硅铝酸盐矿物是蒙脱石和白云母，蒙脱石由八面体铝被镁不同程度取代后形成。白云母是在八面体位置完全由铝所占据形成的，此外四面体硅位也被铝大量取代（Deer et al，1962）。

14.3.1 叶蜡石脱羟基

叶蜡石[$Al_4Si_8O_{20}(OH)_4$]的结构由两个 Al—O 四面体层 a 之间夹着一个四面体的 Si—O 层 b 所组成（图 14.1 中 B），堆积序列为 aba aba aba。硅氧四面体指向内，如高岭石中一样，没有或者很少有铝对硅四面体取代，并且羟基离子与 Al—O 单元相关。将叶蜡石加热至脱羟基温度（约 550～900℃）时会形成叶蜡石脱羟基盐。这是一个具有清晰的 XRD 图谱的相，与未加热的矿物略有不同（Wardle and Brindley，1972）。这种粉末 X 射线衍射图谱与 Al—O 构型从 4 配位转变为 5 配位三角锥体的结构相符（Wardle and Brindley，1972），^{27}Al NMR 显示出与单个明确位置中的 5 配位 Al 一致的尖锐四极线形（Fitzgerald et al，1989）。

正如所证明的（MacKenzie et al，2008），叶蜡石脱羟基化产物的结晶度及其八面体层受到2∶1型结构的封闭四面体Si—O层保护，表明原始矿物或脱羟基矿物的地质聚合过程是困难的。基于这种结构上的推理，其他2∶1型层状硅铝酸盐矿物如蒙脱石、白云母和全镁类水滑石 $Mg_6Si_8O_{20}(OH)_4$ 等形成地质聚合物时可能会遇到类似的困难。然而，如下所述，这些层状硅酸盐矿物中的一些与碱的反应性也受四面体和八面体层中取代程度和类型的影响。接下来将讨论此方面的问题。

14.4 热脱羟基黏土与碱的反应

由于地质聚合反应涉及强碱与脱羟基黏土的相互作用，因此有必要简要回顾一下这方面的大量实验数据。在这方面已经积累了相当多的信息（见文献Okada and Mackenzie，2006），主要是从通过选择性地浸出黏土矿物中的八面体或四面体层形成纳米孔结构的角度出发，与地质聚合最相关的结论是：

• 未脱羟基的黏土通常对碱和酸的侵蚀都是非活性的，但通过脱羟基作用可使其具有更高的反应性。

• Al—O和Si—O在高碱性条件下都可溶，但是两种物质的相对溶解速率却有很大差异。

• 黏土矿物的反应性受其四面体层取代程度的影响，四面体铝取代硅程度较高的矿物在酸中的浸出率较高（MacKenzie et al，2004）。黏土的结晶度和粒度也影响其对浸出液的反应性。

将这些结论应用于从偏高岭土合成地质聚合物的具体情况，预计碱对脱羟基黏土的影响远小于酸，酸可用于选择性地浸出八面体片，留下纳米多孔二氧化硅框架（Okada et al，1998；Madhusoodana et al，2006）。仅在加热至980℃（远高于脱羟基温度）的高岭石中才发生与碱的显著反应，此时硅和铝开始分离（Okada et al，1995）。

对于1∶1型高岭石型矿物埃洛石，已经研究了黏土的热脱羟基程度与其形成地质聚合物的能力之间的关系（MacKenzie et al，2007）。在这项研究和相关的研究中，采用了几个标准来确定地质聚合物的合成，即：a. 在环境温度（高达60℃）中凝结并硬化；b. 形成X射线可检测的无定形化合物；c. 基本上将所有铝转化为四面体配位体（由 ^{27}Al 固态MAS NMR测定；d. 在约 -90×10^{-6} 处出现单个宽泛的 ^{29}Si MAS NMR共振，对应于一定范围的Al取代的Si单元，该单元主要是 Q^4（2Al）或 Q^4（3Al）(Barbosa et al，2000)。

这些研究证实未脱羟基的埃洛石虽然可以观察到一定程度的反应，但是不能形成地质聚合物。当样品养护到了一定程度时，却没有达到形成良好地质聚合物的质地和硬度。原始埃洛石X射线衍射图谱[图14.3(a)]变得更加分散[图14.3(b)]，但未被破坏，样品保留了约60%的原八面体铝[图14.3(b)]（MacKenzie et al，2007）。550℃下，2h的热脱羟基除去了77%的羟基水，产生了具有典型的X射线无定形特征的地质聚合物，并仅有少量残留的八面体铝[图14.4(c)]。这样，脱羟基温度明显低于先前建议的800℃，在该温度下可用特定的黏土制备性能良好的地质聚合物，但最佳温度将取决于黏土，在Pinto和Vieira（2006）的研究中指出，由葡萄牙高岭土形成地质聚合物的最佳预处理方式为在750℃下保温2h。有研究表明，较高的预处理温度（1000℃）是不利的，这会使八面体铝含量增加并产生低硬度地质聚合物（MacKenzie et al，2007）。尽管高温相莫来石 $Al_6Si_2O_{13}$ 尚未在此温度下形成，但即使初期结晶为稳定的八面体 AlO_6 单元，使其转变为四面体地质聚合物骨架也变得越来越困难，尽管当黏土加热到这些温度时硅酸盐单元与碱的反应性增加。

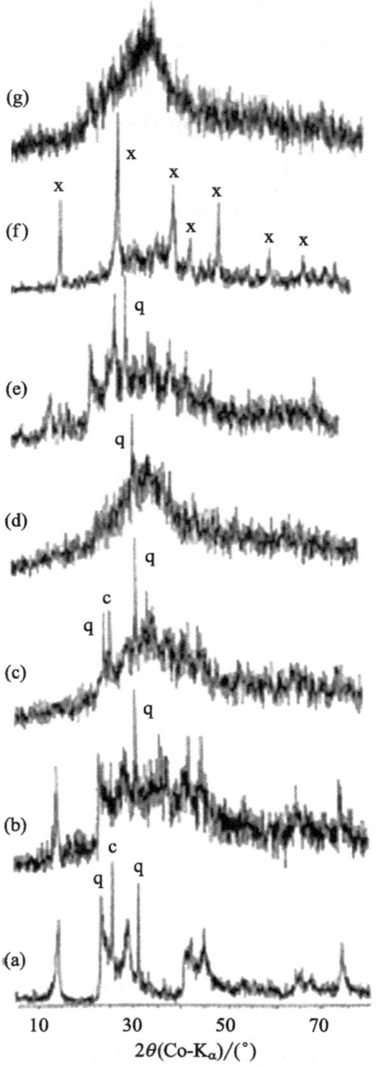

图14.3 用起始原料合成的地质聚合物经过不同的预处理后的粉末XRD图谱

(a) 原始埃洛石；(b) 原始埃洛石基地质聚合物；(c) 550℃脱羟基埃洛石基地质聚合物；(d) 用振动球磨机研磨15min后的埃洛石基地质聚合物；(e) 经过0.1mol/L HCl浸出24h后的埃洛石基地质聚合物；(f) 经过0.1mol/L NaOH浸出24h后的埃洛石基地质聚合物；(g) 硅粉和铝酸钠溶液的地质聚合物（Brew and MacKenzie，2007）。q—石英（ICDD no. 33-1161）；c—方石英（ICDD no. 11-695）；x—$6NaAlSiO_4 \cdot Na_2CO_3$（ICDD no. 24-1045）

在2∶1型层状硅铝酸盐黏土矿物叶蜡石的情况下，在800℃下脱羟基将大部分八面体铝转化为四面体配位，并且在^{29}Si MAS NMR光谱中产生了变化（Mac-

Kenzie et al，2008；Sanchez-Soto et al，1997)，但没有产生可行的硬化地质聚合物。这归因于缺乏由这种黏土形成的无序X射线无定形脱羟基化物，以及通过在每个重复层中两个硅酸盐片层之间包围保护铝酸盐片层免受碱性侵蚀(MacKenzie et al，2008)。

由于在地质聚合物合成中以碱金属硅酸盐溶液的形式添加了额外的可溶性二氧化硅，这些结果表明热脱羟基的最重要作用是使黏土矿物的铝部分在碱性合成环境下更易溶解。因此，有必要研究实现这种效果的可能替代方法。

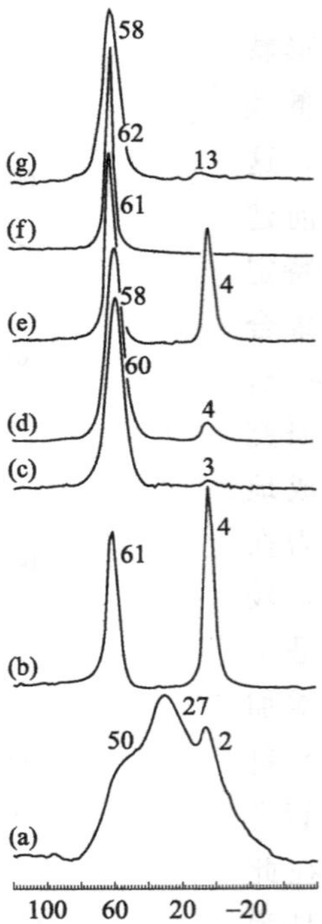

图 14.4　用起始原料合成的地质聚合物经过不同的预处理后的 11.7T ^{27}Al MAS NMR 图谱

(a) 原始埃洛石；(b) 原始埃洛石基地质聚合物；(c) 550℃脱羟基埃洛石基地质聚合物；(d) 用振动球磨机研磨 15min 后的埃洛石基地质聚合物；(e) 经过 0.1mol/L HCl 浸出 24h 后的埃洛石基地质聚合物；(f) 经过 0.1mol/L NaOH 浸出 24h 后的埃洛石基地质聚合物；(g) 硅粉和铝酸钠溶液的地质聚合物 Brew and MacKenzie，2007

14.5　再现黏土中热脱羟基作用的方法

热脱羟基导致：a. 损失结构水；b. 黏土晶体结构遭到破坏（在 1∶1 型硅铝酸盐黏土中)；c. 八面体铝转化为 4、5 和 6 配体的混合物。其中 b 和 c 可能是最重要的，可以预期，任何其他在矿物结构上取得类似效果的方法，都会对地质聚合反应产生有益的影响。

14.5.1 机械化学处理（高能研磨）

众所周知，高能研磨会破坏黏土矿物的晶体结构，使其成为X射线无定形物质，并使它们对化学处理和固态反应更具活性（Avvakumov et al，2001）。为此，可以使用各种形式的研磨机，比如将样品在装有陶瓷研磨球的硬质陶瓷锅中旋转的球磨机，或者在重的同心研磨环之间使样品快速振动的振动研磨机[图 14.5(b)]。球磨机的一种变形是行星式球磨机[图 14.5(a)]，其中半径为 R_1 的旋转研磨罐在半径为 R_2 的臂的末端同时沿相反的方向旋转，从而赋予研磨球额外的离心力（Avvakumov et al，2001）。行星式球磨机的理论功率 W 是粉碎介质质量、罐直径、罐的旋转频率 ω 和半径 R_1/R_2 比值的复杂函数（Golosov and Molchanov，1966）。

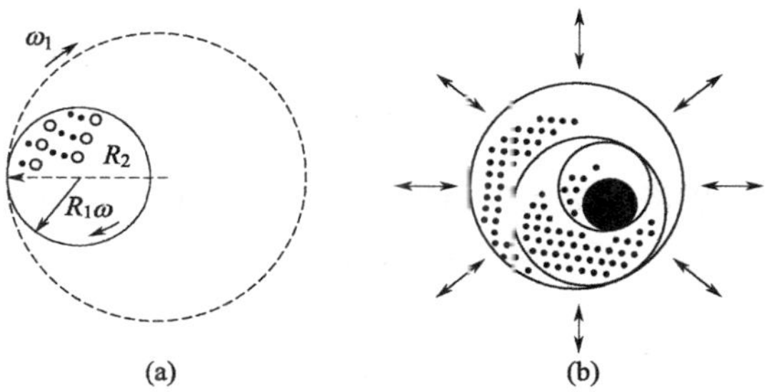

图 14.5 示意简图

(a) 行星式球磨机，用钢化陶瓷研磨介质（小空心圆）和样品颗粒（小黑点）；
(b) 振动研磨机，重的同心研磨环、中央磨砂和样品颗粒（小黑点）

理论研究已经确定了在研磨过程中能量通过摩擦、颗粒变形和裂纹形成/结合而传递到样品（Boldyrev and Avvakumov，1971；Boldyrev，2006），也研究了反应物碱性和酸性表面基团的相互作用和电荷转移化学（Senna，1993），以及残留液体对软化学合成反应和化学诱导的可能的水热反应的影响（Temuujin et al，1998）。

高岭土在空气中的机械化学处理会减小其粒径，使其变成了X射线非晶态的状态，并破坏 Al—OH 和 Al—O—Si 键形成分子水（Avvakumov et al，2001）。这些键的断裂已通过IR光谱证实（Klevtsov et al，1986），并伴随着铝配位从6配位到4、5和6配位混合物的变化（图 14.6）（MacKenzie，2000）。因此，足够能量的机械化学活化对高岭石的结构有影响，与热脱羟基化不同。不同的研磨方式转移到样品的能量具有很大的差异，转移能量最大的是振动型

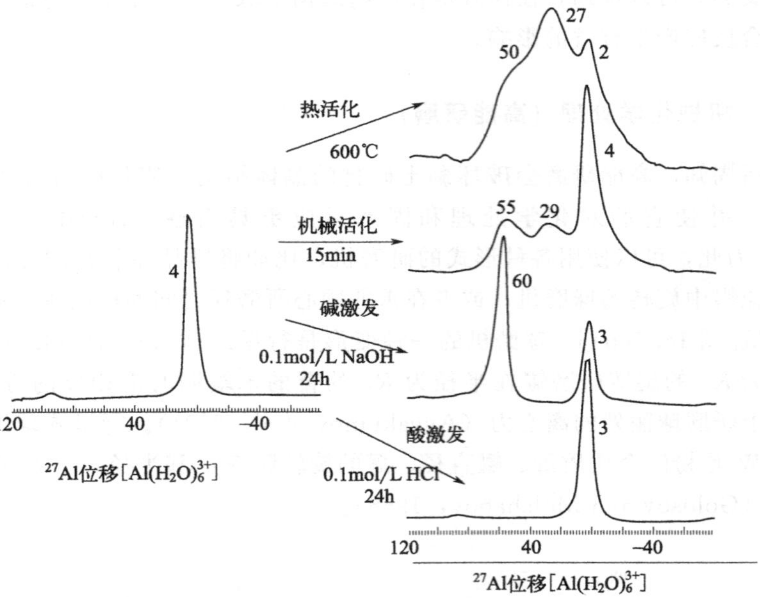

图 14.6　各种预处理对埃洛石 11.7T ^{27}Al MAS NMR 图谱（左边的图谱）的影响

研磨[图 14.5(b)]。埃洛石黏土的研磨研究表明（MacKenzie et al，2007），在行星式球磨机中研磨 20h 后，黏土的 X 射线结晶度降低了，但未发生铝配位数从八面体到更低配位的变化；而在振动研磨机中研磨 15min 后彻底破坏了黏土的 X 射线结晶度，并产生了与热脱羟基相似的结构效果（图 14.6）。当进行地质聚合物合成反应时，在行星式研磨机中研磨过的黏土的行为与未研磨黏土相似，但产物中含有稍多的四面体铝，这反映了该结构的轻微破坏。相比之下，在振动研磨机中研磨 15min 的黏土的行为与在 550℃下脱羟基的黏土相似，黏土硬化后形成了仅含有少量残余八面体铝的地质聚合物（MacKenzie et al，2007）。因此，在 1∶1 型硅铝酸盐的情况下，充分高能量研磨完全破坏了黏土结构，这可能是一个替代热脱羟基的可行方法，但由于两个前处理方法涉及黏土的能量供给，因此如果需要确定机械化学处理的优势，就有必要比较二者的相对能量消耗。

有报道表明，叶蜡石一类的 2∶1 型层状硅铝酸盐经过高能量研磨后矿物结构被破坏，部分破坏了晶体结构，并且将部分 6 配位铝转换为 4 配位和 5 配位铝（Sanchez-Soto et al，1997），研磨形成了非晶态的 Al—O—Si 相，从而促进铝的浸出（Temuujin et al，2003）。叶蜡石样品球磨 60h 的^{27}Al NMR 谱和在振动磨机中研磨 15min 的结果相似，并且在进行地聚反应后，达到了良好的硬化性能，且其^{27}Al 和^{29}Si 的 MAS NMR 图谱与结构良好的地质聚合物是一致的（图 14.7）（Mackenzie et al，2008）。不像从 1∶1 型黏土矿物中制备的地质聚合物那样，这些产品不完全是 X 射线无定形的，而且还表现出微量结晶沸石（MacKenzie et al，2008）。

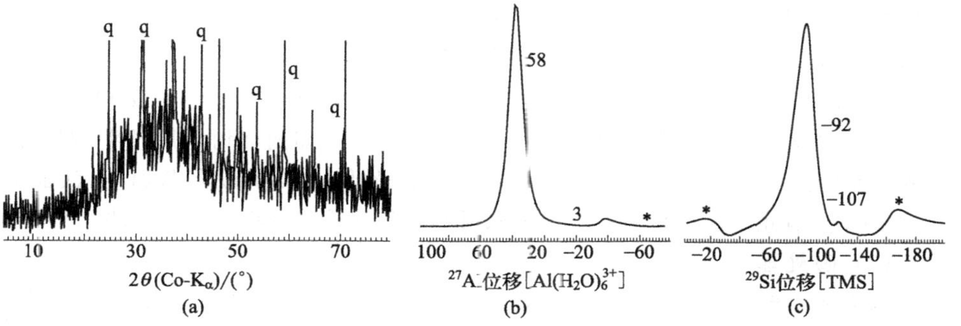

图 14.7 粉末 XRD 图谱（a），11.7T ^{27}Al MAS NMR 图谱（b）和振动研磨 15min 后未脱羟基的 2∶1 型层状硅铝酸盐矿物叶蜡石制备的地质聚合物的 11.7T ^{29}Si MAS NMR 图谱（c）

q 表示石英；未标记的 XRD 峰来源于叶蜡石；星号表示旋转的边段

14.5.2 化学预处理

使黏土矿物更容易合成地质聚合物且无需额外消耗能量的方法有很大吸引力。黏土的化学处理长期被用于生产多孔材料（Okada and MacKenzie，2006），但该方法通常与热脱羟基或加热至更高的温度结合使用，以使黏土在化学处理过程中充分反应，因而抵消了单独化学处理时可能带来的能量优势。因此，地质聚合物合成试验一直使用酸或碱预处理的 1∶1 型硅铝酸盐黏土，以使其更具反应性（MacKenzie et al，2007）。

（1）酸处理（包括磷酸处理）

用 0.1mol/L HCl 预处理埃洛石黏土 24h。对其 X 射线衍射图谱及 ^{27}Al MAS NMR（图 14.6）或 ^{29}Si MAS NMR 图谱没有影响（MacKenzie et al，2007）。当进行地质聚合物合成反应后，产物与未经处理的埃洛石相似，显示出非常差的强度和硬度，并保留了黏土的 XRD 谱图[图 14.3(e)]。然而，^{27}Al MAS NMR 图谱表明存在约 65% 的四面体铝[图 14.3(e)]，这说明酸处理可能在很小程度上破坏了八面体层，但不足以形成可行的产物（MacKenzie et al，2007）。在此基础上，用更高浓度的酸浸出可能会产生更好的结果，但是鉴于八面体层的已知酸溶解度，这可能会使体系中去除铝而导致不利结果。

磷酸与高岭土以及偏高岭土的反应已应用于四面体网络中含磷地质聚合物的形成（Cao et al，2005）。这些材料不同于在酸性条件下形成的传统地质聚合物，更不同于碱性条件下形成的传统地质聚合物，因为如果四面体 $[PO_4]_3$

的数量和 $[AlO_4]_5$ 单元的数量相等，则不需要单价电荷平衡阳离子。产物的X射线衍射图谱表明，产物缺乏地质聚合物原子的长程有序特性，但^{27}Al MAS NMR谱表明产物中主要存在八面体铝，在 51×10^{-6} 和 46×10^{-6} 处具有两个小的四面体共振峰，分别和 $Al[OSi(P)]_4$ 和 $Al[OP(Si)]_4$ 单元对应（Cao et al，2005）。上述表明地质聚合物反应是：

$$Al_4Si_4O_{14}+nH_2O+m[PO_4]^{3-}\longrightarrow[(Al_4P_mSi_4)O_{18}]\cdot nH_2O$$

尽管该反应在偏高岭土中能够很好地进行，但正如前面讨论所预期的那样，未脱羟基的高岭石的产物强度或硬度差；需要最低450℃的脱羟基温度（Cao et al，2005）。因此，这不是用黏土作为原材料制备地质聚合物的可行方法。

（2）碱处理

因为地质聚合物反应是在高碱性条件下进行的，所以另一个潜在的有用的化学方法是用碱预处理黏土。一项将埃洛石在0.1mol/L氢氧化钠溶液中预浸24h的研究表明，这种处理方法导致形成大量的结晶沸石LTA（$Na_{12}Al_{12}Si_{12}O_{48}\cdot27H_2O$），并伴随有大量的原八面体铝转化为四面体（图14.6）（MacKenzie et al，2007）。该过程在经过仅仅3h的处理后就已经开始。尽管可以预期四面体铝的形成将显著促进随后的地质聚合物合成，但这似乎被结晶沸石相的存在所抵消，因为虽然地质聚合物合成的产物会凝结，但XRD显示它却含有结晶硅铝酸钠和碳酸盐[图14.3(f)]。在此化合物中，碳酸盐是在碳酸钠存在的条件下在高岭石水热合成期间包含在方钠石笼中的外来产物（Barrer and Cole，1970）。在目前的情况下，其形成可能是由过量碱金属在空气中碳化而引起的（MacKenzie et al，2007）。$^{27}Al/^{29}Si$ MAS NMR谱与正常的地质聚合物一致，但它们的共振峰却异常窄[图14.4(f)]，这符合结晶产物的特点。然而，这种方法是减少1∶1硅铝酸盐黏土矿物充分反应所需能量的最有前途的方法之一，值得进一步研究。

14.6 制备硅铝酸盐地质聚合物的其他方法

除了传统的Davidovits型地质聚合物合成方法（其中热活化的黏土提供不稳定的铝，另外的可溶性二氧化硅来自碱金属硅酸盐溶液）之外，这里再讨论其他两种合成方法。其中一种是在固态反应中利用未脱羟基的黏土，而另一种则完全不需要黏土矿物。

14.6.1 固相合成

在该方法中，未脱羟基的1∶1型硅铝酸盐黏土（低级高岭土）在550℃

下与氢氧化钠和氢氧化钾的混合物以高岭土：NaOH：KOH＝6.5：1：1的质量比反应4h（Kolousek et al，2007）。该反应的主要产物为X射线谱图显示的非晶态，铝主要为四配位，而 SiO_4 单元则主要位于 Q^4（4Al）和 Q^4（3Al）环境中。向该材料中添加足够的水形成浆体，使其在1天之内固化，并硬化为与传统地质聚合物在XRD、$^{27}Al/^{29}Si$ MAS NMR表征中具有相似特征的产物（Kolousek et al，2007）。这些材料的力学强度较低（约1MPa），但通过在140℃下水热处理1天可以使其强度显著地增加到10～12MPa，从而导致沸石形成（菱沸石和钙十字沸石）（Koulosek et al，2007）。在这方面，该产物与Berg等人的产物没有不同，都是通过水热处理形成沸石来产生强度。

从节能的角度来看，固相合成并没有优势，因为虽然它用的是未脱羟基的起始原料，但是固相反应却是在典型的脱羟基温度下进行的。然而，这一方法却提供了一种传统Davidovits方法难以合成的地质聚合物的合成路线。例如，用偏高岭土、氢氧化锂和硅酸锂难以合成锂离子地质聚合物，原因是其碱度低且氢氧化锂的溶解性差，但是未脱羟基埃洛石和氢氧化锂可以在550℃下发生固相反应，并且在加水后开始固化（O'Connor and MacKenzie，未公开）。固相反应未水化产物的 $^{27}Al/^{29}Si$ NMR谱与脱羟基埃洛石相似，在 77×10^{-6} 处具有额外的四面体 ^{27}Al 共振（图14.8）。硬化材料表现出地质聚合物所特有的固态NMR特性（O'Connor and MacKenzie，未公开）。类似地，固相反应路线已成功用于合成硅铝酸盐地质聚合物的镓-锗类似物，这是通过 Ga_2O_3 和

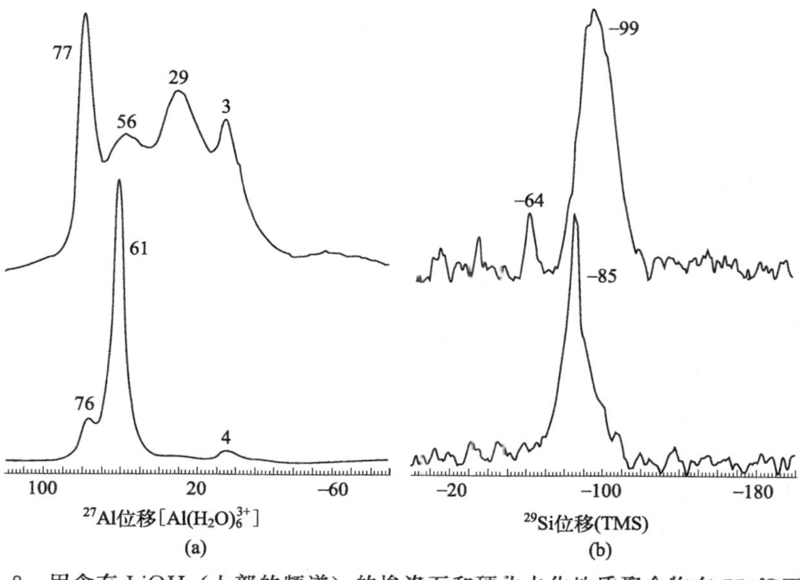

图14.8　用含有LiOH（上部的频谱）的埃洛石和硬化水化地质聚合物在550℃下进行固相反应生成的锂地质聚合物前驱体的11.7T ^{27}Al（a）和 ^{29}Si（b）MAS NMR图谱

GeO_2 在固体碱金属氢氧化物中反应生成的前驱体形成的（Durant and MacKenzie，未公开）。因此，这一合成技术最适用于那些难以通过其他方法制备的地质聚合物。

14.6.2 软化学合成

考虑到可溶性成分，特别是铝成分，是在传统 Davidovits 型地质聚合物合成过程中从黏土矿物中衍生出来的，黏土矿物已通过上述方法反应而变得更具反应性。因此一个合乎逻辑的步骤可能是完全消除对黏土矿物的需要。这已经通过使用铝酸钠溶液作为铝源，细硅粉与 NaOH 反应原位制备硅酸钠溶液的方法实现了（Brew and MacKenzie，2007）。所得产物显示出地质聚合物的所有属性，在 40℃固化和硬化形成的无定形材料的 X 射线衍射见图 14.3(g)（只要 $H_2O:Na_2O<10$），且所有的铝都为四面体配位［图 14.4(g)］。相比于典型的地质聚合物，^{29}Si 图谱比包含三个共振的典型地质聚合物具有更好的分辨能力。在 -109×10^{-6} 处的峰归属于原始二氧化硅，表明存在一些未反应的二氧化硅。其他两个共振分别为 -97×10^{-6} 和 -87×10^{-6}，分别对应于 Q^4(1Al)［或 Q^4(2Al)］和 Q^4(4Al) 单元（MacKenzie and Smith，2002），包含在通常属于广义地质聚合物的 Si 谱范围内（Duxson et al，2005）。以三份平行样分别测定边长为 4cm 的立方体，其抗压强度为 26.3MPa。因此，只要 $H_2O:Na_2O$ 保持低于 10，这种材料就能满足常规铝硅酸盐地质聚合物的标准，但在水含量较高时，产物中所含的结晶沸石 LTA 含量会增加（Brew and MacKenzie，2007）。

14.7 小结

如果矿物质在 550℃下是热脱羟基的，则由 1∶1 黏土矿物高岭石和埃洛石（根据在环境温度下达到强度的标准判断，缺乏近程 X 射线结晶度和四面体铝配位）形成可行的硅铝酸盐地质聚合物是很容易的。尽管较高的温度和水热条件可使未脱羟基的高岭石具有足够的活性，从而与碱反应形成结晶沸石，但该反应不会在未脱羟基的黏土中进行，进而产生坚固的材料。

热脱羟基化会破坏矿物的结晶度，并将 6 配位的铝转变为 4 配位、5 配位和 6 配位的混合物，使铝在地质聚合物合成的环境条件下对碱有了反应活性。用足够能量的机械化学方法处理黏土，破坏其晶体结构并将铝配位转变为 4 配位、5 配位和 6 配位的混合物，可以得到相似的效果。根据上述原则，用这种方法处理的埃洛石黏土产生了可行的地质聚合物，但这种预处理方法需要输入能量，就实用性而言，与热预处理相比没有明显的优势。

用 0.1mol/L 的无机酸对未脱羟基的埃洛石进行化学处理，并不能破坏它的晶体结构和改变铝的配位结构，甚至用更高浓度的 H_3PO_4 与黏土反应生成磷酸盐地质聚合物也只发生在热脱羟基高岭土中。相比之下，用 0.1mol/L NaOH 对埃洛石预处理 3h 将产生大量的四面体铝，这反映了向晶体沸石 LTA 的转化。该混合物固化并硬化，但是含有结晶材料，而且它的固态 NMR 谱相对地质聚合物是异常狭窄的。尽管如此，用碱溶液对黏土进行预处理似乎是这些方法中降低地质聚合物合成中能量消耗的最好方法。

与 1∶1 型硅铝酸盐黏土相比，充分提高相应 2∶1 型黏土的反应性以形成地质聚合物要困难得多，这可能是由于封闭的二氧化硅片对八面体层中铝的保护。叶蜡石热处理温度高达 900℃，会产生结晶脱羟基化物相，其中铝占据明确的 5 配位点，这种脱羟基化物对地质聚合反应的反应性并不比原黏土高。然而，高能量研磨破坏了晶体结构以合成地质聚合物类似材料，这种材料的凝结和硬化令人满意，并拥有良好的地质聚合物所具有的核磁共振特性，但 X 射线测试显示这种材料不完全是非晶态的，其中含有微量沸石。

其他生成地质聚合物的方法包括：在 550℃下将未脱羟基的 1∶1 型黏土与碱金属氢氧化物的混合物进行固相反应生成粉末，该粉末在加水后会固化。虽然在这一方法中并没有节约能源，但是它可以用来制备锂基地质聚合物和特殊化合物，如与硅铝酸盐地质聚合物相似的镓-锗化合物。

制备硅铝酸盐地质聚合物的另一种低能量方法是利用碱金属铝酸盐溶液作为不稳定铝源与硅酸钠反应，硅酸钠由硅粉与碱金属氢氧化物反应产生。该产品具有传统硅铝酸盐地质聚合物的所有特性。

参考文献

Avvakumov E, Senna M and Kosova N (2001), *Soft mechanical synthesis*, Massachusetts, Kluwer.

Barbosa V F F, MacKenzie K J D and Thaumaturgo C (2000), 'Synthesis and characterisation of materials based on inorganic polymers of alumina and silica: sodium polysialate polymers', *Int. J. Inorg. Mater.*, 2, 309–17.

Barrer R.M. and Cole J.F (1970), 'Chemistry of soil minerals. Part VI. Salt entrainment by sodalite and cancrinite during their synthesis', *J. Chem. Soc. A*, 1516–23.

Berg L G, Demidenko B A, Remiznikova V A and Nizamov M S (1970), 'Unfired finishing building materials based on kaolin'. *Stroitel'nye Materialy*, 10, 22.

Boldyrev V V (2006), 'Mechanochemistry and mechanical activation of solids', *Russ. Chem. Rev.*, 75, 177–89.

Boldyrev V V and Avvakumov E (1971), 'Mechanochemistry of inorganic solids', *Russ. Chem. Rev.*, 40, 847–59.

Brew D R M and MacKenzie K J D (2007), 'Geopolymer synthesis using silica fume and sodium aluminate', *J. Mater. Sci.,* 42, 3990–3.

Cao D, Su, D, Lu B and Yang Y (2005), 'Synthesis and structure characterization of geopolymeric material based on metakaolinite and phosphoric acid', *J. Chinese Ceram. Soc.*, 33, 1385–9.

Davidovits J (1991), 'Geopolymers: inorganic polymeric new materials', *J. Thermal Analysis* 37, 1633–56.

Davidovits J and Davidovics M (1988), '*Ceram. Eng. Sci. Proc.*, 9, 835–42.

Deer W A, Howie R A and Zussman J (1962), *Rock-forming minerals Vol. 3*, London, Longmans.

Duxson P, Provis, J L, Lukey G C, Separovic F and van Deventer J S J (2005), '^{29}Si NMR study of structural ordering in aluminosilicate geopolymer gels', *Langmuir* 21, 3028–36.

Fitzgerald J J, Dec S F and Hamza A I (1989), 'Observation of five-coordinated Al in pyrophyllite dehydroxylate by solid state 27Al NMR spectroscopy at 14T', *Amer. Mineral.,* 74, 1405–8.

Gluchovskii V D (1959), *Gruntosilikaty*, Kiev, Gosstroiizdat.

Golosov S I and Molchanov V I (1966), *Physicochemical changes of minerals during fine grinding*, Novosibursk, Institute of Geology and Geopohysics.

Gualtieri A and Bellotto M (1998), 'Modelling the structure of the metastable phases in the reaction sequence kaolinite-mullite by X-ray scattering experiments', *Phys. Chem. Mineral.*, 25, 442–52.

Klevtsov D P, Mastikhin V M and Krivoruchko O P (1986), 'Investigation of the mechanism of solid-phase transformations during thermal treatment of aluminosilicate systems. II. Investigation of the effect of mechanical activation on kaolinite', *Izv. So An SSSR ser. khim, nauk*, 3, 62–70.

Kolousek D, Brus J, Urbanova M, Andertova J, Hulinsky V, and Vorel J (2007), 'Preparation, structure and hydrothermal stability of alternative (sodium silicate-free) geopolymers', *J. Mater. Sci.*, 42, 9267–75.

MacKenzie K J D (2000), 'Mechanochemical processing of ceramics studied by multinuclear magnetic resonance spectroscopy (MAS NMR)', *Proc. 1st Int. Conf. Adv. Mater. Processing*, 45–50.

MacKenzie K J D and Smith M E (2002), *Multinuclear solid-state NMR of inorganic materials*, Oxford, Pergamon-Elsevier.

MacKenzie K J D, Brown I W M, Meinhold R H, and Bowden M E (1985), 'Outstanding problems in the kaolinite-mullite reaction sequence investigated by ^{29}Si and ^{27}Al solid-state nuclear magnetic resonance. I. Metakaolinite'. *J. Amer. Ceram. Soc.*, 68, 293–7.

MacKenzie K J D, Okada K and Temuujin J (2004), 'Nanoporous inorganic materials from mineral templates', *Current Appl. Phys.*, 4, 167–70.

MacKenzie K J D, Brew D R M, Fletcher R A and Vagana R (2007), 'Formation of aluminosilicate geopolymers from 1:1 layer-lattice minerals pre-treated by various methods: a comparative study', *J. Mater. Sci.*, 42, 4667–74.

MacKenzie K J D, Komphanchai S, and Vagana R (2008), 'Formation of inorganic polymers (geopolymers) from 2:1 layer lattice aluminosilicates', *J. Eur Ceram. Soc.*, 28, 177–81.

Madhusoodana C D, Kameshima Y, Nakajima A, Okada K, Kogure T and MacKenzie K J D (2006), 'Synthesis of high surface area Al-containing mesoporous silica from calcined and acid-leached kaolinite as the precursors', *J. Colloid Interface Sci.*, 297, 724–31.

Okada K and MacKenzie K J D (2006), 'Nanoporous materials from mineral and organic templates', in *Nanomaterials from research to applications*, Oxford, Elsevier, p. 349–79.

Okada K, Kawashima H, Saito Y, Hayashi S and Yasumori A (1995), 'New preparation method for mesoporous γ-alumina by selective leaching of calcined kaolin minerals', *J. Mater. Chem.*, 5, 1241–4.

Okada K, Shimai A, Takei T, Hayashi S, Yasumori A, and MacKenzie K J D (1998), 'Preparation of microporous silica from metakaolinite by selective leaching method', *Microporous Mesoporous Mater.*, 21, 289–96.

Pinto A T and Vieira E (2006), 'Optimised conditions for the obtaining of metakaolin', *Mater. Sci. Forum*, 514–516, 1536–40.

Sanchez-Soto P J, Perez-Rodriguez J L, Sobrados I and Sanz J (1997), 'Influence of grinding in pyrophyllite-mullite thermal transformation assessed by ^{29}Si and ^{27}Al MAS NMR spectroscopies', *Chem. Mater.*, 9, 677–84.

Senna M (1993), 'Incipient chemical interaction between fine particles under mechanical stress – Feasibility of producing advanced materials via mechanochemical routes', *Solid State Ionics*, 63–65, 3–9.

Škvára F (2007), 'Alkali activated materials or geopolymers?', *Ceram.-Silikary* 51, 173–7.

Temuujin J, Okada K and MacKenzie K J D (1998). 'Role of water in the mechanochemical reactions of $MgO-SiO_2$ systems', *J. Solid State Chem.*, 138, 169–77.

Temuujin J, Okada K, Jadambaa T S, MacKenzie K J D and Amarsanaa J (2003), 'Effect of grinding on the leaching behaviour of pyrophyllite', *J. Eur. Ceram. Soc.*, 23, 1277–82.

Verdolotti L, Iannace S, Lavorgna M and Lamanna R (2008), 'Geopolymerization reaction to consolidate incoherent pozzolanic soil', *J. Mater. Sci.*, 43, 865–73.

Wardle R and Brindley G W (1972), 'The crystal structure of pyrophyllite 1Tc and of its dehydroxylate'. *Am. Mineral.*, 57, 732–50.

15

地质聚合物的热性能

A. van Riessen, W. Rickard[1], J. Sanjayan[2] 著
[1]科廷科技大学，澳大利亚
[2]莫纳什大学，澳大利亚

15.1 引言

本章综述了偏高岭土和粉煤灰地质聚合物的热性能，并将它们与 OPC 等现有胶凝材料进行了比较。地质聚合物已被证明在高温中有巨大的应用潜力，这就是为什么很多研究人员研究其在高温环境下行为的原因。

由于其无机结构，地质聚合物表现出优异的热稳定性，并且远远超过了传统胶凝材料，这些特性使地质聚合物和地质聚合物复合材料被考虑在高温条件下应用，如火炉里衬、隔热层以及墙板。

宏观特性在评价胶凝材料高温应用的适用性时至关重要，包括：热膨胀、热导率、强度保持率、剥落和熔点。与地质聚合物热分析有关的微观结构特点有相稳定性、形貌变化、脱水性以及热力学特性。本章将综述有关地质聚合物这些性质的文献，包括预期结果和影响因素。

在本章中，地质聚合物的 Si∶Al 比是影响包括热性质在内的一系列性质的组成变量。遗憾的是，除非采用具有 X 射线检测器的 SEM 进行仔细分析，否则要确定地质聚合物胶黏材料中 Si∶Al 比是困难的。虽然知道一些前驱体材料不能被溶解，但文献中还是倾向于引用地质聚合物中的 Si∶Al 比。因此，这里有一个总体 Si∶Al 比和胶黏材料中真实的 Si∶Al 比。两者差异可能很大，并且对地质聚合物研究的正确方向产生了不确定性。

15.2 热膨胀

地质聚合物材料的热膨胀/收缩可以通过膨胀仪进行原位测量，也可以通

过尺寸测量法进行原位测量。膨胀仪是最常见的方法，因为它可以实时执行和电子记录。膨胀仪可以直接测量“推杆”或间接使用激光测量系统。反复热循环可以指示膨胀变化的持久性或可逆性。

在评价地质聚合物的高温应用潜力时，热膨胀/收缩是一个特别受关注的性质。加热过程的收缩或膨胀导致内部和外部应力潜在地削弱或毁坏结构。在耐火材料方面，期望出现最小热膨胀以保持结构的完整性。

本文探究了水/胶凝材料比（w/c）、原材料类型、碱类型以及组成对热膨胀性的影响。除此之外，还对地质聚合物混凝土的热膨胀进行了评估，以建立骨料和浆体的不同热膨胀对复合材料的影响。

地质聚合物因其无定形结构，其热膨胀是各向同性的。然而，成分和温度的局部差异会引起热应力的产生，导致开裂、剥落等，在一些区域会发生不均匀膨胀。地质聚合物中普遍的热膨胀特性列在表 15.1 中，Duxson 等人首先提出了区域破坏，Rickard 等人作了进一步的延伸，如表 15.1 和图 15.1 所示。在样品中每个区域的温度范围是变化的且依赖于样品组成和测试条件。应该指出的是，不是所有地质聚合物都能表现出表 15.1 和图 15.1 描述的所有区域。

表 15.1 地质聚合物的热收缩/膨胀特性

区域	温度范围/℃	描述	效果	因素
Ⅰ	0～150	抵抗脱水	轻微膨胀	样品的杨氏模量 热效率
Ⅱ	100～300	脱除自由水	强烈收缩	含水量 热效率
Ⅲ	250～600	脱羟基	轻微收缩	羟基和化学结合水的充裕程度
Ⅳ	330～900	黏性烧结致密化	强烈收缩	残余水含量 Si∶Al 比
Ⅴ	高于致密化温度	地质聚合物胶凝材料的结晶开裂引发膨胀	适度膨胀	成分比例 杂质的浓度和类型
Ⅵ	高于致密化温度	进一步致密化	巨大收缩	成分比例

地质聚合物和大多数固体材料一样，加热后会热膨胀（区域Ⅰ）。然而地质聚合物含水的比例高，这些水要么吸附在气孔中，要么以化学方式结合在结构中。核磁共振（NMR）和热重分析（TGA）表明，至少在相对反应完全的样品中，大部分水是物理结合而不是化学结合。加热后，水在不同阶段脱水，具体取决于释放水所需的能量。脱水导致收缩，因此，地质聚合物的总体热膨胀是固体膨胀和气孔收缩的卷积（区域Ⅱ）。其他反应如结晶（浆体和次要

相)、氧化（仅次要相)、烧结和熔化会影响高温下的热膨胀。

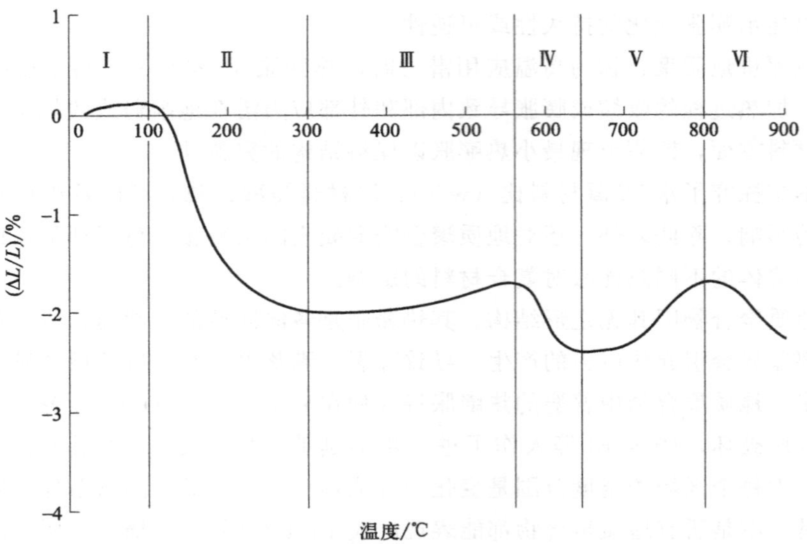

图 15.1　粉煤灰地质聚合物不同区域的热膨胀（详见正文）
Si∶Al=2.3，w/c=0.2

脱水收缩程度取决于材料中的含水量，例如，Rickard 等人发现，预养护后含水量为 15.2%（质量分数）（w/c=0.2）的粉煤灰基地质聚合物在 100～300℃之间有 2%的脱水收缩（图 15.1)。脱水收缩的特性（比如开始温度和持续时间）取决于地质聚合物的结构以及测量过程的加热速率。Duxson 等人提出，地质聚合物对脱水收缩的抵抗性和样品的杨氏模量成正比。在脱水过程中杨氏模量越高的地质聚合物能够抵抗更长时间的毛细管应变力，因此初始收缩的起始温度是增加的。脱水速率受到结构中水扩散速率的影响，因此，孔结构对脱水速率具有一定的影响。Duxson 等人发现提高加热速率会提高偏高岭土地质聚合物脱水收缩的初始温度和持续时间。

脱羟基作用发生在 25～400℃之间，并且质量损失较小。地质聚合物中脱羟基反应可以概括为：

$$\text{T—OH}+\text{OH—T}\equiv\longrightarrow\equiv\text{T—O—T}+H_2O \tag{15.1}$$

式中，T 是铝或者硅原子。

轻微的热收缩发生在区域Ⅲ（通常发生在 300～600℃之间)，这是由于地质聚合物浆体随着羟基的释放而发生物理收缩，从而形成了更短的 T—O—T 键。然而，如图 15.1 所示，这些区域的少量收缩可以被次要相的膨胀所掩盖。相对较高浓度杂质的粉煤灰基地质聚合物中，这种情形更为常见。

次要相的主要收缩发生在550～900℃之间（区域Ⅳ），这是由于在胶凝材料烧结过程中地质聚合物的致密化和黏性流体填充了材料的孔隙。Rahier 等人提出，这个区域的收缩是一个地质聚合物玻璃化转变温度（T_g）的指示。Dixson 等人发现，致密化的初始温度随着 Si∶Al 比的增加而降低，相同的研究也注意到脱水后物质中的残留水会减少黏性流体活化能。

除了致密化区域（Ⅴ区），文献中还没有一致的热膨胀趋势的报道。Rickard 等人和 Rahier 等人测量了热膨胀，Duxson 等人和 Dombrowski 等人测量了热收缩的急剧变化，而 Barbosa 测量发现地质聚合物在尺寸上是稳定的。这个区域中热膨胀的差异被认为是组分不同以及次要相的存在（在原材料中引入的杂质）引起的。在该区域中热膨胀的特性取决于地质聚合物胶凝材料中晶体生长的程度、样品中的杂质材料、加热速率和熔融温度。

已经观察到在高温下地质聚合物中会出现长石基晶体相的生长，例如，钾长石（K 激发）、白沸石（K 激发）和霞石（Na 激发）。这些相从无定形地质聚合物浆体中结晶出来，其含量取决于 Si∶Al 比。Barbosa 和 Mackenzie 观察到非化学计量地质聚合物中长石的生长逐渐增加，这是由于存在未结合的碱金属阳离子。Duxson 研究发现，在致密化区以上的温度，热膨胀幅度受结晶增长程度的影响。有关地质聚合物中结晶的更多详细信息，请参见第 15.7 节。

区域Ⅴ中被认为影响热膨胀的其他因素是裂纹形成和孔隙率的增加。15.8 节将详细地讨论孔结构的演变。Rickard 等人还发现，除了致密化以外，该区域的热膨胀取决于样品量，较大的样品表现出较大的热膨胀。

热膨胀最后的特性区域是区域Ⅵ，此特性区域通常由大而快速收缩的特点来识别，这常常是该材料的失效点。Subaer 报道了一种急剧收缩所导致的材料失效，而 Duxson 等人观察到的收缩较慢，但是这两种情况的收缩幅度相同。这个区域中的收缩是由于下述一个或者多个因素引起的：持续的致密化(类似区域Ⅳ)、区域Ⅴ中形成的结晶相的破坏、在区域Ⅴ中孔结构的塌陷或者样品的熔融。

15.2.1 影响地质聚合物膨胀的因素

(1) 水含量（w/c 比）

地质聚合物胶凝材料的热膨胀性质受水与胶凝材料之比（也可以表示为水/胶凝材料比、水/胶结材料比或水/固比）的影响很大。由于脱水作用，水含量越高，收缩幅度越大。地质聚合物中典型的 w/c 比在 0.15～0.4 之间。高温应用中合成的地质聚合物的含水量被设计为最小。由于在预混合操作过程中工作性的需要，水含量是最低限制的。Kong 等人在报道中提到，在维持混合物施工性能的前提下，粉煤灰基地质聚合物相对偏高岭土基地质聚合物可以达到更低的 w/c 比。球形的粉煤灰颗粒比板状偏高岭土颗粒更容易形成具有可施工性的胶凝材料。Bakharev 通过在养护之前用 10MPa 压力压实混合物以实现低的 w/c 比。Walls 等人在处理粉煤灰基地质聚合物过程中，使用高速离心混合器以减少水含量（由 15%降至 5%），并观察到冷压强度和杨氏模量同时增加。

(2) 碱激发剂

Duxson 等人研究了碱金属阳离子（钠、钾或其混合）对 1.15<Si∶Al<2.15 的偏高岭土基地质聚合物热膨胀的影响。研究发现，碱的选择对热膨胀具有重要的影响（图 15.2）。研究中对各种碱基地质聚合物的热收缩率进行了测量，收缩的排序为 Na>Na+K>K。脱水收缩（区域Ⅱ）幅度和速率受碱源变化的影响最大。这种影响在 Si∶Al≤1.4 的地质聚合物中更显著。区域Ⅳ的起始温度也随碱源发生变化，顺序为 K>Na+K≈Na。

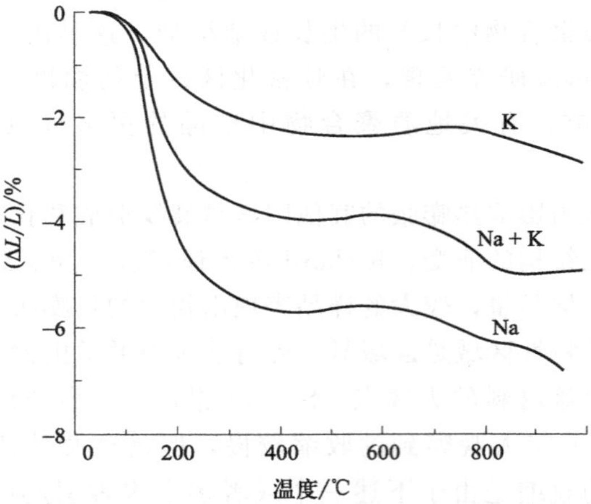

图 15.2　Si∶Al 比为 1.15 的 Na、Na+K 和 K 激发的地质聚合物热收缩

Duxson 等人研究了在 1.15≤Si∶Al≤2.15 范围内各种 Si∶Al 比对偏高岭土基地质聚合物热膨胀性能的影响。研究发现，加热到 1000℃时，总收缩率随 Si∶Al 的增加而增加，但未观察到脱水幅度和脱羟基收缩受 Si∶Al 比的影响。地质聚合物胶凝材料（Ⅳ区）致密化的起始温度却随 Si∶Al 比的增加而下降。Duxson 认为，初始温度的降低是由于原料中铝的不完全反应，从而在系统内留下了自由钠原子，降低了硅铝酸盐的 T_g。

(3) 原材料类型

下面的内容将描述原材料对地质聚合物热膨胀的影响。

15.2.2 偏高岭土基地质聚合物的热膨胀/收缩

偏高岭土基地质聚合物的热性能已在文献中进行了广泛的研究。尽管在这些研究中热收缩变化的幅度和温度是不同的，但是在每个研究中观察到的趋势是类似的。碱源和水含量的差异被认为是上述研究中观察到热收缩差异的主要原因。

15.2.3 粉煤灰基地质聚合物的热膨胀/收缩

粉煤灰基地质聚合物已经被发现和偏高岭土基地质聚合物具有相似的热收缩特点，但粉煤灰基地质聚合物的收缩幅度通常较小，这是由于粉煤灰基地质聚合物制备过程中较低的水含量。在收缩/膨胀中的另一个差异是由粉煤灰引入的杂质引起的。粉煤灰基地质聚合物中常见杂质是晶体二氧化硅（石英）、残余碳、铁和钙的氧化物。

Rickard 等人研究了粉煤灰基地质聚合物中高含量的铁和石英的影响。研究发现，20%石英含量对热膨胀影响最小（在区域Ⅲ，最明显的是热膨胀的轻微增加）。石英含量增加至 40%时，500℃下的热收缩降低了 50%以上。在高于 500℃的温度下，氧化铁对热膨胀性质有很大的影响，观察到大约在 800℃时发生热膨胀（图 15.1）。这个区域的热膨胀被认为是地质聚合物中氧化铁的氧化和结晶所致。

Dombrowski 等人研究了粉煤灰基地质聚合物中钙含量对热膨胀的影响，发现 8%的 $Ca(OH)_2$ 是减小至 1050℃热收缩的最佳含量（图 15.3）。

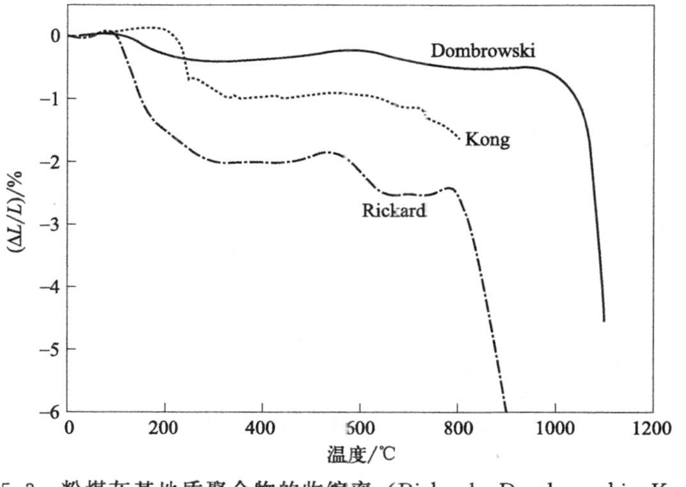

图 15.3 粉煤灰基地质聚合物的收缩率（Rickard，Dombrowski，Kong）

15.2.4 与 OPC 热膨胀性能的比较

OPC 胶凝材料和混凝土的热膨胀数据在文献中可广泛获得，在文献中就有一份详细的关于这方面的研究。然而，和地质聚合物相似，没有一条热膨胀曲线可以代表所有的 OPC 产品特性，这使得与地质聚合物直接比较变得比较困难并且有些主观。

因为脱自由水是 OPC 和地质聚合物产品的共同特点，所以比较两种材料的高温（>300℃）热膨胀更有意义。在比较 OPC 和地质聚合物时，从文献中并没有发现明显的热收缩趋势。然而，可以注意到的是 OPC 在整个加热周期持续收缩，相反，地质聚合物在许多情况下表现出一定程度上的尺寸稳定性。

15.2.5 地质聚合物混凝土的热膨胀

无论是硅酸盐还是地质聚合物基混凝土，因为骨料通常占总体积的 65%～80%之间，因此它们的热膨胀由骨料的热膨胀所控制。在高温条件下，一般胶凝材料收缩而集料会膨胀。集料和浆体膨胀上的差异性间接对暴露于高温后的胶凝材料力学强度造成了影响。

地质聚合物混凝土的热膨胀随着如下因素而变化：集料类型（图 15.4）、胶凝材料含量和 w/c 比。在这些因素中，集料类型的影响最大。适合在地质聚合物混凝土中使用的集料也适用于 OPC 中。需要重点说明的是，在 573℃时，α—β 石英相变附近的快速膨胀对高石英含量集料制备的混凝土有很大影响（如图 15.4 粉砂岩的热膨胀）。

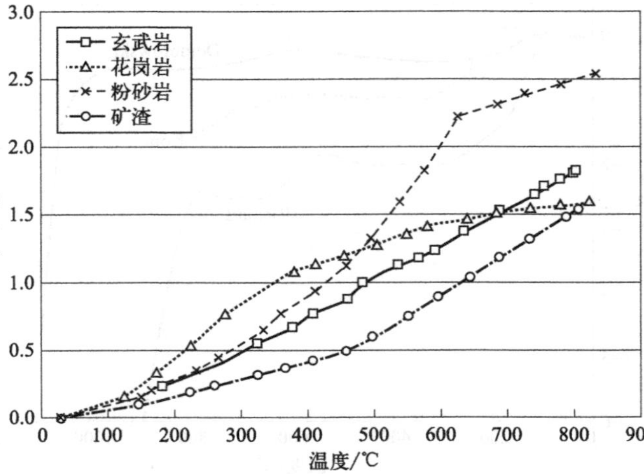

图 15.4 普通粗骨料的热膨胀

至今，还未有任何一项公布的关于地质聚合物混凝土热膨胀的权威研究，但对地质聚合物砂浆的研究已经被报道。Subaer 和 van Riessen 研究了含有细石英、花岗岩集料的偏高岭土地质聚合物砂浆的热膨胀。研究发现，细集料的引入使得砂浆的热收缩率降低至小于1%，仅仅是纯浆体的一半。值得注意的是，在石英集料中的相变限制了尺寸稳定温度范围的上限。

15.3 热分析

地质聚合物胶凝材料热力学过程可以用差热分析（DTA）和差示扫描量热法（DSC）测量。暴露于高温期间的重量损失可以使用热重分析（TGA）（通常与 DTA 同时使用）测量。这些测试技术，如膨胀仪，通常允许选择测试过程中的气体环境，惰性气体如氮气或氩气可以用来消除氧化之类的二次空气反应。

15.3.1 TGA/DTA

图 15.5 为偏高岭土地质聚合物典型的 TGA/DTA 结果。由于吸附水的脱水，当温度高于环境温度时开始有质量损失，失重率正比于样品的初始水含量。水继续蒸发，直到大约 300℃，大量的自由水已经被释放。大量研究表明，尽管快速加热时脱水时间会被延长，但至少 80%质量损失发生在 200℃以下。

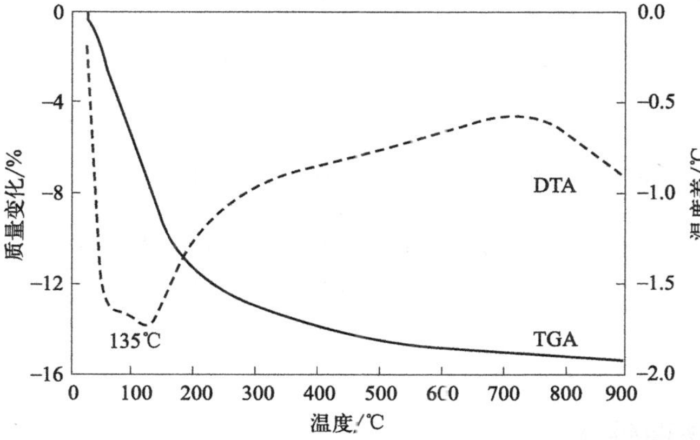

图 15.5　在 Si∶Al=1.5 和 Na∶Al=0.6 时偏高岭土基地质聚合物的 TGA/DTA 曲线

脱水是吸热过程，这从图 15.5 的 DTA 谱图中的最小值可以明显看出。最小吸热量和吸热温度范围随着 Si∶Al 比的增加而降低。除脱水吸热外，地质聚合物热力学稳定，略有放热。随着温度升高，物相开始形成和瓦解，因此 Si、Al 组分能够促进结晶的地质聚合物表现出高温吸热/放热活性。Duxson 等人观察到在 Si∶Al=1.15 的偏高岭土基地质聚合物在大约 700℃时存在一个放热，这归因于在较低温度下形成的八面沸石相的瓦解。

300℃以上时，在 TGA 数据中的质量损失归因于化学结合水的脱羟基作用。地质聚合物在大于 600℃的致密化过程中观察到的热膨胀结果，未对应于 TGA 谱图中所观察到的任何质量损失。

由于杂质的存在，粉煤灰基地质聚合物的 TGA/DTA 结果更为复杂。图 15.6 显示了粉煤灰基地质聚合物的同步 TGA/DTA 结果，其中粉煤灰包含质量分数为 20%的石英和 15%的氧化铁。Rickard 等人从 DTA 结果中大约 400℃处观察到放热峰，并从 TGA 结果中同时观察到了失重（图 15.6）。放热是能量释放所导致的，能量来源于粉煤灰中无序结构的赤铁氧化物（可能是水铁矿）转化为晶体赤铁矿的过程。质量损失是相变过程中脱羟基引起的。同一研究中还观察到，粉煤灰基地质聚合物在空气中被加热到 600℃以上时质量会增加，而在流动的氮气环境中加热地质聚合物样品却没有观察到质量增加。质量增加归因于氧化铁的氧化作用而且本质上是放热的。

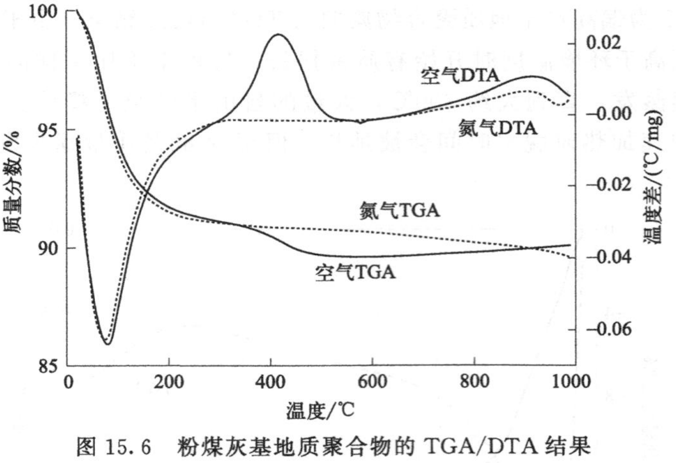

图 15.6　粉煤灰基地质聚合物的 TGA/DTA 结果

Si∶Al=2.3，Na∶Al=0.85，H_2O∶SiO_2=2.0

15.4　热物理性质

热导率、热扩散率和比热容都是研究地质聚合物的科学家所感兴趣的性质。这些特性可以通过电热板或瞬态热线法实验所得的数据分析来确定。热板试验方法以及相关的数据分析的详细信息可从其他文献中找到。瞬态线法可以通过在样品中嵌入热电偶和热源或使用商用热分析探头来实现。

15.4.1 热导率

测量地质聚合物的热导率以评估其作为保温产品或混凝土建筑材料的潜在能力。绝缘体需要低的热导率，因为它们旨在减少热量的传导，而混凝土则需要一个相对高的热导率，因为这可降低材料的内膨胀应力。

低密度地质聚合物发泡材料被设计为绝热材料，其热导率为 0.037W/(m·K)。Duxson 等人报道偏高岭土基地质聚合物的热导率约为 0.8W/(m·K)。Subaer 和 van Riessen 所测得的结果均略低于 Duxson 的结果，介于 0.55～0.65W/(m·K) 之间。Subaer 和 Duxson 报道的热导率值比 OPC 浆体高，其热导率为 0.53W/(m·K)。

Subaer 研究发现，加入质量分数 40% 的石英集料将偏高岭土基地质聚合物的热导率提高了 40%（表 15.2），这与密度依赖性假设非常吻合，因为集料的增加提高了样品的体积密度。具有更高导热性的石英［*c* 轴和 *a* 轴的热导率分别为 11.1W/(m·K) 和 5.9W/(m·K)］也将导致地质聚合物-石英复合材料整体热导率增大。

表 15.2 不同成分的偏高岭土基地质聚合物的密度和热导率

样品	密度/(g/cm^3)	热导率/[W/(m·K)]
Si∶Al=1.5,Na∶Al=0.6	1.68±0.09	0.65±0.04
Si∶Al=1.5,Na∶Al=0.8	1.62±0.05	0.64±0.03
Si∶Al=2.0,Na∶Al=1.0	1.43±0.01	0.55±0.03
Si∶Al=1.5,Na∶Al=0.6	1.89±0.02	0.91±0.07

加质量分数为 40% 的石英集料。

15.5 耐火性

与其他建筑材料不同的是，一些地质聚合物已被证明暴露于高温后可以增加其强度。然而，材料在高温下的优异性能并不一定转化为抵抗火灾的良好性能。在火灾中，材料不仅会暴露在高温下，而且随着时间的推移，也需要考虑一定程度的温度增长率。火灾随时间的温度变化取决于火灾的类型和发生地点。

15.5.1 标准火灾曲线

对于典型火灾的构成存在着大量的争论和不同的观点。室内火灾的典型等级可以用房间内的平均空气温度来表示。图 15.7 说明了此类火灾的三个阶段：

① 温度升高或预闪燃阶段，其间平均温度较低，火灾发生在火源附近；

② 充分发展或闪燃后火灾，在此期间，房间里所有的可燃物品都卷入其中，火焰几乎占据了整个空间；

③ 衰退或冷却期。

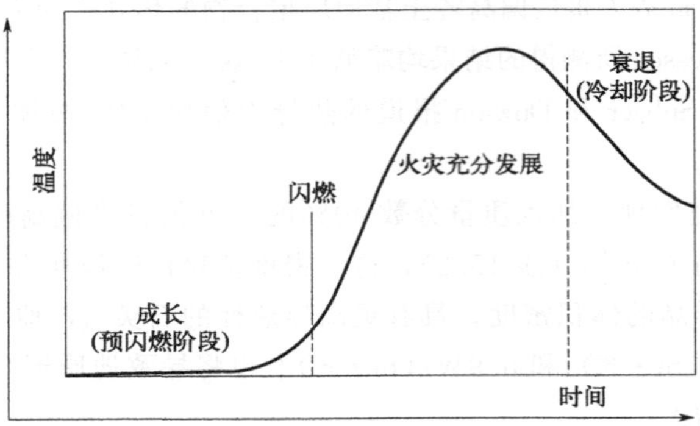

图 15.7 典型室内火灾温度随时间变化的曲线
这一曲线基于文献中的观点发展而来

建筑和结构部件一般都要求能够承受意外火灾。为此，有必要采用一种标准火灾曲线，以便有一个通用的基准测试来比较建筑构件的不同方案。最常用的火灾曲线是 ISO 834，ASTM E119 防火曲线也较为常用，它与 ISO 曲线稍有不同。ISO 834 曲线是基于纤维素防火，也被澳大利亚（AS1530.4）、挪威（Nordtest NT Fire 046）标准和欧洲规范（EN1991-1-2：2002）所采用。标准（纤维素）火灾温度与时间之间关系如图 15.8 所示。标准火灾曲线旨在模拟从闪燃阶段开始的图 15.7 所示的温度随时间的曲线。预闪燃阶段通常被忽略，因为它对建筑构件影响不大。

对于许多材料，材料在火灾中的性能可以通过了解材料的最高暴露温度来确定。然而，相对较脆的材料，如地质聚合物和硅酸盐胶凝材料基混凝土，也会受到材料和建筑构件温度梯度的影响。影响温度梯度的一个重要参数是火灾初始阶段的升温速率。与标准火灾（基于纤维素火灾）相比，碳氢化合物火灾在火灾初期温度迅速升高。如公路、铁路、隧道、海上和石化行业的环境下，发生的碳氢化合物类火灾的概率是很大的，建筑构件在此类火灾中的响应也应在设计中考虑。为此，欧洲规范（EN1991-1-2：2002）提供了一个用于此目

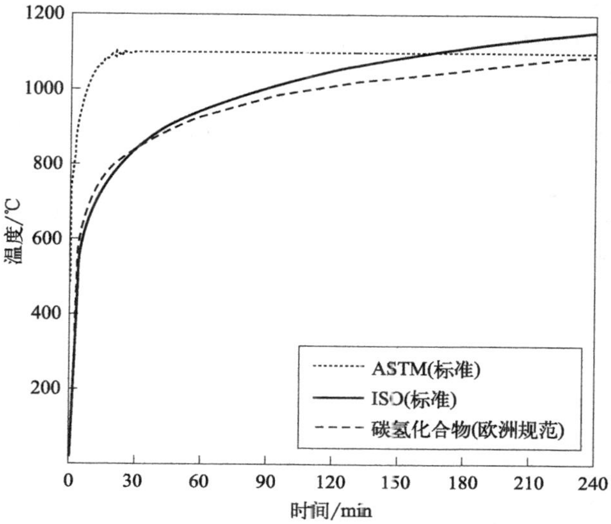

图 15.8 标准火灾温度与时间的关系
（ASTM E119，ISO 834，欧洲规范 EN1991-1-2：2002）

的的曲线，如图 15.8 所示。

碳氢化合物火灾对硅酸盐胶凝材料混凝土等材料的破坏尤为严重，因为温度的迅速升高会导致孔隙中形成明显的温度梯度和蒸气压力，从而导致明显的剥落。因此，与钢铁等材料不同，在这些材料中，实际温度和暴露时间是影响火灾响应的主要因素，而在相对脆性材料中，升温速率是一个重要因素。

15.5.2 火灾测试结果

硅酸盐胶凝材料混凝土，特别是高强度混凝土，在火灾中很容易剥落。高强度混凝土一般定义为抗压强度在 50MPa 以上的混凝土，自 20 世纪 80 年代后期以来其被广泛应用于建筑领域。高强度混凝土的剥落，最早报道于 1993 年，是一种在火灾中从混凝土表面明显脱落的现象。与普通强度混凝土相比，高强度混凝土发生剥落的高风险被认为是渗透性降低和脆性增加造成的。当混凝土暴露在温度迅速上升的环境中（如碳氢化合物火灾）时，剥落的风险进一步加剧。

在莫纳什大学进行了地质聚合物混凝土和高强度混凝土的对比试验，如图 15.9 所示。所测试的试件为长 780mm、宽 360mm、厚 200mm 的矩形板。试件用 100mm×100mm 钢网加固，钢筋直径 6mm。所研究的混凝土在试验时的抗压强度约为 75MPa，被认为是高强度混凝土。硅酸盐胶凝材料混凝土和地质聚合物混凝土的混合配比见表 15.3。将试样的一侧（底侧）暴露于

图 15.9 中的测试装置。单侧暴露于火灾认为比各面都暴露于火灾的情况更严重，因为暴露面的热梯度较高，在防止火势蔓延的墙壁和门以及楼板的底面中通常会遇到这种情况。

表 15.3　在碳氢化合物火灾中硅酸盐胶凝材料混凝土和地质聚合物混凝土的混合配比

单位：kg/m^3

材料	硅酸盐胶凝材料混凝土	地质聚合物混凝土
粉煤灰		420
硅酸盐胶凝材料	420	
水	170	
硅酸钠		150
氢氧化钾		60
细集料	750	750
粗集料	1125	1125

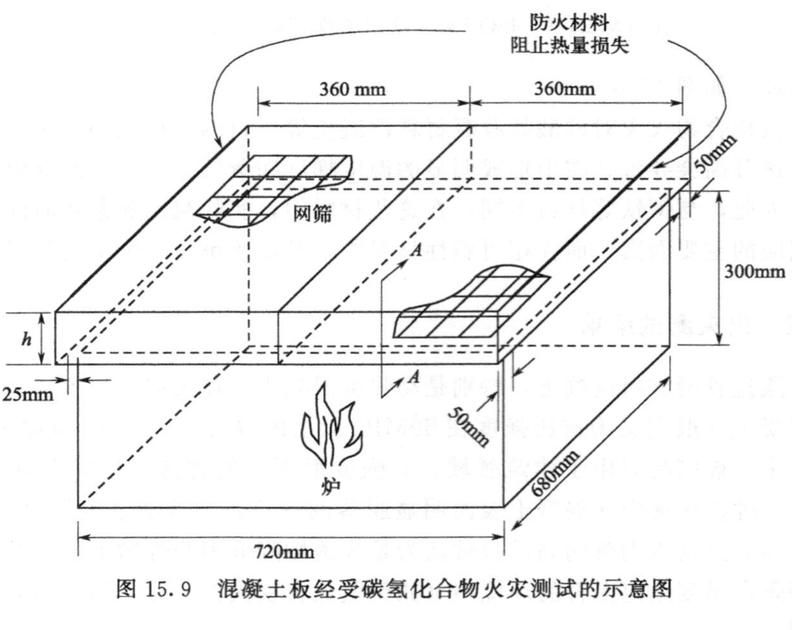

图 15.9　混凝土板经受碳氢化合物火灾测试的示意图

炉温符合 Eurocode EN1991-1-2：2002 规定的碳氢化合物火灾温度-时间曲线，如图 15.8 所示。在测试开始大约 30min 时可以听到爆裂噪声。观察火灾测试后的样品，硅酸盐胶凝材料混凝土的底侧出现了中-重度剥落，而地质聚合物混凝土没有任何剥落。图 15.10 展示了两种混凝土火灾测试后的试样底侧。

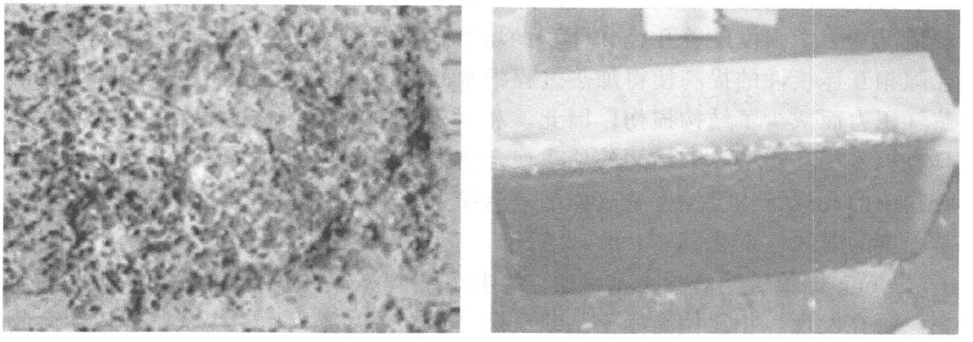

(a) 硅酸盐胶凝材料混凝土　　(b) 地质聚合物混凝土

图 15.10　火灾测试后的试样

这两种不同混凝土性能不同的原因还不是很清楚。目前正在进行进一步的测试，以更好地了解这些行为。

15.6 力学强度的发展

热暴露影响地质聚合物的力学强度，其程度可以用来指示材料的耐热性。力学强度通常是在非现场（远离加热环境）通过无侧限抗压强度测量得到的。杨氏模量、开裂和弯曲强度的测量也可以用来指示强度随温度的变化。使用了几十年的 OPC 标准测试技术同样适用于地质聚合物的测试。涉及热循环的测试可以表征材料的长期力学性能。

在热暴露期间和热暴露之后，力学强度的变化是评估地质聚合物高温性能的关键，特别是对于结构应用的材料。因为高温下原位力学测试困难，所以大多数报道的力学强度结果是通过非原位实验获得的。

由于高温引起了材料中结构和相组成的改变，地质聚合物的力学强度也发生了变化。结构性变化包括烧结、致密化、熔融、开裂，以及孔径、体积、相互连接性的变化。相组成的变化包括晶体的生长，晶体的破坏，脱水，地质聚合物浆体分解释放出游离的 Si、Al 和碱。副产物（例如结晶杂质或集料）在暴露过程中的热膨胀也会影响力学强度。并非所有这些变化都对力学强度有害。

地质聚合物致密化导致孔隙减少，并在施加负荷时产生更均匀的应力梯度，使力学强度更大。未反应材料的烧结，如晶体粉煤灰颗粒，由于颗粒之间的结合更强，提供了更高的力学强度。这在含有集料的地质聚合物中尤其重要。致密化和烧结温度取决于样品的组成和副产物的类型。

孔隙结构变化对地质聚合物的力学强度有复杂的影响。孔隙作为缺陷，一般情况下力学强度随着孔径和体积的增加而降低。然而，情况并不总是如此。孔隙相互连接性的提高使得加热过程中水的流动性更大，从而由于孔隙壁上的蒸气压力而减少了结构损伤。因此，相对于孤立孔隙结构的同类地质聚合物，具有更多相互连接孔隙结构的地质聚合物强度损失较低。热暴露过程中地质聚合物中的孔隙结构会发生变（详细信息参见15.8节），这会导致加热过程中力学强度的非线性变化。

Kong比较了偏高岭土基地质聚合物和粉煤灰基地质聚合物力学强度的演变。研究发现，相比偏高岭土基地质聚合物，热暴露以后粉煤灰基地质聚合物具有更高的抗压强度。据报道，这是由于粉煤灰基地质聚合物在加热时具有大量利于水分逸出的互连孔隙，因而地质聚合物基质的结构破坏最小；而偏高岭土基地质聚合物具有更多孤立的孔隙结构，这使得加热过程中逸出的水对结构造成了破坏。研究还发现，粉煤灰基地质聚合物强度增加的部分原因是未反应的粉煤灰颗粒的烧结。正如所预期的那样，热暴露后地质聚合物混凝土的强度会减小，这是由于胶凝材料和集料之间的热膨胀不一致。

由于裂缝的形成，高收缩的地质聚合物在加热后力学强度往往较低，含水率高的试样开裂增加。偏高岭土的含水率较高，更容易因加热而开裂。

用不同的碱激发剂制备的地质聚合物在高温下的性能是不同的。Bakharev发现，用钾激发剂制备的地质聚合物被加热至800℃后其抗压强度会增加，而用钠激发剂制备的地质聚合物加热至800℃后其抗压强度会大大降低。

Dombrowski发现，在粉煤灰基地质聚合物中加入少量的钙会提高其初始抗压强度，但与不加钙的样品相比，加热到1000℃时其强度的增量将会大大减少。Zuda等人通过XRD图谱显示了晶体的生长，发现相较于1200℃开始结晶之前的类似样品，矿渣地质聚合物（39%的CaO）的抗压强度提高了。

15.6.1 与OPC的比较

通过调整未暴露于高温的地质聚合物，其抗压强度可达到与OPC产品（包括高强度混凝土）强度相同的水平。这两种材料之间显著的相似性是在高温暴露过程中和高温暴露后力学强度的变化。全局有效性的比较是困难的，因为有许多不同种类的地质聚合物混凝土和OPC混凝土，它们在高温下的表现是不同的。图15.11显示了硅酸盐胶凝材料基混凝土暴露于高温时力学强度损失的一个例子。

OPC混凝土强度损失主要是由氢氧化钙在400℃时开始分解引起的。OPC混凝土在200℃的温度下也会因显著剥落（如15.5节所述）而失去强度。

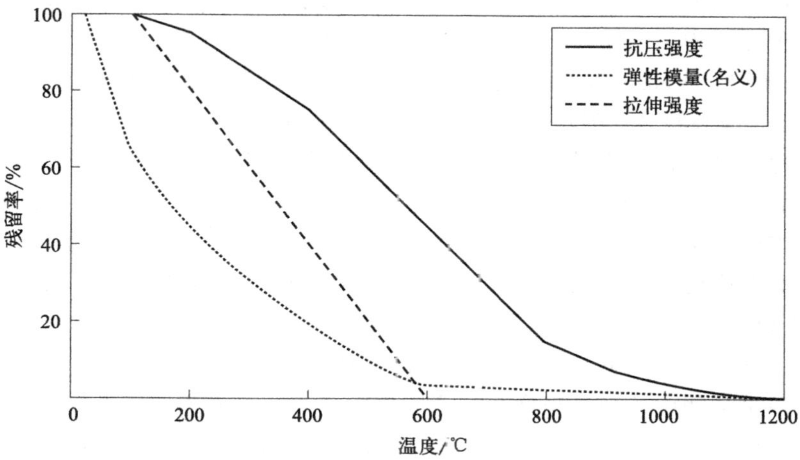

图 15.11　硅酸盐胶凝材料基混凝土的力学性能退化曲线

本图根据欧洲 EN 1992-1-2：2004 所提供的信息标绘

但是，有些特种胶凝材料，如铝酸钙胶凝材料，虽然其生产成本要高得多（比标准 OPC 高出 4 倍），但耐热性有所提高。由于其固有的耐热性，地质聚合物甚至有可能超越专业的 OPC 产品。

15.7　高温下的相变

暴露在高温环境中的地质聚合物可以观察到结晶和相变。虽然电子衍射数据也可以用于小样品中的单晶分析，但物相鉴定通常是通过分析 X 射线衍射（XRD）数据来进行的。分析可以定性（峰识别），也可以定量（Rietveld 精细化或相对强度法）。同步加速器 X 射线源可以提供高清晰度、低噪声的数据，但在大多数情况下，实验室 X 射线的精度就足够了。

高温应用的地质聚合物能够暴露于超过 1400℃ 的温度。高温提供的能量引发了明显的晶体结构和相富集的变化。三个主要变化是晶体形成、晶体破坏和晶体结构的变化。这些变化发生在地质聚合物浆体或副产物如石英类中。地质聚合物中的晶体生长，既可以通过提高熔点来增强地质聚合物的耐热性，也可以通过增加热膨胀度来降低耐热性。

15.7.1　地质聚合物浆体的相变（形成和破坏）

众所周知，地聚物聚合物浆体只有短程有序性，在布拉格衍射条件下表现为无定形。在加热到高温过程中，地质聚合物浆体分解释放的Na、Si和Al结晶成各种沸石相和碱性长石。在浆料中晶体生长的起始温度是可变的，例如，Barbosa和Mackenzie发现地质聚合物在高达1200℃时仍然是完全无定形的，而Duxson却观察到在温度低至600℃时开始结晶。

将地质聚合物浆体暴露在1000℃下可以观察到霞石（$NaAlSiO_4$）、白云母（$KAlSi_2O_6$）和钾霞石（$KAl_4Si_4O_{16}$）等矿物相的结晶。Bell等把铯地质聚合物加热至1000℃以上形成了铯榴石（$CsAlSi_2O_6$）。Barbosa和Mackenzie进行的高温研究发现，温度大于1100℃的偏高岭土基地质聚合物中形成了刚玉（Al_2O_3）和莫来石（$Al_6Si_2O_{13}$）。Duxson发现，初始无定形地质聚合物加热到1000℃以后可以含有80%以上的晶体材料。

地质聚合物中的结晶程度和类型取决于样品的组成和加热条件。反应不充分的地质聚合物含有额外的Na或K、Si或Al单体，这些并不被结合到地质聚合物浆体中，之后在加热过程中表现出更高的晶体增长趋势。观察发现钠基地质聚合物比钾基地质聚合物更容易出现结晶，这是由于钠具有较高的扩散系数。

铝硅比对地质聚合物在高温下的行为具有强烈的影响。观察发现，结晶度（无定形结晶化的数量）随Si∶Al比的增加而减小。与此同时，结晶的初始温度随Si∶Al比的增加而升高。总体而言，在高温暴露期间，Si∶Al比越大，地质聚合物砂浆相越稳定。

已观察到地质聚合物的结晶具有时间依赖性。Rahier等人分析了持续处于1000℃下偏高岭土基地质聚合物的衍射图谱，发现在初始1000℃时存在的少量霞石在2.5h内显著增加。类似地，Duxson等人研究表明，测试过程中加热速率增加会减少一些晶体相的生长数量。

15.7.2 次要材料形成的相

地质聚合物是结晶相存在于无定形浆体中的复合材料。最初存在于地质聚合物中的结晶材料可能来自原材料或集料。在高温期间，这种材料经历相变，可以影响地质聚合物材料的大部分热性能。

Rickard等人从粉煤灰基地质聚合物加热至900℃后的X射线衍射数据中观察到赤铁矿（Fe_2O_3）含量的增加。赤铁矿相由最初存在于粉煤灰中的无定形铁氧化物（通常为铁素体）演化而来。文献报道水铁矿-赤铁矿相变化是活跃的，但是在地质聚合物中对氧有依赖性。Bakharev观察到，暴露在1200℃下，粉煤灰基地质聚合物中赤铁矿峰强度也有类似的增加。

石英在地质聚合物中较为常见，不仅是集料的一部分，而且也是原材料（通常是粉煤灰）中细小的杂质。在573℃时石英经历了相变，由低温石英转变为高温石英，这在 DTA 热分析图和地质聚合物的膨胀曲线中可以观察到。如前所述，该相变伴随着体积变化，这对整体性质的影响是不利的（如力学强度）。粉煤灰基地质聚合物中二氧化硅还有其他晶相（在煤高温燃烧过程中形成的），如方石英或鳞石英，它们在加热时也会发生相变。

在 800℃下，含有石灰[$Ca(OH)_2$]的地质聚合物样品中可以观察到钙铝黄长石（$Ca_2Al_2SiO_7$）的形成，它是由钙硅酸盐水合物（C-S-H）相分解产生的。

OPC 是由几种结晶相组成的，因此相比无定形地质聚合物显得更结构化。然而，OPC 中的结晶相如 C-S-H 在高温下是不稳定的，会分解从而导致耐热性较差。单从相稳定性的角度来看，地质聚合物本质上比 OPC 产品更耐热。

15.8 地质聚合物微观结构的变化

地质聚合物微观结构的变化会影响大部分热性能，因此对其进行研究和表征是很重要的。由于电子显微镜的分辨率高，已被广泛用于分析地质聚合物的微观结构。电镜成像可以使用扫描电子显微镜（SEM）或透射电子显微镜（TEM）来进行。孔隙分析对研究人员了解力学强度和热物理性质很有价值。有许多被广泛应用的孔隙分析技术，包括压汞仪法（MIP）、氮吸附/解吸和 X 射线计算机断层扫描（XCT）。

暴露于高温在许多方面改变了地质聚合物的微观结构。烧结、结晶和最终熔化改变浆体在高温下的形态，而脱水和致密化影响孔隙结构的大小和分布。

从略高于环境温度开始并持续到 200℃以上，脱水会首先使微观结构发生变化。逸出水产生的蒸汽压导致地质聚合物结构的破坏，并通过创建通向材料表面的通道来改变孔隙的连通性。在 Kong 等人的报道中，由于孔结构的低连通性，偏高岭土基地质聚合物在蒸发过程中对微观结构的破坏比粉煤灰基地质聚物更严重。

在更高的温度下，地质聚合物浆体的烧结和致密化改变了其形态（图 15.12）。相比未受热的地质聚合物，受热地质聚合物浆体具有更少的夹杂物，并显示出平滑的质地。这是浆体在高温受热过程中的黏性烧结所导致的，这也会导致裂纹的愈合。Duxson 等人在偏高岭土基地质聚合物中也观察到相同的情况。需要说明的是，部分溶解的粉煤灰颗粒被认为具有多孔的内部结构。作者认为所有的无定形硅铝酸盐材料已经熔化到周围的地质聚合物浆体中，并且只剩下惰性结晶材料。Bakharev 和 Kong 等人的研究中也有相似的观点。

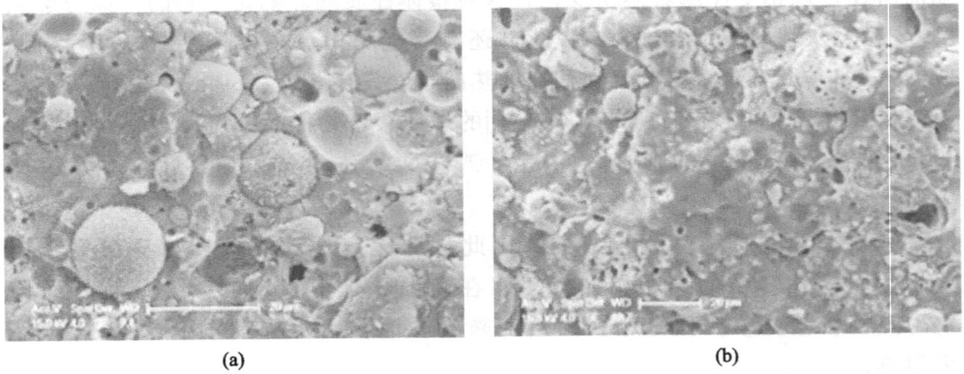

图 15.12 粉煤灰基地质聚合物在高温暴露前后断口表面的 SEM 显微图像

(a) 未暴露于高温；(b) 暴露于 900℃高温

包含集料的地质聚合物在高温暴露过程中能够承受更多微观结构的变化。地质聚合物和集料（尤其是含有石英的集料）在热膨胀上的差异导致界面分离。烧结后，浆料的黏性流动可以重新建立与集料的接触。

15.8.1 孔结构的演变

相比于偏高岭土基地质聚合物，粉煤灰基地质聚合物受热时在孔隙结构上表现出十分不同的变化。粉煤灰基地质聚合物具有比偏高岭土基地质聚合物更小、更连通的气孔，这可以让水更好地渗透到表面（图 15.13）。粉煤灰基地质聚合物还含有未反应的粉煤灰颗粒，这些颗粒也可能含有孔隙。

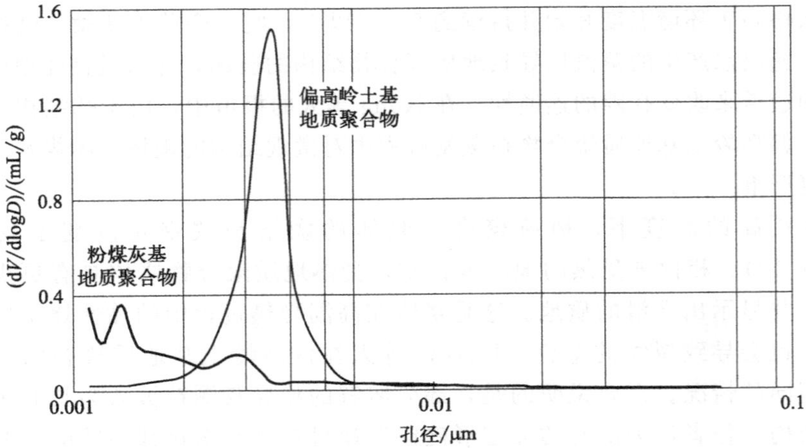

图 15.13 压汞仪法数据显示 3 天龄期偏高岭土基和粉煤灰基地质聚合物的孔径分布

加热过程中，当充满水的孔隙被清空时，所有地质聚合物的孔隙体积最初都会增加。在较高温度下，多种因素影响孔隙的大小和分布。加热过程中，粉煤灰颗粒中无定形材料的熔化暴露了未反应的粉煤灰颗粒内部的额外孔隙，这可以在图 15.12 中看到。未反应粉煤灰颗粒的额外孔隙率增加了地质聚合物复合材料中总的连通孔隙率。偏高岭土基地质聚合物不会有这样的效果，因此在加热后通常不会像粉煤灰基地质聚合物一样在孔隙体积上有较大的增加。

Bakharev 发现，相对于未加热的样品，粉煤灰基地质聚合物在 800℃和 1000℃下暴露后，累积的孔隙体积分别增加了 26%和 29%。该研究还发现，在 800℃和 1000℃下，平均孔径分别从最初的 37.6nm 显著增加到 121nm 和 1835nm。Duxson 等人发现由于脱水作用，偏高岭土基地质聚合物的孔体积初始增加后会略有减少。超过烧结温度时，偏高岭土基地质聚合物中孔结构无法吸收氮气，因此不能测定。

随着游离单体更密集地堆积成有序的结构，地质聚合物浆体中的分解和随后的结晶也归因于地质聚合物中孔隙率的增加。因此，在其他条件不变的情况下，具有较大结晶性的地质聚合物，如铝硅含量较低的样品，在高温暴露后孔隙体积会有较大的增加。

OPC 的显微结构研究表明，超出 600℃时，生长良好的氢氧化钙晶体和 C-S-H 凝胶会产生明显的变形。这比地质聚合物微观结构的变化更加明显，是高温暴露后 OPC 强度大量损失的主要原因。

15.9 地质聚合物的高温应用

由于地质聚合物的耐火特性而被用于火灾损坏对结构或其居住者至关重要的应用中。与 OPC 相比，地质聚合物产品的优点是显著减少了火灾后的剥落和力学强度的损失。应用耐火地质聚合物产品的实例包括隧道、高层建筑和船舶。这些结构可以用地质聚合物进行涂层隔离或保护，或完全由地质聚合物混凝土建造。地质聚合物涂层可以在施工阶段喷涂（作为喷射混凝土或喷射水泥浆）或预制。这种应用特别适用于保护金属结构（如工字梁）在火灾期间不被熔化。完全由地质聚合物混凝土建造的结构由于通过消除涂层和结构不同的热膨胀所引起的薄层效应而提供了最佳防火保护。用地质聚合物混凝土建造的隧道在火灾发生时，比仅用 OPC 建造的隧道更加安全。

由于地质聚合物复合材料的耐火性和相对较低的密度，其已经被试用于飞机上。虽然这项技术还处于起步阶段，但它已经显示出巨大的潜力。地质聚合物复合材料也被用作 F1 赛车排气管的隔热材料。

专用的地质聚合物配方适合应用于耐火材料。低含水量和高纯度的地质聚合物适用于温度可能超过 1200℃的工业耐火材料。

Kriven 等人研究表明，Cs 和 K 基地质聚合物分别可以用作形成陶瓷相铯榴石和白榴石的前驱体。这确实是一个可供选择的应用，但突破和创新依然很少。

高温地质聚合物产品正处于生产的前沿，随着进一步的研究和开发，未来将为社会提供更多可用的材料。

参考文献

Barbosa, V. F. F. and MacKenzie, K. J. D. Thermal behaviour of inorganic geopolymers and composites derived from sodium polysialate *Materials Research Bulletin*, 2003. 38(2): p. 319–331.

Walls, P. A. *Optimising the Processing of Geopolymer Cements*. in *26th Conference on Cement and Concrete Science*. 2006. Sheffield University, UK.

Duxson, P., Lukey, G.C. and van Deventer, J.S.J. Physical evolution of Na-geopolymer derived from metakaolin up to 1000°C., *Journal of Materials Science*, 2007. 42(6): p. 3044–3054.

Rickard, W. D. A., Van Riessen, A. and Walls, P. A. Thermal character of geopolymers synthesised from class F fly ash containing high concentrations of iron and α-quartz. *International Journal of Applied Ceramic Technology*, 2008. doi:10.1111/j.1744-7402.2008.02328.x.

Rickard, W. D. A. *Thermal properties of Geopolymers*. 2007. Curtin University of Technology, Perth. Honours Thesis.

Rahier, H., Simons, W. van Mele, B. and Biesemans, M. Low-temperature synthesized aluminosilicate glasses. Part III Influence of the composition of the silicate solution on production, structure and properties. *Journal of Materials Science*, 1997. 32: p. 2237–2247.

Dombrowski, K., Buchwald, A. and Weil, M. The influence of calcium content on the structure and thermal performance of fly ash based geopolymers. *Journal of Materials Science*, 2007. 42: p. 3033–3043.

Duxson, P., Lukey, G. C. and van Deventer, J. S. J. Thermal evolution of metakaolin geopolymers: Part 2 – Phase stability and structural development. *Journal of Non-crystalline Solids*, 2007. 353: p. 2186–2200.

Subaer, *Influence of Aggregate on the Microstructure of Geopolymer*. 2005. Curtin University of Technology, Perth. PhD Thesis.

Kong, D., Sanjayan, J. and Sagoe-Crentsil, K. Comparative performance of geopolymers made with metakaolin and fly ash after exposure to elevated temperatures. *Cement and Concrete Research*, 2007. 37: p. 1583–1589.

Bakharev, T., Thermal behaviour of geopolymers prepared using class F fly ash and elevated temperature curing. *Cement and Concrete Research*, 2006. 36: p. 1134–1147.

Duxson, P., Lukey, G.C. and van Deventer, J. S. J. Thermal evolution of metakaolin geopolymers: Part 1 – Physical evolution. *Journal of Non-crystalline Solids*, 2006.

352(22–23): p. 2186–2200.

Kong, D., Sanjayan, J. G. and Sagoe-Crentsil, K. *The behaviour of Geopolymer Paste and Concrete at Elevated Temperatures*. in *Proceeding of the International Conference on Pozzolan, Concrete and Geopolymer*. 2005. Khon Kaen.

Bazant, Z. P. and Kaplan, M. F. *Concrete at High Temperatures*. 1996, Essex: Longman Group Limited. pp. 39–58.

Cruz, C.R. and Gillen, M. Thermal Expansion of Portland Cement Paste, Mortar and Concrete at High Temperatures. *Fire and Materials*, 1980. 4(2): p. 66–70.

Subaer and van Riessen, A. Thermo-mechanical and microstructural characterisation of sodium-poly(silate-siloxo) (Na-PSS) geopolymers. *Journal of Materials Science*, 2006. 42(9): p. 3117–3123.

Rahier, H., Wastiels, J. Biesemans, M. Willlem, R. van Assche, G. and van Mele., B Reaction Mechanism, kinetics and high temperature transformations of geopolymers. *Journal of Materials Science*, 2007. 42: p. 2982–2996.

Kong, D., Sanjayan, J. and Sagoe-Crentsil, K. Factors affecting the performance of metakaolin geopolymers exposed to elevated temperatures. *Journal of Materials Science*, 2008. 43: p. 824–831.

Gustafsson, S. E. Transient plane source techniques for thermal conductivity and thermal diffusivity measurements of solid materials. *Review of Scientific Instruments*, 1991. 62(3): p. 797–804.

Liefke, E. *Industrial applications of foamed inorganic polymers*. in *Geopolymere '99*. 1999. Saint-Quentin, France.

Duxson, P., Lukey, G. C. and van Deventer, J. S. J. Thermal Conductivity of Metakaolin Geopolymers Used as a First Approximation for Determining Gel Interconnectivity. *Industrial and Engineering Chemistry Research*, 2006. 45: p. 7781–7788.

Demiborga, R. Thermo-mechanical properties of sand and high volume mineral admixtures. *Energy and Buildings*, 2003. 35: p. 435–439.

Kong, D. and Sanjayan, J. G. Damage behavior of geopolymer composites exposed to elevated temperatures. *Cement and Concrete Composites*, (in print), available online, http://dx.doi.org/10.1016/j.cemconcomp.2008.08.001, 2008.

Perera, S. and Trautman, R.L. Geopolymer with the Potential use as Refractory Castables. *AZojomo (Journal of Materials online)*, 2006. 2: p. 1–5.

Zuda, L., Pavlik, Z. Rovnanikova, P. Bayer, P. and Cerny, R. Properties of Alkali Activated Aluminosilicate Materials after Thermal Load. *International Journal of Thermophysics*, 2006. 27(4): p. 1250–1263.

Neville, A.M. *Properties of Concrete*. 4th Edition ed. 1995, Essex: Addison Wesley Limited. pp. 385–387.

Scrivener, K. L., Cabiron, J. and Letourneux, R. High-performance concretes from calcium aluminate cements *Cement and Concrete Research*, 1999. 29(8): p. 1215–1223.

Barbosa, V. F. F. and MacKenzie, K. J.D. Synthesis and thermal behaviour of potassium sialate geopolymers. *Materials Letters*, 2003. 57: p. 1477–1482.

Duxson, P., Lukey, G. C. and van Deventer, J.S.J. Evolution of Gel Structure during Thermal Processing of Na-Geopolymer Gels. *Langmuir*, 2006. 22: p. 8750–8757.

Cornell, R. M. and Schwertmann, U. *The Iron Oxides: Structure, Properties, Reactions, Occurrence and Uses*. 1996, Weinheim: VCH.

Deer, W. A., Howie, R.A. and Zussman, J. *An Introduction to The Rock Forming Minerals. 2nd Edition*. 1996, Essex, England.

Handoo, S.K., Agarwal, S. and Agarwal, S.K. Physicochemical, mineralogical, and morphological characteristics of concrete exposed to elevated temperatures. *Cement and Concrete Research*, 2002. 32(7): p. 1009–1018.

Giancaspro, J., Balaguru, P. N. and Lyon, R. E. Use of Inorganic Polymer to Improve the Fire Response of Balsa Sandwich Structures. *Journal of Materials in Civil Engineering*, 2006. 18(3): p. 390–397.

Geopolymer Institute, Geopolymer composite material for structural or protective applications, temperature range 300°C to 1000°C. 2008. Accessed on 3/8/2008; Available from: http://www.geopolymer.org/applications/fire-proof-heat-resistant-composites.

Kriven, W. M. *From Geopolymers to Ceramics*, Proceedings of International Conference, Materials and Austceram, Sydney, Australia, 2007.

Working Party on Fire Engineering, The National Committee on Structural Engineering, *Fire Engineering for Building Structures and Safety*, Institution of Engineers Australia, 1989, 205 p.

Sanjayan, G. and Stocks, L. Spalling of High-Strength Silica Fume Concrete in Fire, *ACI Materials Journal, American Concrete Institute*, 90 (2), March-April, 1993, pp. 170–173.

ASTM E119-05a, *Standard Test Methods for Fire Tests of Building Construction Materials*, ASTM International, 32 p.

ISO 834: 1999, *Fire-resistance tests – Elements of building construction – Part 1: General requirements*, International Organization for Standardization, 1999.

EN1991-1-2, Eurocode 1: *Actions on Structures – Part 1-2: General Actions – Actions on structures exposed to fire*, European Standard, 2004.

EN1992-1-2, Eurocode 2: *Design of concrete structures – Part 1-2: General rules – Structural fire design*, European Standard, 2004.

Bell, J. L., Sarin, P. Provis, J. L. Haggerty, R. P. Dreimeyer, P. E. Chupas, P. J. van Deventer J.S.J. and Kriven, W.M. Atomic structure of a cesium aluminosilicate geopolymer: A pair distribution function study, *Chem. Mater*, 20 , 4768–4776.

Weast, R. C. (editor) *CRC Handbook of Chemistry and Physics*, 65th edition, 1986, p E6. CRC Press, Inc. Boca Raton, Florida.

16

利用低钙矿渣改善地质聚合物强度和耐久性

K. Komnitsas, D. Zaharaki 著
克里特理工大学，希腊

16.1 引言

在黑色金属、有色金属和钢铁生产过程中，每年有成千上万吨由硅酸盐和玻璃相组成的冶金矿渣从多种不同类型的熔炉中排放出来。在钢铁冶炼中，矿渣的产量几乎占金属产量的15%（Wang and Scrivener，1995；Viklund-White and Ye，1999；Wang，2000）。熔融的矿渣经过水快速冷却，生产出颗粒细小且通常为脆性的材料。

矿渣被认为是无毒无害的，过去曾被广泛地应用于多个领域，例如，港口、道路建设，等等（Kontopoulos et al，1996）。如今，高炉矿渣主要用于硅酸盐水泥的生产。然而，钢渣的低活性限制了其在混凝土和水泥工业中作为添加剂的大规模应用（Zhang et al，2007；Hu et al，2008）。在许多国家，大量的钢渣仍然被弃置于地面垃圾场或沉入海底（Komnitsas et al，2007；Zhang et al，2007）。

实际上，采矿和冶金废渣的处理必须遵循环境法规，以确保有毒元素能被其他元素固定。在特定的环境条件下，部分有毒元素的溶解和随后的迁移可能使地表及地下水质受到危害，进而引起生态系统的严重破坏（Kontopoulos et al，1996）。此外，通过采用欧洲委员会（EC）和其他废物管理条例，大多数国家实施了新的严格的环境法规，因此还需制定一项综合管理计划，禁止在没有事先进行详细的环境特性和毒性评估的情况下处置冶金矿渣（EC-IPPC，2002）。

利用这些副产品来开发高附加值材料的低成本新技术的需求将会很快增加。地质聚合物聚合反应作为治理冶金废料（如矿渣）的一项可行技术，预计

可大大节省处置费用并减少温室气体排放。采矿和冶金废料可以作为合成地质聚合物的潜在原料，其特征是具有较少的多孔微观结构、优越的力学和热性能以及良好的抗腐蚀性溶液侵蚀能力（Phair and van Deventer，2002；Xu and van Deventer，2002；Phair et al，2004；Bakharev，2005a；Buchwald et al，2007；Komnitsas and Zaharaki，2007）。

碱激发高钙矿渣被广泛地研究，且相应的产品已经广泛应用于欧洲的建筑领域（Glukhovsky，1994；Cheng and Chiu，2003；van Deventer et al，2007）。Astutiningsih 和 Liu（2005）用 CaO 含量接近 40%的澳大利亚熔融矿渣制备地质聚合物；浆体在 60℃下养护 24h，最终制品的抗压强度可达到 30MPa。Cheng 和 Chiu（2003）用矿渣作为活性填料制备地质聚合物，其抗压强度已经达到了 79MPa。用高炉矿渣和偏高岭土混合并在 80℃下加热 8h 也获得了相似的结果（Buchwald et al，2007；Zhang et al，2007）。此外，使用低钙矿渣合成的地质聚合物展现出近乎达到 60MPa 的最高抗压强度（Zaharaki et al，2006；Komnitsas et al，2007、2009；Zaharaki and Komnitsas，2008）。一般而言，并不希望矿渣中出现过多的 CaO，因为 Ca^{2+} 替代 Na^{+} 会影响电荷平衡并对最终产品的性能产生不好的影响（Yip and van Deventer，2003；Astutiningsih and Liu，2005；Buchwald et al，2007）。

本章讨论了影响低钙镍铁矿渣所生产的地质聚合物抗压强度的主要因素，即：浆体的组成、激发剂浓度、预养护、加热条件和添加剂的作用；还研究了浸泡在各种水溶液和酸性溶液中，或经历 9 个月的冻融循环，以及高温加热的地质聚合物的耐久性和结构完整性，采用 XRD、SEM、FTIR 和 TG 等手段对新物相进行了鉴定，并在一定程度上阐明了相关机理。

16.2 材料及方法确定

在希腊 Larco S. A Larymna 的镍铁工厂生产的电弧矿渣已经用于地质聚合物的合成。每年的矿渣产量大约为 170 万吨，其中大约 45 万吨用于水泥行业。剩余矿渣的处理费用达到 65 万英镑/年。脆性的矿渣颗粒尺寸从 0.075mm 到 4mm 不等（大部分分布于 0.1～0.5mm）。矿渣经过干燥并用 FRITSCH 粉碎机粉碎，以增加表面积并提高所生产地质聚合物的抗压强度（Zaharaki，2005；Zaharaki and Komnitsas，2005；Zaharaki et al，2006）。所用的添加剂包括高岭土（丙烯酰胺）、偏高岭石（600℃煅烧高岭石 4h 得到）、CaO（Alfa Aesar 公司）、石英砂、火山灰、粉煤灰、赤泥和玻璃。

表 16.1 给出了矿渣和添加剂中氧化物和微量元素形式的化学成分的含量。

矿渣中的铁以 Fe_2O_3 形式存在，但也有相当一部分亚铁存在。微量元素以元素形式表示。在矿渣中存在的主要矿物相组成有：铁橄榄石、钙长石、石英、鳞石英、方石英、磁铁矿、镁橄榄石和铬铁矿，见图 16.1。从图谱的形状可以估计无定形的组分超过 50%。

表 16.1 原材料和添加剂的化学成分 单位：%

成分	铁镍渣	火山灰	粉煤灰	赤泥	商用玻璃
Fe_2O_3	43.83	1.09	5.60	45.48	—
Si_2O_3	32.74	72.22	33.40	6.96	74.00
Al_2O_3	8.32	17.73	13.10	15.65	1.30
CaO	3.73	0.95	35.21	14.84	10.50
Cr_2O_3	3.07			—	—
MgO	2.76	1.10	3.67	—	—
Mn_3O_4	0.44	0.19	0.19	—	—
Na_2O	—	3.30	0.46	3.26	13.00
K_2O	—	3.05	0.76	—	—
P_2O_5	—	0.56		—	—
TiO_2	—	0.14	0.71	4.80	—
SO_3	—	—	6.58	—	—
S	0.18	—	—	—	—
C	0.11	—	—	—	—
Ni	0.10	—	—	—	—
Co	0.02	—	—	—	—

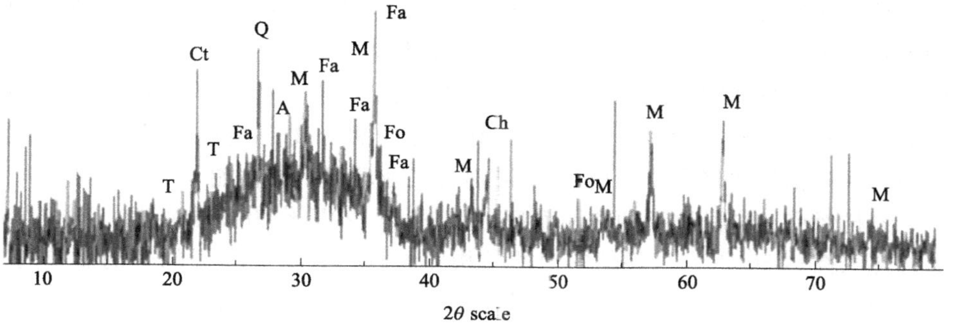

图 16.1 矿渣的 XRD 图谱

Fa—铁橄榄石；A—钙长石；Q—石英；T—鳞石英；Ct—方石英；M—磁铁矿；Fo—镁橄榄石；Ch—铬铁矿

购买的颗粒状石英砂由石英组成。从希腊 Milos 岛获得的火山灰是一种非常便宜的材料，将它加入硅酸盐水泥混凝土中时，可以提高混凝土的长期抗压强度。粉煤灰来自希腊的 Ptolemais N. W. 火电厂，根据 ATSM 分类为 C 类。其主要矿物相组成是石英 SiO_2、方解石 $CaCO_3$、硬石膏 $CaSO_4$、钙铝黄长石 $Ca_2[Al(AlSi)O_7]$、钠长石 $NaAl_4Si_3O_8$、石灰 $CaO/Ca(OH)_2$。赤泥来自希腊铝业 S. A.，其由石英 SiO_2、赤铁矿 Fe_2O_3、三水铝矿 $Al(OH)_3$、水铝石 $AlO(OH)$、方解石 $CaCO_3$、灰霞石 $Na_6Ca_2Al_6Si_6O_{24}(CO_3)_2$、水钙石榴石 $Ca_3Al_2(SiO_4)(OH)_8$ 组成。商业玻璃是一种由硅、钙、钠、氧等元素组成的无定形材料。玻璃和石英砂在使用前需要粉碎。

用蒸馏水溶解片状无水氢氧化钠或氢氧化钾（ACS-ISO，用于分析），并与硅酸钠溶液（Merck，$Na_2O:SiO_2=0.3$，$Na_2O=7.5\%\sim8.5\%$，$SiO_2=25.5\%\sim28.5\%$）混合制成激发剂溶液，将矿渣和添加剂混合并缓慢加入。在连续的机械混合下活化均质浆体。矿渣和添加剂的添加量会有所不同，取决于在每种情况下用于制备流动性浆体的试剂。在每个实验系列中使用矿渣和激发剂溶液合成了几个对照样品。

浆体浇铸于立方体（边长 5cm）模具后，再振动 5min 以去除滞留的空气。一些试样在室温条件下预养护最长 4 天，然后在实验烘箱（MMM GmbH）中以设定的温度加热 24h 或 48h。脱模后，在室温条件下养护 7 天或 28 天以促进结构键合的发展。试样的抗压强度通过 MTS 1600 加载框测量。所有的实验都重复进行。只有在少数情况下，当实验结果的偏差大于 10%时，需要准备额外的试样，再次进行实验。

将矿渣和高岭土在 80℃、48h、28d 条件下合成的样品分别浸泡在含有蒸馏水、海水和 0.5mol/L HCl 的溶液中，最长放置 9 个月，以研究其地质化学稳定性。初始时各个溶液加入的量为 400mL，在随后的实验时间里要加入新的溶液以弥补蒸发损失。每个月收集液体样品对其 pH、氧化还原电势（Hanna 211 pH/Eh）和电导率（Hanna EC215 电导率仪）进行分析。该材料在海岸或水下建筑服役时，海水作为评估地质聚合物完整性的浸出剂。HCl 溶液用于评估地质聚合物在极端侵蚀/腐蚀工业环境下的性能。

试样经受 9 个月周期的冻融循环（用 $-15\sim20$℃作为极端温度）及 6h 高温加热（高达 800℃）以评估它们的结构完整性。在研究高温加热的影响时，在地质聚合物合成过程中不添加高岭土。

XRD 分析由 Siemens D500 衍射仪使用 Fe 管在 $3°\sim70°$（2θ）的范围进行扫描，步长为 0.03°，测量时间为 4s/步，采用 Diffrac plus 软件（Bruker AXS）和 PDF 数据库进行定量分析；地质聚合物微观结构通过配备 Oxford 能量色散 X 射线谱仪（EDS）的 JEOL JSM-540 扫描电镜采集。样品在分析前涂一层碳，以增加表面的导电性；采用 KBr 压片技术（1.5mg 粉末样品与 150mg KBr 混合）通过 Model 1000 型 FTIR 光谱仪（Perkin-Elmer）进行 FTIR 分析；使用 Perkin Elmer 热重分析仪 TGA 6 做 TG 分析（60mL/min 氮气吹扫，在 10℃/min 速率下升温至 950℃最高温度）。

16.3 影响抗压强度的因素

16.3.1 碱金属氢氧化物/碱金属硅酸盐浓度

为了确定 NaOH/KOH 浓度对抗压强度的影响，使用矿渣和激发剂溶液合成地质聚合物。合成的地质聚合物在室温下预养护 2 天，再在 80℃下加热 48h，然后在室温下养护 7 天。

如图 16.2 所示，KOH 溶液更有效，并且抗压强度的最大值达到了 50MPa。当 KOH 的浓度达到 8mol/L 左右时，抗压强度达到最大值。图中可以明显看出，当 KOH 的浓度在 4～8mol/L 时试样的强度超过了 40MPa。然而当浓度高于 8mol/L 时，强度反而下降。从实验结果可以看出，过量的 KOH 不会加速地质聚合物的聚合反应，反而会促进碳酸盐的形成，从而降低了抗压强度。

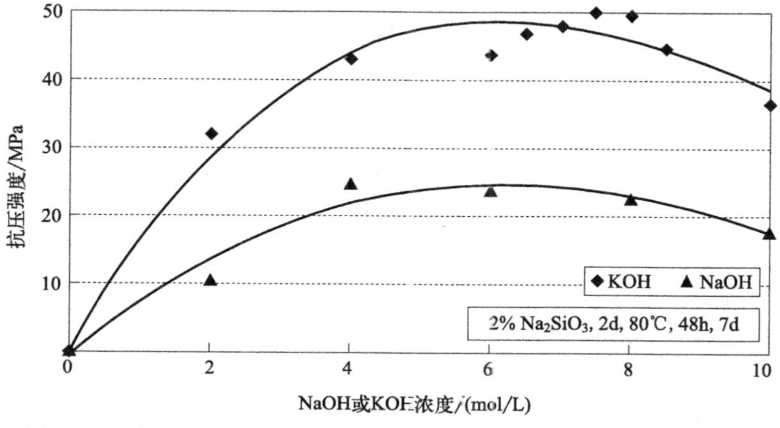

图 16.2 矿渣基地质聚合物的抗压强度随碱金属氢氧化物浓度的变化

当使用 NaOH 时，得到的抗压强度较低且不超过 25MPa；最佳的 NaOH 浓度范围与 KOH 的浓度范围相似。碱金属类氢氧化物使原材料中 Si 和 Al 部分溶解，因而促进了地质聚合键合的发展（Panias et al，2007；Komnitsas et al，2009）。值得注意的是，当不使用碱金属氢氧化物溶液时，胶凝材料变得太黏，不能固化，试件几乎没有强度（0.22MPa）。

图 16.3 给出了有无 Na_2SiO_3 存在的情况下，矿渣基地质聚合物的抗压强度随 KOH 浓度的变化。从这一数据可以看出，当不加入硅酸盐溶液时，浆体凝固需要更长的时间且最终强度不超过 25MPa。当加入质量分数为 2% 的 Na_2SiO_3 时，浆体的性能提高，KOH 的浓度为 8mol/L 时达到了 50MPa 的最大抗压强度。因此，可以总结得出，硅酸钠溶液提供了额外的可溶性硅酸盐作为胶凝材料或增塑剂，从而形成了更致密的结构，促进了 Si—O—Al 键合的发展，并提高了混合物的工作性（Douglas et al，1991；van Jaarsveld et al，1997；Phair，2001）。

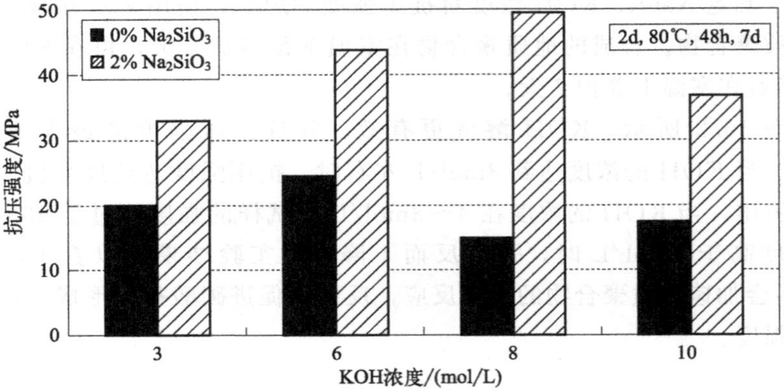

图 16.3 含有和不含有 Na_2SiO_3 的矿渣基地质聚合物的抗压强度随 KOH 浓度的变化

图 16.4 给出了矿渣基地质聚合物的抗压强度随 Na_2SiO_3 质量分数从 0% 到 14% 的变化情况。在每一种条件下，水的含量是依次调整的，因而同时影响了碱金属氢氧化物的浓度，最终获得了具有一定工作性的浆体。从这一图中

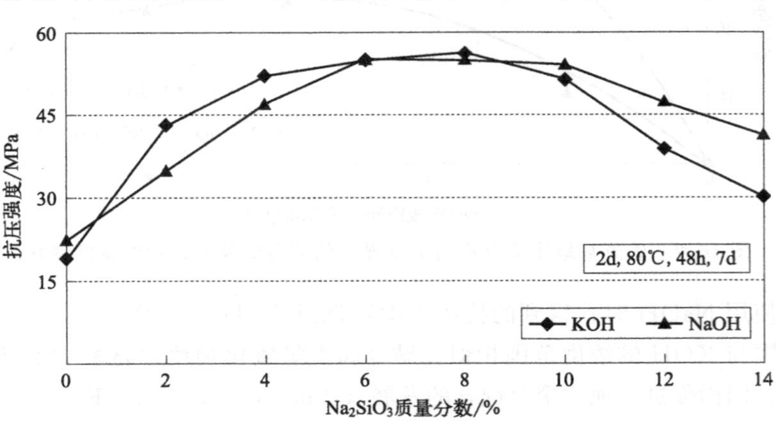

图 16.4 含有 KOH 或 NaOH 的矿渣基地质聚合物的抗压强度随 Na_2SiO_3 添加量的变化

可以看出，无论是使用 KOH（8.7mol/L）还是 NaOH（12.2mol/L），硅酸钠的最佳添加比例接近 8%（质量分数）。获得的最高抗压强度可达到 56.2MPa。当使用更高比例碱金属硅酸盐时，地质聚合物的抗压强度将会下降。

16.3.2 外加剂

许多试验通过混合矿渣和各种外加剂来为地质聚合物浆体提供额外的 Al 和 Si 离子。图 16.5 显示了硅铝酸盐填料（例如：高岭土和偏高岭土）在 40～80℃下对地质聚合物抗压强度的影响。可以看出，温度升高可使矿渣-高岭土基地质聚合物的抗压强度提高，其在 80℃下的抗压强度几乎达到 40MPa。当使用偏高岭土时，抗压强度降低了许多，仅在 80℃时才达到近 20MPa。

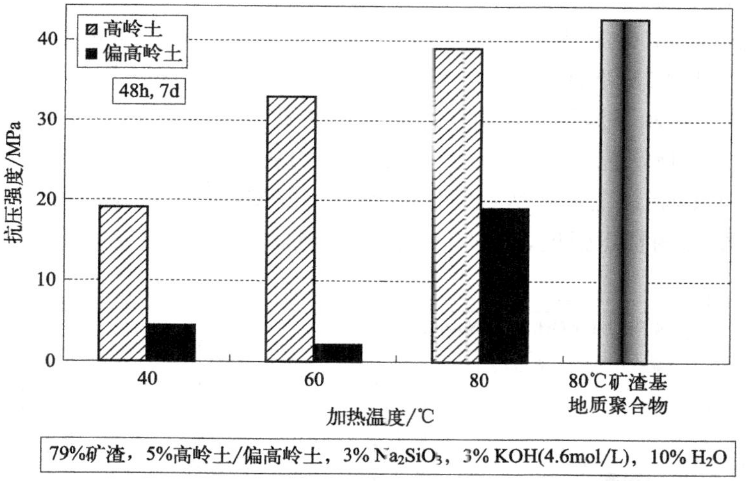

图 16.5 在原材料混合物中添加高岭土或偏高岭土后抗压强度随温度的变化

图 16.6 给出了在最佳条件（在 80℃下加热 48h）下合成的地质聚合物，抗压强度随高岭土或偏高岭土添加量［质量分数从 0%（标准试样）到 12%］的变化情况。从图中可以看出，使用的任一外加剂都不能提高其抗压强度；增加高岭土或偏高岭土在原材料混合物中的含量会导致抗压强度下降，添加量为 12%时，抗压强度分别只有 17MPa 和 3MPa。

当用碱来激发偏高岭土-高炉矿渣混合物时也得到相似的结果（Buchwald et al, 2007）；纯矿渣地质聚合物的抗压强度可达到大约 35MPa，而纯偏高岭土地质聚合物的强度非常低（5MPa）。相反，在室温下合成的偏高岭土-粉煤灰地质聚合物相较于粉煤灰基地质聚合物能达到更高的抗压强度（Jirasit et al, 2006）。在粉煤灰基地质聚合物中添加高岭土或偏高岭土也可能使基体对重金

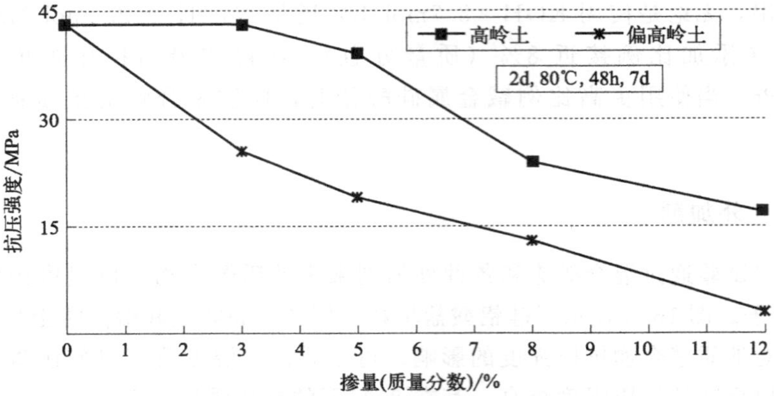

图 16.6　抗压强度随高岭土和偏高岭土添加量的变化

属的固定效果受到影响。

通过将质量分数为 5% 的火山灰与矿渣混合，同时将碱激发的样品在 40℃、60℃和 80℃下加热 48h，研究添加火山灰对地质聚合物抗压强度的影响。图 16.7 显示了添加了火山灰或高岭土的地质聚合物的抗压强度随温度变化的情况。在所研究温度范围内，添加了火山灰的试样相较于标准试样，抗压强度降低了 50%以上；所达到的强度在 12～20MPa 之间。高岭土的添加使试样达到了更高的抗压强度，在 80℃时，标准试样的抗压强度达到了更高值。

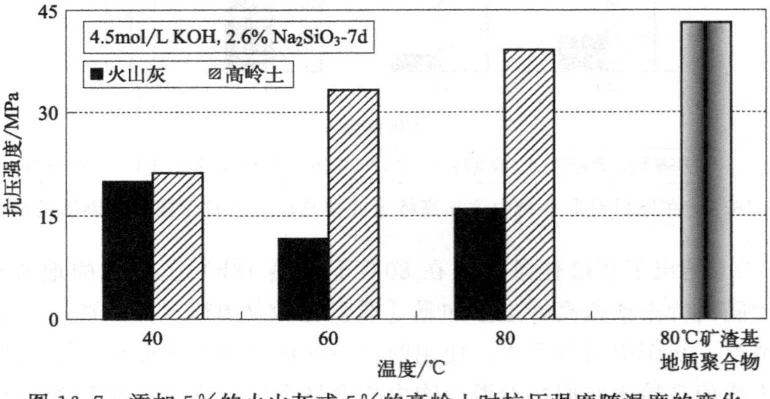

图 16.7　添加 5%的火山灰或 5%的高岭土时抗压强度随温度的变化

图 16.8 显示了抗压强度随原材料混合物中石英砂或 CaO 添加量的变化情况。几乎在所有实验中，石英砂的加入都提高了抗压强度，几乎达到 60MPa。当石英砂的质量分数从 5%提升到 20%时，试样抗压强度有轻微的下降，这可能是由于所用的激发液不足以与全部石英砂反应来形成强键合。试样的抗压强度因 CaO 的添加而变低，且随着所加 CaO 质量分数的增加而逐步下降。在这

种情况下，系统中提供的过量钙不能反应形成更多的C-S-H凝胶，地质聚合物的网格结构也因此而被破坏（Zaharaki et al，2007；Ye et al，2008）。

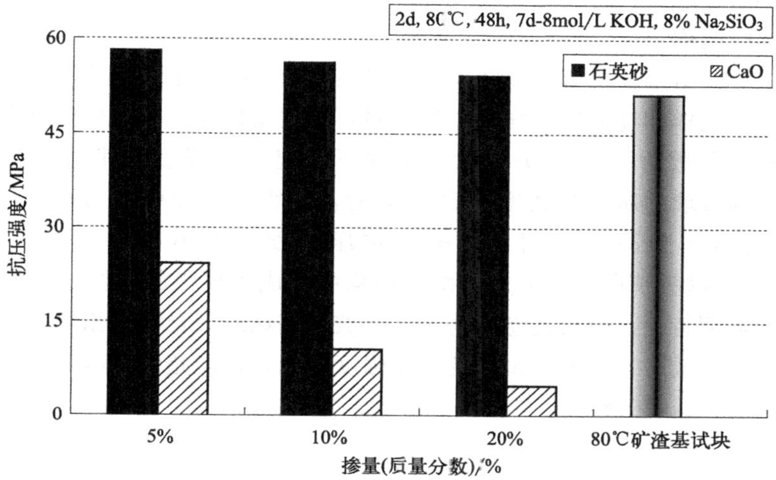

图 16.8　抗压强度随石英砂或CaO添加量的变化

图16.9给出了粉煤灰或赤泥外加剂对抗压强度的影响，目的是探索对矿业和冶金废料共同利用的可能性。从图中可以看出，当外加剂的质量分数在20%和50%时，两种外加剂所得的抗压强度都很低。矿渣以及这两种外加剂都由不同的氧化物组成，它们具有不同程度的溶解性，因此体系中添加的硅离子和铝离子的数量都不容易评估。

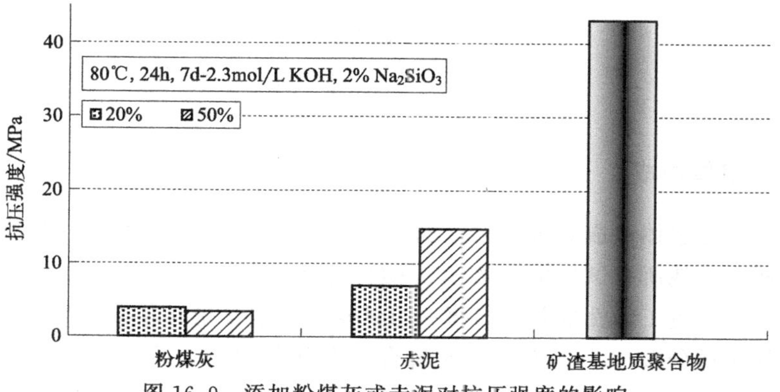

图 16.9　添加粉煤灰或赤泥对抗压强度的影响

由此可以看出，添加高岭土、偏高岭土、火山灰、氧化钙、粉煤灰或赤泥不能进一步促进更坚固的地质聚合物的形成。从外加剂中溶解的大部分Si和Al离子实际上仍未反应，这从XRD研究中也可以看出（16.5.1节）。因此，实验所得到的抗压强度是有限的。矿渣中的高 Fe_2O_3 含量也可能在地质聚合物合成过程中发挥重要作用，因为它可能与所使用的溶液反应，从而形成强键合（Zaharaki et al，2007）。但应该指出的是，铁不参与形成地质聚合物凝胶四面体网络结构。

图 16.10 给出了抗压强度随外加剂玻璃质量分数变化的情况，同时也可以看出纯矿渣试样和纯玻璃试样（作为对照）的抗压强度。在原材料混合物中加入高达质量分数为 50%的玻璃时实际并不能提高其强度，其强度仍然接近 52MPa。当玻璃的质量分数增加到 90%时，获得的抗压强度可达到 64MPa。只有当玻璃作为原材料时，试样的抗压强度会极其得高，近乎达到了 125MPa。在这种情况下，无定形微观结构中形成了更强的键合，这是三维硅铝酸盐的典型特征。值得注意的是，当在玻璃基地质聚合物中添加高岭土并在 80℃条件下合成时，所制得试样的抗压强度更低，仅能超过 35MPa（Zaharaki and Komnitsas，2008）。

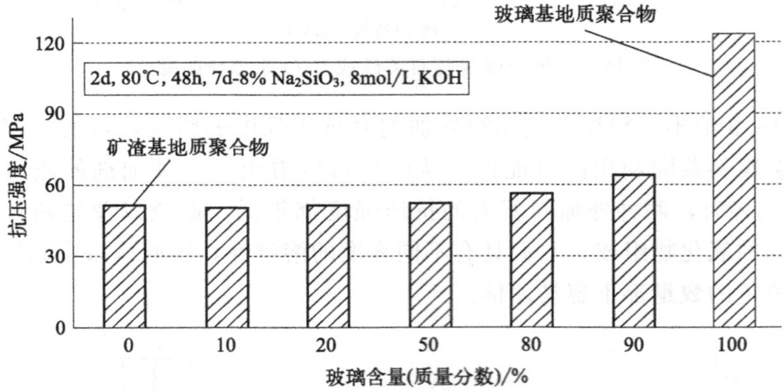

图 16.10 地质聚合物强度随玻璃含量的变化

16.3.3 浆体组成

为了研究浆体组成对抗压强度的影响，我们按照表 16.2 进行制样。C 是标准试样，其他所有试样的高岭土、KOH、Na_2SiO_3 的含量按要求做相应修改。为获得具有工作性的浆体，每一组试样中的水含量有轻微的变化，但是维持在最佳质量分数 12%左右。地质聚合物在预养护两天后，再在 80℃下加热 48h，并进行 7 天的养护。

表 16.2 矿渣-高岭土地质聚合物的组成（质量分数） 单位：%

组成	C	1/3C	1/2C	3/2C	2C
矿渣	76.60	83.09	81.52	71.78	67.10

续表

组成	C	1/3C	1/2C	3/2C	2C
水	12.45	13.27	13.00	11.80	11.00
高岭土	5.43	1.80	2.72	8.14	10.86
氢氧化钾	2.97	0.99	1.48	4.46	5.94
硅酸钠	2.55	0.85	1.28	3.82	5.10
总计	100	100	100	100	100

如图 16.11 所示，当三种外加剂的含量较低时（1/3C，1/2C），试样的抗压强度是有限的且不超过 15MPa。即使充分地提高外加剂的含量（3/2C，2C），试样的抗压强度也仅仅有轻微增加。因此可以得出，标准试样的组分已经达到了最佳。

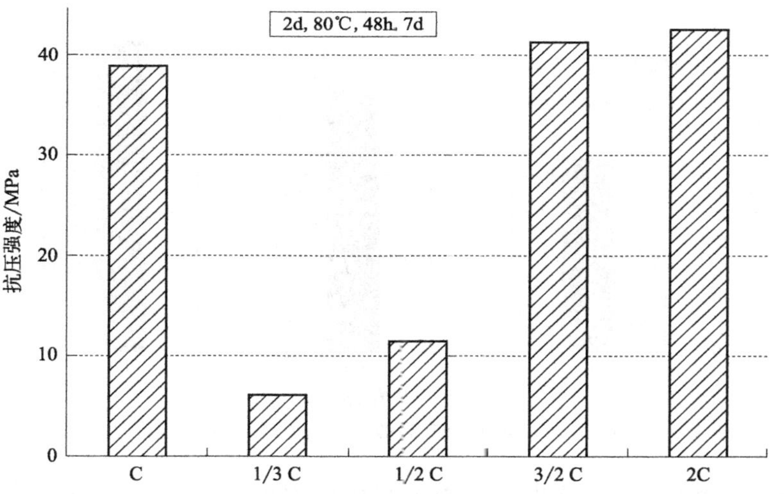

图 16.11 浆体组成对矿渣-高岭土地质聚合物抗压强度的影响

16.3.4 热处理

为了确定加热时间和温度对抗压强度的影响，将矿渣-高岭土地质聚合物分别在 40℃、60℃和 80℃下加热 24h 或 48h，并将其在室温下养护 7 天。实验的结果如图 16.12 所示，当加热时间从 24h 增加到 48h，在试验的温度范围内，抗压强度的增加幅度在 26%～39%之间。当不考虑加热时间时，抗压强度随着温度的增加有大幅度的增加，并且在 80℃下加热 48h 后，抗压强度几乎达到了 40MPa。

图 16.13 给出了在 40℃、60℃和 80℃下加热 24h，并在室温下养护 28d

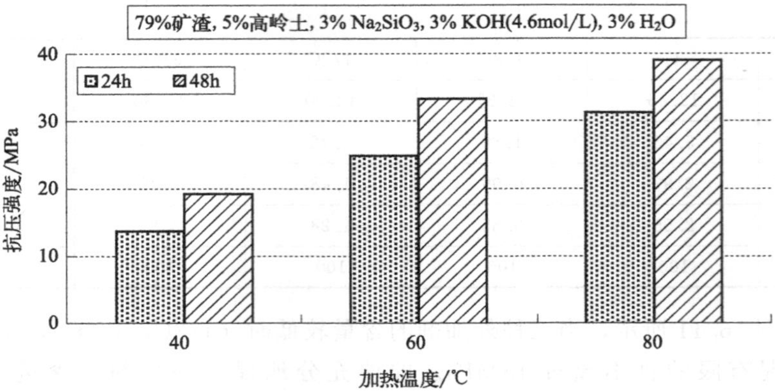

图 16.12　抗压强度随温度和加热时间的变化

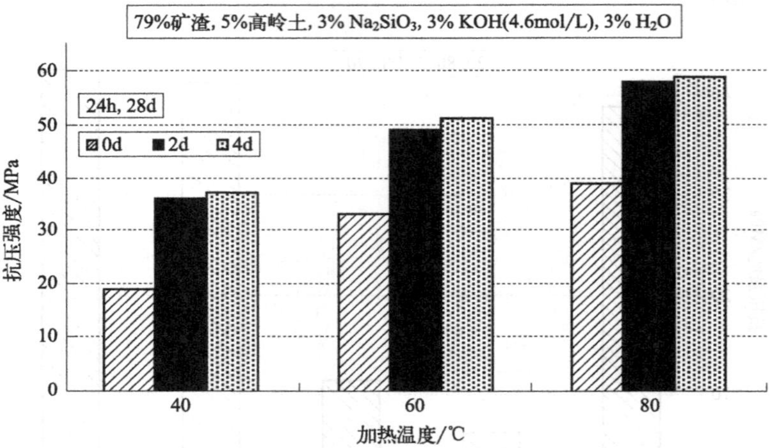

图 16.13　预养护阶段对矿渣-高岭土基地质聚合物抗压强度的影响

的条件下，预养护周期变化（0～4d）对矿渣-高岭土试样抗压强度的影响。从实验数据可以看出，经过 2d 预养护的浆体抗压强度在实验温度范围内有显著的提升，提升范围在 48%～88%。当使用更长的预养护时间时（4d），抗压强度并没有明显提高。如果浆体没有预养护而被立即加热，一般得到的最终抗压强度是较低的。因为反应混合物中的大部分水会快速蒸发，且不参与促进抗压强度增加的相关反应。

16.4　耐久性研究

矿渣-高岭土地质聚合物的耐久性研究，是通过将试样浸泡在各种水溶液

（去离子水、海水、0.5mol/L HCl）中或让试样经受九个月的冻融循环来进行的。图 16.14 给出了三种溶液的 pH 随时间的变化情况。在整个实验过程中，开始的十天，去离子水的 pH 有一个从 5.6 到 10.5 的初始上升，而后略微下降并稳定地保持在 9.9 左右。当地质聚合物被浸泡在海水中时，pH 几乎不改变，维持在 8 左右。将试样浸泡在 0.5mol/L HCl 溶液中一个月会导致 pH 从 0.27 上升到 2.9，然后在剩下的时间里，pH 值将在这个水平波动。

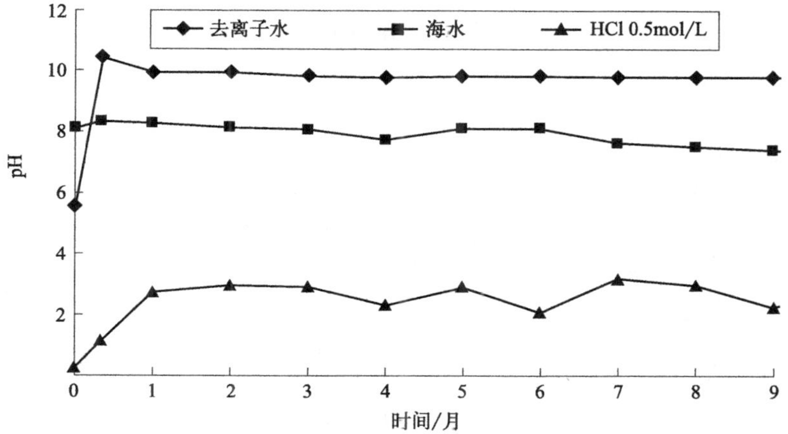

图 16.14　地质聚合物浸泡在各种溶液中的 pH 随时间的变化

图 16.15 给出了 Eh 随时间的变化。在浸泡 10 天后去离子水的 Eh 值从 90mV 降低到－215mV，而在剩下的时间中稳定在－185mV 左右。当地质聚合物被浸泡在海水中时，随着时间的增加，Eh 有一个从－50mV 到－80mV 的轻微增加。在最初的三个月内，0.5mol/L HCl 溶液的 Eh 值从 390mV 下降到 230mV，在剩下的时间中 Eh 值在这一水平波动。

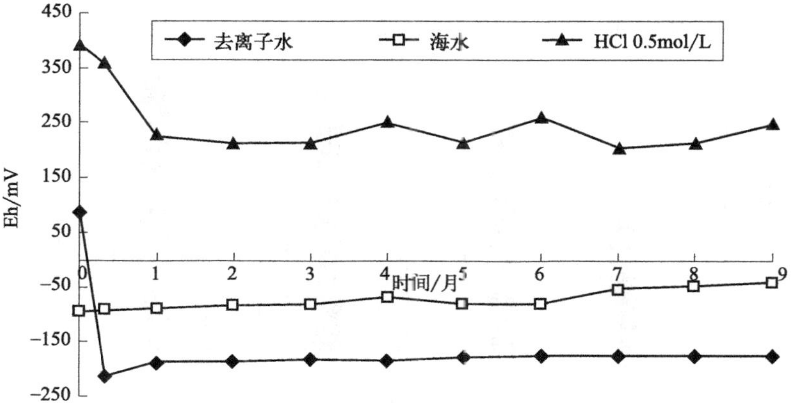

图 16.15　当地质聚合物浸泡在各种溶液中时，Eh（mV）随时间（月）的变化

图 16.16 显示了电导率随时间的变化情况。电导率值的变化与 pH 和 Eh 测量值的变化相一致；去离子水的电导率极低，在整个试验中不超过 9mS/cm。当试样被浸泡在海水中时将得到更高的电导率值；电导率直到第 6 个月才缓慢上升到 78mS/cm，然后逐步下降到 50mS/cm。在浸泡的前 10 天，0.5mol/L HCl 溶液的电导率值从 193mS/cm 急剧下降到 29mS/cm，之后在 27～73mS/cm 之间波动。

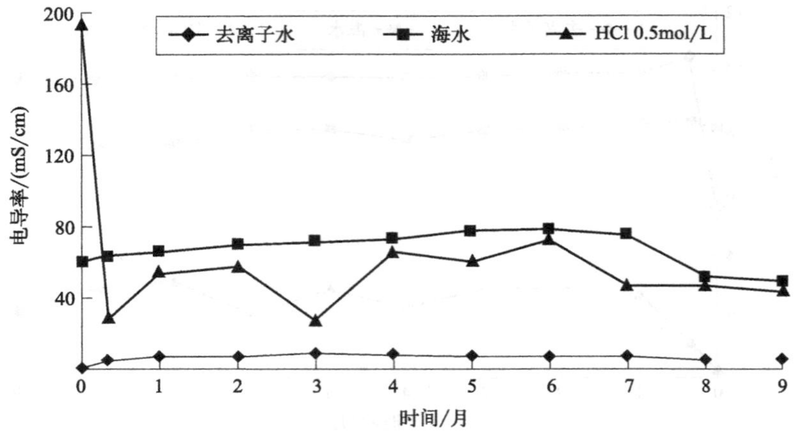

图 16.16 当地质聚合物浸泡于各种溶液中时电导率随时间的变化

图 16.17 显示了浸泡在各种溶液或被施加冻融循环的地质聚合物抗压强度的变化。需要强调的是，为了更好地评估所研究因素的影响，使用了初始强度较低的试件。虽然在 9 个月后，标准试样的抗压强度明显增强并达到了 30MPa。但是从第 6 个月开始试样的抗压强度并没有进一步上升。在冻融循环过程中，试件的强度略有增加。因此，可以得出结论，在极端温度条件下，试

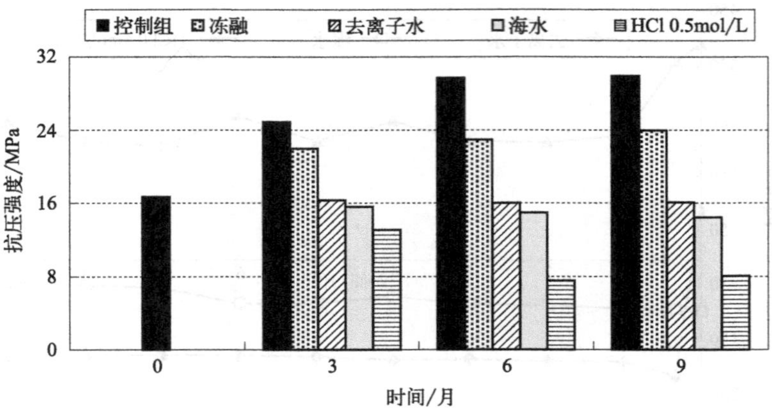

图 16.17 将矿渣基地质聚合物浸泡于各类溶液或施加冻融循环时，抗压强度随时间的变化

件可以承受温度变化并保持其结构完整性。将试样浸泡在去离子水和海水中9个月，几乎不影响试样的抗压强度，这说明地质聚合物可以应用在户外或沿海场所。然而，试样浸泡在0.5mol/L HCl中时，可以看到抗压强度持续下降，在9个月后接近50%的抗压强度损失。值得强调的是，浸泡在0.5mol/L HCl溶液中的试样外表面被侵蚀和软化，地质聚合物键合分解并形成了由无定形硅酸盐组成的凝胶相。

Allahverdi和Skvara（2001a；2001b；2005）也得出了将高炉矿渣-粉煤灰地质聚合物浸泡在硝酸中一个月会被侵蚀的结论。侵蚀归因于结构的电荷补偿阳离子（例如：钠、钾、钙）和溶液中存在的H^+之间的离子交换反应，以及酸性质子对地质聚合物Si—O—Al键的亲电侵蚀。这两个原因导致了四面体铝从硅铝酸盐结构中脱离出来。

试样结构的完整性是通过对它们进行高温加热来进一步测量的。矿渣基地质聚合物在80℃下加热48h后，相较于矿渣-高岭土地质聚合物达到更高的抗压强度（Komnitsas et al，2009）。图16.18给出了抗压强度的变化。从这些数据可以看出，抗压强度逐步上升，在200℃时达到最大值60MPa。然而，当加热温度超过400℃时将会出现一个突降。高温加热将会加速晶格水的蒸发，并导致Si—O—Al键的分解和孔隙的发展。

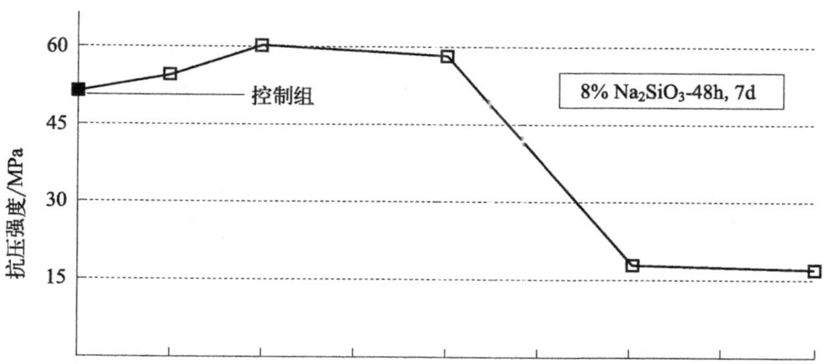

图16.18 矿渣基地质聚合物的抗压强度随加热温度的变化

16.5 矿物学研究

16.5.1 XRD

尽管地质聚合物大部分是无定形的，但XRD经常被用来识别新形成的物相，确定原材料的反应程度，并评估最终产物的无定形程度。图 16.19 给出了按照表 16.3 的实验条件合成的地质聚合物 T1、T2、T3 和 T4 的 XRD 谱图。

XRD 谱图揭示了高岭石、铁橄榄石、石英、磁铁矿的存在，以及如羟基方钠石、磁赤铁矿、方解石、硅酸钙水合物和天然碱等新相的形成。2θ 从 25°到 40°的宽峰表明 T1 和 T4 的试样具有更高的无定形特性。

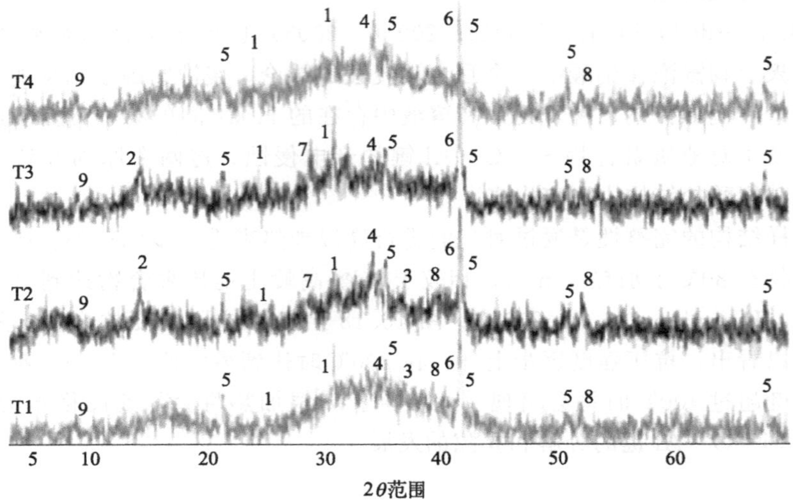

图 16.19　地质聚合物 T1、T2、T3 和 T4 的 XRD 谱图

1—石英；2—高岭土；3—铁橄榄石；4—方解石；5—磁铁矿；6—磁赤铁矿；7—羟基方钠石；8—天然碱；9—硅酸钙水合物

表 16.3　T1、T2、T3 和 T4 地质聚合物的实验合成条件

试样	组分	实验条件	抗压强度/MPa
T1	矿渣 77%，偏高岭土 5%，NaOH 3%，Na_2SiO_3 3%，H_2O 12%	60℃，24h，7 天	1.5
T2	矿渣 77%，高岭土 5%，NaOH 3%，Na_2SiO_3 3%，H_2O 12%	60℃，48h，7 天	1.8
T3	矿渣 77%，高岭土 5%，KOH 3%，Na_2SiO_3 3%，H_2O 12%	60℃，24h，28 天	53
T4	矿渣 75%，偏高岭土 5%，KOH 6%，Na_2SiO_3 3%，H_2O 12%	80℃，48h，7 天	7

在试样 T2 和 T3 中残留的高岭土表明其所加入的量未完全反应（van Jaarsveld et al，2004；Komnitsas et al，2007）。剩余的铁沸石 Fe_2SiO_4 在样品 T1 和 T2 的 XRD 图谱中数量较少，表明橄榄石族硅酸盐很容易风化。

羟基方钠石，即 $Na_8Al_6Si_6O_{24}(OH)_2(H_2O)_2$，只在更高强度的矿渣-高

岭土地质聚合物T2和T3中检测到，其通过在NaOH和高岭土之间的方钠石$Na_4Al_3(SiO_4)Cl$结构中发生的OH^-替代Cl^-反应生成（Komnitsas et al，2007）：

$$Al_2(Si_2O_5)(OH)_4+NaOH+H_2O \longrightarrow Na_8Al_6Si_6O_{24}(OH)_2(H_2O)_2 \tag{16.1}$$

Engelhardt等人（1992）和Dombrowski等人（2007）提出高岭土的溶解提供了OH^-并加速了反应（16.1），而偏高岭土是一种脱羟基化产物，其溶解并不促进羟基方钠石的形成。然而，在其他研究中，当原材料混合物中存在高岭土或偏高岭土时，在低温水热条件下方钠石的形成也有报道（Barrer et al，1968；Barrer and Mainwaring，1972a、1972b）。

粗渣中存在的亚铁相在低温氧化过程中可能形成磁铁矿（γ-Fe_2O_3）（Gadsden，1975）。方解石（$CaCO_3$）是氢氧化钙与大气中的二氧化碳反应形成的。众所周知，由于不稳定氢氧化钙的形成，在pH值升高时，钙的溶解度会下降。水化硅酸钙和天然碱[$Na_3(CO_3)(HCO_3)\cdot 2H_2O$]也存在于所有的试样中。

浸泡在水溶液或被施加冻融循环的地质聚合物表层XRD谱图显示了高岭土、石英和磁铁矿的存在。在所有的试样中都发现了磁铁矿和方解石。羟基方钠石只在前面提到浸泡在海水和HCl中的试样表面发现OH^-替代Cl^-。

图16.20显示了在高温下加热的矿渣基地质聚合物的XRD谱图。从谱图

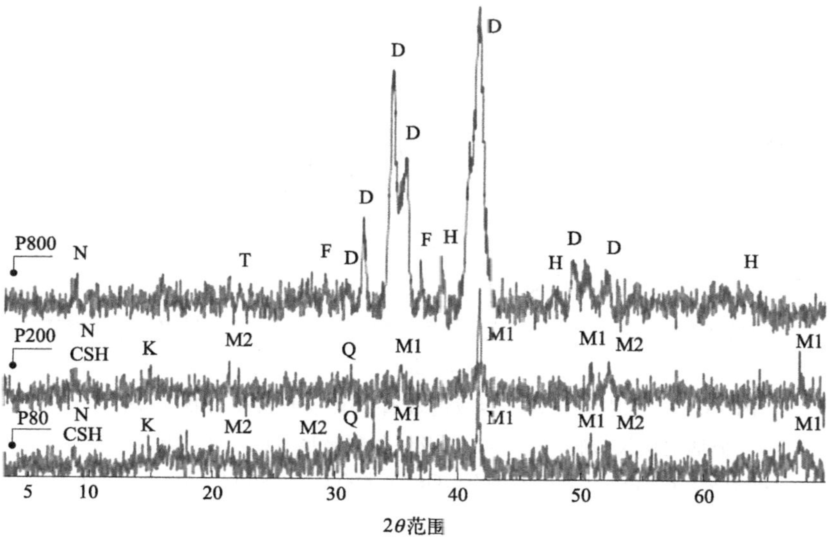

图16.20 地质聚合物P80、P200和F800的XRD图像

Q—石英；K—高岭土；M1—磁铁矿；M2—磁赤铁矿；F—铁橄榄石；CSH—水化硅酸钙；D—透辉石；T—磷石英；H—赤铁矿；N—铝酸钠

中可以看出，在 80℃（P80）和 200℃（P200）下加热试样的谱图几乎是一样的。因此，在加热温度到 200℃前没有生成质量上可探测的新相。当试样在 800℃（P800）下加热时，生成了透辉石（$CaO + 2SiO_2 + MgO \longrightarrow CaMgSi_2O_6$）和赤铁矿（$Fe_2O_3$）。

铝酸钠（$NaAl_{11}O_{17}$）与水化硅酸钙共存于 P80 和 P200 试样中。当加热温度达到 800℃时，水从体系中蒸发以至于没有水化硅酸钙的形成。矿渣中铁橄榄石和鳞石英也可以从 P800 试样的谱图中看出来。

图 16.21 是玻璃-高岭土地质聚合物（GK80）和玻璃地质聚合物（G80）以及原材料玻璃（G）的 XRD 谱图。2θ 在 17°和 32°之间的宽峰是玻璃无定形态的典型特征。由于玻璃中钙含量（质量分数）较高（10.5%），在 G80 样品中检测到斜方钠灰石 $CaNa_2(CO_3)_2(H_2O)_2$，这是一种大气碳化形成的蒸发岩。存在于原材料中的高岭土和石英一类的相也在地质聚合物 GK80 中检测到。当高岭土与 KOH 和 Na_2SiO_3 反应时生成沸石类的新相，如：伊利石 K[$A1_4Si_2O_9(OH)_3$]，正长石 $K_{0.58}Na_{0.42}AlSi_3O_8$ 和钠沸石 $Na_2Al_2Si_3O_{10}$。在产物表面还形成了由合成水碱 $Na_2CO_3 \cdot H_2O$ 和天然碱 $Na_3(CO_3)(HCO_3) \cdot 2H_2O$ 组成的盐。

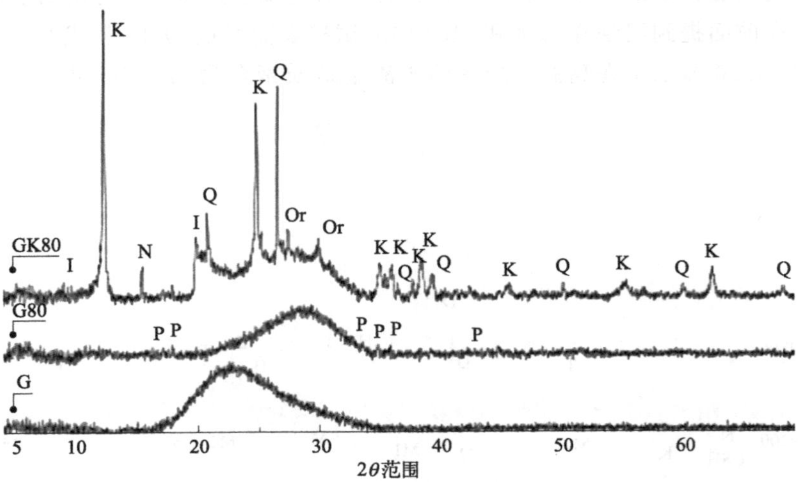

图 16.21　在各种条件下生成的玻璃-高岭土地质聚合物（GK80）、玻璃地质聚合物（G80），以及原材料玻璃（G）的 XRD 谱图

Q—石英；K—高岭土；I—伊利石；Or—正长石；N—钠沸石；P—斜方钠灰石

16.5.2　SEM

选择高抗压强度的试样在显微镜下观察其微观结构，并在一定程度上阐明

在地质聚合物合成中涉及的机理。图 16.22 的背散射电子成像（BSI）显示了质量分数为 50%矿渣-玻璃地质聚合物的微观结构。在这张显微照片中可以看出，基体差异性很大。矿渣和玻璃颗粒可以识别出来（矿渣颗粒更暗）。在矿渣颗粒和玻璃颗粒之间可以看到由地质聚合物胶体形成的地聚物凝胶。

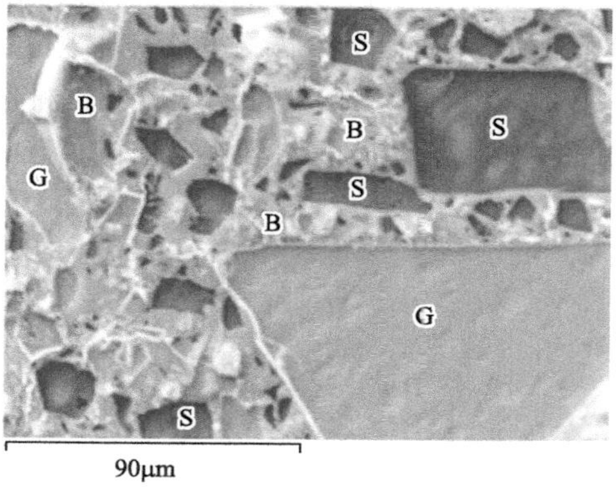

图 16.22　矿渣-玻璃地质聚合物的背散射图像

S—矿渣颗粒；G—玻璃颗粒；B—胶凝材料

图 16.23 给出了图 16.22 的元素分布图。较亮的区域表明了钾、铁、硅和铝的存在。地质聚合物合成过程中所用的 KOH 溶液提供的钾分散在胶凝材料

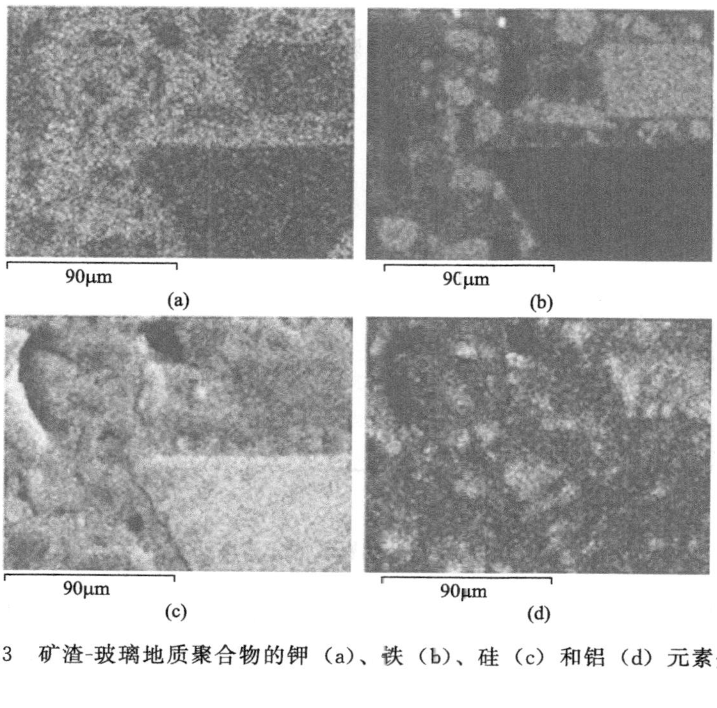

图 16.23　矿渣-玻璃地质聚合物的钾（a）、铁（b）、硅（c）和铝（d）元素分布图

中[图 16.23(a)]。如图 16.23(b) 所示，铁只在矿渣颗粒中检测到。图 16.23(c) 和图 16.23(d) 显示了从矿渣和玻璃中溶解出来的硅和铝的分布情况。碱性硅酸盐溶液也提供了硅。铝主要集中于矿渣颗粒中并且广泛地散布在整个地质聚合物基体上。

图 16.24～图 16.26 显示了矿渣颗粒和玻璃颗粒以及胶凝材料的元素图谱。含有钙和铬的矿渣中 Si/Al 比为 2.5。虽然玻璃颗粒主要由硅元素组成(Si/Al 比为 21.6)，但是一些钙和镁依然可见。胶凝材料包含了从原材料中溶解出的硅和铝。在合成中所用到的硅酸钠溶液也提供了硅。

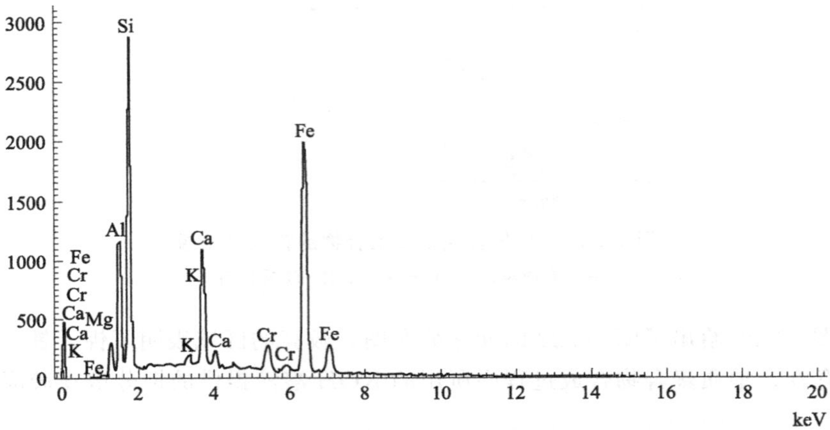

图 16.24 矿渣颗粒的元素图谱

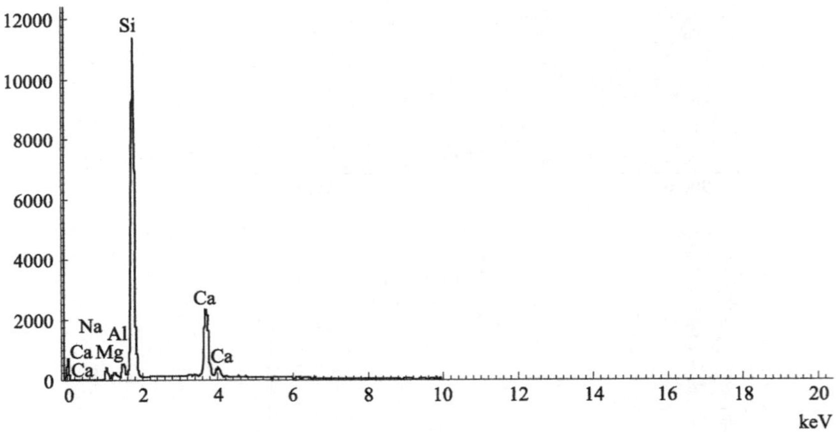

图 16.25 玻璃颗粒的元素图谱

胶凝材料中的 Si/Al 比（约 13）比矿渣中的 Si/Al 比（2.5）更高，又比玻璃中的 Si/Al 比（21.6）低，并且 Si/Al 比受到氢氧化钾浓度的影响

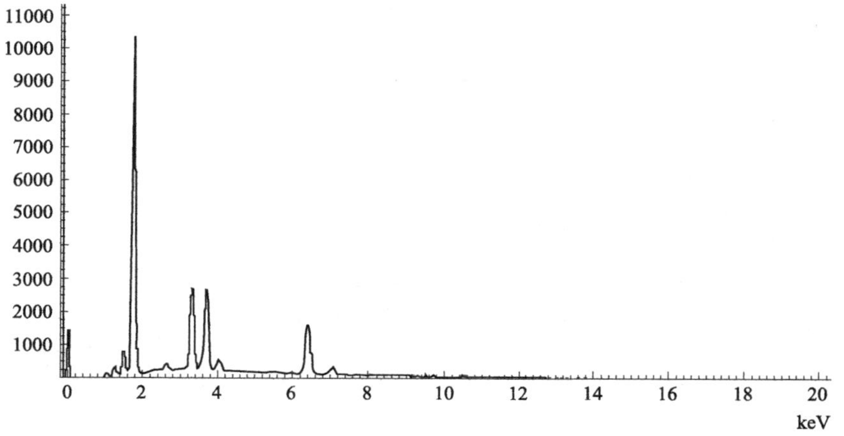

图 16.26 胶凝材料的元素图谱

(Schneider et al，2001)。考虑到 Si 和 Ca 是胶凝材料中的主要元素（Na 和 Al 的含量相对较低），人们认为也可能形成水化硅酸钙（CSH）(Zhang et al，2007)。然而，这种 CSH 不同于波特兰水泥水化形成的更高 Ca/Si 比的水化硅酸钙，地聚物胶凝材料中的 Ca/Si 比（0.25）要比硅酸盐水泥中的 Ca/Si 比（1.6）更低（Gani，1997；Yip et al，2005）。

正如文献（Richardson，2000；Richardson and Cabrera，2000；Brough and Atkinson，2002）所报道的，在地质聚合物体系中，CSH 相中一些铝原子的存在是由于替代了硅原子。在胶凝材料中所计算的 Al/Ca 比（约 0.3）比 K/Ca 比（约 0.9）更低，因此存在的钾含量高于在地质聚合物结构中发挥电荷平衡作用所需的钾含量（Yip et al，2005）。

从图 16.26 看出，大量的铁和相对较少的铬从矿渣中溶解出来。这意味着两种元素即使在相对低的温度（<80℃）下加热，也会被溶解出来并被结合在已成形的胶凝材料内。在矿渣和胶凝材料中 Fe/Cr 比几乎是一样的，分别为 7.1 和 6.9，说明在原材料中存在的铁相和铬相的溶解率是相等的。相同的机理用于在地质聚合物基质中包裹和固定有害重金属也许是可行的。

16.5.3 FTIR

FTIR 分析被认为是研究具有高度不均匀性的无定形硅铝酸盐结构演变的合适方法（Lee and van Deventer，2002)。红外吸收带可以识别特定的分子组成和结构。矿渣和地质聚合物之间吸收频率的差异可以用于确定在合成过程中发生的转变。图 16.27 显示了矿渣和地质聚合物 T1、T2、T3 和 T4 的 FTIR 图谱。曲线中看到的一些噪声是因为仪器本身的干扰。

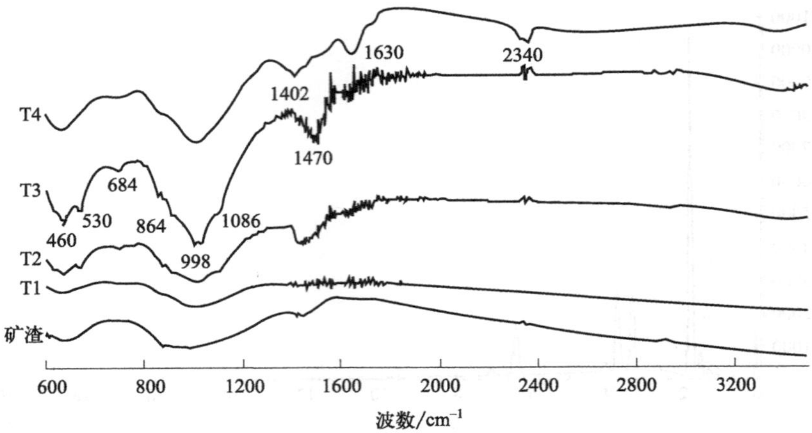

图 16.27 矿渣和地质聚合物 T1、T2、T3 和 T4 的 FTIR 光谱

在试样 T2、T3 和 T4 的 460～465cm^{-1} 处的频带是由 Si—O 平面弯曲和 Al—O 键造成的（van Jaarsveld et al，2002）。T2 和 T3 试样在 530cm^{-1} 的小频段是 Si—O 平面外弯曲所致。这一频段也可能与赤铁矿的吸收频段重叠并在 520～610cm^{-1} 显示出一个强峰。680cm^{-1} 左右的频段代表了 AlO_2 官能团（Socrates，2001）。所有地质聚合物在 864cm^{-1} 处出现的非常小的峰对应于溶解的硅酸盐和/或硅铝酸盐物种，表明原料发生了部分溶解（Bass and Turner，1997；Rees et al，2007）。

850cm^{-1} 左右的频段归因于 T—OH（T 为 Si 或 Al）伸缩模式（Bakharev，2005b），而在 965cm^{-1} 左右的频段是由于在合成时发生的 TO_4 重组导致的非对称伸缩振动（Gadsden，1975；Rees et al，2007）。主要的 T—O—Si 伸缩频谱的位置表明了硅酸盐网络的键角和键长（Rees et al，2007）。向低波数的转变表明了 T—O—Si 键的伸长和键角的减小，因此也使分子振动力常数下降（Sweet and White，1969；Roy，1990；Innocenzi，2003）。在 1086cm^{-1} 附近的所有频段是地质聚合物基质的主要特征，并确定了硅聚合程度或铝取代程度。

大气碳酸化反应的红外光谱区为 1410～1570cm^{-1}（Mollah et al，1993；Barbosa et al，2000）。一部分多余的钠被带到表面，并在表面发生反应（Barbosa et al，1999）。试样 T4 在 1630cm^{-1} 处的频段归因于弯曲振动（H—O—H），并且这是包括硅铝酸盐网络在内的聚合结构所特有的。在 2504cm^{-1} 附近的小频段可归为 HCO_3^- 的红外光谱位置（Socrates，2001）。

16.5.4 TG

热重分析（TG）可用于确定控温加热过程中导致材料质量损失的水蒸发

机理（Joo and Yong，2007）。图 16.28 展示了地质聚合物 T1、T2、T3 和 T4 的 TG 曲线。每个试样分别计算出的总失水量（质量分数）为 4%、7%、6.5%和 5%。

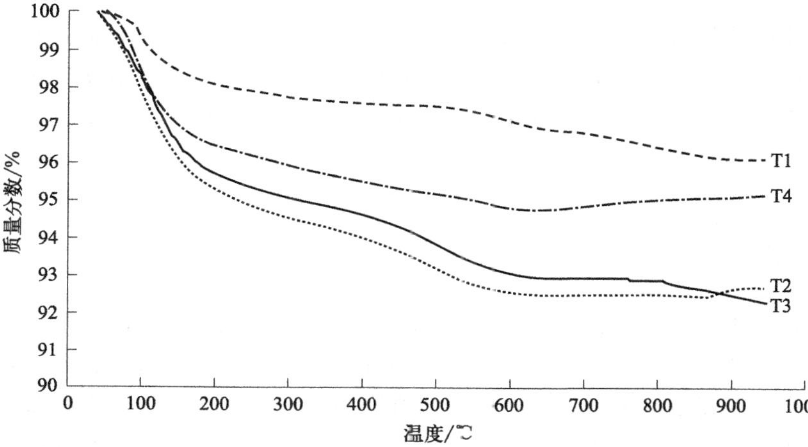

图 16.28 地质聚合物 T1、T2、T3 和 T4 质量分数随温度变化的 TG 图

吸附水在温度低于 200℃时失去。残留下的水要么被紧紧地结合，要么无法扩散到表面（Subaer and van Riessen，2007），且会在更高的温度下继续慢慢蒸发。550℃前的持续失重是由吸湿性水或孔道中的水蒸发造成的（Perraki et al，2005）。550℃左右的水分流失可能是高岭土的脱羟基作用所致。

因此可以推论，初始反应的胶凝材料中必须存在最佳的水分以达到足够的抗压强度。试样 T3 达到了 53MPa，而试样 T1 只有 1.5MPa，这就是预养护期在合成过程中被认为有益的原因。

16.6 工业应用

在过去几年中，开发利用采矿和冶金废料生产新的高附加值产品的低成本新技术的需求会增加，例如地质聚合物或地质聚合物水泥。由此可见，地质聚合反应技术可能是治理包括矿渣、粉煤灰和赤泥在内的多种工业废料的可行方案。

地质聚合反应技术需要克服的主要障碍是使保守的工业观念接受新技术和产品而替代现有产品。为了打破硅酸盐水泥（OPC）的主导地位，需要更多的研究团队对 C-S-H 和地质聚合物胶凝材料之间兼容性的研究付出更大的努力（Goretta et al，2004；Yip et al，2005；Duxson et al，2007）。必须强调的是，地质聚合物的合成成本和硅酸盐胶凝材料的生产成本是一样低的（约0.05～0.08USD/kg，基准年2006）（Soft et al，2007）。

如果国家为温室气体排放及控制有关的问题采取行动，也可能提高地质聚合技术的工业接受程度（例如：批准《京都议定书》，引入碳交易计划以及对温室气体排放的材料进行征税）。这里也必须说明地质聚合物技术是符合可持续发展原则的，并且可能为OPC制造带来的能源损耗和CO_2排放问题提供可行的解决方案（Yip et al. 2004；V an Deventer et al. 2006）。

16.7 小结

本章讨论了影响低钙镍铁矿渣合成的地质聚合物抗压强度的因素。需要进行短时间（如两天）的预养护，以利用浆体中的水分引发地质聚合反应，从而使最终产物获得较高的抗压强度。如果存在多余的水，未反应的水将会在加热时扩散或蒸发并导致孔隙和裂纹的形成。升高温度和延长时间以及养护周期同样会影响最终产物的性能。将胶凝材料在80℃下加热48h，然后硬化试样养护7天，使其获得足够的强度。

碱金属氢氧化物和碱金属硅酸盐的浓度也影响地质聚合物的性能。相比NaOH，KOH效果似乎更好，最佳的浓度在4～8mol/L之间。使用硅酸钠溶液作为胶凝材料可以提高最终产物的抗压强度。

在初始混合物中，存在的某些外加剂会对最终的抗压强度有不利影响。更确切地讲，高岭土的存在降低了将近60%的抗压强度。当使用由高岭土煅烧而来的偏高岭土时，最终的抗压强度下降得更多。这可能是由于热处理增加了新结构的孔隙率。在初始混合物中添加火山灰、CaO、粉煤灰或赤泥也会对最终产物的性能有不良的影响。火山灰在所研究温度范围内使抗压强度下降了超过50%。CaO的添加导致了很低的强度，且在使用更高的添加量时强度将进一步下降。当添加20%～50%（质量分数）的粉煤灰或赤泥时，将得到很低的抗压强度，这可能是因为额外的硅、铝和钙的增溶作用影响各自在地质聚合物胶凝材料中的比例。相反，石英砂和玻璃外加剂提高了最终产品的抗压强度。

耐久性研究表明，矿渣-高岭土地质聚合物在各种具有腐蚀性的环境下展现出良好的性能。给试样施加若干冻融循环或将试样浸泡在去离子水或海水中9个月几乎不影响其结构完整性。浸泡在0.5mol/L HCl溶液中时，试样的强度发生了高达50%的连续下降。有人认为是Cl^-和H^+的存在加速了地质聚合物结构的劣化。此外，加热到400℃的矿渣基地质聚合物仍具有令人十分满意的抗压强度，几乎达到了 60MPa；而在高达 800℃的温度下加热时，将会导致大量的强度损失，几乎仅剩 15MPa。

XRD、SEM、TG 和 FTIR 技术可用于鉴定新相的形成，确定最终产物的无定形程度和一定程度上说明在合成过程中所涉及的机理。羟基方钠石存在于具有较高抗压强度的矿渣-高岭土地质聚合物中，也存在于浸泡在海水或盐酸中的试样表面。像透辉石和赤铁矿这样的相可以在温度高达 800℃的矿渣基地质聚合物中被发现。斜方钠灰石 $CaNa_2(CO_3)_2(H_2O)_2$ 是在纯高钙玻璃中由于大气碳化而在地质聚合物中形成的一种蒸发岩。

通过背散射 SEM 对矿渣-玻璃地质聚合物的形态进行了研究，其间发现了存在于原材料中未反应的微粒以及水化硅酸钙（CSH）。元素分布图像分析清楚地显示了钾、铁、硅和铝在地质聚合物基质中的分布规律。

FTIR 分析揭示了在地质聚合物合成过程中发生的转变，主要与硅氧键和铝氧键有关。热重分析显示，被吸收的水在温度低于 200℃时失去，因此在地质聚合物胶凝材料中必须维持一个最佳含水量以达到足够的抗压强度。

此外，还需要进行更多的研究，以评估地质聚合物的最佳合成条件，阐明所涉及的机理，并使地质聚合反应成为治理具有潜在危险的采矿和冶金废物（如低钙镍铁渣）的可行选择。这项创新技术一旦完全建立起来，可能有助于大幅节省处理成本和减少温室气体排放。

16.8 更多信息来源和建议

- Buchwald A, Hilbig H and Kaps Ch (2007), 'Alkali-activated metakaolin slag blends–performance and structure in dependence of their composition', *J Mater Sci*, 42, 3024–3032.
- Cheng TW and Chiu JP (2003), 'Fire-resistant geopolymer produced by granulated blast furnace slag', *Miner Eng*, 16, 205–210.
- Komnitsas K and Zaharaki D (2007), 'Geopolymerisation: A review and prospects for the minerals industry', *Miner Eng*, 20, 1261–1277.
- Komnitsas K, Zaharaki D and Perdikatsis V (2007), 'Geopolymerisation of low calcium ferronickel slags', *J Mater Sci*, 42, 3073–3082.
- Komnitsas K, Zaharaki D and Perdikatsis V (2009), 'Effect of synthesis parameters on the compressive strength of low-calcium ferronickel slag inorganic polymers', *J Hazard Mater*, 161(2–3), 760–768.
- Zhang Y, Sun W, Chen Q and Chen L (2007), 'Synthesis and heavy metal immobilization behaviors of slag based geopolymers', *J Hazard Mater*, 143 (1–2), 206–213.

- Proceedings of the 1st European Conference Geopolymere '88 on Soft Mineralurgy (eds. Davidovits J and Orlinski J), Compiegne, France, June 1–3, 1988.
- Proceedings of the 2nd International Conference Geopolymere '99 (eds. Davidovits J, Davidovits R and James C), Saint-Quentin, France, June 30–July 2, 1999.
- Proceedings of the International Conference Geopolymers 2002 – Turn potential into profit (eds. Lukey GC, in CD-ROM), Melbourne, Australia, October 28–29, 2002.

参考文献

Allahverdi A and Škvára F (2001a), 'Nitric acid attack on hardened paste of geopolymeric cements – Part 1', *Ceram-Silikaty*, 45, 81–88.

Allahverdi A and Škvára F (2001b), 'Nitric acid attack on hardened paste of geopolymeric cements – Part 2', *Ceram-Silikaty,* 45, 143–149.

Allahverdi A and Škvára F (2005), 'Sulfuric acid attack on hardened paste of geopolymer cements. Part 1. Mechanism of corrosion at relatively high concentrations', *Ceram-Silikaty*, 49, 225–229.

Astutiningsih S and Liu Y (2005), 'Geopolymerisation of Australian slag with effective dissolution by the alkali', Proceedings of the World Congress on Geopolymer, Green chemistry and sustainable development solutions, Saint Quentin, France, 69–73.

Bakharev T (2005a), 'Geopolymeric materials prepared using Class F fly ash and elevated temperature curing', *Cement Concrete Res*, 35, 1224–1232.

Bakharev T (2005b), 'Resistance of geopolymer materials to acid attack', *Cement Concrete Res*, 35 (4), 658–670.

Barbosa V F F, Mackenzie K J D and Thaumaturgo C (1999), 'Synthesis and characterisation of sodium polysialate inorganic polymer based on alumina and silica', Proceedings of the 2nd International Conference Geopolymere '99, Saint-Quentin, France, 65–77.

Barbosa V F F, MacKenzie K J D and Thaumaturgo C (2000), 'Synthesis and characterisation of materials based on inorganic polymers of alumina and silica: sodium polysialate polymers', *Int J Inorg Mater*, 2, 309–317.

Barrer R M and Mainwaring D E (1972a), 'Chemistry of soil minerals. Part XI. Hydrothermal transformations of metakaolinite in potassium hydroxide', *J Chem Soc Dalton*, 12, 1254–1259.

Barrer R M and Mainwaring D E (1972b), 'Chemistry of soil minerals. Part XIII. Reactions of metakaolinite with single and mixed bases', *J Chem Soc Dalton*, 22, 2534–2546.

Barrer R M, Cole J F and Sticher H (1968), 'Chemistry of soil minerals. Part V. Low temperature hydrothermal transformations of kaolinite', *J Chem Soc A*, 2475–2485.

Bass J L and Turner G L (1997), 'Anion distributions in sodium silicate solutions. Characterization by ^{29}Si NMR and infrared spectroscopies, and vapor phase osmometry', *J Phys Chem B*, 50, 10638–10644.

Brough A R and Atkinson A (2002), 'Sodium silicate-based, alkali-activated slag mortars: Part 1. Strength, hydration and microstructure', *Cement Concrete Res*, 32, 865– 879.

Buchwald A, Hilbig H and Kaps Ch (2007), 'Alkali-activated metakaolin-slag blends–

performance and structure in dependence of their composition', *J Mater Sci*, 42, 3024–3032.

Cheng T W and Chiu J P (2003), 'Fire-resistant geopolymer produced by granulated blast furnace slag', *Miner Eng*, 16, 205–210.

Dombrowski K, Buchwald A and Weil M (2007), 'The influence of calcium content on the structure and thermal performance of fly ash based geopolymers', *J Mater Sci*, 42, 3033–3043.

Douglas E, Bilodeau A, Brandstetr J and Malhotra V M (1991), 'Alkali activated ground granulated blast-furnace slag concrete: preliminary investigation', *Cement Concrete Res*, 21, 101–108.

Duxson P, Fernández-Jiménez A, Provis J L, Lukey G C, Palomo A and Van Deventer J S J (2007), 'Geopolymer technology: the current state of the art', *J Mater Sci*, 42, 2917–2933.

Engelhardt G, Felsche J and Sieger P (1992), 'The hydrosodalite system $Na_{6+x}[SiAlO_4]_6(OH)_x\cdot nH_2O$: Formation, phase composition, and de- and rehydration studied by ^1H, ^{23}Na, and ^{29}Si MAS-NMR spectroscopy in Tandem with Thermal Analysis, X-ray Diffraction, and IR Spectroscopy', *J Am Chem Soc*, 114, 1173–1182.

European Commission – IPPC Bureau of 2002, Draft reference document on best available techniques for management of tailings and waste-rock in mining activities, http://eippcb.jrc.es/pages/Fmembers.htm.

Gadsden A (1975), *Infrared spectra of minerals and related inorganic compounds*, London, Butterworths.

Gani M S J (1997), *Cement and Concrete*, 1st edn., London, Chapman and Hall.

Glukhovsky V D (1994), 'Ancient, modern and future concretes', Proceedings of the 1st International Conference on Alkaline Cements and Concretes, VIPOL Stock Company, Kiev, Ukraine, 1–9.

Goretta K C, Nan Chen, Gutierrez-Mora F, Routbort J L, Lukey G C and Van Deventer J S J (2004), 'Solid-particle erosion of a geopolymer containing fly ash and blast-furnace slag', *Wear*, 256 (7–8), 714–719.

Hu S, Wang H, Zhang G and Ding Q (2008), 'Bonding and abrasion resistance of geopolymeric repair material made with steel slag', *Cement Concrete Comp*, 30 (3), 239–244.

Innocenzi P (2003), 'Infrared spectroscopy of sol-gel derived silica-based films: A spectra-microstructure overview', *J Non-Cryst Solids*, 316 (2-3), 309–319.

Jirasit F, Rüscher C H and Lohaus L (2006), 'A study on the substantial improvement of fly ash-based geopolymeric cement with the addition of metakaolin', Proceedings of the International Conference on Pozzolan, Concrete and Geopolymer, Khon Kaen, Thailand, 247–261.

Joo H H and Yong H C (2007), 'Physico-chemical properties of protein-bound polysaccharide from Agaricus blazei Murill prepared by ultrafiltration and spray drying process', *Int J Food Sci Technol*, 42, 1–8.

Komnitsas K and Zaharaki D (2007), 'Geopolymerisation: A review and prospects for the minerals industry', *Miner Eng*, 20, 1261–1277.

Komnitsas K, Zaharaki D and Perdikatsis V (2007), 'Geopolymerisation of low calcium ferronickel slags', *J Mater Sci*, 42, 3073–3082.

Komnitsas K, Zaharaki D and Perdikatsis V (2009), 'Effect of synthesis parameters on the compressive strength of low-calcium ferronickel slag inorganic polymers', *J Hazard Mater*, 161 (2–3), 760–768.

Kontopoulos A, Komnitsas K and Xenidis A (1996), 'Environmental Characterisation of the lead smelter slags in Lavrion', Proceedings of the IMM Minerals Metals and the

Environment II Conference, Prague, 405–419.

Lee W K W and Van Deventer J S J (2002), 'The effects of inorganic salt contamination on the strength and durability of geopolymers', *Colloids Surf A*, 211 (2-3), 115–126.

Mollah Y M, Hess T R, Tsai Y-N and Cocke D L (1993), 'FTIR and XPS investigations of the effects of carbonation on the solidification/stabilization of cement-based system–Portland type V with zinc', *Cement Concrete Res*, 23 (4), 773–784.

Panias D, Giannopoulou I P and Perraki T (2007), 'Effect of synthesis parameters on the mechanical properties of fly ash-based geopolymers', *Colloid Surf A*, 301 (1–3), 246–254.

Perera D S, Aly Z, Vance E R and Mizumoz M (2005), 'Immobilization of Pb in a geopolymer matrix', *J Am Ceram Soc*, 88 (9), 2586–2588.

Perraki T, Kakali G and Kontori E (2005), 'Characterization and pozzolanic activity of thermally treated zeolite', *J Therm Anal Calorim*, 82, 109–113.

Phair J W (2001) 'Compositional effects and microstructure of fly ash based geopolymers', PhD Thesis, Department of Chemical Engineering, University of Melbourne, Victoria, Australia.

Phair J W, Van Deventer J S J (2002), 'Effect of the silicate activator pH on the microstructural characteristics of waste-based geopolymers', *Int J Miner Process*, 66 (1–4), 121–143.

Phair J W, Van Deventer J S J and Smith J D (2004), 'Effect of Al source and alkali activation on Pb and Cu immobilisation in fly-ash based geopolymers', *Appl Geochem*, 19 (3), 423–434.

Rees C A, Provis J L, Lukey G C and Van Deventer J S J (2007), 'Attenuated total reflectance fourier transform infrared analysis of fly ash geopolymer gel aging', *Langmuir*, 23, 8170–8179.

Richardson I G (2000), 'The nature of the hydration products in hardened cement pastes', *Cement Concrete Comp*, 22, 97–113.

Richardson I G and Cabrera J G (2000), 'The nature of C–S–H in model slag cements', *Cement Concrete Comp*, 22, 259–266.

Roy BN (1990), 'Infrared spectroscopy of lead and alkaline-earth aluminosilicate glasses', *J Am Ceram Soc*, 73 (4), 846–855.

Schneider J, Cincotto M A and Panepucci H (2001), '^{29}Si and ^{27}Al high-resolution NMR characterization of calcium silicate hydrate phases in activated blast-furnace slag pastes', *Cement Concrete Res*, 31 (7), 993–1001.

Shi C and Fernández-Jiménez A (2006), 'Stabilization/solidification of hazardous and radioactive wastes with alkali-activated cements', *J Hazard Mater*, B137, 1656–1663.

Socrates G (2001), *Infrared and Raman Characteristic Group Frequencies*, England, John Wiley & Sons Ltd, 3rd edition.

Sofi M, Van Deventer J S J, Mendis P A and Lukey GC (2007), 'Engineering properties of inorganic polymer concretes (IPCs)', *Cement Concrete Res*, 37, 251–257.

Subaer and Van Riessen A (2007), 'Thermo-mechanical and microstructural characterisation of sodium-poly(sialate-siloxo) (Na-PSS) geopolymers', *J Mater Sci*, 42 (9), 3117–3123.

Sweet J R and White W B (1969), 'Study of sodium silicate glasses and liquids by infrared reflectance spectroscopy', *Phys Chem Glasses*, 10 (6), 246–251.

Van Deventer J S J, Provis J L, Duxson P and Lukey G C (2006), 'Technological, environmental and commercial drivers for the use of geopolymers in a sustainable materials industry', Proceedings of the 2006 TMS Fall Extraction and Processing Division: Sohn International Symposium, San Diego, California, vol. 3, 241–252.

Van Deventer J S J, Provis J L, Duxson P, Lukey G C (2007), 'Reaction mechanisms in the geopolymeric conversion of inorganic waste to useful products', *J Hazard Mater*, 139 (3), 506–513.

Van Jaarsveld J G S, Van Deventer J G J and Lorenzen L (1997), 'The potential use of geopolymeric materials to immobilise toxic metals: Part I. Theory and applications', *Minerals Engineering*, 10 (7), 659–669.

Van Jaarsveld J G S, Van Deventer J S J and Lorenzen L (1998), 'Factors affecting the immobilisation of metals in geopolymerised fly ash', *Metall Mater Trans B*, 29, 283–291.

Van Jaarsveld J G S, Van Deventer J S J and Schwartzman A (1999), 'The potential use of geopolymeric materials to immobilize toxic metals: part II. Material and leaching characteristics', *Miner Eng*, 12 (1), 75–91.

Van Jaarsveld J G S, Van Deventer J S J and Lukey G C (2002), 'The effect of composition and temperature on the properties of fly ash- and kaolinite-based geopolymers', *Chem Eng J*, 89 (1–3), 63–73.

Van Jaarsveld J G S, Van Deventer J S J and Lukey G C (2004), 'A comparative study of kaolinite versus metakaolinite in fly ash based geopolymers containing immobilized metals', *Chem Eng Commun*, 191, 531–549.

Viklund-White C and Ye G (1999), 'Utilization and treatment of steelmaking slags', Proceedings of the TMS Fall Extraction and Processing Conference 1, San Diego, California, 337–345.

Wang S D (2000), 'Alkali-activated slag: hydration process and development of microstructure', *Adv Cemt Res*, 12 (4), 163–172.

Wang S D and Scrivener KL (1995), 'Hydration products of alkali activated slag cement', *Cement Concrete Res*, 25 (3), 561–571.

Xu H and Van Deventer J S J (2002), 'Geopolymerisation of multiple minerals', *Miner Eng*, 15, 1131–1139.

Yip C K and Van Deventer J S J (2003), 'Microanalysis of calcium silicate hydrate gel formed within a geopolymeric binder', *J Mater Sci*, 38, 3851–3860.

Yip C K, Lukey G C and Van Deventer J S J (2004), 'Effect of blast furnace slag addition on microstructure and properties of metakaolinite geopolymeric materials', *Ceram Trans*, 153, 187–209.

Yip C K, Lukey G C and Van Deventer J S J (2005), 'The coexistence of geopolymeric gel and calcium silicate hydrate at the early stage of alkaline activation', *Cement Concrete Res*, 35 (9), 1688–1697.

Yip C K, Lukey G C, Provis J L and Van Deventer J S J (2008), 'Effect of calcium silicate sources on geopolymerisation', *Cement Concrete Res*, 38 (4), 554–564.

Zaharaki D (2005), 'Optimisation of synthesis of geopolymers synthesised using electric arc furnace ferronickel slag', MSc Thesis, Department of Mineral Resources Engineering, Technical University Crete.

Zaharaki D and Komnitsas K (2005), 'Use of factorial design in environmental applications and in waste management', Proceedings of the International Workshop in Geoenvironment and Geotechnics, Milos island, Greece, 261–268.

Zaharaki D and Komnitsas K (2008), 'Effect of additives on the compressive strength of slag-based inorganic polymers', Proceedings of the 2nd International Conference on Engineering for Waste Valorisation (in CD ROM), Patras, Greece.

Zaharaki D, Komnitsas K and Perdikatsis V (2006), 'Factors affecting synthesis of ferronickel slag based geopolymers', Proceedings of the 2nd International Conference on Advances in Mineral Resources Management and Environmental Geotechnology, Chania, Crete, Greece, 63–68.

Zaharaki D, Komnitsas K and Perdikatsis V (2007), 'Factors affecting the performance of waste-based geopolymers', Proceedings of the VI International Congress on Valorisation and recycling of Industrial Waste (in CDROM), L'Aquila, Italy.

Zhang Y, Sun W, Chen Q and Chen L (2007), 'Synthesis and heavy metal immobilization behaviors of slag based geopolymers', *J Hazard Mater*, 143 (1–2), 206–213.

Zhang J, Provis J L, Feng D and Van Deventer J S J (2008), 'Geopolymers for immobilization of Cr^{6+}, Cd^{2+}, and Pb^{2+}', *J Hazard Mater*, 157, 587–598.

第三部分

地质聚合物应用

17

建筑用地质聚合物的商业化——机会和障碍

P. Duxson, J. S. J. van Deventer
澳大利亚墨尔本大学

17.1 引言

由普通硅酸盐水泥（OPC）制成的混凝土是目前仅次于水之外人类使用最多的商品。根据详细的市场分析显示，2008 年全球 OPC 的产量估计在 26 亿吨/年，其他信息来源认为在 15 亿吨/年，这是一个巨大的差异。保守地说，这 1500 亿美元产值的产业贡献了全球 5%～8%的二氧化碳（CO_2）气体排放量，气体主要来自高能耗水泥制造过程中石灰岩的分解。随着中国、印度、中东地区以及亚洲其他地区基础设施建设的快速发展，可预估水泥和混凝土工业将大幅扩张。许多地方已经出现了水泥短缺的现象。由于成熟的基础设施、市场主导地位和没有使用替代胶凝材料的有力驱动因素，OPC 在技术和商业上已成为制造混凝土的唯一可行的胶凝材料。因此，包括地质聚合物在内的碱激发材料（AAM）等替代胶凝材料体系尽管显著减少了二氧化碳的排放，但由于二氧化碳在历史上并不是驱动因素，因此尚未在商业规模上得到应用。通常竞争的驱动力是降低成本，在这一情况下，从小规模基础起步的 AAM 始终不能和规模巨大的 OPC 产品相竞争。如今，由于对全球变暖关注不断增加，公众和消费者更喜欢“绿色”产品，再考虑到相关的碳信用市场，这些都使 AAM 在保守的水泥和混凝土行业成为一个可行的方案。这一章从商业角度概括了 AAM 的简史，并分析了其引进的历史障碍，同时分析了其进入现代体系并被采用的障碍。

17.2 碱激发：是新想法吗？

众所周知，埃及人和罗马人生产的混凝土比现代OPC混凝土更经久耐用。实际上使用OPC修复的古代建筑并不能维持多久。在通俗文献中常说这些古代混凝土看起来和用起来与现代OPC一样。今天，这种观点甚至被胶凝材料和混凝土专家所接受，因为书上说罗马人使用的原材料，即火山灰、石灰、黏土、天然岩石的成分等，与现在OPC制造中使用的成分差不多。

对古罗马、叙利亚和约旦混凝土的研究表明，存在大量结晶方解石和方沸石相，其稳定性可以解释这些古代混凝土的优越耐久性。还发现了与OPC混凝土相似的水化硅铝酸钙。然而，似乎正是无定形相和结晶沸石相以及类OPC水化产物共同使古代混凝土具有耐久性，这些相和化学物质与制备良好的AAM混凝土相关。

20世纪50年代中期，乌克兰基辅的Victor Glukhovsky教授研究了古罗马和古埃及建筑所使用的胶凝材料。基于这些研究观察，他开发了一种名为“土壤水泥”的胶凝材料，将硅铝酸盐废料（如矿渣）和碱金属工业废渣结合在一起。20世纪60年代，当苏联出现OPC短缺时，基辅的研究团队利用碱激发高炉矿渣建设了公寓、铁路枕木、道路、管道、排水和灌溉渠道、奶牛牧场的地板、预制的石板/石块等工程。而后的研究证实了这些建筑的高耐久性。值得注意的是基辅的研究团队早期相关的工作全部是基于矿渣进行的，而他们关于粉煤灰的研究工作起步较晚。关于早期的矿渣混合物产生了大量的专利和标准，但这些文件在很大程度上是西方无法获得的。

20世纪70年代后期，法国圣昆廷的Joseph Davidovits教授创造了“地质聚合物”这一术语，用于形容一系列在化学成分上不包含类OPC相的碱激发偏高岭土胶凝材料。颇有争议的是，他声称埃及金字塔内部的石块是由地质聚合物类材料就地浇铸而成的，而不是凿成的石灰石。Davidovits持有大量地质聚合物的专利，只有少数已在利基领域获得工业应用。Davidovits对这一领域做出了重大的贡献，直至今日“地质聚合物”一词还用以泛指AAM，就如用OPC来指各种各样的水泥类型一样。

在技术方面的进展主要由Jannie van Deventer教授和Angel Palomo教授两个核心团队推进。Jannie van Deventer于1993年在南非开始研究地质聚合物类型的材料，并在1995年成为澳大利亚墨尔本大学教授后继续这项工作。根据期刊论文数量和影响标准，墨尔本大学的地质聚合物研究小组今天可以说是世界领先的AAM学术研究小组。西班牙马德里Eduardo Torroja研究所

(CSIC) 的 Angel Palomo 教授是一名水泥化学家，自 20 世纪 90 年代中期以来一直致力于 AAM 的研究，不久后宾夕法尼亚大学 Della Roy 教授的团队开始研究 AAM。Palomo 的团队与墨尔本团队对 AAM 的科学研究不断做出重要贡献，Palomo 团队毫无疑问是这一领域研究文献的最大贡献者。Palomo 还与墨尔本地质聚合物团队共同编辑了一期杂志专刊。

自 20 世纪 90 年代末以来，特别是在过去的五年中，关注地质聚合物技术领域的研究机构和大学数量激增。在 2007 年，材料科学期刊特刊报道了地质聚合物技术，这也表明该材料受到了越来越多的关注。然而，不论该领域的学术水平和研究热度如何，利用这些研究工作的成果而进行的商业活动数量实际上为零。

17.3 为什么 AAM 技术至今未被商业化?

17.3.1 研发和商业努力的简史

地质聚合物和碱激发技术在水泥和混凝土工业中已经有大约 50 年的历史了，但是到目前为止，这种技术的商业应用实际上并未实现。造成这种情况的原因包括技术能力、商业壁垒以及监管问题等。

20 世纪 50 年代，乌克兰的 Victor Glukhovsky 教授和他的同事已经完成了碱激发的基础工作。驱动这一研究的关键是在第二次世界大战后东欧出现了长期的 OPC 短缺。短期的解决方法是使用高炉矿渣。在 20 世纪 60 年代的苏联，各种类型的混凝土被运用在诸多领域。这些结构主要通过碳酸盐激发矿渣建造，而不是用像大多数 AAM 混合物一样用碱性硅酸盐激发的材料建造。尽管如此，碳酸盐体系的化学性质与碱性硅酸盐激发体系十分接近，足以证明 AAM 作为一种通用材料的长期耐久性。这些材料在硅酸盐基水泥仅使用几年就完全破坏的侵蚀环境下，显示出了长达几十年的出色的耐久性。对这些旧混凝土的样品进行了分析，证明这些材料是非常耐用的。从这些早期的研究可以得出结论，这项技术是成功的。然而，尽管如此，由于水泥生产能力恢复，该技术就被搁置了，并在二十年间处于休眠状态，直到它由 Joseph Davidovits 教授在法国推广和重新发明。Glukhovsky 及其同事利用简单、经验性且极其有效的科学技术深入探究了该体系。

被称为地质聚合物之父的 Joseph Davidovits 在 20 世纪 70 年代振兴了这一领域。Davidovits 在科学和商业上都是有成就的，发表了许多论文，并注册了一份关于这项技术的全球专利库。当时，这项工作的主要商业驱动力与耐火性和快速获得强度发展的材料有关，尽管这些体系相对于胶凝材料体系来说非常昂贵。Davidovits 科学的方法给这一领域带来了全新且尖端的独特优势，这是对 Glukhovsky 时代还存在怀疑态度的经验成果的积极进步。遗憾的是，他的工作给这一领域遗留下了术语混乱的问题。Davidovits 在命名材料时也命名了他所想的地质聚合物的构造模块。这些聚合物的设计源于他作为一个有机化学家的知识背景，认为是用硅和铝取代碳的聚合物。他按照硅与铝的比为 1、2 和 3 分别将这些聚合物命名为 poly-sialate、poly-sialate-siloxo、poly-sialate-di-siloxo。通过基础研究发现，这是一种具有严重缺陷的描述方法，这不仅导致了市场对地质聚合物定义的困惑，也阻碍了科学的进步。Davidovits 试图规范所有关于地质聚合物的描述，包括否定维基百科对地质聚合物的词条。这使感兴趣的研究人员和公司远离了该领域。

在 1970～1990 年期间，Davidovits 同时和许多商业实体有联系，其中最引人注意的是生产 Pyrament 的 Lone Star。Pyrament 是一种碱激发体系混合水泥。基本材料包括：粉煤灰和作为促凝剂的亚硝酸钙外加剂，这些材料都是相互研磨的。20 世纪 80 年代后期不仅在混合水泥领域而且在外加剂领域，这种技术都是新颖的。其高性能的特点，包括快速凝固和强度增加，极低的渗透性（低至 8%～10%的微硅粉混凝土）和高的冻融耐久性，吸引了 Lone Star。

Pyrament 在过去和现在都是一个伟大的想法，但是 Lone Star 并不知道如何去营销这样的产品。袋装粉末销售得非常好，但是，试图让一个预拌混凝土供应商投入一个筒仓或将 Pyrament 放入混凝土搅拌罐车几乎是不可能的。据美国的业内人士了解，至少有三辆胶凝材料搅拌罐车因 Pyrament 的快速凝固而当场损坏。Lone Star 有机会向 Master Builders 出售营销权，这可能是增加更广泛的行业参与者的兴趣和接受度的一种方式，但其却拒绝这么做。最终，依旧在体制上存在大量薄弱环节。这种业务相关的不稳定性以及一些非常明显的技术问题扼杀了该产品。

从 20 世纪 90 年代以后，地质聚合物技术领域引起了人们的极大兴趣。之前的工作，包括 Davidovits 的工作，主要是经验上的，商业上由一小群工人推动。后一阶段的研究为该技术带来了更深入的分析和适合这种技术的体系，并且这种方法更加接近科学而非行业。在这一时期，Palomo（西班牙）和 van Deventer（澳大利亚）是重要研究人员，他们在 1997～2007 年期间在这一领域发表了大量文献。这时的研究着眼于为该技术提供一种更基本的科学基础，这也催生了大量高被引论文、封面文章乃至顶级期刊。可以说，虽然这项技术在工业上仍然没有得到根本的接受，但伴随着“科学”的大幅度提高，大部分技术难题在这一时期被解决。

这一时期最先进的商业实体是 Siloxo Pty. Ltd. 。Siloxo 于 1997 年开始运营，其经营模式主要是围绕知识产权的开发，然后将其授权给优秀的大型混凝土用户和水泥生产商。Siloxo将外部资金作为营业资本，然后将专利卖给顾客以维持公司运转。从获得的公开信息可以看出Siloxo已经有足够的能力通过使用F类和C类粉煤灰生产预拌混凝土和一系列预制产品。2003年，新西兰的Fletcher Building Ltd. 购买了Siloxo 40%的股权，并有效控制了该公司。Fletcher在新西兰有一个水泥生产企业（Golden Bay Cement），这确保了Siloxo的营业资本，但却使控制公司的知识产权的道路变得艰难。此外，此举似乎扼杀了该公司独立于水泥生产商而及时做出商业决策的能力，并可能妨碍Siloxo与被认为是竞争对手的Fletcher达成正式商业协议。值得怀疑的是，当时的水泥生产商将碱激发材料与OPC并行或分开是否符合其最大利益，或者他们是否只是对冲其风险以应对未来OPC生产的不确定性和碳成本核算。

17.3.2 克服障碍

上述描述的研究、发展和商业努力实现了许多目标且确实克服了许多障碍。比如，在传统的OPC体系中，“碱”是一个负面因素。例如，在大多数胶凝材料标准中对碱的含量是有限制的。因此，在利用碱基胶凝材料时，这无疑成了一个大的障碍。OPC化学中对碱的排斥来源于碱集料反应（AAR），又称为碱-硅反应（ASR）。

碱-硅反应（ASR）可导致OPC基混凝土严重膨胀和开裂，从而导致重大的结构问题。ASR通常在中长期条件下由混凝土中碱性胶凝材料孔隙溶液中的羟基离子与骨料（例如：硅质岩、石英岩、蛋白石、应变石英晶体）中的活性二氧化硅之间的反应引起。一种水化碱硅酸盐凝胶生成，水化时体积增加并表现出膨胀压力，最终导致混凝土失效。在碱激发混凝土中，反应媒介是碱和硅。实际上，ASR在一定程度上是地质聚合物化学的基础。在一个问题成为另一个体系基本需求的情况下，在心理上接受是需要时间的。通过严密的学术工作已经完成了这一心理上的转变，并且通过学术会议和研习会以及行业互相交流逐渐接受了这一观点。这一观点因其被部分业界所接受，从而为已证明易受ASR影响的一类集料提供了开发利用的重要机会。

在过去的50年里，Glukhovsky和他的同事做出了具有开创性的工业规模的试验工作，Siloxo和他的同事在过去的十年中和Palomo一起向世界证明了制造AAM混凝土制品（包括常温养护的高强度预拌混合物）是可能的，然而当时这一技术只掌握在少数人手里。

17.3.3 遗留的障碍

商业历史证明，向建筑行业引入新材料的明显问题是：①每个政府管辖区都需要标准；②鉴于结构混凝土的标准要求，对混凝土的耐久性提出了持续了至少几十年无法回答的问题。

在发达国家，对于水泥基胶凝材料的“可接受”性能，有非常具体的标准。这些显然是与水泥制造公司的多年投入合作开发的，具体或本质上考虑到了基于 OPC 的混凝土的化学和行为。尽管如此，标准还包含例如“最少水泥含量”之类的约束，这些约束也被视为抑制 AAM 或地质聚合物发展的因素，对水泥基体系也是如此。诸如地质聚合物或 AAM 混凝土或其他非胶凝材料甚至高性能胶凝材料基体系的产品可能不仅仅是现有 OPC 技术的演变，而是可能需要完全不同的化学范式来理解它们的行为，而且可能在不完全符合现有监管标准的条件下，得以完全接受，尤其是在流变学和化学成分方面。这被认为是市场接受 AAM 或地质聚合物技术的重大障碍。但是，通过与所有利益相关方合作解释产品，只要满足监管标准的意图，就可以克服这些障碍。

即使能有一个切实可行的机制，使地质聚合物混凝土在市场上获得监管认可，耐久性问题也仍然存在。一种仅进行详细调查的材料不可能有数十年的耐久性数据来证明其长期稳定性。大多数测试水泥和混凝土耐久性的标准方法包括将小样品暴露在极端条件下（如高浓度酸或盐溶液）很短的一段时间。然后将这些结果用于预测材料在几十年或更长时间内在正常环境条件下的表现。这种“证明”耐久性方法的主要问题是它只能给出预期性能的迹象，而不是明确的证据。因此，新材料的接受过程非常缓慢，因为人们可能需要等待 20～30 年才能进行实际验证。在混凝土中采用粉煤灰和矿渣是最好的例子，几十年来，这些辅助材料的使用一直受到抵制。

17.4 如何制定标准和规则框架

各种应用中使用的混凝土监管框架依赖于典型的级联标准，应用标准涉及混凝土标准，混凝土标准涉及水泥和其他混凝土原材料的标准。因此，在研究混凝土胶凝材料体系［如碱激发（AAM）胶凝材料］的监管框架时，虽然也需要考虑混凝土标准的某些方面，但是大多数监管方面都集中在水泥标准上。一般而言，世界上所有的混凝土应用，混凝土和水泥标准都基于两个“指导”标准，即欧盟（EN 197）和美国标准（ASTM C150/C595/C1157）。基本上，世界上所有主要的胶凝材料消费市场都从这两个标准中衍生出他们自己的标准。例如，中国水泥和混凝土标准严重依赖于欧盟标准，而加拿大和澳大利亚标准严重依赖于美国标准。

17.4.1 标准发展的驱动力

现存水泥和混凝土的标准在20世纪已经经过不断的发展和修正。事实上，世界上第一个质量控制体系是由Joseph Bazelgette于1859～1865年期间在伦敦修建污水管道体系时创建的，这一体系的主要任务是正确使用OPC。为了解决变化性问题，Bazelgette开发出了一套控制水灰比的系统，这一思想至今还根植于EU和US的标准中，而且这一体系对AAM不一定有意义。

多年来，这些非官方标准已成为正式标准，现在代表了一种市场供应监管体系，而不是推动安全和技术性能发展。为了例证这一观点，图17.1显示了胶凝材料从原材料到混凝土的物料流。如图所示，监管环境基本上涉及水泥和混凝土制造的机构，而购买产品并通过投保产品承担风险的传统机构被排除在此过程之外，尽管他们是唯一真正失败的利益相关者。例如，为了控制物料流而写入胶凝材料标准的一些准则，尤其是为降低混凝土水泥含量（这也被称为水泥中的熟料水平）而不顾技术性能，这样的标准竟被认为是“规范的”。

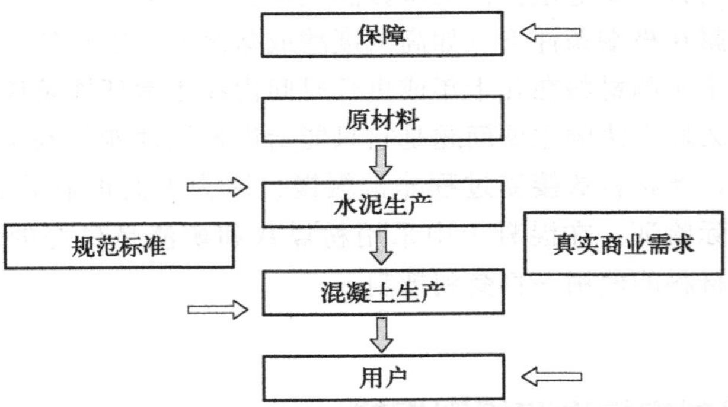

图17.1 包含监管影响和商业风险承担者的水泥和混凝土的供应链原理图

17.4.2 配方与性能标准

辅助性胶凝材料（SCM：主要是粉煤灰、矿渣、偏高岭土、硅灰和火山灰）业务的增长，对SCM供应商来说是有利的，这些标准已被证明是业务增长和市场准入的主要障碍。在过去的二十年中，SCM供应商已加入标准委员会，并已经开始修改标准，以便通过替代OPC的方式更灵活地将其产品（即粉煤灰和矿渣）结合到较低熟料水平的水泥混凝土中。同样，这一推动力源于一些公司，在某些情况下这些公司现在实际上是由现有的 OPC 水泥制造商所有。这种变化的标准结果在实践中被称为“性能”标准。性能标准更多地依赖于测试胶凝材料和混凝土硬化或“服役”状态下的质量，而不是根据 OPC 水泥含量来衡量它们的组成。这被视作为更多数量的粉煤灰和矿渣加入水泥和混凝土打开了大门，因为这些混凝土可以满足 OPC 混凝土的所有性能标准（或超过它们），但只用到更少的胶凝材料和不同成分的产品。

在将标准的重点从配方转向性能的过程中，不依赖 OPC 胶凝材料的大门已经打开。例如，在澳大利亚有两种类型的胶凝材料：GP（包含 95%OPC）和 GB（其中含有超过 5%的粉煤灰和矿渣）。在两种类型的胶凝材料中依旧有一些 OPC 的描述，但显然从 GB 到零 OPC 胶凝材料只迈出了一小步。尽管如此，任何人都能通过在装载混凝土的搅拌器中加入一勺水泥来制造符合现今澳大利亚水泥标准的 AAM 混凝土。虽然这是可能的，但这是虚伪的，也是无意义的。

澳大利亚标准 AS 3972 的附录中设想了向真正基于性能的标准的转变。多年来，世界各地的水泥标准已在很大程度上具有规范性。以配方为基础的性能规范是便捷的，监管配方所需的测试往往比较简单并可以快速执行。然而，这一便捷是通过以创新和易于吸收新的或先进知识的能力为前提的。使用说明性规范，对于任何一个问题，只有一小部分解决方案是被采纳的，即使可能有许多其他解决方案可以提供相同或更好的性能。此外，在 AS 3972 的附录中，还列出了制定性能标准的基础，即制定以性能为本的标准，必须具备以下三个要素：

a. 性能参数——通常是与性能表现最相关的一个或多个属性；

b. 质量标准——满足性能表现的达标性能等级；

c. 测试方法——一个清晰、可靠、易用且符合标准的方法。

17.4.3 全球标准的长期发展

2007 年 1 月，国际材料与结构研究实验联合会（Reunion Internationale des Laboratoires et Experts des Materiaux, systemes de construction et ouvrages, RILEM）内部创立了碱激发材料技术委员会（TC）。这个组织的主要目的是发展以性能表现为基础的规范和提出适用于这类材料的建议。TC 包括三个工作组，分别是：

a. 工作小组Ⅰ：负责调查和研究商业发展。

b. 工作小组Ⅱ：调查现存标准的管理体制和对新标准提出建议。

c. 工作小组Ⅲ：通过方法论和理念来测试并巩固工作小组Ⅱ提出的建议。

17.4.4　短期的监管障碍

虽然 RILEM TC 技术委员会提出了长期的机制并在全球范围内为 AAM 提供了理想的监管环境，但是将 AAM 运用于当今的混凝土产业依旧存在着短期的壁垒和障碍。正如前面提到的个案分析，AS 3972 还要求所有的“水泥”含有 OPC。虽然这可以通过添加一些 OPC 在 GB（通用混合材）水泥的名称下实现，但这将使“无水泥”的主张无效，而“无胶凝材料”是 AAM 与其他水泥混合物和体系相比最独特、最热门的一个不同点。因此，要在澳大利亚使用 AAM，就需要涉及图 17.1 所示的流程中所有的风险承担、具体的采购和明确的利益相关者。Zeobond 作为澳大利亚一个小的 AAM 混凝土企业，已经完全完成了这一过程并证实：只要产品满足 OPC 混凝土的性能标准，保险机构、建筑公司、设计师、建筑师和混凝土的最终用户乐于接受不含有水泥的混凝土产品（E-Crete™）。每一个利益相关者动机都是不一样的，这将会在下面进行讨论。

客户正在寻找创新的解决方案，特别是如果他们能够产生非常高的二氧化碳减排量。这在大型基础设施项目和私人项目中尤其突出。因为从政治和形象的角度来看，“绿色”具有很高的价值。虽然从长远来看，随着产品的广泛采用，这些驱动因素必然会减少，但在当时几年，它已成为一个重要的推动因素。

另一个最有影响力的组织是咨询工程公司。如果不能让这些公司使用 AAM 产品，那么客户或架构师是否指定 AAM 是无关紧要的，因为工程师必须在设计结构上签字。不论如何，这一主导群体同时在两个方面提供了机遇。首先，在当前的环境中，生态因素在建筑的设计和施工中起着重要的作用。此外，它在设计公司的招标过程中扮演着重要角色。虽然客户无法要求公司使用某些材料，但他们能够推动创新需求。事实上，这种情况已经发生变化，咨询工程师现在正在寻找市场上的环境优势，以便与竞争对手找到一点不同之处，或者只是保持同步而不失市场份额。建筑师与咨询工程师的情况类似，但在结构要素方面没有专业赔偿。因此，这些利益相关者也在寻找创新的环境因素，以融入设计，使其在建筑方面具有创新性，同时也为了市场收益。

17.4.5　保险和风险评估

如上所述，利用 AAM 为项目提供保险的能力对于材料的采用至关重要。保险公司一直被认为比咨询工程师更保守，毕竟为工程师提供保险的是保险公司。然而，与其他任何商业部门相比，保险公司管理长期风险的能力更强。尽管混凝土替代胶凝体系的“未经试验”和“未经证实”状态仍然存在，而且无论它们在大型标志性项目中的使用情况如何，这种状况都将持续一段时间，保险公司也明白风险的性质已经改变了。环境意识和转向低碳经济的需要意味着建筑整体风险状况不同因素的权重已经发生了很大变化。在此之前，长期的盈利和成本是最重要的因素。虽然这些都没有减少，但 AAM 和 OPC 的碳成本都大幅提高。保险公司认为，碳成本意味着必须减少其占总市场的比例，但即使出于需求和应用原因，每年的实际使用吨数也不会下降。AAM 或其他胶凝体系将会占多少市场份额必定会成为一个风险因素。就它们而言，唯一可以确定的是 OPC 将是经常使用的胶凝体系之一。因此，为了管理和确定他们为这些材料的风险所承担的代价，他们必须保持使用现有产品（OPC）的同时也不阻碍使用其他新材料的态度，直到产生追踪记录并给定正确的风险评价。对他们而言，这成了一种商业风险，这一风险是通过替代产品替代 OPC 的可能性来平衡的，但因他们不了解风险状况，将致使无法维持其市场份额。与咨询工程师和架构师类似，公司有一个通过创新来发展业务的初始机会，这也成为一种风险最小化策略。

17.5 水泥市场的分析

17.5.1 水泥的市场规模

水泥制造占非金属矿物总能源消耗的三分之二。就 CO_2 排放而言，目前水泥生产是这类活动中最重要的一项。全球的水泥产量从 1970 年的 594 百万吨增长到 2005 年的 2284 百万吨，如今的产量在 2500 百万吨左右。在过去的数十年中，产量的大幅度增加主要集中在发展中国家，尤其是在中国。2005 年，中国生产了 1064 百万吨（占全球水泥产量的 46.4%），而印度、泰国、巴西、土耳其、印度尼西亚、伊朗、埃及、越南、沙特阿拉伯总共生产了 394 百万吨（占世界胶凝材料产量的 17%）（表 17.1）。

表 17.1 全球水泥产量与分布

国家	产量/(百万吨/年)	份额/%
中国	1104	48.2
印度	130	5.7
美国	99	4.3
日本	66	2.9
韩国	50	2.2
西班牙	48	2.1

续表

国家	产量/(百万吨/年)	份额/%
俄罗斯	45	2.0
巴西	39	1.7
意大利	38	1.7
土耳其	38	1.7
印度尼西亚	37	1.6
墨西哥	36	1.6
德国	32	1.4
伊朗	32	1.4
埃及	27	1.2
越南	27	1.2
沙特阿拉伯	24	1.1
法国	20	0.9
其他	392	17.2
全球	2284	100.0

17.5.2 水泥需求的驱动力

从2003年到2050年，全球GDP预计将以每年2.9%的速度增长，到2050年，全球胶凝材料产量将比今天增长3.6倍。从1970年起，欧洲和北美地区对胶凝材料的需求几乎没有变化，而几乎所有的水泥增长需求都来自发展中国家。更具体地说，中国的水泥需求已经激增，在1998～2004年之间，中国的水泥需求占据了全球水泥需求的三分之二（USGS）。国际能源署已经制定了当前的水泥需求预测，该预测基于发展中国家单位GDP的水泥需求强度在2015～2045年之间达到峰值的假设。图17.2显示了预测的水泥需求。中国和印度大约占据了全球水泥产量的一半。

与全球水泥需求相关的是与水泥生产有关的二氧化碳排放量的增长，和水泥工业有效地减少排放和减少混凝土中水泥用量的突出能力。国际能源署（IEA）确定水泥生产行业每年二氧化碳排放量的一般假设包括：世界平均熟料生产燃料强度下降到目前3GJ/t熟料的世界最佳实际水平，电力使用量也下降至100千瓦时/吨水泥的世界最佳实际水平，到2050年，煤炭、天然气和替代燃料的份额分别为70%、5%和25%，熟料/水泥比下降至0.7，这些都是世界最佳实践假设。这一工作成果如图17.3所示。若产业不全采用这些世界最佳实践假设，CO_2的排放量将会是当今排放水平的两倍，达到2.4～2.7Gt/年。这相当于IEA对2050年预测28Gt全球CO_2总排放量。这一数据意味着水泥行业的CO_2排放量将占据全世界排放量的9%～10%。几乎有2Gt的CO_2（占

水泥产生 CO_2 排放量的 70%）是不能通过任何节约能源措施来减少的。这是 OPC 化学组成的固有特性。

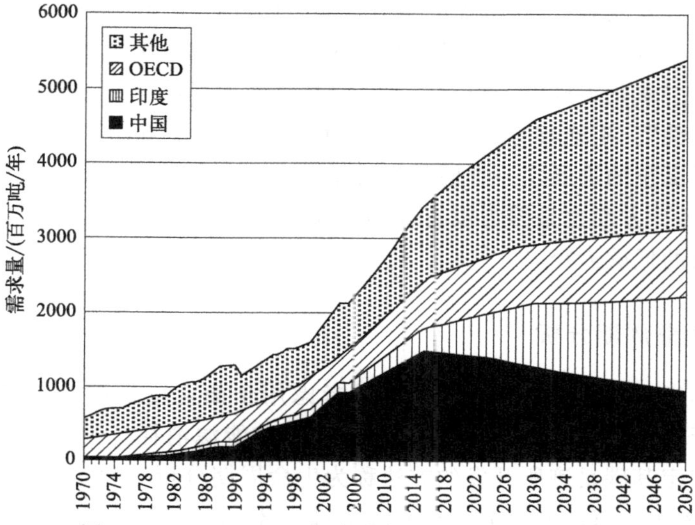

图 17.2　1979～2050 年全球各个地区对水泥的需求

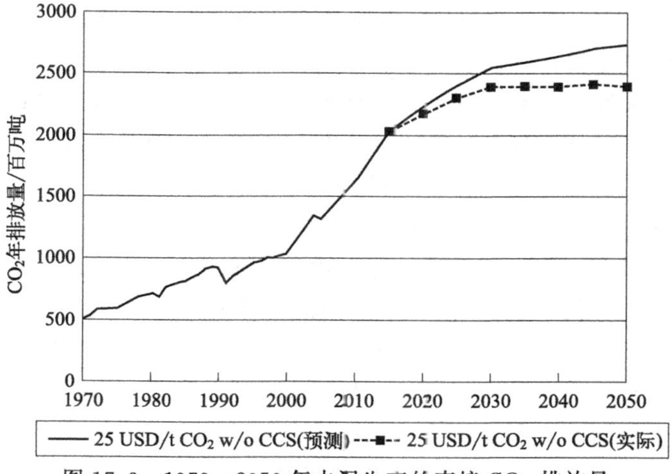

图 17.3　1979～2050 年水泥生产的直接 CO_2 排放量

17.6　气候变化和碳交易如何创造机遇

全球减排计划的目标是环境，即减少温室气体的排放，从而减缓全球变暖。由于水泥生产是世界上高能耗和固有的二氧化碳排放行业之一，因此它是世界减排计划的核心。大量工作的重点是尽量降低碳减排计划对 OPC 产品的影响。所有水泥相关方采取的方法是将注意力集中在迄今所做的节能上，并强调建筑和经济发展对 OPC 水泥的绝对依赖。因此，每吨水泥产生 0.61 吨二氧化碳的节能绝对极限是由胶凝材料制造的内在化学性质决定的。这确保了胶凝材料生产对二氧化碳排放的影响降到了最低。政府面临压力，要求接受水泥化学的“必然性”。拒绝政府的决议在很大程度上取得了成功，因为在减排方面已经取得了真正的进展，一方面是相对于理论达到了最低水平（水泥制造商自己设定），另一方面也是因为没有像 AAM 替代品一样可行且经过证实的方法可以提供新的低碳途径。

17.6.1 生命周期分析

正如本章所强调的，AAM 现在被考虑用于商业应用的令人信服的原因是，相对于 OPC，该材料显著减少了碳排放和能源消耗。为研究材料的能量和排放以确定其碳足迹所开发的方法称为生命周期分析（LCA）。Weil 等人和 Duxson 等人为完善非正式的 LCA 做了许多不同的尝试。据 Duxson 等人报道，与生产地质聚合物胶凝材料相关的吨二氧化碳当量很大程度上取决于激发剂含量（图 17.4）。这是因为与碱源制造有关的能量比粉煤灰、矿渣或高岭土的能量高几个数量级。因此，制造 AAM 所表现出的能量与激发剂含量有十分显著的线性相关性。更有趣的是，硅铝酸盐的来源对能量表现几乎没有影响，包括那些可代替的硅铝酸盐。所以粉煤灰和矿渣，甚至是未经利用的材料都可以生产出具有低能量表现的胶凝材料。

不过，这种对 AAM 胶凝材料的学术分析，对商业上可行的体系进行独立审计并不一定具有同等的重要性，比如由澳大利亚墨尔本的 Zeobond Pty Ltd 完成的审计。由专长于胶凝材料工业方面 LCA 的独立公司所进行的 LCA 发现，从 AAM 所节约出的吨二氧化碳当量与 Duxson 等人所做出的计算结果相一致。显然，在相同环境中并且具有相同表现的前提下，Zeobond 所采用的胶凝体系相较于目前澳大利亚来自 VicRoads（维多利亚政府道路管理局）所用的混凝土设计减少了 80％的吨二氧化碳当量。更有趣的是，LCA 中作为“水泥”对照的胶凝材料是由粉煤灰、矿渣和 OPC 组成的胶凝材料，吨二氧化碳当量为 0.67。因此，相较于纯 OPC 熟料，Zeobond 所用的 AAM 商业化的实现，就减少 CO_2 而言，表现得尤为出色。

17.6.2 不同的减排措施

减排计划可以直接通过征收 CO_2 排放税（价格手段）或通过碳限额交易

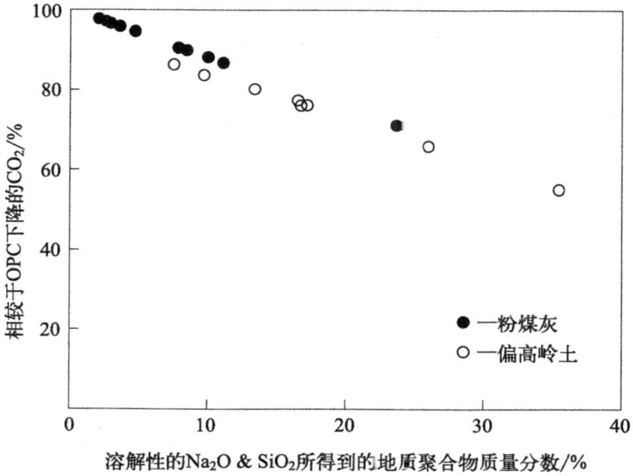

图 17.4 估计的总 CO_2 排放量与溶解性组分含量的函数关系

组成成分来源于有关文献。计算包括每吨偏高岭土产品 $72kgCO_2$

体系等市场主导的方法（数量手段）来施行。直接征税具有易于理解的好处，如果税收专门用于资助环境项目，则可以受到公众的欢迎。对二氧化碳的排放定价，从而为低碳产品提供价格优势，这将推动减排。贸易计划是基于政府控制的二氧化碳排放限额。公司或其他团体获得排放许可，并且必须持有相当数量的配额（或信用额），这些配额代表了排放特定数量的权利。限额或积分的总量不能超过上限以限制总的排放量。需要增加排放量的企业必须从那些排放较少的企业手中购买积分。限额的转移被称为交易。结果，买方为污染支付了费用，而卖方因售卖多余的排放量而受益。因此，从理论上来说，那些通过廉价的方法降低排放的企业将会售卖限额，并让社会以尽可能最低的代价达到减少污染的目的。随着时间的推移，可以降低许可（以及上限）的规模，进一步降低排放，显然，数量手段作为基础排污交易机制比价格手段机制要复杂得多。

尽管每个方案的相对复杂性存在表面上的差异，但关于价格与实现减排的数量手段长期存在相对优劣的争论。排放上限和许可证交易体系是一种数量手段，因为它确定了总体排放水平（数量）并允许价格变化。限额与交易制度的一个问题是合规成本的不确定性，因为许可证的价格及其分配方法并不总是事先知道，并且会根据市场情况随时间变化。相比之下，排放税是一种价格工具，因为它确定了价格，同时允许排放水平根据经济活动而变化。这种排放税的主要缺点是不能保证环境结果（例如排放量）。

第三个选择，被称为安全阈值，它是价格手段和数量手段的结合。这一体系本质上是一种价格排放限额和许可交易的体系，但是对允许的最高（或最低）价格进行了限制。排放者既有从市场获得排放许可的选择也有从政府以规定的阈值价购买许可的选择（这一价格可以随时间调整）。有时建议将该体系作为克服两种体系基本缺点的一种方法，使政府能够在新信息曝光时灵活调整体系。可以看出，如果将阈值价格设置得够高，或使许可数量足够少，那么，安全阈值这一手段既可以被用于模仿纯数量的机制，也可以用于模仿纯价格的机制。

当前这三种方法都已经用于控制温室气体排放的政策手段。欧盟排放交易体制（EU-ETS）是一种利用限额和交易的体系以实现国家分配计划所设定目标的数量体系；英国气候变化税是直接征收碳排放税的价格体系；中国则是将 CO_2 的减排收入作为其清洁发展机制项目的基金，但强制制定了每吨 CO_2 最低价格的安全阈值。因此，庞大的水泥消费市场运行着三种不同的机制，AAM 制造业拥有在所有减排手段下都能运作的商业模式是非常重要的。

17.6.3 税、交易和许可分配

水泥工业将碳税制度视为一种非常简单、易于处理的减排措施。简单来说，他们的策略是坚持拒绝 OPC 的替代品，继续游说政府减少排放：①用粉煤灰和矿渣代替熟料的最低实际比率；②使用替代燃料和技术；③强调由于市场管制不严，通过进口导致的碳泄漏而造成的财务损失，并将大部分碳税转嫁给消费者以维持 EBITDA 利润率。对于水泥行业来说，碳交易是一个比较复杂和困难的应用策略。通过只设定排放上限减少排放，是不可避免的，而不会出现碳税征收方法中经常出现的向游说团体妥协的情况。

碳排放交易体系中最关键的设计要素也许是哪个公司最先获得排放额度的判定机制。分配配额一个最简单的方法是基于过去的排放、能源消耗、产出或其他标准对企业进行无偿的分配。分配配额的另一种方法是让政府拍卖，从中获得的收入可以通过降低边际税率来回收，以促进经济发展，从而部分抵消控制程序成本（这一体系已经应用于加拿大）。因为限额有着重大的资产价值，所以对水泥行业而言，如何分配是一个十分重要的问题。由于水泥制造企业的历史排放量很高，基于过去的排放，他们从政治上和本质上更喜欢不受新规定的限制。这样的分配方式可以弥补他们作为交易体系的参与者时可能遭受的损失。

另外，没有排放历史和传统技术的企业若运用了相对新颖且高效的设备达到排放量大大降低的目的后，则更倾向于根据产出的能效来分配额度。在这种情况下，新企业将比拥有较少高效技术的老竞争对手分配到更多限额（也就是更多的资产）。实际上，以欧盟成员国真正所用的分配方法为例，这一方法立

足在旧企业不受新规定的限制且基于五年更新产出数据的基础上进行分配和新的水泥工厂运行和倒闭必须在这两个极端之间遵循特别条款。

每个市场使用的碳减排机制对确定这些司法管辖区采用 AAM 的战略至关重要。进一步讲，在使用定量手段的市场环境下，许可分配的方法将对 AAM 的价值定位造成巨大的影响。对每一种执行方案，对价值提取都将有不同的代价。例如想要通过联合国的清洁发展机制（CDM）获得经认证的减排目标（CER），就必须完成一系列复杂的评估过程，并建立一套评估方法。这是一个消耗巨大且昂贵的过程，所以最好只做一次技术就建立起来。

17.6.4 碳排放交易市场

欧盟排放交易体制（EU-ETS）是世界上最大的多国参与的温室气体排放交易体制，并且它是与《京都协定书》一起创立的。它是目前世界上唯一的强制碳排放交易项目。因此，它为将来全球碳减排体系提供最好的也是唯一真实的模式。

在英国和丹麦进行一系列志愿试验后，阶段Ⅰ于 2005 年 1 月在 15 个欧盟成员国开始进行。该计划限制了大型设施（包括水泥制造厂）可能排放的二氧化碳量，覆盖了欧盟近一半二氧化碳排放量。阶段Ⅰ允许参与者在他们之间进行交易，也可以通过京都清洁发展机制与发展中国家以经过验证积分的方式进行交易。由于过度发行的限额和通过继承条款而不是以拍卖的形式分配限额，阶段Ⅰ（2005—2007）受到许多批判。阶段Ⅱ是将 ETS 连接到其他京都交易体系的参与者上。欧洲委员会对阶段Ⅱ计划的成员国态度强硬，开除了成员中再次松散执行的一部分国家。另外，阶段Ⅰ已经建立了一个强大的碳市场。2006 年，各国对该计划的遵守程度很高，这增加了人们对这一体制的信心，当达到国家上限时限额的价值将会下降。

根据世界银行碳金融股的数据，2005 年通过项目交换的吨二氧化碳当量（tCO_2e）为 374 吨，比 2004 年（$110tCO_2e$）增加了 240%，而 2004 年（$110tCO_2e$）相较于 2003 年（$78tCO_2e$）只增长了 41%。2008 年 6 月 CERs 的现货价格大约在 27 欧元/吨。

大多数已发布的报告预测，随着碳交易的增加和碳驱动经济的真实环境成本变得更容易量化，碳价格将会上涨。随着实现碳中和的压力越来越大，可以预测到 CER 需求量将会超过 CER 的市场供给量，同时带来价格的上涨。碳市场维持封闭于本土或对国际贸易开放的程度将会对不同市场间的计价模式和差价造成巨大的影响。碳市场最终必须国际化和开放，这是不可避免的，否则在价格上巨大的市场差异将导致的主要变化是工业游离在不同的行政辖区之间将不受政治制裁。如果碳交易的前提是成功的，AAM等新的低CO_2技术将进入市场并逐步取代现有技术。这一替代的结果应该是CER需求的下降和伴随碳价格的降低。可以预计，美国、中国和印度最终都会在低CO_2技术上投入大量资金，这将降低市场对CER的需求。总而言之，CER市场将为AAM生产者进入通常具有非常高壁垒的水泥和混凝土市场提供大量的中期激励。然而，随着AAM在以前由OPC主导的市场中成为常态而不是例外，CER将不再为AAM提供任何竞争优势。在那个阶段，AAM将会变为一个像今天OPC一样的商业市场，它的竞争优势将通过市场份额得到保证。

17.7 AMM的机会

17.7.1 关注气候变化

如A1 Gore所举行的高水平宣传的活动，以及日益增多的新闻报道，把公众、决策者和购买者的目光聚集在气候变化上，这使得“绿色”技术和企业获得了一个千载难逢的机会，将新产品推向成熟和保守的市场，如建筑材料。

17.7.2 “绿色”在市场中的竞争优势

越来越多的建筑材料企业和基础设施等的开发商、建筑师、顾问工程师、城市和县议会都想要展示其自身的创新，恪守“做正确的事情”这一承诺，以及通过结合“绿色”建筑材料以展示其对环境承担的责任，即使这些在最初仅仅具有象征意义。现今对重大项目关键的绩效指标一般都包括环保创新，所以在碳交易系统到位之前，低CO_2混凝土就已经有了需求。据市场调查，“绿色”的可替代水泥或混凝土在世界范围内将受到偏爱，但是市场只准备在更“绿色”的行政辖区提供额外奖励。由于缺乏规模，这一额外奖励在短期内是必要的，直到更大规模的AMM供应链准备就绪。

17.7.3 碳交易的机遇

可以预测碳交易或税收制度将对OPC水泥产业造成负面影响。然而，联合国CDM批准CER是一个昂贵的流程，但是一旦完成，这将使所有的AAM制造者获益。因为随着CER碳交易量的增加，这一许可将会给技术带来巨大的价值。

17.7.4 克服监管障碍

AAM的RILEM技术委员会将在影响标准委员会方面发挥关键作用，旨在扩大非OPC水泥和混凝土的性能标准。与此同时，由于气候变化问题，地方当局和监管机构现在比以往任何时候都更加愿意接受新的胶凝材料。为了提高对AAM材料的信心，学术研究正在解决关于AAM耐久性和工程性能的关键问题。这些工作都非常重要，因为想要支持AAM作为一种高科技材料，坚实的科学基础是必不可少的。尽管如此，就使市场、专家和监管当局信服而言，这些活动的影响都不及顾客肯为AAM作为优质混凝土买单重要。事实上，一些公司现在已经把AAM用于各种预拌和预制应用中，这大大降低了这种材料的风险。现阶段，AAM团体只能引用苏联和罗马胶凝材料中碱激发矿渣混凝土耐久性的研究成果和参考文献，为其长期耐久性提供支持。

17.8 小结

尽管在过去半个世纪AAM在学术和工业上的发展已经有了很长的历史，但是时至今日这一技术并未取得实质性的商业应用。缺乏商业发展很大程度上是没有有效驱动力导致的。从如今的市场来看，现行的OPC技术并没有什么本质上的问题。由于在生产上的能量消耗和碳足迹逐步成为促进采用可替代材料的重要因素，这一情况已经发生了变化。在这些驱动力被确立之前，从技术上到商业上解决这些具体障碍的需求还没有那么迫切。现在，在接下来的几十年中，碳的成本将同时具有商业成本和社会成本。

在这种商业推动下，目前正在认真解决在广泛采用AAM以进行常规混凝土使用的道路上需要克服的主要障碍。这主要涉及获取AAM混凝土的现场实例用于监测和示范，然后将其作为基础与技术专家合作，为世界各地不同监管制度中的应用标准制定一套建议。

参考文献

http://www.freedoniagroup.com/World-Cement.html
http://www.wbcsdcement.org/about_cement.asp
http://www.freedoniagroup.com/World-Cement.html
Scrivener, K.L. and Kirkpatrick, R.J. Innovation in use and research on cementitious material, *Cement and Concrete Research*, vol. 38, 2008, pp. 128–136.

Pacheco-Torgal, F. Castro-Gomes J. and Jalali S. Alkali-activated binders: A review. Part 1. Historical background, terminology, reaction mechanisms and hydration products, *Construction and Building Materials*, vol. 22, 2008, pp. 1305–1314.

Rostovskaya, G. Illyin V. and Blazhis A. The service properties of the slag alkaline concretes, *Proceedings of 2007 International Conference on Alkali Activated Materials*, Česká Rozvojová Agentura O.P.S., Prague, 21 22 June 2007, pp. 725–734.

Xu, H. Provis, J.L. Van Deventer J.S.J. and Krivenko P. V. Characterization of aged slag concretes, *ACI Materials Journal*, vol. 105, 2008, pp. 131–139.

www.geopolymer.org

http://www.chemeng.unimelb.edu.au/geopolymer/

Davidovits, J. *Geopolymer Chemistry and Applications*, www.geopolymer.org, 2008.

Helmuth, R. Stark, D. Diamond S. and Moranville-Regourd M. (1993) *Alkali-Silica Reactivity: An Overview of Research*. Strategic Highway Research Program Report C-342, Washington, DC.

Hooton R.D. Bridging the gap between research and standards, *Cement and Concrete Research*, vol. 38, 2008, pp. 247–258.

Australian Standard AS3972, Portland and Blended Cements, 1997 (amended 2007).

http://www.rilem.net/tcDetails.php?tc=AAM

Taylor, M. Tam C. and Gielen D. *Energy efficiency and CO_2 emissions from the global cement industry*, International Energy Agency, 2006.

Weil, M. Jeske, U. Dombrowski K. and Buchwald A. (2007) Sustainable design of geopolymers – evaluation of raw materials by the integration of economic and environmental aspects in the early phases of material development. *Advances in Life Cycle Engineering for Sustainable Manufacturing Businesses*, Tokyo, Japan, Takata, S. and Umeda, Y. (Eds.), 279–283.

Duxson, P. Provis, J.L. Lukey, G.C. and van Deventer J.S.J. (2007) The role of inorganic polymer technology in the development of 'Green concrete'. *Cement and Concrete Research*, 37, 1590–1597.

A. Gore, An Inconvenient Truth, Documentary film, Paramount, 2006.

18

地质聚合物用于固化核废料

E. R. Vance, D. S. Perera 著
材料工程研究所，澳大利亚

18.1 全世界的核废料

在讨论地质聚合物对核废料的固化作用前，我们必须先了解全球的核废料状况。全球有440个正在运转的核能反应堆，一个千瓦级的核能发电站每年要累计产生30吨核燃料废料。如此算来，目前全球大约有4000亿瓦的电量由核能产生，每年发电将产生大约12000吨的乏燃料（Herbert and Hopley, 2007）。乏燃料主要含有少量核裂变产物和超铀元素的固体 UO_2，其中许多都具有很高的放射性。表18.1显示了一些在反应堆中产生并从反应堆中移除后仍较长时间留存的核裂变产物和超铀元素。

表 18.1 核燃料循环所产生的核废料中一些比较重要的裂变产物和锕系元素的半衰期和主要衰变模式

β发射体	半衰期/年	α发射体	半衰期/年
^{137}Cs	30	^{237}Np	2.1×10^5
^{90}Sr	30	^{235}U	7.0×10^5
^{99}Tc	2.1×10^5	^{238}U	4.5×10^5
^{135}Cs	2.3×10^6	^{238}Pu	88
^{129}I	1.7×10^7	^{239}Pu	2.4×10^5
^{79}Se	6.5×10^4	^{240}Pu	6.5×10^5
^{151}Sm	90	^{241}Pu	14
		^{241}Am	430
		^{243}Am	7.4×10^5
		^{244}Cm	18

目前，在世界范围内，仅一小部分乏燃料通过化学再处理，以提取铀和钚

来进一步生产核燃料。然而，随着气候变化成为增加核电站建设的强大动力，目前人们对乏燃料的再处理（通常指回收）更感兴趣，以便利用一次性乏燃料中剩余的铀和锕系元素来制造新燃料，并将最终处置的废物数量降至最低。另外，俄罗斯和美国在冷战期间为制造核武器所使用的 Pu 产品也构成了数百万升高放射性核废料（HLW）。这些产品只经过相对较短的堆内时间（<1 年）最大限度地增加 ^{239}Pu 产品，随后通过各种各样的化学再处理方法从受辐射燃料中提取 Pu。

世界范围内对放射性废料的归类如下：a. HLW，包括裂变产物、少量锕系元素，以及来自核电站乏燃料再处理、Pu 生产作业、乏燃料本身产生的操作助剂；b. 核反应堆运行所产生的中级废料（ILW）；c. 放射性同位素产品中的低放射性废料（LLW），包括受污染的实验仪器装置、使用过的放射源等。ILW 以及 LLW，尤其是后者的量远远大于 HLW，但是放射性只有 HLW 的百分之几。在永久处理前，LLW 一般储存于金属桶中（图 18.1）。矿石产品的放射性尾矿一般免于放射性控制，因为它们的放射性相对较低，但它们可能具有化学毒性。

图 18.1　储存在 ANSTO 中含有 LLW 的桶

核废料的放射性在产生后会随着时间的延长而降低，且放射性不能简单地决定废料的能级，但不同能级废料的放射性粗略范围是：HLW，10000～1 Ci/L；ILW，$10\sim10^{-3}$ Ci/L；LLW，$10^{-3}\sim10^{-6}$ Ci/L [1 居里（Ci）=3.7×10^{10} 贝可（Bq）（衰变/秒）]。

核废料中最重要的裂变产物并不是比活度最高的，因为它们存在的时间非常短（半衰期只有几天甚至更少），将乏燃料储存在水冷的池子中几年或之后干燥储存将快速地衰减至零活性。相反，正是那些半衰期长达数十年的同位素，造成了影响人类健康的主要问题，并成为人类受辐射的隐患，因为这些具有高活性的同位素需要数百年才能衰减到对人类无害的程度。这些具有长半衰期的放射性核素显然值得担忧，但是它们的比活度（反比于半衰期）相对更小一些。例如 Pb 和 As 一类的非放射性有毒无机元素，从根本上讲具有无限长的半衰期。

在全世界范围内，对处理 HLW 方法的研究已有 50 多年的历史，直到 20 世纪 80 年代中期才被 Lutze 和 Ewing（1988）解决。通常但不是普遍认为，这些废料必须在地下深层的地质聚合物储仓中处理一段时间后，才能够被回收到地面上进行储藏，这是因为废料的辐射性随着时间的推移将大幅度衰减。可回收储藏使放射性下降到一定程度，使最终处理变得更容易，若将来开发出更有效的废料加工技术，将提供重新加工废料这一选择。这样的储存室设想建造在黏土矿床或结晶岩上。

再加工得到的液态 HLW 通过添加玻璃或陶瓷成型所用的化学原料，再充分混合并进行适当的热处理后转变为抗水性的玻璃或陶瓷（通常称为废料形式），以此来加固和固定这些废料。在一些有核国家，尤其是北美地区，桶装乏燃料仅是为了仓储处理，而没有进一步的处理措施。

可以想象玻璃废料的产出每天可高达数吨，为达到这一目标新设施正在美国华盛顿州的 Hanford 建设（Duncan，2005）。用于固定 HLW 的玻璃和陶瓷的基础性能概括如下：a. 在氧化干燥的基础上，承载质量分数为 10%～15% 的废料；b. 用焦耳坩埚或冷坩埚在 1000～1300℃ 下通过熔融或烧结/热压生产；c. 在冷水或温水中，用低于 $1g/(m^2 \cdot d)$ 的低废料固体表面积与液体体积比（SA/V）作为归一化浸出率，对应分数为微克/天。归一化浸出率与被研究物种的含量有关，因此浸出率定义为：

$$LR=\omega/(SAct) \tag{18.1}$$

式中，ω 为浸出试样的质量；SA 为样品的几何表面积；c 为废弃物中所关注物质的浓度；t 为浸出时间。浸出率一般在 $0.001 \sim 1g/(m^2 \cdot d)$ 之间，在放射性废物固定中，通常浸出率的单位为 $g/(m^2 \cdot d)$。

通过简单测量大型实体的尺寸，即可获得几何表面积。保守起见，通过假设微粒是立方形或球形，来获得所测量的粒度分布范围内微粒的几何外表面面积。选择使用的是几何外表面面积，而不是用 Brunauer-Emmett-Teller（BET）法测量的表面积。在实践中发现，BET 所测出的粉末固体材料的表面积是几何表面积的七倍左右。然而，水泥一类的多孔材料的 N_2BET 面积可能是几十 m^2/g（Odler，2003），这类材料的几何表面积取决于这些微粒的大小，这使得几何表面积将会更小一些。当然，如果废料能够被养护为更适宜的非多孔材料的大块体，那么用水提取放射性核素的潜在可能性就会降到最低。式(18.1）的重要意义在于，不同于有毒废料的 TCLP 测试（EPA，1992），更大体积的材料会稀释废弃放射性核素，不仅会带来经济损失，而且不会在第一顺序上改变沥滤率，因为总沥滤率除以相关元素的浓度即可得出。

关于玻璃和陶瓷哪一个才是固定 HLW 的最合适方法，仍然存在广泛的争论，但是总体而言，通过国家监管机构和 IAEA（IAEA，1996）的界定，两者都在可以接受的范围内，现在争论的主要部分是哪一种方法占用的空间更小且更加经济。

在将 HLW 玻璃或陶瓷嵌入地质聚合物处置库后，通过运用设计好的屏障来进一步确保对生物圈的保护，这一屏障由对废料等有抗辐射作用的金属容器组成，还可能用黏土包裹装填以吸附容器中泄漏出的核素，并且在处置库最终密封时，用混凝土衬砌并加上岩石来密封。

尽管芬兰和瑞典取得了重大进展，但迄今为止还没有国家为 HLW 建造地质聚合物处置库。美国国会于 2002 年将美国的尤卡山定为国家 HLW 处置库，这一选择也是值得注意的，但是可以预见的是，法律和技术的挑战至少还将持续数年。

18.2 水泥胶结 LLW/ILW 废物形式

对于现存的大量 LLW/ILW 废料仅美国就有成千上万立方（Ewing，2008），通过高温技术生产玻璃或陶瓷的成本相当大，所以也推动了利用胶凝材料和沥青这一类廉价低温处理法去固化这些废料。然而，虽然普通硅酸盐水泥（OPC）已经作为 HLW 的固化剂进行了候选资格审查，但是当涉及几何表面积而不是 BET 测量结果时，其标准浸出率（USDOE，1982）被认为是超标的。对于不形成高度不溶性氢氧化物的元素（如 Cs）而言，在短期 HLW 管控测试中（详见 18.2.2 节），浸出率大约在 10～100g/(m^2·d)（相当于大约 10～100mm/d），同时浸出率随着浸出时间的增加而下降。

然而，与 HLW 相比，处理 LLW/ILW 的监管标准要宽松得多。所以，在全世界运用 OPC 以及它的改性体来固化 LLW/ILW 是合理的，而胶结应被视为实现这一目的的基础技术。

因为地下水是放射性废物转移到人类生物圈的关键介质，因此 LLW/ILW 放射性废物的养护首先需要远离自由水，因此将排除大部分的有机材料。根据国际标准它们可以被结合到胶凝材料和金属桶中。

可以采用两种基本策略。第一种策略是，废料能够直接在金属桶中与胶凝材料混合，然后胶凝材料开始凝固并将桶密封。然而，这一方法有一些问题，包括：a. 某些废料的组分可能导致瞬间凝固或使其不能凝固在一起；b. 胶凝材料中的水通常会受所固定核素的放射性衰变的影响，经受辐射分解产生氢和氧，如果氢泄漏将带来火灾隐患，而不泄漏又会使密封的容器产生变形。从 a 点来说，许多存在了数年的废料非常不均匀，且关于这些废料化学成分的记录是模糊不清的。

因此更主流的实际做法是当废料被装填进桶中时对它进行干燥，随后对桶进行单轴的超压缩以使体积最小化。随后，将桶放进混凝土容器中并用灰浆填充以准备在浅库做最终处理。在这一方法中没有辐射的氢从超压缩桶的含水材料中产生，并且因为超压缩桶的屏蔽作用和混凝土衬砌与实际放射性隔开一定的距离，混凝土容器发生放射性事故的可能性相对较小。图 18.2 说明了该过程。

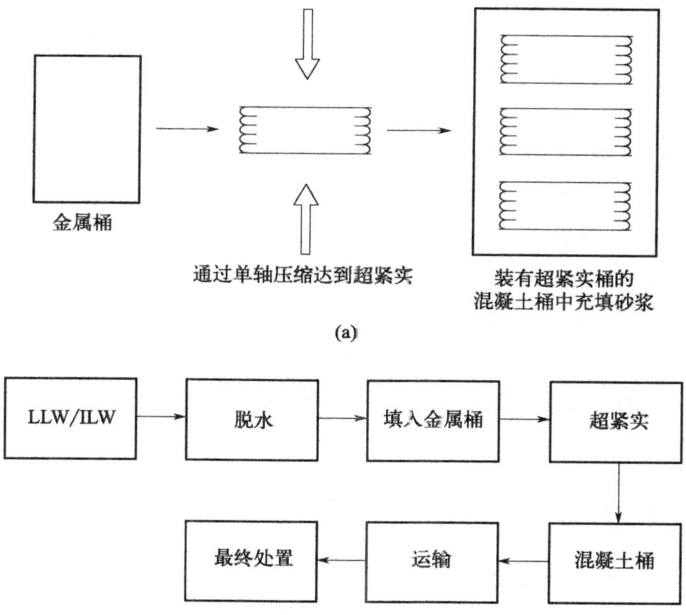

图 18.2　固定 LLW/ILW 的超压缩处理原理示意图（a）和处理 LLW/ILW 的流程图（b）

所以这一章的主要问题是地质聚合物是否有潜力替代可封锁 LLW/ILW 的标准胶凝材料混合物。第二种策略是用地质聚合物代替胶凝材料在存储库中进行此类废物的处理，值得注意的是 LLW/ILW 的存储库将基本接近地球表面。

虽然如本书其他章节所讨论的，生产地质聚合物产生的温室气体比胶凝材料少得多，似乎有明显的优势，但是在处理放射性废料时，固定材料的花费，仅仅只是在安全层面采用屏蔽和处理放射性材料的一般防范措施的整个操作中总花费的一小部分。实际上，在大规模存储库建设中使用胶凝材料的环保优势是明显的，因为在处理库建造完成之前不会引入任何放射性物质。

制造固定 LLW/ILW 废料的固体（与废料相结合的固体）需要考虑的因素有：a. 引起地质聚合物快速凝固和抑制凝固的因素；b. 相对于传统水泥的抗浸出性；c. 辐射分解氢的产生；d. 冻融性能；e. 废料中放射性离子伴生的化学有毒物质的固化。

我们已经基本解决了上述问题中的 a。如果快速凝固这一问题能够得到解决，那么对废料和胶凝材料将会带来一些好处。Ca 和 B 与化学试剂中可溶的阴离子可能是这一问题中的难点。当钙盐被添加到粉煤灰基地质聚合物中时，相比于那些不含钙盐的地质聚合物将更快地凝固（Lee and Deventer，2002）。含大量 CaO（质量分数约 22%）（Perera et al，2004）的 C 类粉煤灰也会快速地凝固（Nicholson et al，2005）。然而，Ca 的存在提高了地质聚合物的强度，因此，少量的 Ca（质量分数 3%～8%）是有益的（van Jaarsveld et al，2003；Dombrowski et al，2007）。添加四硼酸钠和焦硼酸锂一类的含 B 盐将会使 OPC 的凝固时间较大程度地增加（Taylor，1997），但不会明显地影响地质聚合物的凝固时间（Palomo and de la Fuente，2003）。硼以四面体的 BO_4 形态存在于地质聚合物结构中（Nicholson et al，2005）。Lee 和 van Deventer（2002）也发现 Cl^- 和 CO_3^{2-} 一类的阴离子也可能缩短地质聚合物的凝固时间，即使与这些阴离子伴生的阳离子可能很好地掩盖了这一效应。

根据核监督管理测试中的防火和防辐射标准（详见 18.4 节和参考文献），用于固定核废料的固体最好是无机的和耐火的。水与这些固体的相互作用非常复杂且远未被完全了解。

18.2.1 水溶解行为

当无机金属盐（比如 NaCl）一类的物质溶解在水中，阴离子和阳离子将会按照化学配比一起溶解在溶液中直到达到溶解极限（一致溶）。对岩石、陶瓷、金属合金一类复杂的化合物，情况则有所不同。在这些化合物中有一些种类的离子将会优先溶解，这一过程被称为不一致溶或更通俗地称为“浸出”。这一过程导致固体的成分发生改变，特别是靠近表面的部分，这个过程是扩散控制的，且在时间上是非线性的。

通常来说，固体的溶解率是与固体/液体比、样品表面积、pH、温度、溶液介质的组分和浸出反应时间相关的复杂函数。因此，溶解反应的最初特性在于水中的溶解产物在零时间和零浓度溶解率的正反应特性。然而，随着溶解过程的进行，由于“逆反应”往往会使一些溶解的物质沉淀下来，所以反应会减慢。最终，固体溶解产物和溶液之间会达到平衡，这取决于本质上是封闭体系还是开放体系。因为系统很小并以无水区为界，因此是开放的。当含有大量盐的地下水发生浸出时将引发更多的现象。

选择固定放射性的固体包覆材料所需要考虑的因素之一就是固体的可再生性，出于这一原因，我们认为偏高岭土是到目前为止地质聚合物中最可再生的硅铝酸盐前驱体，并且应当将它用于制造这一目标地质聚合物的候选材料。然而，也有些负面特性，如与粉煤灰相比，基于偏高岭土的地质聚合物对水的要求更高一些。虽然粉煤灰更加廉价，但不同电厂产出的粉煤灰有所不同，甚至同一电厂每天产生的都不同。此外，粉煤灰由结晶、非晶、无定形复杂混合物组成，这使它难以区分出共同的水溶液溶解机制。因此，我们的讨论主要集中在偏高岭土基地质聚合物上。

地质聚合物（偏高岭土基）在水中的溶解行为相当复杂，因为正如本书前几章所述，我们所面对的是含有孔隙水的硅铝酸盐结构。因此，有两个基本过程有助于地质聚合物与水的反应：a. 孔隙水扩散进外部水溶液；b. 硅铝酸盐的浸出。然而，从许多研究中可以清楚地看出，部分反应过的硅铝酸盐前驱体也存在于地质聚合物基体中，这一现象使情况变得更加复杂。

众所周知（见于前几章），地质聚合物的三维聚合反应在 Si/Al 摩尔比大约为 2 时达到最大，为了使四面体结构中所有氢被完全结合，Na/Al 的摩尔比必须为 1 以提供足够的电荷补偿。相关的研究包括^{27}Al 和^{29}Si 固体魔角核磁共振（Duxson et al，2005；Blackford et al，2007）和抗压强度测试（Rowles and O'Connor，2003）。当然，近来的研究发现当 Si/Al 比大约在 2 时，在水中的溶解也是最小的（Aly et al，2008）。正如在其他章讨论的，当 Si/Al 摩尔比大约为 1 或更小时，会倾向于形成晶态沸石，特别是在较高养护温度下。然而，当 Si/Al 摩尔比显著超过 2 或 3 时，将形成大量的强度较低的二维网状结构。

我们将首先考虑四面体硅铝酸盐和水的反应。大致来说，可以把框架比拟为多孔的硅铝酸盐玻璃。当这一玻璃被浸泡在水中时，发生反应的第一现象是 pH 升高，对固态玻璃而言，这归咎于转移到溶液中碱离子的交换和氢核（或 H_3O^+ 实体）替代玻璃中的碱离子。这一过程的延续就是碱性溶液通过以下反应侵蚀硅铝酸盐框架：

$$SiO_2 + OH^- + H_2O \longrightarrow SiO(OH)_3^- \tag{18.2}$$

人们对用硼硅酸盐玻璃固定高能级核废料进行了一些研究（如前面一样，富含裂变产物的废料来源于核能发电站使用后的燃料），这一过程很好理解（Lutze and Ewing，1988），然而通过添加其他少量的 Ti、Zr、Al、Fe、Li、Zn 等阳离子以获得浸出率的提高在一定程度上仍然依靠经验。

当地质聚合物在水中沥滤时，会发现水的 pH 值迅速升高，以特定阳离子存量的部分萃取率计算，碱的总体释放率最高（图 18.3）（Aly et al，2008；

Ly et al，2006）。但是对总碱释放将骨架溶解和孔隙水溶解的贡献区分开来并不容易。然而，从中可以看到，在其他条件都相同的情况下，即使在比较稀的溶液中碱金属（Al 和 Si）的释放速率很大程度上取决于表面积与液体的比（Vance et al，2007），如果孔隙水/溶液交换是造成碱释放的唯一因素，那将是无法预期的。

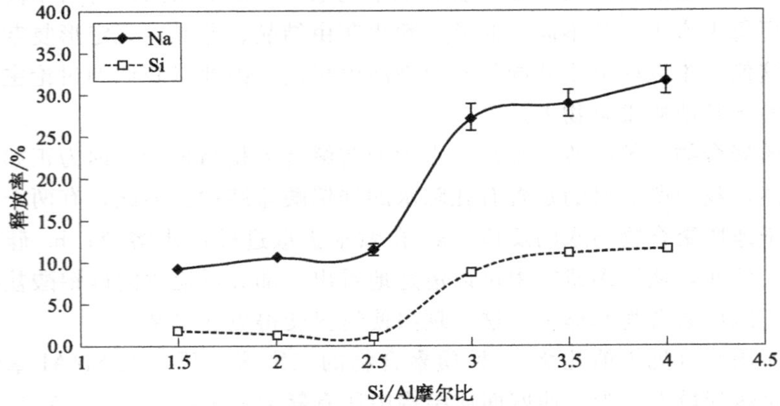

图 18.3　在 PCT-B 测试中不同 Si/Al 摩尔比的偏高岭土地质聚合物的元素释放率
提取出的 Al 全部小于 0.4%。数据来源于 ANSTO 未发布的研究工作

虽然通过适当加热到大约 300℃几乎可以移除所有的孔隙水（Perera et al，2005），但是孔隙结构依旧会大量保留，并且在孔隙水中的盐将会在孔隙边缘结晶；当干燥固体浸泡在水中时，水将会渗透进孔隙结构并将盐溶解，然后盐将扩散在浸出水中。

当然，如果可以去除相对较大的孔隙，则应尽量减少向水溶液中的孔隙水转移，因此目前的努力是针对高剪切混合以最大限度地减少水含量并去除气泡。

在其他章节已经对地质聚合物的微观结构做出了讨论，即使通过振动技术可以避免产生毫米级的孔隙，非常细的中孔和大孔的本质特征也是存在的（分别为 2～50nm 和 50～200nm；Roquerol et al，1999）。然而，在缺乏外部高水压的情况下，并非所有纳米级孔隙会允许任何有效的孔隙水转移到浸出溶液中，所以降低大尺度的多孔性被认为是提高浸出阻力的最好方法。

在偏高岭土基地质聚合物的高剪切混合中可以使用的最小用水量正在研究中。到目前为止，已经发现（Walls 和 Kurlapski，私人通信），为了凝固而减少用水量会导致样品在随后暴露于水后产生裂缝。我们还研究了商业化的地质聚合物，并在未公开的文献中发现，即使使用磨碎的粉煤灰、添加最少量的水并用高剪切混合以最大程度地提高它们的强度，在 HLW 版本的 PCT 测试

（见 18.2 节）中它们还是会失败，所以水量最少化的方式似乎不太可能带来水浸阻力的明显改善。

18.2.2 符合法规测试

国际原子能机构（IAEA）和不同国家对放射性废料的处理都有明确、短期的监督管理测试，但是对被处理废料特性的科学理解依旧是必要的，这是为了确保能够持续数千年或直到所有名义上固定废料的放射性衰变为无效为止。

主要的相关监管测试是 ANS 16.1（ANS，2003）以及较小程度上的 PCT-B 测试（ASTM，2002）。然而这些只是短期的测试，为了确保这些特定的废料能够固定上千年的时间，科学的理解依然是必要的。ANS 16.1 测试使用尺寸大约为 1cm×1cm×5cm，质量大约为 20g 已知成分的胶凝材料样品。样品被浸泡在大约 200mL 的 20℃ 水中并且浸出 2h、7h、24h、48h、72h、96h、120h，并持续更长的时间。然后分析溶液中的各种阳离子，特别是放射性种类的变化。假设样品中有<20%的废料被浸出（通过确认样品成分可以推断出），将部分废料浸出物对应浸出时间的平方根作图并且得出各种元素的有效扩散系数。如果扩散系数全都$<10^{-6}cm^2/s$，且抗压强度>3.5MPa，那么这一固体被认为可以成功固定所研究的放射性核素（IAEA，1996）。

在 PCT-B 测试中，样品被粉碎为 100～200 目的碎片（150～75μm）。用乙醇、甲醇、丙酮或更好的非极性溶剂清洗粉末以去除黏附性细粉，这是为了防止可溶性的分子发生预分解。每克被清洗的样品添加 10mL 的去离子水，然后将样品在 90℃下浸出 7 天。尤其是对存在 Na 和 Si 这些浸出元素的部分留存进行检测，如果浸出的所有留存物都低于固体中总量的 13%，那么这一材料被认为是处理 HLW 的良好选择。关注这些元素是因为可以用 PCT-B 测试作为硼硅酸盐玻璃处理 HLW 能力的指标。值得注意的是，在这些测试中 SA/V 的比率都相对较高（$40cm^{-1}$）。硼硅酸盐玻璃的典型特性就是它对上述元素的部分释放率在 0.1%～10%之间。

对含有 LLW/ILW 的候选固体进行近地表处置的 PCT-B 测试在方法学上是相同的，但是元素浸出的“合格率”是 $2g/m^2$，比起 HLW 的因子要低 3～5（取决于废物形态的密度），相较于 HLW 深层处理有多重的障碍来防止放射性核素转移到生物圈中，这也是在近地表处置中处理 LLW/ILW 调整标准的原因。

不含废料的地质聚合物可以被制造并通过 HLW 版本的 PCT 测试，而在 LLW 版本的测试中，将有明显的迹象表明 PCT 测试产生了早期的饱和效应——仅仅在一天的时间内（Vanceet et al，2007），这与在 SA/V 比率较低的测试中测得较高的早期释放率是一致的。

18.2.3 阴离子的影响

冷战期间美国生产 Pu 所产生的槽装废料在美国被分类为 HLW，但对于许多其他有核国家的管理制度而言，其活性已经下降到了 ILW 的水平。因此，已经有几次尝试证明地质聚合物相对于玻璃化是一种可行的方法来固定这些废物，而玻璃化是美国的基准技术。所用到的废料是 Hanford 区和 Savannah River 实验室的液体+泥状的废料以及 Idaho 国家实验室的煅烧物。液态废料主要组成是较多的裂变产物和锕系元素的金属氢氧化物烂泥，主要含有氢氧化钠、硝酸钠、亚硝酸钠和铝酸钠以及 Cs 和 Tc 一类可溶性裂变产物。煅烧物是由氧化锆、氧化铝、钙氟化物和白云石，以及裂变产物和锕系元素混合组成的。对于液体废物，已设计地质聚合物配方以固定模拟废物，这些废物在与黏土和糖为还原剂混合后进行煅烧，以最大限度地去除硝酸盐、亚硝酸盐、硫酸盐以及有机物质（Krishnamurthy et al，2001；Siemer et al，2001b；Bao and Grutzeck，2007）。偏高岭土基地质聚合物通常在大约 200℃下进行高压蒸汽处理（Siemer et al，2001a）后，可以通过 HLW 版本对 Na 进行 PCT 测试（在美国这一废料被分类为 HLW），同时也显示出足够的抗压强度。用 Idaho 国家实验室的煅烧物所做的地质聚合物试样也获得了大致相同的结果（Siemer et al，2001b）。

在液态废料中，硝酸盐，亚硝酸盐和硫酸盐阴离子通常以碱盐溶液的形式存在于孔隙水中，因此，当地质聚合物暴露于水中时，这些阴离子将难以固定。因为这些特殊的槽装废料具有非常高的碱含量，所以在不大量添加 Al 等阳离子抑或还原剂的情况下，即使煅烧，要去除阴离子也是很困难的。然而，有报道称这一过程制造出了硝酸方钠石（Buhl and Lons，1994、1996；Buhl，1991），尽管这都是在温度远高于 100℃的水热制备中完成的，其中硝酸盐的化学计量比硅铝酸盐成分多 10 倍或更多。硝酸根、亚硝酸根和硫酸根离子可以结合到源自基本方钠石结构的白砂岩结构中，并且可以明显地固定在 Na/Al/Si 比约为 1 的地质聚合物中（Krishnamurthy et al，2001；Siemer et al，2001a；Bao and Grutzeck，2007）。此外，还可以加入氢氧化钡来固定硫酸盐，使其成为不溶性的 $BaSO_4$。

18.2.4 相较于 OPC

Cs 是最难以固定的放射性核素之一，因为它作为碱性元素通常具有很高的水溶性，同时对地质聚合物萃取物的 PCT 测试结果一般在 2g/L（Perera et al，2006），而在水泥中 Cs 却高达 80～100g/L（Hanna et al，2001）。为了降低胶凝材料中 Cs 的浸出率，尝试了将 Cs 与胶凝材料中的沸石相结合（El-Kamash et al，2006；Perera et al，2007）。

在对含有合成 LLW/ILW 的地质聚合物进行 ANS 16.1 的测试中，我们发现元素 Al、Na、Si、Cs、Sr、Nd 和 Ba 的 D 值（所推导出的扩散系数的对数——$\log_{10}$，详见 18.2 节）（Perera et al，2007）大约为 10（即远远超过了 6 的“及格点”）。

18.2.5 辐解氢

在水泥中，强度形成的主要相是水化 C-S-H 相（Ca-Si-氧化物/水合物），辐解将产生氢气（Offerman，1989）。正如前面提到的，这样的 H_2 是危险的。原则上，通过给胶凝材料脱水将较大程度缓解辐射分解氢的问题。然而，因为水是 C-S-H 相的组分之一，在数百摄氏度的条件下加热将对胶凝材料结构带来严重的影响。相比之下，地质聚合物可以在 300～400℃下完全脱水并且对其水溶性几乎不产生影响（Perera et al，2006）。任何有机材料通过这一处理，基本上都将会被移除，所以这样的加热处理将会解决辐射分解产生氢气的问题。这样的加热对力学性能的影响还未被量化（还在研究中），但从实验室得到的大量观察表明预计不会有很明显的影响。

18.2.6 耐火性

固定 ILW/LLW 的耐火性标准有一定的弹性，但是 IAEA 建议对这一问题进行关注（IAEA，1996）。含沥青的产品（详见 18.2.9 节）需要装填在耐火的金属罐内，但即便如此，火焰的加热将会引发潜在的爆炸以及随后燃烧的可能性。地质聚合物具有足够的耐火性，这是有据可查的（Kong et al，2007、2008）。

18.2.7 冻融行为

冻融问题基本上是胶凝材料水化相膨胀/收缩引起的宏观开裂。OPC 衍生物的冻融行为和辐射分解产生氢气一样，可以通过在大约 300℃下加热地质聚合物而使问题最小化，至少当它们不和水接触的时候，这样加热也去除了地质聚合物冻融行为可能带来的潜在危害。

18.2.8 在地质聚合物中实际固化废料

斯洛伐克共和国的 AllDeco Ltd. 已经开发出一种专有的地质聚合物基质（名为 SIAL）用于包埋从斯洛伐克原子动力反应堆中产生的各类中放射等级

废料（Majersy et al，2007）。封装在地质聚合物基质中的材料是经过长期储存废核燃料元素所形成的淤泥，淤泥来源于反应堆的沉淀池和其他途径。一些淤泥通过冷却介质的有机化合物的乳化混合物形成，并含有大量钙和镁的碳酸氢盐。在淤泥中^{137}Cs大约在$10^5 \sim 10^8 g/L$之间。一旦这些淤泥用地质聚合物基质凝固并装填进60L的桶中，桶的表面剂量将在10～20mGy/h之间。对从桶中取出样品的^{137}Cs进行ANSI 16.1测试，所测出的D值>8且其抗压强度为25MPa，大约20%（质量分数，在干燥的基础上）的废料封进地质聚合物中。

有机离子交换树脂和混合污泥也被封装在地质聚合物基质中。相对于只能封装10%（质量分数）的OPC，地质聚合物可以封装大约20%（质量分数，在干燥的基础上）。它们被装填进200L的桶中，所有的桶都是用不锈钢制造的。这些桶的表面剂量在130～600mGy/h之间，且从桶中切取出的样品中，^{137}Cs的D值>9。

SIAL基质（地质聚合物）已经被斯洛伐克原子能管理局（UJDSR）和捷克原子能管理局（SUJB）接收，并将其放置在各自的储存库中（Majersy et al，2007）。AllDeco Ltd. 已经于2003年将这些桶放置在斯洛伐克的储藏室中。

18.2.9 固定LLW/ILW的可代替低温产品

可替代OPC和地质聚合物的低温产品是Argonne Mg-K-磷酸盐混合物和沥青以及改性后的胶凝材料。正如前面所提到的，OPC是固定LLW/ILW的基础产品。OPC的填充剂是粉煤灰和粒化玻璃高炉矿渣，在这一背景下，这些物质已经被广泛地研究了，例如Quillin et al（1994）以及Glasser（1992）和Milestone（2006）的综述。然而，粉煤灰和粒化玻璃高炉矿渣的不可再生性再一次为人所诟病。Shi等（2006）也讨论了用碱激发胶凝材料固定辐射性废料的可能性。

对于沥青辐解H_2的产生通常被认为是一个问题，但欧洲正在使用沥青产品，Eurobitum是一种明确定义的产品（Chaix et al，2001；Valcke et al，2001；Sneyers and van Iseghem，1998）。其他辐解产品包括草酸酯和其他自由基（Valcke et al，2001），这些产品具有络合能力并将促进放射性核素在地下水中转移。

Argonne国家实验室（ANL）的研究人员所研发的Mg-K-磷酸盐产生于以下化学反应，它所表示的主要反应是将焙烧的MgO和KH_2PO_4结合（Singh et al，1994；Jeong et al，1996；Walker et al，2000；Langton et al，2000）：

$$MgO+5H_2O+KH_2PO_4 \longrightarrow MgKPO_4 \cdot 6H_2O \quad (18.3)$$

这种材料被认为适用于固定在 CST 离子交换剂中的锕系元素和 Cs (Singh et al，1994)。它是否能有效固定锕系元素存在争议，然而通过 TCLP 测试发现，这一产品也广泛地适用于废料的有毒成分的固定。放射稳定性通常通过 ANS 16.1 测试进行评估。

表 18.2 概括了候选材料的关键成分。形成不溶性氢氧化物的阳离子无疑会被固定在非酸性的地下水中，要注意的是，在贮藏库建设中所用到的水泥或地质聚合物将会提高经过处置库的地下水的碱性。在使用沥青和 ANL 磷酸盐胶凝材料时可能不会产生这样的碱性。

从表 18.2 中推断出，用地质聚合物固定 LLW/ILW 的潜在优势有：a. 在控制浸出的测试中大体上有更好的性能；b. 在中等温度下，例如 300℃，加热可以基本上消除辐射分解产生氢气的现象（以及冻融问题），并对强度和浸出性不会造成严重的影响；c. 优越的耐火性；d. 地质聚合物的碱性会促使许多裂变产物和锕系物内部形成不溶性氢氧化物。

表 18.2 用于固定 LLW/ILW 废物形式的候选物的关键性能

候选物	浸出性	水/有机物含量	耐火性
水泥	满意	是	胶凝材料弱化
地质聚合物	比 OPC 好	可以消除	优异
Mg-K-磷酸盐	比 OPC 好	是	不耐火
沥青	比 OPC 好	是	不耐火

18.3 小结

与水泥（生产过程中的温室气体排放除外）和其他用于固定 LLW/ILW 的候选材料相比，地质聚合物具有显著优势。需要强调的是，这些类型的核废料现有数量远远超过 HLW。这些优势在于，如果在生产周期中插入使产品脱水的步骤，将没有冻融问题并能将辐射分解产生的氢气最小化；从浸出率的角度看对放射性核素进行了良好的固化。如今，斯洛伐克共和国已经用地质聚合物对低放射等级废料进行了工业规模的处理。虽然先进的核燃料循环已经被广泛地实现，但是在 40 年或 50 年内，还将会有大量的 LLW 和 ILW 需要固化。

然而，对包含各种 LLW/ILW 的地质聚合物在一系列类型的地下水中的水溶解行为需要更广泛地研究，以确保固定 LLW/ILW 的长期稳定性。迫切需要评估地质聚合物用于核废料和有毒废料的贮藏室的屏障潜力，尤其需要控制孔隙在 0.1pm 或更小等级的尺寸。

18.4 更多信息来源和建议

一本名为《未来辐射废弃物形式》（*Radioactive Waste Forms for the Future*）的书是由 Lutze 和 Ewing 编写的，直到 20 世纪 80 年代中期，这本书才被认为是与核废料固定有关材料研究的极好资料。自 1978 年起，材料研究学会几乎每年都会举行关于放射性废弃物管理的年会。Glasser（1992）和 Milestone（2006）将胶凝材料用于固定放射性废弃物的研究进行了非常重要的综述。

致谢

感谢 D. Brew 和 P. Walls 的讨论，以及 Z. aly 进行的大部分浸出分析。本研究的部分工作得到了位于华盛顿州珀斯市柯廷大学的可持续资源加工合作研究中心的支持。

参考文献

Aly, Z, Vance, E R, Perera, D S, Davis, J, Durce, D, Hanna, J V, and Griffith, C S (2008), 'Aqueous leachability of metakaolin-based geopolymers with molar ratios of Si/Al = 1.5 to 4', *J. Nucl. Mater.*, 378, 172–9.

ANS (2003), *Measurement of Leachability of Solidified Low Level Radioactive Wastes by Short-Term Test Procedure*, ANSI/ANS-16.1-2003. American Nuclear Society, Illinois, USA.

ASTM (2002), *Standard Test Methods for Determining Chemical Durability of Nuclear, Hazardous, and Mixed Waste Glasses and Multiphase Glass Ceramics: The Product Consistency Test (PCT)*, Designation C1285-02, ASTM International, PO Box C700, West Conshohocken, PA 19428-2959, USA.

Bao, Y, and Grutzeck, M W (2007), 'Solidification of Sodium Bearing Waste using Hydroceramic and Portland Cement Binders', in Dunn, D, Poinssot, D C, and Begg, B (eds.), *Scientific Basis for Nuclear Waste Management XII*, Materials Research Society, Warrendale, PA, USA, 233–242.

Blackford, M G, Hanna, J V, Pike, K J, Vance E R, and Perera D S (2007), 'Transmission Electron Microscopy and Nuclear Magnetic Resonance in Geopolymers for Radioactive Waste Immobilisation', *J. Amer. Ceram. Soc.*, 90 (4), 1193–1199.

Buhl, J-C (1991), 'The properties of salt-filled sodalites Part 2. Synthesis, decomposition reactions and phase transitions of nitrate sodalite $Na_8[AlSiO_4]_6(NO_3)_2$', *Thermochim. Acta*, 189, 75–82.

Buhl, J-C, and Lons, J (1994), 'Orientational Disorder and Heterogeneous Reaction Behaviour of NO_2^- and NO_3^- Anions Inside a Sodalite Matrix', *J. Solid State Chem.*, 112, 243–250.

Buhl, J-C, and Lons, J (1996), 'Synthesis and crystal structure of nitrate enclathrated sodalite $Na_8[AlSiO_4]_6(NO_3)_2$'. *J. Alloys and Compounds*, 235, 41–47.

Chaix, P, Camaro, S, Simondi, B, Vistoli, P P, and Blanc, Y (2001), 'Long-Term Behaviour of Bituminized Waste: Modelling of Auto-Irradiation and Leaching', in Hart, K P and Lumpkin, G R (eds.), *Scientific Basis for Nuclear Waste Management XXIV*, Materials Research Society, Warrendale, PA, USA, 131–139.

Dombrowski, K, Buchwald, A, and Weil, M (2007), 'The influence of calcium content on the structure and thermal performance of fly ash based-geopolymers', *J. Mater. Sci.*, 42, 3033–3043.

Duncan, G M (2005), 'The Nation's Largest Construction Project: Designing and Constructing Hanford's Waste Treatment Plant', *Radwaste Solutions*, Sept/Oct, 14–22.

Duxson, P, Lukey, G C, Separovic F, and van Deventer, J S J (2005), 'Effect of Alkali Cations on Aluminum Incorporation in Geopolymeric Gels', *Ind. Eng. Chem. Res.*, 44, 832–839.

EPA (1992), Environmental Protection Agency, *Test Methods for Evaluating Solid Waste, Physical/Chemical Methods: Method 1311: Toxicity Control Leaching Procedure*, Document SW–846.

El-Kamash, A M, El-Naggar, M R, and El-Dessouky, M I (2006), 'Immobilization of cesium and strontium radionuclides in zeolite-cement blends', *J. Hazardous Materials*, B136, 310–318.

Ewing, R C (2008), 'Nuclear Fuel Cycle: Environmental Impact', *Materials Research Society Bulletin*, 33, 338–340.

Glasser, F P (1992), 'Progress in the Immobilization of Radioactive Wastes in Cement', *Cem. Concr. Res.*, 22, 201–216.

Hanna, J V, Aldridge, L P, and Vance, E R (2001), 'Cs Speciation in Cement', in Hart, K P and Lumpkin, G R (eds.), *Scientific Basis for Nuclear Waste Management XXIV*, Materials Research Society, Warrendale, PA, USA, 89–96.

Herbert, A M, and Hopley, G W (2007), *Nuclear Energy Now*, John Wiley and Sons, Inc., Hoboken, NJ, USA, p. 33.

IAEA (1996), *Requirements and methods for low and intermediate level waste package acceptability*, Report IAEA-TECDOC-864 , IAEA-Vienna.

Jeong, S, Wagh, A S, and Singh, D (1996), 'Chemically Bonded Phosphate Ceramics for Stabilizing Low-Level Radioactive Wastes, in Jain, V and Peeler, D (eds.), *Environmental Issues and Waste Management Technologies in the Ceramic and Nuclear Industries II*, American Ceramic Society, Westerville, OH, USA, 179–188.

Kong, D L Y, Sanjayan, J G, and Sagoe-Crentsil, K (2007), 'Comparative performance of geopolymers made with metakaolin and fly ash after exposure to elevated temperatures', *Cem. Concr. Res.*, 37, 1583–1589.

Kong, D L Y, Sanjayan, J G, and Sagoe-Crentsil, K (2008), 'Factors affecting the performance of metakaolin geopolymers exposed to elevated temperatures, *J. Mater. Sci.*, 43, 824–831.

Krishnamurthy, N, Grutzeck, M W, and Kwan, S (2001), 'Hydroceramics for Savannah River Laboratory Sodium-Bearing Waste', in Spearing D R, Smith, G L, and Putnam, R

L (eds.), *Environmental Issues and Waste Management Technologies in the Ceramic and Nuclear Industries VI*, American Ceramic Society, Westerville, OH, USA, 337–344.

Langton, C A, Singh, D, Wagh, A S, Tlustochowicz, and Dwyer, K (2000), 'Phosphate Ceramic Solidification and Stabilization of Cesium-containing Crystalline Silicotitanate Resins', in Chandler, G T and Feng, X (eds.), *Environmental Issues and Waste Management Technologies in the Ceramic and Nuclear Industries V*, American Ceramic Society, Westerville, OH, USA, 175–187.

Lee, W K W, and van Deventer, J S J (2002), 'The effect of ionic contamination on the early-age properties of alkali-activated fly ash-based cements', *Cem. Concr. Res.*, 32, 577–584.

Lutze, W, and Ewing, R C (1988), (eds.) *Radioactive Waste Forms for the Future*, North-Holland, Amsterdam.

Ly, L, Vance, E R, Perera, D S, Aly, Z, and Olufson, K (2006), 'Leaching of geopolymers in deionised water', *Adv. in Mater. and Mater. Proc. J.*, 8, 236–247.

Majersy, D, Sekely, S, and Breza, M (2007), 'Verified possibilities of specific and historical waste solidification', *IAEA RCM on Behaviour of cementitious materials in Long term storage and disposal of radioactive waste meeting*, 10–14 September, Moscow, Russia, CD ROM, IAEA, Vienna, Austria.

Milestone, N B (2006), 'Reactions in cement encapsulated nuclear wastes: Need for toolbox of different cement types', *Adv. App. Ceram.*, 105, 13–20.

Nicholson, C L, Murray, B J, Fletcher, R A, Brew, D R M, MacKenzie, K J D, and Schmucker, M (2005), 'Novel geopolymer materials containing borate structural units', in Davidovits, J (ed,), *Proceedings World Congress Geopolymer 2005*, Saint-Quentin, France, 31–33.

Odler, I (2003), 'The BET-specific surface area of hydrated Portland cement and related materials', *Cem. Concr. Res.*, 33, 2049–2056.

Offermann, P (1989), 'Calculation of the Radiolytic Gas Production in Cemented Waste', in Lutze, W and Ewing, R C (eds.), *Scientific Basis for Nuclear Waste Management XII*, Materials Research Society, Pittsburgh, PA, USA, 461–468.

Palomo, A, and de la Fuente, J I L (2003), 'Alkali-activated cementitious materials: Alternative matrices for the immobilisation of hazardous wastes-Part 1. Stabilisation of boron', *Cem. Concr. Res.*, 33, 281–288.

Perera, D S, Nicholson, C L, Blackford, M G, Fletcher, R A, and Trautman, R L (2004), 'Geopolymer Made Using New Zealand Fly Ash,' *J. Jap. Ceram. Soc.* 112(4), S108–S111.

Perera, D S, Vance, E R, Cassidy, D J, Blackford, M G, Hanna, J V, and Trautman, R L (2005), 'The Effect of Heat on Geopolymers made using Fly Ash and Metakaolinite', in Singh, J P, Bansal, N P and Kriven, W M (eds.), *Advances in Ceramic Matrix Composites X*, American Ceramic Society, Westerville, OH, USA, 87–94.

Perera, D S, Vance, E R, Aly, Z, Davis J, and Nicholson, C L (2006), 'Immobilization of Cs and Sr in Geopolymers with Si/Al Molar Ratios of ~ 2', in Herman, C C and Marra, S L (eds.), *Environmental Issues and Waste Management Technologies in the Ceramic and Nuclear Industries XI*, American Ceramic Society, Columbus, OH, USA, 91–96.

Perera, D S, Vance, E R, Kiyama, S, Aly, Z, and Yee, P (2007), 'Geopolymers as Candidates for Low/Intermediate Level Highly Alkaline Waste', in Dunn, D, Poinssot, C D and Begg, B (eds.), *Scientific Basis for Nuclear Waste Management XXX*, Materials Research Society, Warrendale, PA, USA, 361–366.

Quillin, K C, Duerden, S L, and Majumdar, A J (1994), 'Accelerated Ageing of Blended OPC Cements', in Barkatt, A and Van Konynenburg, R A (eds.), *Scientific Basis for*

Nuclear Waste Management XVII, Materials Research Society, Pittsburgh, PA, USA, 341–348.

Rouquerol, F, Rouquerol, J, and Sing, K (1999), *Adsorption by Powders and Porous Solids: Principles, Methodology and Applications*. Academic Press, San Diego, CA, USA, p. 8.

Rowles, M R, and O'Connor, B H (2003), 'Chemical optimisation of the compressive strength of aluminosilicate geopolymers synthesised by sodium silicate activation of metakaolinite', *J. Mater. Chem.*, 13, 1161–1165.

Shi, C, Krivenko, P V, and Roy, D M (2006), *Alkali-Activated Cements and Concretes*, Taylor and Francis, London and New York, pp. 313–319.

Siemer, D D, Olanrewaju, J, Scheetz, B, Krishnamurthy, N, and Grutzeck, M W (2001a), 'Development of Hydroceramic Waste Forms', in Spearing, D R, Smith, G L and Putnam, R L, (eds.), *Environmental Issues and Waste Management Technologies in the Ceramic and Nuclear Industries VI*, American Ceramic Society, Westerville, OH, USA, 383–390.

Siemer, D D, Olanrewaju, J, Scheetz, B, Krishnamurthy, N, and Grutzeck, M W (2001b), 'Development of Hydroceramic Waste Forms for INEEL Calcined Waste', in Spearing, D R, Smith, G L and Putnam, R L, (eds.), *Environmental Issues and Waste Management Technologies in the Ceramic and Nuclear Industries VI*, American Ceramic Society, Westerville, OH, USA, 391–398.

Singh, D, Wagh, A S, Cunnane, J, Sutaria, M, Kurokawa, S, and Mayberry, J (1994), 'Phosphate-Bonded Ceramics as Candidate Final Waste Form Materials', in Bickford, D, Bates, S, Jain, V and Smith, G (eds.), *Environmental and Waste Management Issues in the Ceramic Industry II*, American Ceramic Society, Westerville, OH, USA, 165–174.

Sneyers, A, and Van Iseghem, P (1998), 'The Leaching Behaviour of Bituminized Radioactive Waste in the Geologic Disposal Conditions of the Boom Clay Formation', in McKinley, I G and McCombie, C (eds.), *Scientific Basis for Nuclear Waste Management XXI*, Materials Research Society, Warrendale, PA, USA, 565–572.

Taylor, H F W (1997), *Cement Chemistry*, 2nd edition, Thomas Telford, London, UK.

USDOE (1982), *The Evaluation and Selection of Candidate High-level Waste Forms*, US Dept of Energy Report DOE/TIC 11611.

Valcke, E, Sneyers, A, and Van Iseghem, P (2001), 'The Effect of Radiolytic Degradation Products of Eurobitum on the Solubility and Sorption of Pu and Am in Boom Clay, in Hart, K P and Lumpkin, G R (eds.), *Scientific Basis for Nuclear Waste Management XXIV*, Materials Research Society, Warrendale, PA, USA, pp. 141–149.

van Jaarsveld, J G S, van Deventer, J S J, and Lukey, G C (2003), 'The characterisation of source materials in fly ash-based geopolymers', *Mater. Lett.*, 57, 1272–1280.

Vance, E R, Perera, D S, Aly, Z, Walls, P A, Zhang, Y, Cassidy, D J, and Griffith, C S, (2007), 'Immobilisation of Cations and Anions in Geopolymers', Materials Science and Technology 2007 Conference and Exhibition, Sept 16–20, Detroit, MI, USA.

Walls, P A, and Kurlapski, I, private communication.

Walker, B W, Langton, C A, and Singh, D (2000), 'Phosphate bonded Solidification of Radioactive Incinerator Wastes', in Chandler, G T and Feng, X (eds.), *Environmental Issues and Waste Management Technologies in the Ceramic and Nuclear Industries V*, American Ceramic Society, Westerville, OH, USA, 169–174.

19

有毒废物在地质聚合物中的固化

J. L. Provis 著

墨尔本大学，澳大利亚

19.1 引言

长期以来，人们一直认为，地质聚合物技术具有将有毒废物固定的潜力（Comrie et al，1988）——最常见的是那些模糊定义的“重金属”类别的有毒废物，也包括其他种类的元素、离子和化合物。固化行为同时也提供了有关地质聚合物胶凝材料内在化学的有用信息，因为固化行为强烈取决于一个或多个因素，这些因素往往难以单独测量。

水泥基材料是固定许多潜在有毒物种的公认解决方案，在过去的数十年，人们已经确定了其在处理许多不同类别废物方面的有效性（Glasser，1997；Conner and Hoeffner，1998；Malviya and Chaudhary，2006）。在许多情况下，一个固定方案中对材料性能的法定要求往往参照水泥基浆体的发展，在这些情况中，将少量的胶凝材料添加到大体积的废弃物中以形成连续但低强度的材料，这种材料能够有效地抵抗被固定组分的浸出。这一过程也被称为“固化/稳定”，这些可替代的胶凝材料的广泛应用使其环境代价和成本比用硅酸盐水泥（用纯材料制备）处理废物时更小。Shi 和 Fernandez-Jimenez（2006）综述了在废物固定中，使用粉煤灰基和矿渣基碱激发胶凝材料的情况。这一章的重点将是低钙体系（也就是粉煤灰或偏高岭土基地质聚合物），读者可以参考该内容以获取高钙体系的详细信息。

同样需要注意的是，由基质降解而引起的固定有毒废物的浸出，以及这些废弃物从相对完整的基质中浸出的区别。在本章中，所展示的主要数据代表了后者的情况，因为大多数测试所使用的浸出环境不足以严苛到使硅铝酸盐地质聚合物胶凝材料发生剧烈降解的程度。同时地质聚合物胶凝材料的降解率很大程度上取决于它的构成，因为水含量和钙含量一类的因素对胶凝材料的多孔性和化学稳定性都有影响。这些问题已经在第 8 和第 9 章详细地讨论过，因此将不是本章的焦点。

这一章将会说明将一些元素固定在地质聚合物中的不同方法。在固化科学和毒理学方面，将潜在有毒物种普遍分为“重金属”和“其他”类别。然而，对“重金属”的具体构成却没有达成共识（Duffus，2002）。所以这里所用到的分类方法将按照周期表呈现给读者，主族元素和过渡金属明显地相互区分开来，根据它们被固定在地质聚合物中的行为进行密切观察（van Deventer et al，2007）。这一章将不会介绍针对每一种有毒元素的所有研究成果，但是会对地质聚合物在固定各种有毒元素时所观察到的或所预期的表现进行综述。图 19.1 呈现的是元素周期表，这是依据已发表的关于如何处理地质聚合物及相关聚合反应的文献得出的分类结果。被分类为“已结合”的元素，包括形成骨架的元素以及 N、S 和 Cl 一类的常常以反离子形式存在的元素，是固定研究的主要研究内容。要想被分类为“已结合”，这一元素必须能够通过地质聚合物聚合作用使其在环境中的可获得性显著降低。显然，这远不是能够普遍观察到的，特别对过渡金属而言，其原因将在本章中讨论。

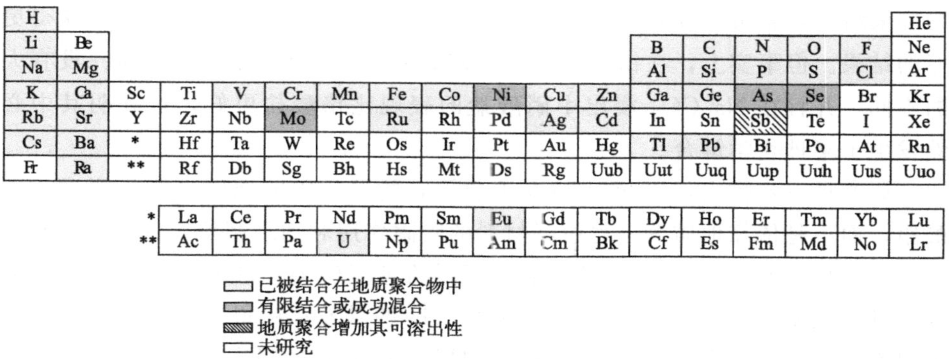

图 19.1 基于多项研究得出的已被结合在地质聚合物中的元素周期表分类

19.2 主要组成元素

19.2.1 铅

作为一种被固定在地质聚合物中的危害废弃物元素，铅可能是被人们研究最广泛的元素。在这种情况下，大多数研究只是简单地报告了铅能够有效地被固定，但是却没有尝试为其中所涉及的机理做出一个详尽的解释。然而，也有一些研究提供了与机理相关的有用信息。van Jaarsveld 及其合作者（van

Jaarsveld et al，1997、1998；van Jaarsveld and van Deventer，1999）的早期研究工作显示，即使铅的具体化学形态不能够被辨别出来，但其很可能是通过化学方法被化学结合在地质聚合物基体上。通过观察发现，铅改变了地质聚合物聚合反应中形成的孔隙结构，这些孔隙结构及其本身大的离子半径将导致其被有效地固定。还发现该浸出试验中所释放出来的铅，在一定程度上受到微孔扩散的控制。

Palomo 和 Palacios（Palomo and Palacios，2003；Palacios and Palomo，2004）在将铅在氢氧化物激发粉煤灰基地质聚合物中的固化归因于所生成的不溶性 Pb_3SiO_5，并发现使用活性更高粉煤灰将提供更有效的固化作用。Zhang 等（2008b）的工作初步支持了对 Pb_3SiO_5 的鉴别，但在两项研究中，这一鉴定都是基于单个 XRD 峰进行的，不能认为是绝对确定的。Zhang 等（2008b）也研究了将不同化学形式的 Pb 添加到硅酸盐激发的粉煤灰基地质聚合物中所带来的影响，研究结果如图 19.2 所示。

图 19.2 所显示的数据表明，Pb 在地质聚合物基质中的固化，实际上是 Pb^{2+} 被化学束缚，这一结果与简单的物理效应截然相反。如果铅仅仅只是被物理束缚了，就可以预测添加微溶的 $PbCrO_4$ 比添加可溶的铅硝酸盐将获得更好的结果。但事实上，在铅的 H_2SO_4 浸出中，这两种形式的铅之间并没有大的不同，并且在 Na_2CO_3 浸出中硝酸盐的表现比铬酸盐更好，这表明其中必然发生了某种化学键合。

研究进一步指出，Pb 被束缚在地质聚合物基质中的原因可能是形成了硅酸铅，而不是依靠地质聚合物胶凝材料的吸附作用和物理截留，这一理论来源于 Phair 等（2004）。学者探究了铅和不同的氢氧化钠和硅酸盐溶液激发的粉煤灰基地质聚合物之间的键合，发现 NaOH 的激发作用得到最低的 TCLP 铅浸出水平，但是来自地质聚合物胶凝材料的 Si 和 Al 的浸出性却是最高的。再来看前面说到的硅酸铅（Pb_3SiO_5）的化学计量，显然，高水平溶解的硅酸盐不一定有利于硅酸铅的形成，而众所周知的是硅酸盐激发的地质聚合物能提供更耐久的凝胶结构。当将 1%（质量分数）的 Pb 以硝酸盐的形式添加到偏高岭土基地质聚合物中时，并没有观察到新的结晶相形成（Perera et al，2005）。然而，任何含 Pb 的相最大也可能低于实验室 XRD 浓度的检测范围。详细的原子尺度分析将会最终确定地质聚合物胶凝材料中铅的特性。X 射线吸收光谱法（EXAFS 或 XANES）和 ^{207}Pb NMR 等技术可能会在这方面体现出价值，但是这样的研究文献至今还没有被公布且也没有必要施行这种相对复杂的试验过程。^{207}Pb NMR 核磁共振应该精确应用在处理那些相对重大的障碍问题上（Dybowski and Neue，2002）。

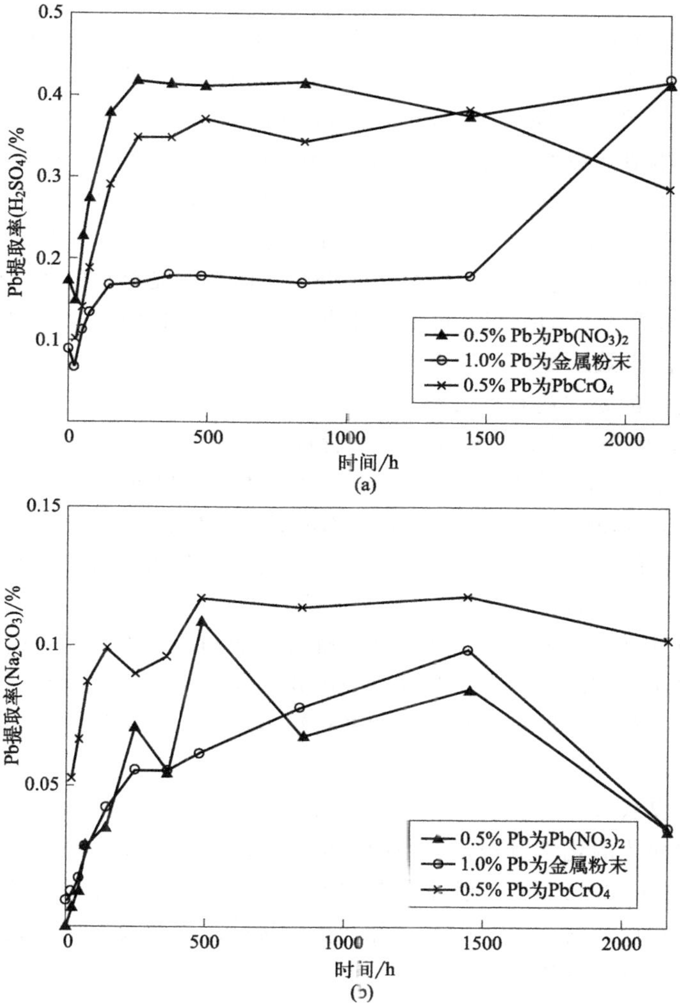

图 19.2 Pb 以不同形式添加到硅酸盐激发粉煤灰基地质聚合物时 Pb 的萃取

静态滤出条件：(a) 初始 pH 为 1 的 H_2SO_4；(b) 质量分数为 5%的 Na_2CO_3 溶液

数据来源于 Zhang et al，2008b

19.2.2 砷

砷是大规模废料固定中一种特别重要的元素，因为它是剧毒的、可溶性的，且普遍存在于采矿、冶金、半导体制造、虫害控制、木材处理和油漆等工业废液中。各种形式的砷能够以含钙微溶化合物的形式，相对成功地固定在硅酸盐胶凝材料基的基质中（Dutre and Vandecasteele，1998；Leist et al，

2003)。对砷加入地质聚合物的广泛研究，主要集中在砷存在于多组分的混合废料之中的情况，这包括采矿废料（Comrie et al，1988)、油漆烂泥（Comrie et al，1988)、废水处理烂泥（Hermann et al，1999)、褐粉煤灰（Bankowski et al，2004a）和黑粉煤灰（Alvarez-Ayuso et al，2008）等。在这些研究中所报道的固定作用是相当有效的。据 Alvarez-Ayuso 等（2008）报道，与未经处理的粉煤灰相比，地质聚合物实际上能固定更多的砷，这是值得关注的。

Fernandez-Jimenez 等（2004，2005a）发表了一个当砷为 $NaAsO_2$ 形式时对砷的固定的研究，获得了比研究多组分废料体系可能存在的化学效应更精确的关于特定化学效应的分析。砷在粉煤灰基地质聚合物中的固定比在偏高岭土基材料中的固定效果更好，然而两个体系都没能达到特别有效的固定，并离达到 TCLP 测试的要求还有一段距离。

在 TEM 中观察到砷与粉煤灰中富含铁的区域有关，尽管直接向混合物中添加 Fe_2O_3 颗粒时没有观察到类似的行为，这与砷和氢氧化铁表面接触密切相关（Sherman and Randall，2003)。添加进地质聚合物中的砷比直接被束缚进地质聚合物的结构中更致命。偏高岭土基地质聚合物中所表现的固定效果差的情况也与这一轻微迹象一致。Comrie 等（1988）也注意到，存在过量的碱可能引起砷（Ⅲ）的溶液化，并将砷溶解为砷酸和砷酸钠，但它们在理论上存在矛盾。因此，富砷的“真实”废料既需要在地质聚合物聚合反应前进行预处理，也需要非常仔细地对地质聚合物进行混合设计，以确保在固化上获得良好的表现。

使用粉煤灰/矿渣混合体系或其他高钙的地质聚合物体系也可能是有益的，钙似乎对砷固化的化学过程是有益的，但钙同时也降低了地质聚合物的多孔性和渗透性（Lloyd，2008)。然而，考虑到硅酸盐胶凝材料养护法处理高砷废物总体上是比较成功的，除非有另一种严重干扰胶凝材料凝结的废物成分，否则目前可能首选这种方法。

19.2.3 硼

硼的固定是碱激发技术中一个重要的潜在领域之一，显而易见，因为硼酸盐会阻碍硅酸盐水泥的凝结。虽然这在很大程度上可以通过控制胶凝材料化学和迫使硼以特定相的形式析出来克服，但如果可以得到不被上述困难局限的基质，那将肯定是有益的。硼在包括海水在内的大多数水源中的含量都很低，但是由于其在半导体制造和中子减速剂中的使用，在特定的工业和核废料中的浓度很高。这些废料被排放到环境前必须经过处理，因为过量的硼在生物圈中是有害的。硼也是粉煤灰中相对比较常见的组分，在发达国家中的一些司法管辖区内（不是所有）立法限定了饮用水中硼的含量。

Palomo 和 Lopez de la Fuente（2003）发表了一份关于地质聚合物中硼固定的研究，在这一研究中硼酸的浓度模拟了核工业废液中的硼酸浓度。研究中观测到硼在地质聚合物中被有效地固化。低钙地质聚合物的表现可以和那些添加了额外石灰的 OPC 相当（减少其延缓效应的标准手段），而添加了一定量石灰后的地质聚合物所展示出的性能提升了 20 倍。添加石灰被认为是为了使硼酸盐以硼酸钙的形式沉淀下来，所以在这种情况下将这一机理和地质聚合物胶凝材料的束缚相结合似乎是最好的。

然而，不添加钙的地质聚合物强的固化性能也很重要，因为它表明可能发生了涉及硅铝酸盐骨架的另一种束缚。Nicholson 等人（2005）通过在以 C 类粉煤灰（Ca 质量分数约 20%）为基础的地质聚合物中添加硼来控制凝结的方法进一步探究了这一可能性。从他们的 ^{11}B MAS NMR 数据中推断出，所有的硼都以四面体配位的形式存在，这也为硼在地质聚合物结构中对形成网络的作用做出了解释。然而，就因为它是四面体的，特别是在存在大量钙的情况下就简单地认为所有的硼必须存在于地质聚合物网状结构中是值得怀疑的。在 $CaB_2O_4 \cdot xH_2O$（$x \leqslant 5$）体系中存在许多同质地质聚合物，它们中的许多只是含有四面体配位的硼（Christ and Clark，1977），且在存在钙的相中至少存在一部分四面体硼是不可以忽视的。钙存在的地质聚合物多孔结构的改变，也可能诱使浸出行为的改变（Lloyd，2008）。目前还不清楚这些影响是如何相互作用来影响硼的浸出的。

19.2.4 铯和锶

铯和锶将会一起讨论，因为它们作为 ^{235}U 裂变产物的混合（同位素 ^{137}Cs 和 ^{90}Sr）在低中放射性等级核废料中问题是最明显的。这些元素和钼一类的元素在地质聚合物中的行为被广泛研究，既可以单独研究，也可以与其他元素结合起来研究（Khalil and Merz，1994）。铯在硅酸盐水泥中的固定是存在问题的，因为这些材料通常不能很好地束缚碱金属阳离子。钼能相对较好地固定在硅酸盐水泥中，因为它能够替换水化硅酸钙中的一些钙。然而，考虑到 Sr 能容易地形成一些不溶的化合物，特别是 $SrCO_3$，预测它不能够大量地从基质中浸出，即使它们仅是以这样的物理形式封装在这些基质中。

总的来说，铯似乎作为电荷平衡的阳离子通过化学作用被固定在地质聚合物结构中，填充了那些通常被钠和钾所填充的位点（Blackford et al，2007）。与天然存在的矿物结构的类比已被用于为固定铯和锶的硅铝酸盐基质的稳定性提供依据（Krivenko et al，1994），虽然这些材料的长期表现还未被验证，正如前面一章中所详细讨论的那样。人们也合成了纯铯硅铝酸盐地质聚合物并对它进行了研究（Berger et al，2007；Bell et al，2008），这些研究似乎显示出这一胶凝材料结构与更加传统的钠和钾的硅铝酸盐体系更加相似。

基于在煅烧黏土（高岭土或膨润土）基地质聚合物和粉煤灰基地质聚合物（Fernandez-Jimenez et al，2005b；Perera et al，2006）中固定Cs和Sr已经取得了成功，其中有毒元素以木灰（Chervonnyi和Chervonnaya，2003）、模拟的混合废料粉末（Khalil and Merz，1994；Bao et al，2005）或试剂级化学品（Fernandez-Jimenez et al，2005b；Perera et al，2006）的形式提供。美国的一项长期研究计划促进了“水基陶瓷”的开发——主要是偏高岭土基地质聚合物，在高达200℃的高温下养护，以富含硝酸盐的煅烧物形式的废物负载量高达25%（Olanrewaju，2002；Bao et al，2005）。这些配方也经常被设计成近似稳定的矿物结构，特别是方钠石族的结构（Siemer，2002），并且在浸出试验中普遍表现良好。上一章详细分析了地质聚合物在核应用中的性能，在此不再赘述。

19.2.5 其他主要元素

其他经地质聚合反应处理的主要元素可分为两类：辐射性废料产品和煤灰中的微量元素。前者中的镭和铀都已经在地质聚合物聚合处理中取得了一些成功（Davidovits and Comrie，1988；Hermann et al，1999），只是还没有批准用于地质聚合物技术处理这些废料。钡、硒和锑是煤中的微量元素，它们通过熔炉燃烧后集中在粉煤灰的副产品中。Bankowski等人（2004a，2004b）的研究并未显示对钡的有效固定，仅由于它们的褐煤粉煤灰通过与偏高岭土混合进行地聚合反应而稀释，所以可浸出性降低。他们观测到铯的一些固化作用，但即使在测试的废物负荷最低的情况下，也没有任何特别的效果。

Alvarez-Ayuso等人（2008）证明了可以用地质聚合物聚合有效地固化来自黑粉煤灰的钡，但是对可浸出铯的浓度没有明显的影响。与未经处理的煤灰相比，地质聚合样品的浸出性更高，显示出锑的迁移性。当用硅酸盐水泥和沸石凝灰岩的混合物固定钡时能取得更好的效果（Iucolano et al，2005）。地质聚合物中部分沸石的优化作用可能在这一应用中发挥了作用。

19.3 过渡区金属

19.3.1 铜

铜应用于地质聚合物的固化已经被广泛研究，普遍将这一研究和对Pb的研究结合在一起，以便将二价过渡阳离子与大的主族金属元素的行为进行对比（van Jaarsveld et al，1997、1998；van Jaarsveld and van Deventer，1999）。与铅相比，铜在地质聚合物中的固化效果较差，这通常归因于铜的半径较小，因此减少了被束缚在纳米孔网络结构中的可能性。在各项研究中，铜固定的效果浮动较大，在报告中浸出的程度有的仅有0.5%（Zhang et al，2007），有的却高达90%（Hanzlicek和Steinerova-Vondrakova，2006）。这一情况可能是由于实验过程中细节的不同，即使没有研究报告对样品进行足够的特性描述来证实这一原因。Zhang等（2007）将铜以硝酸盐的形式添加到矿渣-偏高岭土基地质聚合物中，并根据修改过的TCLP程序将试样放在乙酸中浸出。Hanzlicek和Steinerova-Vondrakova（2006）将铜溶解于1mol/L的H_2SO_4中后添加到偏高岭土基地质聚合物中并将样品在水中浸出。虽然在该研究中没有观察到类似镍或钴的固定性能缺失的情况，但在后一种情况下存在的浓酸可能引起了对地质聚合反应的显著抑制。

Minaříková和Skvára（2006）也难以在将铜固定在粉煤灰基地质聚合物方面取得完全的成功，在他们的实验中，铜以水合硫酸的形式加入地质聚合物中，这导致地质聚合物基质强度明显下降。

Wang等（2007）用粉煤灰基地质聚合物对溶液中的Cu^{2+}进行吸附，并发现相比于未处理的粉煤灰或天然沸石，其具有更高的吸附能力。然而，报告中提及的吸附能力是非常高的，每克地质聚合物吸附92mg铜（质量分数9.2%），这似乎可以简单地归因于Cu^{2+}吸附于地质聚合物离子的表面，地质聚合物高的BET表面积也是其中原因之一。实际上，铜可能和任何过量的碱一同沉淀为微溶的$Cu(OH)_2$，这将导致在一批次的测试中铜从溶液中去除的量在一定程度上显著高于那些被归因于简单吸附作用的量。然而，不论是哪种情况，在地质聚合物吸附剂被广泛应用于将铜从溶液中移除前都需要进一步测试和验证。值得注意的是，含有硫酸钡微粒的地质聚合物吸附剂已经成功应用于移除废水中的镭（Kunze et al，2002）。这为地质聚合物吸附剂的利用提供了一条途径。

19.3.2 铬

铬是分布广泛的环境污染源，它由电镀、颜料生产、合金制造、皮革和纺织以及石油提炼等工业排放。因此，固定这些工业废液和其他含铬的工业废液是非常重要的。六价铬具有较强的毒害性，而且它会在环境中转移。Cr（Ⅲ）能够形成相对不溶解的$Cr(OH)_3$以及含有钙的氢氧化物相，所以其毒性和移动性较低（Omotoso et al，1996）。在水化硅（铝）酸钙（C-A-S-H）相中也可能发生一些置换，但是添加Cr（Ⅵ）将对硅酸盐水泥基（OPC）体系的强度发展造成严重的影响。在混合高含量 Al 的 OPC 中，可能是因为 CrO_4^{2-} 代替了钙矾石和水铝钙石中 SO_4^{2-} 的位点，这些相在养护时溶解度不能达到满意的使用程度。

在铬的固化中，矿渣的碱激发也是一个引人注意的问题。Deja（2002）研究了在碱激发矿渣胶凝材料中 Cr（Ⅵ）的固定，研究显示铬不仅非常有效地固定在这些体系中，同时还增强了碳酸盐和硅酸盐激发体系的力学强度。这一研究说明水化矿渣浆体（也就是可用的 S^{2-}）中的还原条件对固定过程有积极的作用，比如 Cr（Ⅵ）部分还原为 Cr（Ⅲ）。

在文献中大多数可获得的报告都详述了利用地质聚合物固定 Cr（Ⅵ）的困难。Bankowski 等人（2004b）的报告提到，褐粉煤灰中 Cr 的可浸出性非常小，将粉煤灰封装于偏高岭土基地质聚合物时的浸出性下降到了无法检测的地步。然而，由于浓度太低而不能够得出成功固定的结论。Palomo and Palacios（2003）研究了掺有 2.6% CrO_3[Cr(Ⅵ)]的 8mol/L NaOH 激发的粉煤灰。他们发现这一水平的 Cr(Ⅵ）极大地抑制了碱激发过程中的硬化，从而使产品未能达到足够的力学强度。

Zhang 等（2008a）以 Na_2CrO_4 的形式在粉煤灰基地质聚合物中添加了 0.5%的 Cr（Ⅵ），并以 $PbCrO_4$ 的形式在粉煤灰基地质聚合物中添加了 0.125%的 Cr（Ⅵ）。相比于未添加的砂浆样品，以这两种方式添加的铬均提高了其抗压强度。然而，在不同媒介中的长期浸出测试显示，将含有 Na_2CrO_4 的样品浸泡在稀硫酸、蒸馏水或 $MgSO_4$、Na_2CO_3 溶液中 90 天后，将萃取到高于 75%的 Cr。含有 $PbCrO_4$ 的样品固定 Cr 的表现仅略有改善。然而，在以 Na_2S 的形式添加 0.5%（质量分数）的 S^{2-} 后其固定性能明显改善，如图 19.3 所示。当样品在盐溶液或硫酸中浸出时也会观察到铬的浸出率显著下降。酸是一个更具侵蚀性的体系，所以含硫化物体系在酸中浸出程度大约为 20%，但这仍比在没有硫化物的情况下观察到的 75%的浸出率大大改善。

相比于将铬以微溶 $PbCrO_4$ 的形式添加时，在有硫化物存在的情况下，将铬以高浓度易溶 Na_2CrO_4 的形式添加时将得到更好的固化效果。当不存在硫化物时，这一现象将不会出现，这为铬在地质聚合物中固定的基本机理提供了关键信息。当 Na_2CrO_4 一类的可溶性盐被添加到不含还原剂的地质聚合物中时，铬无法被有效地束缚在凝胶基体中，铬很容易浸出，所以在不使用硫化物的情况下，添加 $PbCrO_4$ 的效果将更好。然而，当添加 Na_2S 时，情况正好相反：从可溶性盐中 Cr 的易得性意味着铬更容易被 S^{2-} 离子还原，且可能以 $Cr(OH)_3$ 的形式微胶囊化于整个胶凝相中。如果 Cr 以微溶的形式添加，这一过程将不能在地质聚合物凝固前完成，而残留的一些 $PbCrO_4$ 会被浸出。如

图 19.3 所示，添加 $PbCrO_4$ 与添加 Na_2CrO_4 相比，在不含硫化物的体系中有更低的浸出率，但是在含有硫化物的体系中浸出率却更高一些。在地质聚合物胶凝材料凝结前，这对于地质聚合物胶凝材料被用于废料固化之前的工艺设计带来了一些有趣的启示。在 Cr 将被结合到含硫化物的地质聚合物中时，在与固化基质混合之前采取一些降低在盐中 Cr 的溶解度的步骤实际上是不可取的。

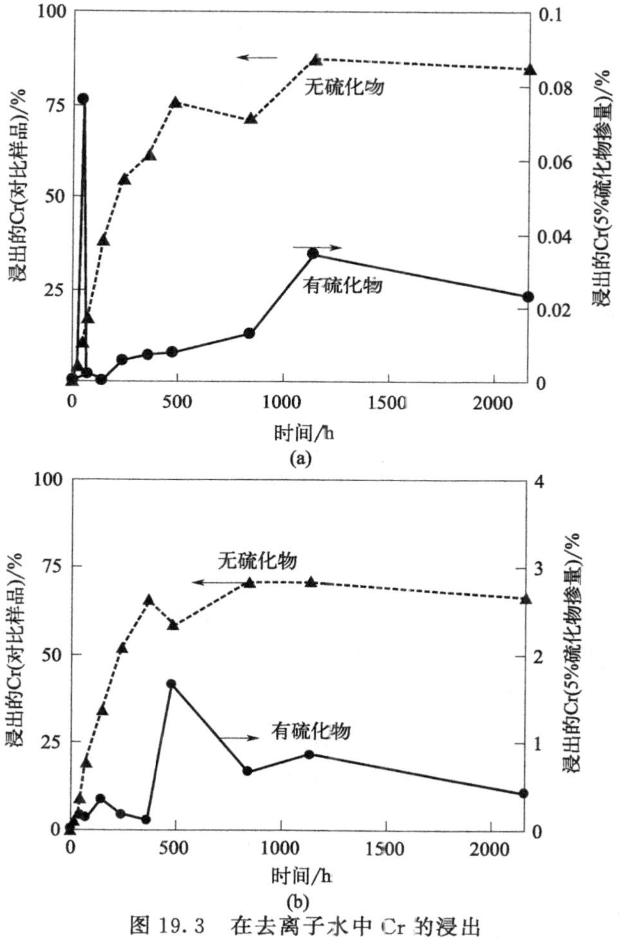

图 19.3 在去离子水中 Cr 的浸出

样品的铬添加方式为：(a) 以 Na_2CrO_4 形式添加 0.5%（质量分数）的 Cr；

(b) 以 PbCrO 形式添加 0.125%的 Cr

数据来源于 Zhang 等人（2008a）

19.3.3 锌

众所周知，锌的存在将不利于硅酸盐水泥的凝结，因为锌酸钙化合物在胶凝材料颗粒表面的沉淀严重阻碍了水化（Mollah et al，1995）。锌也会形成共价的Zn—O—Si键（Anseau et al，2005），一旦体系达到了凝结点，锌将取代水化硅酸钙凝胶中的硅酸盐链。硅酸钠激发的矿渣仅在高水平的锌添加量下才会开始表现出严重的缓凝作用（Qian et al，2003），这可能是由于这一体系中低Ca/Si比的影响，因为在反应开始的阶段锌的硅酸盐络合将会降低对锌酸钙沉淀的影响。

假如钙锌相互作用不利于固定基质固化效果的发展，那么可以预测低钙地质聚合物也许可以获得理想的固化性能。至今为止，关于将锌固定于地质聚合物中的详细研究还很少。Minarikova和Skvara（2006）的研究表明，在低钙粉煤灰基地质聚合物中添加氧化锌抗压强度降低50%，但与硅酸盐水泥基体系中所产生的缓凝相比，强度发展的相对速率却没有明显的影响。部分固化表现较好，且出于某些原因，使用钾基激发剂相比于使用钠基激发剂提升十倍。Fernandez Pereira等人（2009）的研究也提到，富锌电弧炉灰的地质聚合物聚合反应表现出的固化性能相对较好（>90%）。

19.3.4 镉

镉是另一种有极大毒害性的过渡金属，它是已知致癌元素之一。它广泛地存在于采矿和冶金行业的副产物、被废弃的镍镉电池、粉煤灰和水泥窑灰中的污染物以及广泛使用镉的染料制造的排放物中。通过以上途径会将镉普遍地释放到环境中。二价阳离子的镉在硅酸盐水泥基质中的固化是相对成功的，固化过程中镉替代钙的位置并形成了水化硅酸钙/镉（Diez et al，1997；Pomies et al，2001）。镉在碱性硅酸盐激发矿渣或碳酸盐激发矿渣（Deja，2002）中的固化也是成功的，这可能是因为相似的结合机制。

镉在低钙地质聚合物中的固化不总是成功的（Minarikova and Skvara，2006；Xu et al，2006），特别是考虑到关于Cd^{2+}可萃取性的严格的环境管理条例。不论如何，对固化镉的地质聚合物基质表现的评估，较大程度上依赖于所采用的浸出测试（Zhang et al，2008b），正如图19.4所展示的那样。地质聚合物基质在硫酸中固化效果很差，反之，在水和5%（质量分数）的$MgSO_4$溶液中固化效率却高于99.95%，但暴露在饱和Na_2CO_3溶液中三个月也没有检测到任何的浸出。这些结果归因于镉在地质聚合物体系中以氢氧化物或相关相的形式固化。在低钙体系中没有观测到水化硅酸钙/镉相的形成，所以这里最可能的主要相是氢氧化物。当pH升高时，$Cd(OH)_2$的溶解度明显降低，而且在近中性的pH中，溶解度似乎也低到足以提供良好的固化性能。然而，当它们被暴露于强酸或浓酸中时，这些相就会溶解并将镉释放出来。因此，在实际固化情况下，建议使用高钙胶凝材料体系可能比使用地质聚合物更有益。虽然只要保持样品是碱性就可以得到良好的浸出效果，但如果废液中的镉浓度非常高，那么因 pH 下降而造成镉固化失败的可能性也是不容小觑的。

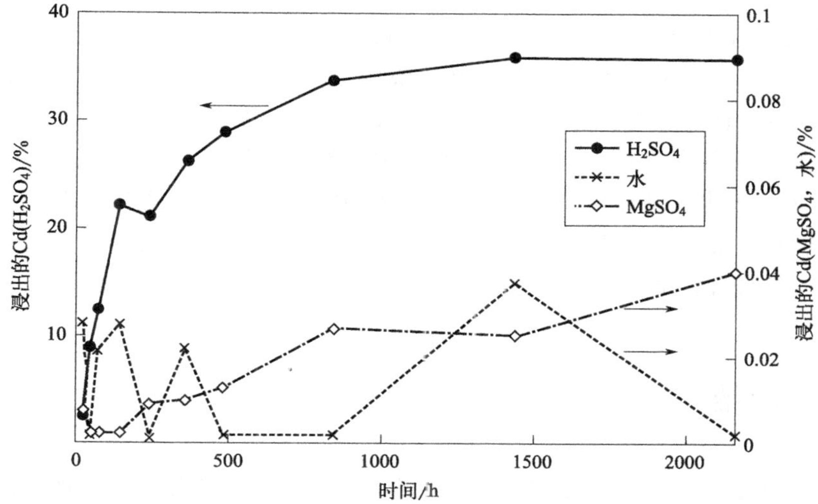

图 19.4 在浸出测试中，当粉煤灰基地质聚合物基质分别暴露于 H_2SO_4（初始 pH=1.0）、去离子水和 5%（质量分数）$MgSO_4$ 的溶液中时 Cd^{2+} 随时间的浸出变化

在饱和 Na_2CO_3 溶液中进行相应的测试所得的结果显示出没有可检测出的 Cd 被释放。

0.5%（质量分数）的 Cd 以 $Cd(NO_3)_2$ 的形式添加

数据来源于 Zhang et al，2008b

19.3.5 其他过渡金属

简述一下关于其他过渡金属固定的研究。Hanzlicek 和其同事（Hanzlicek and Steinerova-Vondrakova，2006；Hanzlicek et al，2006）研究表明，镍和钴能够相当有效地固定于偏高岭土基地质聚合物中，铕（典型的镧系元素之一）能够被很好地束缚，能够抵抗水的浸出，但是不能够抵抗 1.0mol/L H_2SO_4 的浸出。Zosin 等人（1998）将放射性废弃物中的 Ru 和 Co 同 Cs 一起固定于氧化镁-铁矿渣基地质聚合物中。有许多研究展示了复杂废料中不同成分的固定，包括：飞灰（Alvarez-Ayuso et al，2008）、采矿废料（Davidovits and Comrie，1988）和油漆烂泥（Comrie et al，1988）。然而，一般来说只有极少的关于固定机理的详细信息可以从这些体系中获得，因为研究不同种类的元素相互作用是十分复杂的，这使得对它们进行解析变得十分困难或根本就不可能对它们进行解析。

19.4 其他废物

地质聚合物也已经被用于一些金属和非金属废料的固定。Li 等（2006）在用粉煤灰基地质聚合物作为染料的吸附剂上取得了一些成功。Tavor 等（2007）将含有苯酚的废水混合到用于合成地质聚合物的激发液中，并观测到其对抗压强度的影响很小，粉煤灰混合物的抗压强度仍超过 65MPa。在苯酚的固定上，粉煤灰基地质聚合物相比类似的偏高岭土基体系更易于固定，对苯酚质量分数低于 1% 的混合物的浸出将低至难以测量的水平。Comrie 等（1988）在他们的固化实验中发现油漆淤泥中的氰化物也可以得到良好的固定。

19.5 小结

地质聚合物已经被用于固化多种废弃物。虽然添加硫化物可以将迁移性的 Cr（Ⅵ）转变为更不易溶解的 Cr（Ⅲ）来促进铬的固定，但在大多数情况下，相比于含氧阴离子或羟基络合物的废弃物，含阳离子的废弃物更易于固定。并不是所有的废料都能像硅酸盐水泥固化或碱激发矿渣那样通过地质聚合反应来处理，有一部分废料能够通过地质聚合物聚合反应更加高效地处理。因此处理每一种特定的废液都有必要选择最合适的化学方法。我们需要进一步研究以确定每一特定废料类型最有效的地质聚合物配方，因为对十分复杂的毒害废料固化问题没有“万能”的解决方法。

参考文献

Álvarez-Ayuso, E., Querol, X., Plana, F., Alastuey, A., Moreno, N., Izquierdo, M., Font, O., Moreno, T., Diez, S., Vázquez, E. and Barra, M. (2008) Environmental, physical and structural characterisation of geopolymer matrixes synthesised from coal (co-) combustion fly ashes. *Journal of Hazardous Materials*, 54, 175–183, doi:10.1016/j.jhazmat.2007.10.008.

Anseau, M. R., Leung, J. P., Sahai, N. and Swaddle, T. W. (2005) Interaction of silicate ions with zinc(II) and aluminum(III) in alkaline aqueous solution. *Inorganic Chemistry*, 44, 8023–8032. doi:10.1021/ic050594c.

Bankowski, P., Zou, L. and Hodges, R. (2004a) Using inorganic polymer to reduce leach rates of metals from brown coal fly ash. *Minerals Engineering*, 17, 159–166. doi:10.1016/j.mineng.2003.10.024.

Bankowski, P., Zou, L. and Hodges, R. (2004b) Reduction of metal leaching in brown coal fly ash using geopolymers. *Journal of Hazardous Materials*, B114, 59–67. doi:10.1016/j.jhazmat.2004.06.034.

Bao, Y., Grutzeck, M. W. and Jantzen, C. M. (2005) Preparation and properties of hydroceramic waste forms made with simulated Hanford low-activity waste. *Journal of the American Ceramic Society*. 88, 3287–3302. doi:10.1111/j.1551-2916.2005.00775.x.

Bell, J. L., Sarin, P., Provis, J. L., Haggerty, R. P., Driemeyer, P. E., Chupas, P. J., van Deventer, J. S. J. and Kriven, W. M. (2008) 'Atomic structure of a cesium aluminosilicate geopolymer: A pair distribution function study,' *Chemistry of Materials*, 2008, 20(14), 4768–4776. doi 10.1021/cm703369s.

Berger, S., Frizon, F., Fournel, V. and Cau-Dit-Comes, C. (2007) Immobilization of cesium in geopolymeric matrix: A formulation study. *12th International Congress on the Chemistry of Cement*, Montreal, Canada, Beaudoin, J. J. (Ed.).

Blackford, M. G., Hanna, J. V., Pike, K. J., Vance, E. R. and Perera, D. S. (2007) Transmission electron microscopy and nuclear magnetic resonance studies of geopolymers for radioactive waste immobilization. *Journal of the American Ceramic Society*, 90, 1193–1199. doi:10.1111/j.1551-2916.2007.01532.x.

Chervonnyi, A. D. and Chervonnaya, N. A. (2003) Geopolymeric agent for immobilization of radioactive ashes after biomass burning. *Radiochemistry*, 45, 182–188.

Christ, C. L. and Clark, J. R. (1977) A crystal-chemical classification of borate structures with emphasis on hydrated borates. *Physics and Chemistry of Minerals*, 2, 59–87. doi:10.1007/BF00307525.

Comrie, D. C., Paterson, J. H. and Ritcey, D. J. (1988) Geopolymer technologies in toxic waste management. *Proceedings of Geopolymer '88 – First European Conference on Soft Mineralurgy*, Compeigne, France, Davidovits, J. and Orlinski, J. (Eds.), 107–123.

Conner, J. R. and Hoeffner, S. L. (1998) A critical review of stabilization/solidification technology. *Critical Reviews in Environmental Science and Technology*, 28, 397–462. doi:10.1080/10643389891254250.

Davidovits, J. and Comrie, D. C. (1988) Long term durability of hazardous toxic and nuclear waste disposals. *Proceedings of Geopolymer '88 – First European Conference on Soft Mineralurgy*, Compeigne, France, Davidovits, J. and Orlinski, J. (Eds.), 125–134.

Deja, J. (2002) Immobilization of Cr^{6+}, Cd^{2+}, Zn^{2+} and Pb^{2+} in alkali-activated slag binders. *Cement and Concrete Research*, 32, 1971–1979. doi:10.1016/S0008-8846(02)00904-3.

Díez, J. M., Madrid, J. and Macías, A. (1997) Characterization of cement-stabilized Cd wastes. *Cement and Concrete Research*, 27, 337–343. doi:10.1016/S0008-8846(97)00017-3.

Duffus, J. H. (2002) 'Heavy metals' - A meaningless term? *Pure and Applied Chemistry*, 74, 793–807. doi:10.1351/pac200274050793.

Dutre, V. and Vandecasteele, C. (1998) Immobilization mechanism of arsenic in waste solidified using cement and lime. *Environmental Science and Technology*, 32, 2782–2787. doi:10.1021/es971090j.

Dybowski, C. and Neue, G. (2002) Solid state ^{207}Pb NMR spectroscopy. *Progress in Nuclear Magnetic Resonance Spectroscopy*, 41, 153–170. doi:10.1016/S0079-6565(02)00005-5.

Fernández-Jiménez, A., Palomo, A., Macphee, D. E. and Lachowski, E. E. (2005a) Fixing arsenic in alkali-activated cementitious matrices. *Journal of the American Ceramic Society*, 88, 1122–1126. doi:10.1111/j.1551-2916.2005.00224.x.

Fernández-Jiménez, A., Macphee, D. E., Lachowski, E. E. and Palomo, A. (2005b) Immobilization of cesium in alkaline activated fly ash matrix. *Journal of Nuclear Materials*, 346, 185–193. doi:10.1016/j.jnucmat.2005.06.006.

Fernández-Jiménez, A. M., Lachowski, E. E., Palomo, A. and Macphee, D. E. (2004) Microstructural characterisation of alkali-activated PFA matrices for waste immobilisation. *Cement and Concrete Composites*, 26, 1001–1006. doi:10.1016/j.cemconcomp.2004.02.034.

Fernández Pereira, C., Luna, Y., Querol, X., Antenucci, D. and Vale, J. (2009) Waste stabilization/solidification of an electric arc furnace dust using fly ash-based geopolymers. *Fuel*, 88, 1185–1193. doi:10.1016/j.fuel.2008.01.021.

Glasser, F. P. (1997) Fundamental aspects of cement solidification and stabilisation. *Journal of Hazardous Materials*, 52, 151–170. doi:10.1016/S0304–3894(96)01805-5.

Hanzlíček, T. and Steinerová-Vondráková, M. (2006) Immobilization of toxic metals in solidified systems of siloxo-sial networks. *Journal of the American Ceramic Society*, 89, 968–970. doi:10.1111/j.1551-2916.2005.00822.x.

Hanzlíček, T., Steinerova, M. and Straka, P. (2006) Radioactive metal isotopes stabilized in a geopolymer matrix: Determination of a leaching extract by a radiotracer method. *Journal of the American Ceramic Society*, 89, 3541–3543. doi:10.1111/j.1551-2916.2006.01024.x.

Hermann, E., Kunze, C., Gatzweiler, R., Kießig, G. and Davidovits, J. (1999) Solidification of various radioactive residues by Géopolymère® with special emphasis on long-term stability. *Proceedings of Géopolymère '99 – Second International Conference*, Saint-Quentin, France, Davidovits, J., Davidovits, R. and James, C. (Eds.), 211–228.

Iucolano, F., Caputo, D. and Colella, C. (2005) Permanent and safe storage of Ba^{2+} in hardened phillipsite-rich tuff/cement pastes. *Applied Clay Science*, 28, 167–173. doi:10.1016/j.clay.2004.01.011.

Khalil, M. Y. and Merz, E. (1994) Immobilization of intermediate-level wastes in geopolymers. *Journal of Nuclear Materials*, 211, 141–148. doi:10.1016/0022-3115(94)90364-6.

Krivenko, P. V., Skurchinskaya, J. V., Lavrinenko, L. V., Starkov, O. V. and Konovalov, E. E. (1994) Physico-chemical bases of radioactive wastes – Immobilisation in a mineral-like solidified stone. *Proceedings of the First International Conference on Alkaline Cements and Concretes*, Kiev, Ukraine, Krivenko, P. V. (Ed.), 1095–1106.

Kunze, C., Hermann, E., Griebel, I., Kießig, G., Dullies, F. and Schreiter, M. (2002) Entwicklung und Praxiseinsatz eines hocheffizienten selektiven Sorbens für Radium. *Wasser-Abwasser*, 143, 572–577.

Leist, M., Casey, R. J. and Caridi, D. (2003) The fixation and leaching of cement stabilized arsenic. *Waste Management*, 23, 353–359. doi:10.1016/S0956-053X(02)00116-2.

Li, L., Wang, S. and Zhu, Z. (2006) Geopolymeric adsorbents from fly ash for dye removal from aqueous solution. *Journal of Colloid and Interface Science*, 300, 52–59. doi:10.1016/j.jcis.2006.03.062.

Lloyd, R. R. (2008) PhD Thesis, Department of Chemical and Biomolecular Engineering, University of Melbourne, Australia.

Malviya, R. and Chaudhary, R. (2006) Factors affecting hazardous waste solidification/stabilization: A review. *Journal of Hazardous Materials*, B137, 267–276. doi:10.1016/j.jhazmat.2006.01.065.

Minaříková, M. and Škvára, F. (2006) Fixation of heavy metals in geopolymeric materials based on brown coal fly ash. *Ceramics-Silikaty*, 50, 200–207.

Mollah, M. Y. A., Vempati, R. K., Lin, T. C. and Cocke, D. L. (1995) The interfacial chemistry of solidification/stabilization of metals in cement and pozzolanic material systems. *Waste Management*, 15, 137–148. doi:10.1016/0956-053X(95)00013-P.

Nicholson, C. L., Murray, B. J., Fletcher, R. A., Brew, D. R. M., Mackenzie, K. J. D. and Schmücker, M. (2005) Novel geopolymer materials containing borate structural units. *World Congress Geopolymer 2005*, Saint-Quentin, France, Davidovits, J. (Ed.), 31–33.

Olanrewaju, J. (2002) PhD Thesis, College of Earth and Mineral Sciences, Pennsylvania State University, USA.

Omotoso, O. E., Ivey, D. G. and Mikula, R. (1996) Quantitative X-ray diffraction analysis of chromium(III) doped tricalcium silicate pastes. *Cement and Concrete Research*, 26, 1369–1379. doi:10.1016/0008-8846(96)00118-4.

Palacios, M. and Palomo, A. (2004) Alkali-activated fly ash matrices for lead immobilisation: A comparison of different leaching tests. *Advances in Cement Research*, 16, 137–144. doi:10.1680/adcr.16.4.137.46661.

Palomo, A. and Palacios, M. (2003) Alkali-activated cementitious materials: Alternative matrices for the immobilisation of hazardous wastes – Part II. Stabilisation of chromium and lead. *Cement and Concrete Research*, 33, 289–295. doi:10.1016/S0008-8846(02)00964-X.

Palomo, A. and López De La Fuente, J. I. (2003) Alkali-activated cementitious materials: Alternative matrices for the immobilisation of hazardous wastes – Part I. Stabilisation of boron. *Cement and Concrete Research*, 33, 281–288. doi:10.1016/S0008-8846(02)00963-8.

Perera, D. S., Aly, Z., Vance, E. R. and Mizumo, M. (2005) Immobilization of Pb in a geopolymer matrix, *Journal of the American Ceramic Society*, 88, 2586–2588. doi:10.1111/j.1551-2916.2005.00438.x.

Perera, D. S., Vance, E. R., Aly, Z., Davis, J. and Nicholson, C. L. (2006) Immobilization of Cs and Sr in geopolymers with Si/Al ~ 2. *Ceramic Transactions*, 176, 91–96.

Perkins, R. B. and Palmer, C. D. (2001) Solubility of chromate hydrocalumite ($3CaO·Al_2O_3·CaCrO_4·nH_2O$) 5–75°C. *Cement and Concrete Research*, 31, 983–992. doi:10.1016/S0008-8846(01)00507-5.

Phair, J. W., Van Deventer, J. S. J. and Smith, J. D (2004) Effect of Al source and alkali activation on Pb and Cu immobilization in fly-ash based 'geopolymers'. *Applied Geochemistry*, 19, 423–434. doi:10.1016/S0883-2927(03)00151-3.

Pomiès, M.-P., Lequeux, N. and Boch, P. (2001) Speciation of cadmium in cement: Part I. Cd^{2+} uptake by C-S-H. *Cement and Concrete Research*, 31, 563–569. doi:10.1016/S0008-8846(00)00480-4.

Qian, G., Sun, D. D. and Tay, J. H. (2003) Characterization of mercury- and zinc-doped alkali-activated slag matrix: Part II. Zinc. *Cement and Concrete Research*, 33, 1257–1262. doi:10.1016/S0008-8846(03)00046-2.

Sherman, D. M. and Randall, S. R. (2003) Surface complexation of arsenic(V) to iron(III) (hydr)oxides: structural mechanism from ab initio molecular geometries and EXAFS spectroscopy. *Geochimica et Cosmochimica Acta*, 67, 4223–4230. doi:10.1016/S0016-7037(03)00237-0.

Shi, C. and Fernández-Jiménez, A. (2006) Stabilization/solidification of hazardous and radioactive wastes with alkali-activated cements. *Journal of Hazardous Materials*, B137, 1656–1663. doi:10.1016/j.jhazmat.2006.05.008.

Siemer, D. D. (2002) Hydroceramics, a 'new' cementitious waste form material for US defense-type reprocessing waste. *Materials Research Innovations*, 6, 96–104. doi:10.1007/s10019-002-0193-3.

Tavor, D., Wolfson, A., Shamaev, A. and Shvartzman, A. (2007) Recycling of industrial wastewater by its immobilization in geopolymer cement. *Industrial and Engineering*

Chemistry Research, 46, 6801–6805. doi:10.1021/ie0616996.

Van Deventer, J. S. J., Provis, J. L., Duxson, P. and Lukey, G. C. (2007) Reaction mechanisms in the geopolymeric conversion of inorganic waste to useful products. *Journal of Hazardous Materials*, A139, 506–513. doi:10.1016/j.jhazmat.2006.02.044.

Van Jaarsveld, J. G. S. and Van Deventer, J. S. J. (1999) The effect of metal contaminants on the formation and properties of waste-based geopolymers. *Cement and Concrete Research*, 29, 1189–1200. doi:10.1016/S0008-8846(99)00032-0.

Van Jaarsveld, J. G. S., Van Deventer, J. S. J. and Lorenzen, L. (1997) The potential use of geopolymeric materials to immobilise toxic metals. 1. Theory and applications. *Minerals Engineering*, 10, 659–669. doi:10.1016/S0892-6875(97)00046-0.

Van Jaarsveld, J. G. S., Van Deventer, J. S. J. and Lorenzen, L. (1998) Factors affecting the immobilization of metals in geopolymerized flyash. *Metallurgical and Materials Transactions B – Process Metallurgy and Materials Processing Science*, 29, 283–291. doi:10.1007/s11663-998-0032-z.

Wang, S., Lin, L. and Zhu, Z. H. (2007) Solid-state conversion of fly ash to effective adsorbents for Cu removal from wastewater. *Journal of Hazardous Materials*, 139, 254–259. doi:10.1016/j.jhazmat.2006.06.018.

Xu, J. Z., Zhou, Y. L., Chang, Q. and Qu, H. Q. (2006) Study on the factors of affecting the immobilization of heavy metals in fly ash-based geopolymers. *Materials Letters*, 60, 820–822. doi:10.1016/j.matlet.2005.10.019.

Zhang, J., Provis, J. L., Feng, D. and Van Deventer, J. S. J. (2008a) The role of sulfide in the immobilization of Cr(VI) in fly ash geopolymers. *Cement and Concrete Research*, 38, 681–688. 10.1016/j.cemconres.2008.01.006.

Zhang, J., Provis, J. L., Feng, D., van Deventer, J. S. J. (2008b) 'Geopolymers for immobilization of Cr^{6+}, Cd^{2+}, and Pb^{2+},' *Journal of Hazardous Materials*, *157*(2-3), 587–598. doi:10.1016/j.jhazmat.2008.01.053.

Zhang, Y., Sun, W., Chen, Q. and Chen, L. (2007) Synthesis and heavy metal immobilization behaviors of slag based geopolymer. *Journal of Hazardous Materials*, 143, 206–213. doi:10.1016/j.jhazmat.2006.09.033.

Zosin, A. P., Priimak, T. I. and Avsaragov, K. B. (1998) Geopolymer materials based on magnesia-iron slags for normalization and storage of radioactive wastes. *Atomic Energy*, 85, 510–514. doi:10.1007/BF02358790.